KB098301

별들의 흑역사

일러두기

1. 국명과 지명은 당시 표기 그대로 따랐다.
   가령 미얀마는 버마, 양곤은 랑군 등으로 표기했다.

별들의 흑역사

부지런하고 멍청한 장군들이 저지른 실패의 전쟁사

권성욱 지음

교유서가

서문

독일 바이마르공화국 시절 공화국군의 수장이었던 쿠르트 폰 하머슈타인-에쿠오르트(Kurt von Hammerstein-Equord) 장군은 1933년 10월 17일 독일군 '부대지휘교본(Truppenführung)'을 발표했다. 여기에는 재미있는 내용이 있다.

"내가 생각하는 장교에는 네 가지 유형이 있다. 똑똑하고, 부지런하고, 멍청하고, 게으른 장교다. 대다수 장교는 두 가지 특성이 결합되어 있다. 몇몇은 영리하고 부지런하다. 그들은 참모본부에 적합하다. 다음은 어리석고 게으른 자들이다. 군대의 90퍼센트를 차지하고 일상적인 업무에 걸맞다. 현명함과 게으름 두 가지 모두 갖추고 있다면 최고의 지도자를 맡을 자격이 있다. 왜냐하면 어려운 결정을 내리는 데 필요한 정신력과 배짱이 있기 때문이다. 반드시 주의해야 할 사람은 멍청하면서 부지런함을 갖춘 자다. 그는 무엇을 하건 간에 조직에 해를 끼칠 뿐이므로 어떤 책무도 맡아서는 안 된다."

하머슈타인-에쿠오르트의 '네 가지 유형의 장교(Four Types of Military Officer)'는 독일, 벨기에, 미국 등 여러 나라 언론에서 다루었을 정도로 센세이션을 일으켰다. 물론 그전에도 프로이센·프랑스 전쟁(보불전쟁)의 영웅 대(大)몰트케(Helmuth Karl Bernhard Graf von Moltke)를 비롯하여 여러 명이 비슷한 말을 언급했기에 하머슈타인-에쿠오르트의 독창적인 발상이라기보다는 오래전부터 격언을 인용했다는 이야기도 있다.

재미있는 사실은 그가 네 가지 유형 중에서도 현명하면서 게으른 자가 최고의 지도잣감이며, 반대로 멍청한 주제에 쓸데없이 부지런한 인간이 가장 쓸모없다고 강조했다는 점이다. 너무나 신랄하고 정곡을 찌르다보니 '촌철살인', 요샛말로는 '팩트 폭격' 같은 느낌이다. 그만큼 인재를 보는 눈과 적재적소가 중요하다는 말이지만 현실에서 쉬운 일이 아니다. 제아무리 냉철한 잣대를 들이댄다고 한들 사람의 능력이 게임처럼 객관적인 수치로 정량화할 수 있는 것이 아닐뿐더러, 직책이 낮을 때는 누구보다도 유능했지만 막상 높은 직책을 맡았을 때는 무능의 극치를 보여주는 예도 얼마든지 있기 때문이다. 또한 나폴레옹처럼 젊은 시절에는 미친 듯한 천재성을 보이다가도 나이를 먹고 하향 퇴보하는 경우도 있다. 그럼에도 군대에서 유능한 자를 요직에 앉히고 무능한 자를 걸러내는 일은 무엇보다 중요하다. 한 명의 지휘관에게 수많은 사람의 목숨이 달려 있을뿐더러 전쟁의 승패와 국운마저 좌우할 수 있기 때문이다.

시중에는 위대한 명장들을 조명하는 책이 하늘의 별처럼 무수히 많다. 작가들은 그들의 영광스러운 승리를 신화처럼 포장하고 그 신화에 흠집이 될 만한 치부는 슬쩍 넘기거나 영웅들의 인간적인 면을 보여주는 미담쯤으로 취급한다. 대중은 실패한 이야기보다 남의 성공담을 선호하는 법이다. 자기계발서에 위인들의 일화가 빠짐없이 거론되는 것도 이 때문이다. 그러나 흔히 간과하는 사실은 성공한 소수의 뒤에는 실패한 다수가 있다는 점이다. 정말로 눈여겨보고 교훈으로 삼아야 할 부분은 어떻게 성공했느냐가 아니라 왜 실패했느냐가 아닐까.

이 책에는 패장 12명의 이야기가 실려 있다. 물론 중국의 어느 고사에 나온 것처럼 "승패란 싸움에서 늘 있는 일(勝敗兵家之常事)"이다. 승자가 있으면 패자 또한 있기 마련이기에 싸움에 졌다고 해서 비난할 수 없다. 패배에도 급이 있다. 전쟁사에는 최선을 다했지만 운이 따르지 않았거나 중과부적으로 진 경우도 얼마든지 있다. 『삼국지』에서 "모사재인 성사재천(謀事在人成事在天)"이라고 한탄했던 제갈량의 말마따나 일은 사람이 하지만 이루는 것은 하늘에 달려 있기 때문이다. 그러나 이 책에 나오는 패배들은 영화에서 흔히 나오는 것처럼 승리보다 더 위대한 패배 따위가 아니다. 전쟁이 아니라 재난이라고 해도 좋을 만큼 처절하게 깨졌고 어마어마한 인명 손실은 물론 극심한 후유증마저 남겼을 정도다. 더욱이 주인공의 면면을 살펴보면 한낱 '잔챙이'가 아니라 최소 사단장부터 한 나라의 총사령관에 이르는 중책을 맡은 '거물급'이다. 관운은 좋을지 몰라도 그만한 역량과 인격을 갖추었느냐는 별개라는 이야기다. 읽다보면 때로는 하도 황당하여 실소를 금할 수 없고, 때로는 웃기면서 슬프기도 하고, 때로는 안타까움과 동정심마저 갖게 한다.

그렇다고 그들을 싸잡아 '똥별'이라며 비웃을 수는 없을지도 모른다. 물론 두 명의 일본 장군의 '막장 행태'는 우리로 하여금 기가 차게 할 정도이지만 대부분은 무능하기는커녕 그 자리에 오르기까지 자신의 직분에 충실했고 능력도 인정받았다. 하지만 단 한번의 과오가 평생 쌓아올린 명성과 공적을 날려버리기에 충분했고 역사의 실패자로 이름을 남겨야 했다. 그렇게 된 이유는 그들 자신의 아집과 독선, 이기심, 우유부단함 때문이기도 하지만 그들의 역량으로는 감당할 수 없는 감투를 씌워준 조직 그 자체였다. 하머슈타인-에쿠오르트의 말처럼 조직이 '멍청하면서 부지런한 사람'을 걸러내지 못해서가 아니라 당사자의 근면함은 그대로인데 자리가 '멍청한 사람'으로 만들었다는 것이 현실의 부조리함이다.

그러나 이 글을 쓰면서 알게 된 사실이 있다. 패자들은 대개 궁색한 변명을 늘어놓으면서 다른 사람에게 실패의 책임을 떠넘기려고 한다는 점이다. 자신의 잘못을 솔직하게 인정하는 데는 대단한 용기가 필요하기 때문이다. 위대한 승자 중 한 명인 드와이트 데이비드 아이젠하워(Dwight David Eisenhower) 장군은 노르망디 상륙작전을 앞두고 작전이 실패했을 때를 대비하여 수첩에 이렇게 적었다. "육해공군 장병들은 자신의 임무를 위해 모든 용기와 헌신을 다했으며 이번 작전에 대한 어떤 비난과 잘못은 전적으로 저의 몫입니다." 그의 연설문은 다행히도 실제로 발표될 일은 없었지만 구차한 변명 한마디 없이 모든 책임을 자신에게 돌림으로써 많은 사람에게 깊은 감명을 주었다. 진정한 명장의 자질이란 남들보다 특출난 천재성이 아니라 자신의 두 어깨에 놓인 책임의 무게를 얼마나 깨닫고 있는가에 달려 있지 않을까.

역사는 승자가 쓰는 것이라고 말한다. 나폴레옹과 한니발처럼 승자보다 더 승자 같은 패자도 있지만 대부분의 패자는 승자를 빛내기 위한 역사의 조연에 지나지 않았다. 그러나 우리가 정말로 주목해야 할 쪽은 패자들이다. 그들을 미화하거나 재평가하자는 뜻이 아니라 실패에서 교훈을 얻음으로써 진정한 승리를 하기 위해서다. 더욱이 한반도는 '세계의 화약고' 중 하나로 북한의 끊임없는 도발과 4대 열강의 힘겨루기가 벌어지는 곳이다. 전쟁은 고통스럽기에 더욱 일어나서는 안 되지만 그보다 훨씬 고통스럽고 결코 일어나서는 안 되는 것이 패전이다. 우리는 안보의 중요성을 망각해서는 안 된다. 하지만 그것은 나이 많은 원로 세대가 입으로만 안보를 운운하고 "우리가 이 나라를 어떻게 지켰는지 아느냐"면서 젊은 사람들에게 훈계하듯 강조한다고 되는 일은 아니다. 군 스스로 국민의 신뢰를 얻으려고 할 때 비로소 가능한 일이다. 그러려면 지난 과오를 어물쩍 덮기보다는 진솔하게 반성하고 반면교사로 삼아야 한다. 패전의 역사를 불편하거나 부끄럽게 여길 이유는 없다. 나의 글이 우리 지휘관들에게 진정한 간부란 어떤 것인지 깨닫는 데에 도움이 되었으면 한다.

졸필의 글임에도 흔쾌히 출간을 결정해주신 교유당 신정민 대표님, 블로그를 통해 글을 연재하는 동안 꾸준한 응원과 격려, 많은 의견을 주었던 스르륵님, 현처리님, 빨꼬브니끄님, 꿈이 있는 자님, 이카루스님, kjund1004님, 투스카이님, deokbusin님, 바실리님 등 모든 이웃 분, 곁에서 물심양면 지지해준 아내와 딸 나은이에게 진심으로 감사의 말을 전한다.

2023년 4월

울산에서

차례

서문 …004

제1장 양이 사자의 탈을 쓰면?
- 로돌포 그라치아니와 이집트 침공 …013

제2장 "일본군은 초식동물, 쌀 없으면 풀 먹으면 되지"
- 무다구치 렌야와 임팔작전 …059

제3장 "나야말로 히틀러의 X맨"
- 모리스 가믈랭과 프랑스 전역 …091

제4장 사디스트가 사단장이 되다
- 하나야 다다시와 하호작전 …125

제5장 동토의 땅에서 혼쭐이 난 스탈린의 간신배
- 클리멘트 보로실로프와 겨울전쟁 …153

제6장 국민과 군대보다 내 목숨이 우선
-피에트로 바돌리오와 이탈리아 패망 …189

제7장 **군신에게서 물려받은 것은 이름과 성욕뿐**
- 나폴레옹 3세와 스당전투_245

제8장 **흑인들에게는 희망을, 백인들에게는 조롱을**
- 오레스테 바라티에리와 아두와전투_313

제9장 **미군, 1라운드에서 KO패 당할 뻔하다**
- 로이드 프레덴들과 횃불작전 …371

제10장 **식초 조, 중국을 망치다**
- 조지프 워런 스틸웰과 버마작전 …397

제11장 **가벼운 주둥이가 프랑스군을 결딴내다**
- 로베르 니벨과 니벨 공세 …467

제12장 **내 군단은 어디로 갔나?**
- 유재흥과 현리전투 …513

참고문헌 …571

제1장

양이 사자의 탈을 쓰면?

로돌포 그라치아니와 이집트 침공

"저의 한 가지 궁금증은 영국인들이 언제쯤 자신들이 세상에서 가장 강한 식민지 군대를 상대하고 있으며 이탈리아 병사들의 가치를 마침내 깨닫게 될지입니다. 그들은 얼마 지나지 않아 그 사실을 배우게 될 것입니다."

—로돌포 그라치아니가 로마의 최고사령부로 보낸 보고서에서
(1940년 9월 18일)

로돌포 그라치아니(Rodolfo Graziani, 1882~1955)는 6일 전 베니토 무솔리니(Benito Mussolini)의 채근에 못 이겨 이집트 침공을 시작했다. 초기 진격이 의외로 성공적이자 허세 가득한 보고서로 무솔리니를 흡족하게 했다. 그러나 이탈리아군은 겨우 100킬로미터 진격했을 뿐, 대번에 병참 한계에 직면하면서 더이상 전진할 수 없었다. 10월 중에는 무슨 수를 써서라도 전진하라는 무솔리니의 명령은 이행되지 못했다. 이탈리아군이 어영부영하는 사이 영국군의 반격이 시작되었다. 이탈리아군은 대번에 무너졌다.

이탈리아 병사들의 가치를 깨달아야 했던 쪽은 영국군이 아니라 그라치아니였다.

"그러나 만약 5개 사단이 이틀 만에 분쇄된다면 그런 군대는 도대체 무엇이 문제란 말인가?"

—무솔리니의 사위이자 이탈리아 외무장관 갈레아초 치아노의 일기에서 (1940년 12월 11일)

바로 이틀 전 영국군의 컴퍼스작전(Operation Compass)이 개시되었다. 그라치아니의 이탈리아 원정군은 수적 우세에도 불구하고 괴멸적인 타격을 입은 채 이집트에서 쫓겨났다. 예상을 훨씬 뛰어넘는 이탈리아군의 허약함은 무솔리니와 이탈리아 수뇌부는 물론 잘해야 이탈리아군을 조금 밀어내리라 기대했던 영국군조차 충격에 빠뜨렸다.

"누구도 손톱만으로는 강철 장갑을 뚫을 수 없는 법이라오."

—그라치아니가 패전 책임으로 해임되기 직전 아내에게 보낸 편지에서 (1941년 1월 말)

그라치아니는 영국군과의 대결을 "코끼리에 맞서는 벼룩의 싸움"이라고 묘사하면서 자신이 무능해서가 아니라 무솔리니에게 등 떠밀려 처음부터 승산 없는 전쟁에 발을 들였기 때문이라며 책임을 호도했다. 그러나 2월 7일 베다 폼 전투(Battle of Beda Fomm)에서 제10군이 포위 섬멸당하고 에르빈 로멜에 의해 교체될 때까지 그가 한 일이라고는 키레나이카(Cyrenaica)를 버리고 잔여 병력을 트리폴리(Tripoli)로 철수하라고 무력하게 명령한 것이 전부였다. 반격을 준비하거나 상황을 뒤집기 위한 노력은 찾아볼 수 없었다. 영국군이 윈스턴 처칠(Winston Churchill)의 명령으로 트리폴리를 코앞에 둔 채 공격을 멈추지 않았다면 이탈리아는 북아프리카에서 완전히 쫓겨났을 것이다.

로멜 신화의 딜레마

근래에 와서 훨씬 거대한 독소전쟁이 조명을 받다보니 빛이 바래는 면이 있지만 제2차세계대전에서 빼놓을 수 없는 싸움 중 하나는 북아프리카 전역이다. 이집트와 리비아를 무대로 '사막의 여우(The Desert Fox, 독일어로 Wüstenfuchs)'라 불린 에르빈 로멜(Erwin Rommel) 원수와 숙명의 라이벌 버나드 몽고메리(Bernard Montgomery) 중장의 지략 대결은 한편의 전설이나 다름없었다. 로멜이 이끄는 독일 북아프리카군단은 열악한 여건과 악전고투 속에서도 영국군을 밀어붙이며 카이로를 향해 진격하지만 엘 알라메인(El Alamein)에서 단단히 준비한 몽고메리의 일대 반격은 로멜의 승리를 완전히 무너뜨린다. 하지만 승패 여부를 떠나 사막의 모래 위에 수없이 버려진 전차의 잔해와 영웅들의 묘비는 마치 살아남은 사람들에게 전쟁의 허무함을 보여주는 듯하다.

2년 동안 북아프리카 전역은 처음부터 끝까지 로멜에 의한, 로멜을 위한 싸움이었다. 로멜의 등장과 함께 북아프리카 전역은 조명을 받았고 그가 몰락하자 싸움도 막을 내렸다. 근래 일부 학자는 로멜 신화가 과장되었고 초기 승리에 도취된 로멜의 무리한 진격과 병참 무시가 그의 몰락을 불러왔다고 비판하기도 한다. 하지만 적어도 그를 직접 상대했던 영국군 병사들에게 로멜은 허상이 아니라 진정한 공포였다. 로멜 공포증과 패배주의가 얼마나 심각했는지 몽고메리의 전임자였던 클로드 오친렉(Claude Auchinleck) 장군은 1942년 3월 30일 영국 제8군에 웃지 못할 포고령을 내렸을 정도였다.

"…… 그가 대단히 에너지 넘치고 정력적이라는 데 의심의 여지는 없지만 그렇다고 슈퍼맨은 아니다. 설사 그가 슈퍼맨이라고 해도 우리 병사들이 그를 초자연적인 존재인 양 여기는 것은 결코 바람직하지 못하다……. 추신. 나는 로멜이 부러운 것이 아니다."

로멜은 한줌의 독일군과 아무런 의욕도 없는 이탈리아군을 채찍질하면서 충분한 증원과 보급을 받을 수 없는 여건에서 오직 개인적인 능력에 기대어 동쪽으로 진군했다. 영국군의 기라성 같은 명장들조차 로멜의 상대가 되기에는 역부족이었다. 아돌프 히틀러(Adolf Hitler)의 허황된 소망처럼 카이로를 넘어 중동까지 진격하는 기적을 일으키지는 못했다고 한들, 2년 동안 영국군을 북아프리카에 묶어두었다는 사실만으로도 대단한 일이었다. 누가 그 역할을 대신했어도 로멜보다 더 나은 성과를 거둘 수는 없었다. 동부전선에서 거대한 소련군과 싸우고 있었던 독일 장군들은 로멜이 북아프리카에서 고작 2, 3개 사단을 맡은 주제에 총통의 과도한 총애를 받고 있다며 비아냥거렸다. 하지만 전략적으로 본다면 사실상 로멜 혼자서 영국 육군 전체를 상대하고 있는 셈이었다. 적어도 로멜이 건재한 동안 히틀러는 등뒤를 걱정할 필요 없이 대소전쟁에 전념할 수 있었다. 만약 로멜이 소극적인 태도로 일관하면서 처음에 받은 명령대로 리비아를 지키는 데만 급급했다면 어떠했을까. 처칠은 아무런 위협이 되지 않는 그를 굳이 북아프리카에서 몰아내겠다고 애쓸 필요 없이 그냥 없는 셈 치고 유럽 본토 침공을 서둘렀을 것이다.

그러나 로멜의 승리는 전술적으로는 대단했지만 지엽적이고 한시적이었으며 전쟁의 향방을 바꿀 수는 없었다. 로멜이 치명적인 실수를 했거나 역량이 부족해서가 아니라 독일의 전쟁 수행 자체가 원칙을 잃었기 때문이었다. 그의 투입은 군사적 필요라기보다 히틀러의 자만심과 한패거리인 무솔리니와의 인간적인 관계를 고려한 충동적이고 정치적인 결정이었다. 히틀러는 막연히 북아프리카에서 이탈리아가 쫓겨나서 좋을 것이 없다고 여기면서도 독일의 전쟁에서 북아프리카가 차지하는 비중이 어느 정도인지, 현지 상황이 어떠한지, 앞으로 독일이 어디까지 발을 들여야 할지, 총력을 집중할 참이었던 소련 침공과의 상호 연계나 전략적 우선순위를 어떻게 설정할지에 대해서 아무런 고민도 없었다.

로멜에게 주어진 권한과 책임도 모호했다. 그가 최고사령부(OKW)의 허락도 없이 제멋대로 반격에 나섰음에도 불구하고 승리를 거두자 히틀러와 군 수뇌부는 명령 불복종을 문제삼는 대신 오히려 열광했다. 육군참모총장 프란츠 리터 할더(Franz Ritter Halder) 장군을 비롯한 일부 상관은 로멜이 자신의 공명심에 눈이 멀어 병참을 고려하지 않고 무리한 진격을 하고 있다며 시기어린 비난을 퍼부었지만 더 나은 대안을 제시하지도 못했다. 그들은 전쟁 전체를 지휘할 전략적 지도 능력이 부족했기 때문이다. 최고사령부가 할 수 있는 일은 로멜에게 무제한의 재량권을 부여하되, 그에 따르는 책임도 모조리 떠넘기는 것이었다.

전쟁 내내 로멜의 발목을 잡았던 병참 문제는 지중해에서 추축국 해군에게 해상 수송함대를 보호할 강력한 항공모함 전력이 없는 한 해결될 수 없었다. 지중해를 통과하는 영국 수송함대는 항공모함의 엄호를 받았던 반면, 추축국 수송함대는 영국 폭격기의 공격에 무방비나 다름없었다. 항속거리가 짧은 추축국 항공기로는 수송함대를 엄호하는 데 역부족일뿐더러 이탈리아 공군은 "하늘을 나는 것은 모두 우리 소유"라고 고집하면서도 해군과의 협력에는 소홀했기 때문이다. 단 한 척의 항공모함도 없었던 이탈리아 해군은 항공모함을 앞세운 영국 해군과의 전투에서 연전연패하자 아예 싸움을 회피한 채 항구에 틀어박혔다. 바다를 지배하는 주역은 전함이 아니라 항공모함이었다. 무솔리니는 뒤늦게 두 척의 항공모함 건조를 지시했지만 자금과 자원 부족으로 전쟁이 끝날 때까지도 완공하지 못했다.

로멜을 독불장군이라며 비난하기에 앞서 보다 근본적인 질문을 던져보자. 어째서 무솔리니는 로멜 덕분에 급한 불을 끈 뒤에 독일군을 집으로 돌려보내고 북아프리카를 이탈리아군에게 다시 맡기지 않았을까? 북아프리카에서 주인공은 그들이 아니었는가. 무솔리니가 자존심을 내려놓고 남의 힘에 기댄 이유는 자신의 군대를 더이상 신뢰할 수 없었기 때문이다. 허황된 꿈에 취해 있었던 무솔리니조

엘 알라메인에서 폴고레 공수사단 병사들, 1942년 10월 공수사단이라는 이름이 무색하게 공수작전에 투입되는 대신 북아프리카에서 경보병부대로 활용되었다. 하지만 이들의 용맹함은 여느 보병사단과는 차원이 달랐다. 폴고레 공수사단 대원들은 무기와 장비가 매우 빈약했는데도 고도의 규율과 뛰어난 전투기술을 활용하여 제2차엘알라메인전투에서 압도적인 연합군을 상대로 이탈리아 엘리트부대의 정예함을 증명했다.

차 정신이 번쩍 들었을 만큼 이탈리아군의 모습은 추태 그 자체였다. 그렇다고 해서 이탈리아인들이 원래부터 싸움에 약하거나 겁쟁이라고 여긴다면 성급한 결론이다. 영국 중동군 사령관 아치볼드 웨이벌(Archibald Wavell) 원수는 이탈리아군에게 부족한 것은 조직력과 무기이지 병사 개개인의 용기가 아니라고 인정했다. 똑같은 여건에서도 누가 지휘하느냐에 따라 백팔십도 달라지기도 했다. 알피니 산악사단이나 폴고레 공수사단, 아리에테 기갑사단 등 몇몇 엘리트부대는 독일군조차 경탄했을 만큼 용맹스러웠다. 그렇다면 왜 모든 이탈리아군은 그렇게 싸우지 않았을까? 그 차이는 어디에서 비롯되었을까?

제2차세계대전 최약체 중 하나가 이탈리아군이라면 최강의 군대는 단연 독일군이다. 독일군은 그저 남들보다 좀더 강하다는 정도가 아니라 로마군대와 칭기즈칸의 몽골군에 이어서 인류 전쟁사에서 한 획을 그은 군대였다. 미 육군 대령이자 저명한 역사학자인 트레버 N. 두피(Trevor N. Dupuy)는 전투 보고서를 조사한 결과 독일군의 전투 효율이 미군의 1.3배, 영국군의 1.45배에 달했다고 결론을 내렸다. 로멜이 무리한 줄 알면서도 진격을 고집한 것이나, 히틀러와 군 수뇌부가 로멜에게 죄다 떠넘긴 채 은근히 기적을 기대했던 것도 독일군이 그만큼 강했기 때문이었다.

패전의 상처와 베르사유체제의 온갖 제약을 받았던 독일군이 20년 만에 무적이 된 비결에는 독일의 지도자였던 히틀러의 역할을 빼놓을 수 없다. 일부 수정주의 학자들의 성급한 주장처럼 히틀러를 가리켜 합리적이거나 노련한 지도자라고 할 수는 없지만 적어도 몇 가지 장점은 있었다. 낡은 관행에 얽매이지 않았던 그는 프로이센 귀족 중심의 경직된 군사 문화를 깨뜨리고 젊고 유능한 지휘관들을 파격적으로 기용했다. 또한 케케묵은 방식을 고집하는 대신 새로운 전술과 무기 개발을 장려했으며, 군대의 머릿수만 늘리는 것이 아니라 독일군을 내실 있는 군대로 만드는 데 앞장섰다. 오스트리아 출신 상병이 전쟁을 뭘 알겠냐며 무시하던 독일 장군들도 히틀러가 생각보다 훨씬 만만찮은 인물임을 인정해야 했다. 물론 승리에 도취된 히틀러가 자신의 행운을 과신하여 감당할 수 없을 만큼 판을 키우는 바람에 일을 완전히 망쳤지만 말이다.

무솔리니는 히틀러보다 훨씬 무능했다. 정치인이기보다 사기꾼이었던 그는 권력을 잡은 지 20여 년 동안 단 한가지도 제대로 한 일이 없었다. 비효율적인 경제 정책, 무리한 대외 원정은 이탈리아 경제를 파산으로 내몰았고 군대의 현대화에 쓸 자금을 낭비했다. 하지만 진짜 문제는 무솔리니가 이탈리아군의 발전을 억제했다는 사실이었다. 군대는 파시스트 정권의 잠재적인 위협으로 취급받았다. 무솔리니가 원하는 것은 눈부신 승리이지, 승리를 거두기 위한 군대가 아니었기 때문이었다.

믿기 어렵게도 이탈리아군 또한 일본군처럼 방어보다 공격을 중시했고 정신력을 강조했다. 제1차세계대전에서 엄청난 대가를 치른 영국, 프랑스가 위축되어 방어에 집착한 것과는 반대였다. 또한 카이사르와 마키아벨리를 롤모델로 삼았다. 하지만 이상과 현실은 달랐다. 이탈리아군에게는 일본군과 같은 광신적인 면이 없었다. 그렇다고 물질적인 우위를 위해 노력하지도 않았다. 군대는 새로운 전쟁에 대비하는 대신 열병식에만 열을 올렸다. 장군들의 무관심과 자금 부족으로 신무기의 개발은 지연되었다. 병사들이 지급받은 무기는 제1차세계대전 때와 다를 바 없었다. 1930년대 말에 와서 공수부대와 차량화부대와 같은 현대화된 엘리트 부대가 창설되었지만 실험적인 수준에 머물렀고 전장에서 중요한 역할을 맡기에는 숫자가 너무 적었다.

무솔리니는 욕심만 한가득일뿐 히틀러처럼 승부사로서의 기질이 없었다. 그는 전쟁에 발을 들일 생각이 없었음에도 히틀러에 대한 질투심에 눈이 멀어 충동적으로 일을 저질러놓고 뒷수습을 할 수 없었다. 병사들은 망령든 두체 때문에 도살장에 끌려나왔다고 분노했다. 제1차세계대전에서 이탈리아군이 썩 신통치는 않아도 연합군의 한 축을 맡았음에도 제2차세계대전에서는 아예 싸울 수 없는 군대로 전락한 이유였다.

무솔리니만이 아니라 군 수뇌부에 그가 심어놓은 무능한 아첨꾼들도 이탈리아군을 망치는 데 일조했다. 이들은 상전이 무모한 짓을 한다며 투덜대면서도 승리를 위한 노력보다는 출세의 기회를 잡으려고 여념이 없었다. 동부전선에서 활약한 조반니 메세(Giovanni Messe) 원수 같은 몇몇 예외를 제외하고 대다수 이탈리아 장군들은 범용하거나 병사들을 좌절시키기에 충분할 만큼 최악이었다. 지중해를 제패한 스키피오 아프리카누스와 카이사르를 배출한 나라의 형편없는 퇴보였다. 무솔리니는 무능한 장군들 때문에 잠을 잘 수 없게 되었다고 분노했지만 그런 얼간이들에게 이탈리아군을 떠맡긴 장본인은 자신이었다.

무솔리니에게 잠 못 드는 밤을 선사한 대표적인 인물 중 한 명은 로돌포 그라치아니 원수였다. 그는 한때 이탈리아 최고의 장군 중 한 명으로 손꼽혔다. 하지만 그 명성은 훨씬 약한 상대를 인정사정없이 무너뜨리고 얻어내었다. 그럴 때는 한없이 강했다. 정작 진짜 강적을 만났을 때는 대번에 꼬리를 내렸다. 아예 타조처럼 머리를 이집트의 모래 속에 처박은 채 아예 아무것도 하지 않았다. 그는 사자처럼 보였지만 숨겨진 정체는 사자의 탈을 쓰고 사자 행세를 하는 양이었다.

그리고 자신의 군대마저 양으로 만들었다. 결국 로멜이라는 진짜 사자가 나서야 했던 것이다.

페잔과 에티오피아의 도살자

무솔리니보다 한 살 위인 그라치아니는 젊은 시절 촉망받는 군인이었다. 제1차세계대전 당시 알프스산맥에서 오스트리아군과 싸우면서 여러 차례 공을 세워 최연소 대령으로 진급했고 두 번이나 부상을 입기도 했다. 그라치아니가 명성을 떨치게 된 비결은 리비아 반란 진압과 에티오피아 정복이었다. 하지만 나치 못지않은 잔혹함이 숨어 있었다. 1930년 그는 리비아 주둔 이탈리아군 사령관에 임명되어 베두인족의 반란을 무자비하게 진압했다. 1만 2000여 명이 처형되었으며 키레나이카 주민 절반에 달하는 10만여 명이 강제수용소에 수감되었다. 강제수용소 환경이 워낙 열악하여 수감자 절반이 굶주림과 병으로 죽었다. 코란을 가르치는 교사 출신으로 저항운동의 수장이었던 오마르 알무크타르(Omar al-Mukhtar)는 지형을 이용하여 20년 동안 게릴라전을 펼치며 이탈리아군을 괴롭혔다. 하지만 끝내 그라치아니에게 붙잡혀 처형되었다. 그라치아니는 무솔리니의 골칫거리 하나를 해결해주었다. 하지만 그의 통치는 매우 가혹했다. 아랍인들은 '페잔의 도살자'라고 부르며 증오했다.

그라치아니는 무솔리니의 총애를 얻고 소말리아 총독에 임명되었다. 리비아 반란을 진압한 무솔리니는 '제2의 로마제국 부흥'을 내걸

이탈리아군에게 붙잡힌 오마르 알무크타르(맨 앞줄 왼쪽 세번째) 그는 전문적인 군사교육을 받은 적이 없었지만 1911년부터 1931년까지 베두인족을 이끌고 이탈리아에 맞섰다. 그의 활약상은 전설적인 사막 게릴라전의 전문가였던 토머스 로런스에 비견될 정도였지만 1931년 9월 11일 포로가 되었고 닷새 뒤 교수형에 처해졌다. 그는 죽기 전에 "우리는 승리하거나 죽을 것이다"라고 하면서 끝까지 꺾이지 않았다. 두 사람의 대결은 1981년 앤서니 퀸 주연의 영화 〈사막의 라이언〉으로 제작되었다.

고 본격적인 침략전쟁을 시작했다. 첫번째 먹잇감은 아프리카 유일의 독립왕국인 에티오피아였다. 40년 전 아두와(Adwa)에서 이탈리아군을 격파하여 유색인종으로는 처음으로 백인과의 전쟁에서 승리한 나라이기도 했다. 무솔리니는 그때의 패배를 설욕하겠다고 호언장담했다. 1935년 10월 3일 이탈리아군은 침공을 시작했다. 북쪽의 에리트레아에서는 주력부대인 에밀리오 데 보노(Emilio De Bono) 원수가 이끄는 16만 4000명이, 남쪽의 소말리아에서는 조공부대인 그라치아니의 5만 3000명이 에티오피아를 양면에서 협공했다. 또한 야포 275문과 L3 탱켓 200여 대, 항공기 250여 대가 투입되었다.

에티오피아 황제 하일레 셀라시에(Haile Selassie I)는 석유로 제 잇속만 챙기는 중동의 봉건 군주들이나 부귀영화와 자기 우상화에만 열을 올리는 아프리카의 여느 독재자들과는 달랐다. 그는 아두와전투의 영웅 메네리크 2세와 더불어 에티오피아 역사상 가장 위대한 군주이자 진정한 '유다의 사자(Lion of Judah, 에티오피아 솔로몬 왕조의 칭호로 옛 에티오피아 국기에도 사자 문양이 있었다)'였다. 아버지는 메네리크 2세(Menelik II)의 사촌이자 장군이었고 아두와전투에서 이탈리아군을 격파한 명장이었다. 셀라시에황제는 아디스아바바(Addis Ababa)에서 동쪽으로 멀리 떨어진 하라르(Harar)를 통치하는 귀족이었다. 메네리크 2세가 죽은 후 벌어진 내전에서 승리하여 권력을 차지했다.

옥좌에 앉은 그는 에티오피아 근대화에 착수했다. 그는 17세기에 낙후한 러시아를 강대국으로 만든 표트르 대제처럼 직접 유럽 각국을 시찰하고 서구 문물을 수용했다. 아디스아바바에 국립은행이 설립되었고, 철도가 건설되었으며, 서구식 병원과 학교가 세워졌다. 1931년에는 에티오피아 최초의 근대 헌법을 제정했다. 외교적으로도 국제연맹에 가입하고 외국과 국교를 맺었다. 에티오피아는 존재감 없는 은둔의 나라에서 당당한 국제사회의 일원으로 발돋움했다.

그러나 에티오피아는 여전히 세상에서 가장 가난한 나라 중 하나

아디스아바바 시가지 전경, 1934년 암하라어로 "새로운 꽃(new flower)"이라는 이름의 아디스아바바는 그때까지 황제가 있는 곳이 곧 수도였던 에티오피아에서 1889년 메네리크 2세 황제에 의해 황궁과 귀족들의 저택이 건설되면서 처음으로 영구적인 수도가 되었다. 아디스아바바는 해발 2500미터의 작은 휴양 마을에서 제국의 중심으로 빠르게 성장했다. 셀라시에황제가 즉위한 뒤에는 지부티와 연결하는 철도가 건설되고 은행과 병원, 전신, 서양식 주택이 들어서는 등 근대화된 도시로 탈바꿈했다. 1935년 당시 인구는 14만 명 정도였다.

였다. 셀라시에황제의 근대화 노력은 매번 보수적인 귀족들과 성직자들의 극심한 반발에 부딪혔다. 민중은 무지했으며 변화의 속도는 매우 느렸다. 근대 공업은 찾아볼 수 없었다. 1935년 당시 인구 1450만 명 정도였던 에티오피아 국민 대다수는 수천 년 전과 다를 바 없는 삶을 살면서 외부와 고립된 채 척박한 땅에서 근근이 먹고살았다. 경제적 가치를 생각한다면 무솔리니가 굳이 정복할 필요가 있는지조차 의심스러울 정도였다. 이탈리아군의 침공이 시작되자 셀라시에황제는 총동원을 선언했다. "창을 쥘 수 있는 모든 남자와 소년은 아디스아바바로 집결하라. 모든 기혼자는 요리와 세탁할 수 있는 아내를 데리고 오라. 모든 미혼자는 요리와 세탁할 수 있는 여자를 찾아서 데리고 오라……. 명령을 받고도 집에서 발견된 자는 교수형에 처할 것이다."

황제의 결의에도 불구하고 에티오피아의 군사력은 아두와전투 때와 거의 다를 바 없었다. 병력은 50만 명에 달했지만 그중 10만 명 정도만 황제 직속의 중앙군이었다. 나머지는 지방 영주들의 사병이었다. 중앙군 병사들은 서구식 군복을 입었지만 군화는 없었다. 훈련은 매우 형편없었으며 무기는 낡은 소총과 약간의 대포가 전부였다. 상당수는 창과 활, 칼 등 냉병기로 무장했다. 뒤늦게 이탈리아의 위협에 맞서 유럽에서 최신 무기를 도입했다. 하지만 독일에서 수입한 37밀리미터 Pak 35 대전차포 12문과 스위스제 20밀리미터 엘리콘 대공포 48문, 프랑스제 75밀리미터 슈나이더 야포 몇 문에 불과했다. 공군은 낡은 복엽기 13대가 전부였고 조종은 외국인 용병들이 맡았다. 에티오피아군을 통틀어 유일하게 현대화된 부대는 황제 근위대이자 제1사단 '케브르 자바나(Kebur Zabagna)'였다. 벨기에 군사고문단에게 훈련을 받았고 기관총과 박격포로 무장했다. 훗날 한국전쟁에서 유일한 아프리카 흑인 군대인 '강뉴대대(Kagnew Battalion)'라는 이름으로 파견되어 공산군을 상대로 용맹을 떨친 것이 이 부대이다. 강뉴란 암하라어로 '질서의 수호자'라는 뜻이지만 황제의 아버지가 아두와전투에서 탔던 전투마의 이름에서 따온 것이기도 했다.

에티오피아군은 19세기 무기를 사용하는 중세 군대였다. 근대적인 제병협력이나 병참체계도 결여되어 있었다. 이탈리아가 제아무리 열강 중에는 변변찮다고 한들 엄연히 현대화된 20세기 군대였다. 그렇다고 외부의 도움을 기대할 수도 없었다. 국제연맹은 침묵을 지켰고 영국과 프랑스는 이탈리아의 눈치를 보느라 무기를 달라는 에티오피아의 요청을 묵살했다. 에티오피아의 처지는 40년 전보다도 불리했다. 무솔리니의 입장에서 본다면 어린아이 팔 비틀기보다 쉬운 싸움처럼 보였다.

하지만 전쟁은 만만치 않았다. 무솔리니가 워낙 서두른 탓에 이탈리아군의 준비가 불충분했을뿐더러 한번도 외세에 정복당한 적 없는 민족의 저항 의지를 과소평가했다. 국경지대의 지형은 매우 험준하여 방어에 유리한 반면, 공격에는 불리했다. 이탈리아군의 전진은 느리기 짝이 없었다. 침공 5주째인 11월 8일에야 데 보노는 국경에서 110킬로미터 떨어진 메켈레(Mekelle)에 입성했다. 노련한 장군인 그는 과거의 실패를 반복하지 않기 위해 무턱대고 전진하는 대신 도로 건설과 병참선 확보에 나섰다. 하지만 참을성 없는 무솔리니의 끝없는 독촉에 시달렸다. 결국 데 보노는 쫓겨났고 좀더 고분고분한 피에트로 바돌리오(Pietro Badoglio) 원수로 교체되었다. 그러나 바돌리오도 별수 없기는 마찬가지였다. 무기는 빈약해도 싸움에 익숙한 에티오피아군 병사들은 지형지물을 이용하여 도처에서 게릴라전을 펼치고 이탈리아군의 병참을 기습하여 큰 피해를 입혔다.

무솔리니가 로마에서 입으로만 떠들던 것과 달리, 황제는 직접 근위대를 거느리고 최전선으로 나왔다. 병사들의 사기가 크게 높아졌다. 이탈리아군은 수세에 몰렸다. 에티오피아 정복은커녕 도리어 에티오피아군이 에리트레아를 침공할 판이었다. 당황한 무솔리니는 비장의 수단을 꺼냈다. 국제법에서 금지한 독가스였다. 제1차세계대전 당시 카포레토(Caporetto)전투에서 독일군의 독가스 공격으로 전멸할 뻔했던 이탈리아군은 에티오피아인들에게 겨자가스와 포스겐가스를 무차별 살포했다.

에티오피아군의 주력이 북쪽에 집중된 덕분에 남쪽 전선의 상황은 훨씬 순탄한 것처럼 보였다. 그라치아니는 사전에 케냐의 영국인들에게서 수백 대의 차량을 구입하여 군대의 기동성을 높였다. 그는 충분한 식수와 연료, 식량을 준비했고 폭격기로 에티오피아 남부의 마을들을 무차별 폭격하여 에티오피아군의 사기를 떨어뜨렸다. 그런 다음 루이지 프루시(Luigi Frusci) 대령이 지휘하는 기계화 분견대를 앞세워 한 달 만에 200여 킬로미터를 전진했다. 데 보노의 두 배였다. 그러나 그 역시 진군을 멈추어야 했다. 에티오피아군을 추격하던 선봉부대가 역습을 당해 대패한데다 병참이 한계에 직면한 탓이었다. 그라치아니가 진격을 멈추자 에티오피아군은 반격을 준비했다. 단순히 그라치아니의 군대를 국경 밖으로 몰아내는 것이 아니라 소말리아로 진격하여 모가디슈를 점령할 계획이었다.

그라치아니는 정규군을 1개 사단만 보유하고 있었다. 나머지는 소말리아 출신 식민지병이었다. 바돌리오는 그라치아니에게 방어를 지시했지만 그라치아니는 무솔리니를 설득하여 "필요한 경우 제한적인 공격에 나서도 좋다"라는 허락을 받았다. 1936년 1월 15일 그라치아니는 에티오피아-소말리아 국경의 돌로(Dolo)에서 벌어진 전투에서 독가스와 항공 폭격, 그리고 기계화 부대를 이용하여 오랜 행군으로 지친 에티오피아군을 섬멸했다. 진격이 재개되었다. 1936년 4월 23일 오가덴전투에서 또 한번 승리를 거두었다. 북쪽에서도 바돌리오가 에티오피아군의 주력부대를 대파했다. 한 달 후 아디스아바바는 함락되었고 셀라시에황제는 영국으로 망명했다.

이탈리아인들에게는 결코 영광스러운 승리라고 할 수 없었다. 공식적으로는 사상자가 3000여 명에 불과했지만 실제로는 1만여 명이 죽고 4만 명 이상이 부상을 입었다. 승리는 이탈리아군이 강해서가 아니라 독가스 덕분이었다. 이탈리아군은 조금만 완강한 저항에 부딪혀도 독가스를 사용했다. 그것도 농약을 뿌리듯 비행기로 공중에서 전선과 후방을 가리지 않고 무차별적으로 독가스 액을 살포했다. 농토와 식수가 오염되어 에티오피아인들은 엄청난 고통을 겪어야 했다. 약 150톤에서 300톤에 달하는 독가스가 사용되었고 독가스로 죽은 에티오피아인만 해도 5만 명에 달하는 것으로 추산되었다. 영국의 명망 있는 군사전문가이자 이탈리아군 종군기자로 에티오피아 침공을 취재했던 풀러(J. F. C. Fuller) 장군은 이탈리아군이 이길 수 있었던 비결이 독가스였다고 토로했다. 국제사회의 지탄을 받자 무솔리니는 홧김에 국제연맹 탈퇴를 선언하여 외교적 고립을 자초했다. 얻은 것은 없는 반면, 거액의 전비와 눈덩이처럼 불어나는 점령 비용은 이탈

로마를 방문한 히틀러를 환대하는 무솔리니와 그라치아니(가운데), **1938년 5월 4일** 히틀러가 황송해할 정도로 무솔리니의 '전성기'였다. 뮌헨회담에서 히틀러가 영국과 프랑스를 상대로 큰소리칠 수 있었던 것도 무솔리니가 든든한 뒷배 노릇을 해준 덕분이었다. 그러나 1년도 되지 않아 히틀러와 무솔리니의 위치는 완전히 뒤바뀌었다. 무솔리니는 질투심 가득한 얼굴로 히틀러의 성공을 바라보아야 했다.

리아 경제에 치명적이었다.

하지만 무솔리니는 승리에 흡족해했다. 그는 아디스아바바 점령을 보고받고 베네치아궁전 발코니에서 군중을 향해 "이탈리아는 제국이 되었다"라고 소리쳤다. 무솔리니는 원래 민간 정치인이지 군인이 아니었음에도 이참에 원수의 계급장을 달고 군복을 즐겨 입고 총사령관 행세를 하면서 국민들 앞에서 으스대었다. 그라치아니도 덩달아 원수로 승진했다. 그는 에티오피아에서 현대적인 기동전을 처음으로 선보여 세계 언론의 이목을 끌었다. 4년 뒤 독일군의 눈부신 전격전에 비하면 하잘것없다고 해도 '전격전의 마스터'라고 불리는 하인츠 구데리안(Heinz Guderian)보다 한발 먼저 기계화 전쟁의 전문가라는 명성을 얻었다. 그러나 그 명성은 거품이었다. 구데리안과 달리 그라치아니의 승리는 저항할 수단을 갖추지 못한 사람들을 상대로 얻어내었기 때문이다.

그라치아니는 전투보다는 지배에 더 능한 인물이었다. 또한 출세욕 가득한 정치군인이었다. 그는 이탈리아령 동아프리카 총독이 되어 에티오피아와 에리트레아, 소말리아에 이르는 광대한 식민지를 통치하게 되었다. 리비아에서와 마찬가지로 에티오피아에서도 인정사정없었다. "두체는 에티오피아인들이 있건 없건 에티오피아를 가질 것이다." 이탈리아 병사들은 임산부의 배를 가르고 태아들을 잔혹하게 죽이는 등 온갖 만행을 저질렀다. 참다못한 에티오피아인들은 그를 암살하려고 했지만 실패했다. 그 보복으로 그라치아니는 3만 명에 달하는 에티오피아인을 무차별 학살하여 페잔의 도살자에 이어 '에티오피아의 도살자'라는 악명을 덧붙였다. 이탈리아의 전쟁 범죄는 일본의 식민지배조차 무색할 정도였다. 이탈리아인들이 전쟁에 약하다고 해서 폭력에도 약한 것은 아니었던 셈이다.

제2차세계대전이 발발한 뒤 그의 후임자였던 아오스타 공작(Duke of Aosta)은 무솔리니의 독촉에 못 이겨 영국령 수단과 소말리아를 침공했다가 여지없이 박살났다. 영국군은 에티오피아군과는 차원이 달랐다. 셀라시에황제 역시 자신의 왕국을 되찾기 위해 수단에서 영국군과 함께 진군했다. 1941년 4월 6일 아디스아바바는 해방되었다. 한 달 후 에티오피아 북부 고원지대인 암바 알라기(Amba Alagi)에서 아오스타와 이탈리아군 전체가 항복했다. 로마제국의 부활을 꿈꾸었던 무솔리니의 야심은 5년 만에 꺾였다.

망신으로 끝난 프랑스 침공

1939년 그라치아니는 육군 참모총장에 임명되어 육군의 정점에 올랐다. 하지만 좋은 시절은 여기까지였다. 그의 상대는 더이상 만만한 아프리카인들이 아닌 진짜 열강이었다. 무솔리니의 전쟁 원칙은 결코 이길 수 없는 상대(독일)에게는 절대 싸움을 걸지 않지만 만만하거나(그리스) 궁지에 몰린 상대(영국, 프랑스)에게는 기꺼이 공격한다는 점이었다. 그럼에도 불구하고 매번 패배로 끝난다는 것이 역사에서 보기 드문 아이러니라고 할까.

1940년 6월 10일 독일군의 맹공에 파리가 풍전등화에 놓이고 프랑스 지도부가 항복을 논의할 때 그때까지 방관하던 이탈리아가 느닷없이 선전포고했다. 이탈리아의 뒷북 참전은 무솔리니의 충동적인 결정이었다. 강철조약의 굳은 맹세에도 불구하고 히틀러의 승리를 믿지 못하던 그는 뒤로 물러앉아 남의 싸움을 불구경할 속셈이었다. 조금만 더 인내심을 발휘했다면 손끝 하나 까딱하지 않고도 재미를 보았을지도 모른다. 영국과 프랑스가 이탈리아의 참전을 막기 위해 아프리카 식민지를 양보하겠다고 제안했기 때문이다. 하지만 쉽게 승부가 나지 않을 것이라는 예상과 달리 독일군이 프랑스를 정신없이 몰아붙였다. 조바심이 난 무솔리니는 뒤늦게 숟가락을 얹을 궁리에 나섰다.

그러나 세상일이란 뜻대로 되지 않는 법이었다. 이탈리아군은 전쟁과 거리가 멀었다. 무솔리니는 이탈리아군을 정권을 지탱하고 대외 선전을 위한 수단으로만 여겼을 뿐 내실에는 신경쓰지 않은 탓이었다. 에티오피아 침공과 에스파냐 내전 개입, 알바니아 병합은 이탈리아군에게 현대전의 경험을 쌓아 강력한 군대로 거듭날 기회이기도 했다. 하지만 무솔리니의 방만한 개입은 귀중한 자원과 에너지만 낭비한 꼴이었다. 대표적인 '악행'이 제2차세계대전 당시 이탈리아군을 절름발이로 만드는 데 일조한 '바이너리사단(2각 편제)'이었다.

제1차세계대전을 거치면서 유럽 각국은 육군 사단들을 나폴레옹 시절의 낡은 '4각 편제' 대신 '3각 편제'로 개편했다. 3각 편제란 1개 사단을 3개 보병연대와 1개 포병연대, 기타 지원 부대로 구성하는 방식이었다. 최전선에 2개 보병연대를 투입하고 후방에는 1개 보병연대를 예비대로 남겨둔다는 것이었다. 전쟁의 양상이 보병의 총검 돌격에서 화력과 기동성 중심으로 바뀌고 전투가 시시각각 변화하는 상황에서 군대의 유연성과 대응능력을 높이는 데 3각 편제가 가장 효율적이라고 판단했기 때문이었다. 그런데 이탈리아군은 도가 지나쳤다. 1937년 육군 참모총장 겸 전쟁부 차관이었던 알베르토 파리아니(Alberto Pariani) 대장은 미래전쟁이 속도에 달려 있다고 외치면서 대대적인 군사 개혁에 착수했다. 그러나 기존 사단에서 1개 연대씩을 빼내면서 2각 편제로 만든 것이 전부였다. 사단 수가 2배 가까이 늘어나면서 진급 적체가 해소된 장교들은 기뻤겠지만 인력은 반토막이 났고 예비대의 확보가 어려워졌다. 가뜩이나 부족한 포병과 대공포 등 전투지원부대를 여기저기 분산해야 했기에 전체적인 전력은 오히려 약화되었다. 파리아니의 원래 의도는 머릿수를 줄여 사단을 경량화하고 기동성을 높이되, 부족한 전력은 전차, 차량, 대전차포 등 기계화로 보완하려는 생각이었다. 책상물림 장군의 무모한 실험이 아니라 에티오피아전쟁에서의 경험을 반영했으며 시대를 앞선 것이기도 했다. 문제는 이탈리아의 산업 능력이 너무 빈약했다는 점이었다. 게다가 무솔리니가 자신의 위신을 과시할 요량으로 에스파냐 내전에 깊숙이 발을 들이면서 계획은 엉망이 되었다.

무솔리니는 육군의 현대화가 지지부진하자 독려하거나 차라리 원래대로 돌릴 수도 있었다. 하지만 그는 자신의 충성스러운 파시스트 의용부대인 검은셔츠단을 각 사단마다 1개 연대씩 배치하여 머릿수만 적당히 채웠다. 정치 깡패들이었던 그들은 겉으로는 그럴듯했지만 실질적인 전투력은 매우 의심스러웠다. 개전 당시 이탈리아군은 73개 사단을 보유했지만 그중 19개 사단만이 완전 편제를 갖추었다. 하지만 최상의 부대조차 말만 사단이었을 뿐 실제 전력은 다른 나라의 여단에 지나지 않았다. 전체 40퍼센트가 넘는 32개 사단은 편성중이었고 나머지 22개 사단은 껍데기뿐이었다. 해군과 공군 역시 막대한 투자에도 불구하고 장비는 노후화했고 훈련은 부족했다. 무솔리니는 입만 열면 이탈리아가 '지중해의 죄수'라면서 족쇄를 부수고 지브롤

터해협을 넘어 인도양과 대서양으로 진출해야 한다고 강조했다. 하지만 영국 해군이 두려웠던 이탈리아 해군은 대양은커녕 이탈리아 연안을 벗어나려 하지 않았다. 이탈리아군은 전투 대신 거리에서 거창하게 행진하는 데만 능숙한 약골 군대였다. 1940년의 이탈리아군은 1936년, 심지어 1915년보다도 형편없었다.

히틀러가 무솔리니를 든든한 맹우이자 정치적 스승으로 여기는 것과 별개로 독일 장군들은 이탈리아군에 대한 어떠한 환상도 없었다. 영국의 저명한 저널리스트이자 역사 작가인 맥스 헤이스팅스(Max Hastings)는 『고삐 풀린 지옥 : 세계대전 1939~1945*All Hell Let Loose: World at War 1939-1945*』에서 명목상 동맹군인 이탈리아군을 얼마나 하찮게 여겼는지 보여주는 두 개의 농담을 언급한다.

[1936년 어느 파티에서 한 멍청한 여인이 베르너 폰 블롬베르크 원수에게 다음 전쟁에서는 어느 쪽이 이길지 물었다. 그는 다음과 같이 대답했다.

"부인, 저는 그런 대답은 할 수 없습니다. 다만 이건 말씀드릴 수 있습니다. 어느 쪽이건 이탈리아가 붙는 쪽이 반드시 질 거라는 사실입니다."]

[히틀러의 충실한 종복 카이텔이 보고했다.

"총통, 이탈리아가 참전했습니다!"

히틀러가 대답했다.

"2개 사단을 보내시오. 그들을 끝장내기에는 충분할 거요."

카이텔이 말했다.

"아닙니다, 총통. 그들은 적이 아니라 우리 편입니다."

히틀러가 말했다.

"그럼 얘기가 다르지. 10개 사단을 보내시오."]

프랑스군이 제아무리 다 죽어간다고 해도 이탈리아군에게 프랑스 침공은 결코 만만한 일이 아니었다. 프랑스와 이탈리아 국경에는 험준한 알프스산맥이 가로막고 있었다. 게다가 프랑스군은 이탈리아군의 공격에 대비하여 지난 10년 동안 '작은 마지노선'이라고 불리는 강력한 요새선을 구축했다. 이탈리아군의 능력으로는 알프스를 우회할 수도 없었고 프랑스 요새를 점령하기 위한 중포나 항공 전력도 불충분했다. 국경에는 상당한 병력의 이탈리아군이 주둔했지만 그들의 임무는 프랑스의 침공을 막는 것이지 이쪽에서 치고 나가는 것이 아니었다.

무솔리니의 날벼락 같은 선전포고에 기겁한 쪽은 프랑스군이 아니라 이탈리아군이었다. 이탈리아군 참모본부는 프랑스군의 보복 공격을 우려한 나머지 해괴한 명령을 내렸다. 현지 이탈리아군에게 방어를 유지할 것과 프랑스군이 먼저 공격하지 않는 한 절대 도발해서는 안 된다는 것이었다. 베네치아궁전 앞에 모인 수천여 명의 이탈리아인을 향해 "무기를 들어 제군들의 강인함과 용기, 용맹함을 증명하라!"고 기세등등하게 외친 무솔리니의 엄포가 무색했다. 전쟁을 선포하고도 전쟁을 해서는 안 된다는 황당한 지시에 병사들은 '역사상

처음으로 발포 금지 명령을 내린 선전포고'라고 조롱했다. 『손자병법』에서는 용병을 할 때 "완벽하려고 늦추는 것보다 미흡해도 신속한 쪽이 낫다(巧遲不如拙速)"라는 말이 있지만 위대한 전략가 손무(孫武)도 무솔리니의 조급증 앞에서는 두 손 두 발 다 들지 않았을까.

당황한 바돌리오는 공격에 나서려면 적어도 한 달은 있어야 하며 독일과의 사전 조율 없이 함부로 끼어들어서는 안 된다고 만류했다. 하지만 무솔리니는 막무가내였다. 그 와중에도 히틀러가 혹시나 자신을 빼놓고 전쟁을 끝낼까봐 조바심이 난 나머지 6월 18일 급히 뮌헨을 방문했다. 무솔리니는 히틀러에게 독일과 프랑스의 단독 강화를 반대하고 프랑스 전역을 점령할 것과 코르시카와 프랑스령 북아프리카, 프랑스 해군이 보유한 전함의 양도를 요구했다. 히틀러에게는 씨알도 안 먹힐 소리였다. 그는 그때까지도 히틀러를 벼락출세한 얼치기쯤으로 만만하게 여기면서 세 치 혀와 허세로 휘둘러볼 속셈이었지만 착각이었다. 히틀러는 훨씬 고단수였다. 이쯤에서 무솔리니는 히틀러를 상대로 얻을 것이 없다는 사실을 깨달아야 했다. 하지만 그는 욕심을 버리지 못하고 침공을 강행했다.

이탈리아군은 여전히 준비가 불충분했고 프랑스군의 방어선을 돌파할 능력이 없었다. 하지만 낙관론도 있었다. 전의를 상실한 프랑스군이 결사 항전을 고집하기보다 알아서 물러날지도 모른다는 기대였다. 마리오 로아타(Mario Roatta) 장군은 확실한 근거도 없이 "프랑스군이 요새를 지키고 있겠지만 후방의 기동부대는 이미 후퇴했을 가능성이 높다"라고 주장했다. 이탈리아군 장교들은 병사들에게 프랑스

소녀들을 대해야 하는 방법을 강의하기도 했다. 의외로 현실을 정확히 파악한 쪽은 그라치아니였다. 그는 참모회의 때마다 빠짐없이 참석했다. 이길 수 있는 방법을 찾기 위해서가 아니라 자신이 처음부터 침공을 반대했음을 분명히 하여 패배의 책임을 면하려는 소인배다운 발상이었다.

6월 20일 무솔리니는 어영부영하는 장군들에게 다음날 공격을 개시하라고 최후통첩을 내렸다. "나는 독일군이 니스를 점령하고 우리에게 넘겨주는 치욕을 겪고 싶지 않다." 심지어 무솔리니는 히틀러에게 프랑스로 1개 기갑사단을 파병하겠다고 제안했지만 거절당했다. 콩피에뉴 숲에서 프랑스 대표단이 굴욕적인 항복문서에 서명한 6월 21일 드디어 이탈리아군의 공격이 시작되었다. 최종 목표는 마르세유였다. 움베르토 디 사보이아(Umberto di Savoia) 황태자를 총사령관으로 2개 야전군, 6개 군단, 22개 사단, 2개 전차연대 등 30만 명에 달했다. 반면 프랑스군은 2개 군단, 4개 사단 등 8만 명 정도였다. 바돌리오가 그라치아니에게 보낸 무솔리니의 명령서에는 이렇게 적혀 있었다. "적을 추격하라, 용맹스럽게, 대담하게, 그리고 돌격하라." 이것이 얼마나 비현실적인 '개소리'인지 깨닫기까지는 오래 걸리지 않았다.

이탈리아군은 200여 대의 L3 탱켓을 앞세워 진군했다. 하지만 트랙터에 기관총을 얹은 이 콩알 전차는 알프스의 험준한 산악지대를 오르기에 역부족이었다. 양측 요새에서 대포들이 서로 불을 뿜었지만 사거리나 위력 면에서 프랑스 쪽이 월등히 우세했다. 프랑스군의

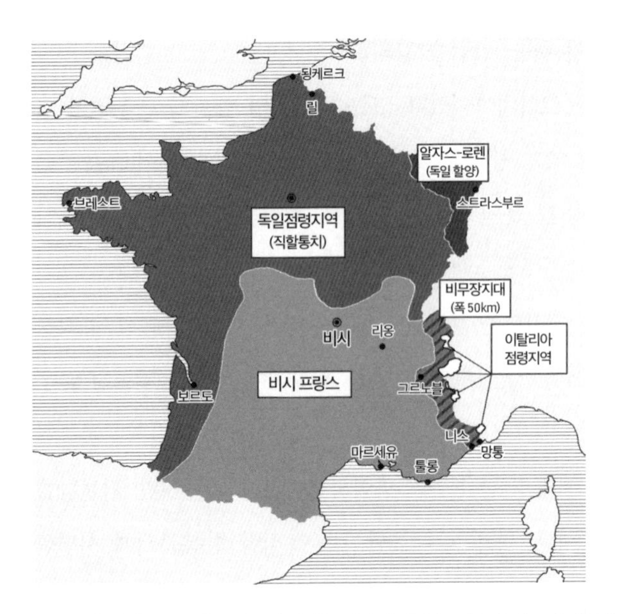

프랑스의 분할, 1940년 6월 무솔리니는 자신이 싸우는 시늉만 해도 동맹자인 히틀러가 옛 우정을 생각하여 눈치껏 이것저것 챙겨주리라 기대했지만 5500여 명의 사상자를 내고 얻은 것은 시신을 묻기에도 부족한 한 뼘의 땅에 불과했다.

280밀리미터 곡사포 앞에서 이탈리아군 포대들은 순식간에 침묵했다. 게다가 알프스 산속에 은폐한 프랑스군 저격병들의 저항에 부딪혀 이탈리아군은 거의 전진할 수 없었다. 그나마 제15군단 산하 제5보병사단 '코세리아(Cosseria)'와 제2알피니 병단의 제86검은셔츠 대대만이 해안을 따라 프랑스군의 방어선을 돌파한 뒤 국경의 소도시 망통(Menton)을 점령했다. 6월 24일 로마에서 정전협정이 체결되기까지 이탈리아군은 겨우 8킬로미터를 진격했다. 이탈리아군의 한심스러운 모습은 프랑스군의 저항이 완강해서라기보다 장군들이 어차피 곧 끝날 싸움이라며 수령의 닦달에 마지못해 싸우는 시늉만 했기 때문이다.

하지만 그 짧은 싸움에서도 대가는 적지 않았다. 프랑스군은 전사자 40명, 부상자 84명, 행방불명자 150여 명에 불과했지만 이탈리아군은 전사자 631명, 부상자 2361명 외에도 동상자 2000여 명, 행방불명자 600여 명에 달했다. 바돌리오에게 "나에게 수천여 명의 전사자가 있다면 나는 정전협정 테이블에 앉을 수 있다"라고 호언했던 무솔리니는 원했던 대로 협상 테이블에는 앉았다. 이탈리아는 망통과 몇몇 작은 시골 마을을 포함하여 고작 832제곱킬로미터에 불과한 영토를 얻었고 2만 8500명의 주민이 이탈리아의 지배를 받게 되었다. 그 밖에 프랑스령 지부티항을 이용할 권리를 얻은 것이 전부였다. 히틀러는 무솔리니가 분수에 넘치는 과욕을 부리기를 원하지 않았기 때문이었다.

무솔리니로서는 결코 만족스럽지 못한 결과였다. 그는 여기서 멈출 수 없었다. 다음 목표는 영국의 보호령이었던 이집트였다. 이번에는 리비아 총독 이탈로 발보(Italo Balbo) 원수에게 날벼락이 떨어졌다. 그는 무솔리니에게 "제가 불안하게 여기는 것은 머릿수가 아니라 무기입니다…… 낡아빠진데다 숫자도 제한적인 대포로 무장하고, 대전차포와 대공포도 턱없이 부족합니다…… 우리가 그들에게 기동력과 싸우는 데 필수적인 요구조건을 제공할 수 없다면 수천여 명을 더 보낸다고 해도 쓸모가 없습니다"라고 반발했다. 그리고 정말로 이집트를 침공할 생각이라면 1000대의 트럭과 100대의 물탱크, 더 많은 전차와 대전차포가 필요하다고 주장했다. 물론 이탈리아의 경제 사정으로는 불가능한 요구였다. 하지만 무솔리니는 이번에도 요지부동이었다. 발보는 신형 전차를 지원해준다는 약속만 믿고 마지못해 독일군의 영국 침공 예정일인 7월 15일에 맞추어 이집트를 침공하기로 했다. 하지만 그 직전인 6월 28일 직접 비행기를 몰고 전선을 시찰하던 중 이탈리아군 대공포의 오인 사격에 맞아 추락사했다.

이집트 침공을 지휘하다

그라치아니가 새로운 리비아 총독에 임명되었다. 물론 무솔리니가 마음을 바꿀 리는 없었다. 그는 기한을 늦추되, 그라치아니에게 무슨 수를 써서라도 8월 8일까지는 이집트로 진격하라고 닦달했다. 대경실색한 그라치아니는 영국군과 싸우는 일은 베두인족 게릴라를 상대하는 것과는 차원이 다르다고 항변했지만 소용없었다. 그라치아니는 발보의 참모장이었던 주세페 텔레라(Giuseppe Tellera) 장군에게 전임자가 이집트 침공을 위해 어떤 계획을 세웠는지 물었다. 돌아온 대답은 "아무 계획도 없습니다"였다. 발보가 태만해서가 아니라 여러 가지 아이디어를 구상했지만 행동에 옮길 수 있는 수단이 없었기 때문이다.

무솔리니가 억지를 부린 진짜 이유는 이탈리아군이 정말 영국군을 이길 힘이 있다고 믿어서가 아니었다. 독일이 영국을 정복하기 전

9월 공세 당시 이집트로 진군중인 이탈리아군 전차부대 주력 전차인 M11/39는 L3 탱켓을 대체하기 위해 1939년에 개발된 신형 전차였지만 등장 시점에 이미 구식이었다. 보다 신형인 M13/40 전차는 10월 이후에야 배치되기 시작했다. 하지만 무전기가 없었고 화력과 장갑은 빈약했다. 게다가 너무 늦게 배치된 까닭에 승무병들은 거의 훈련을 받지 못했다. 무엇보다도 그라치아니는 기갑부대를 독일군처럼 집중 운용하는 대신 보병부대에 분산했다. 그는 에티오피아에서 기계화 부대를 운용한 경험이 있었음에도 불구하고 낡은 방식을 고수하며 패배를 자초했다.

에 이집트에 발을 들여놓은 뒤 영국과 담판을 벌이겠다는 속셈이었다. 그러나 기대와는 달리 독일 공군은 영국 본토 항공전에서 패배했다. 독일 해군은 막강한 영국 해군이 지키고 있는 도버해협을 넘어 육군을 파병할 능력이 없었다. 더욱이 히틀러가 모든 난관을 돌파하고 영국을 기필코 정복하겠다는 의지를 갖고 있었던 것도 아니었다. 무솔리니는 장기 집권과 정치적 무능함, 경제 불황으로 정치적 입지가 점점 약해지는 처지에서 히틀러의 승리에 편승하여 뒤집어볼 속셈이었다. 그러면서도 히틀러와 전략적 협의를 하거나 독일군의 사정이 어떠한지, 영국이 정말 협상 테이블에 앉을 가능성이 있는지는 진지하게 따져보지 않았다. 그의 서툰 도박은 국가적 자살이 되었다.

그라치아니는 강적인 영국군을 상대로는 싸울 자신이 없었다. 그는 싸우기도 전에 잔뜩 겁부터 먹고 준비 부족을 핑계로 침공 날짜를 계속 늦추었다. 게다가 영불해협을 장악하는 데 실패한 히틀러는 영국 침공을 접어버렸다. 무솔리니는 이때 작전을 중지해야 마땅했지만 끝까지 미련을 버릴 수 없었다. 몇 차례의 연기와 온갖 우여곡절 끝에 9월 9일 이집트 침공작전인 'E작전'이 발동되었다. 하지만 이탈리아군이 실제로 움직인 것은 그로부터 나흘이 지난 뒤였다. 침공부대는 리비아 동부를 맡은 마리오 베르티(Mario Berti) 대장의 이탈리아 제10군 3개 군단, 9개 사단 12만 명이었다. 아니발레 베르곤촐리(Annibale Bergonzoli) 중장의 제23군단을 선봉으로 이탈리아군은 해안선을 따라 이집트로 진군을 시작했다.

초기 공세는 꽤 성공적이었다. 이집트의 영국군은 3개 사단 3만 6000명에 불과했다. 국경에 배치된 제7기갑사단은 후퇴했고 저항은 거의 없었다. 이탈리아 국민들은 열광했다. 그러나 겨우 사흘 만인 9월 16일 보급 문제에 부딪히면서 모든 전진이 멈추었다. 이탈리아군은 국경에서 95킬로미터 떨어진 시디바라니(Sidi Barrani)와 소파피(Sofafi)를 점령한 뒤 그대로 주저앉았다. 영국군은 수적으로는 훨씬 열세했지만 모든 부대가 기계화되어 있었다. 반면 발보가 신형 전차

참모들과 작전을 논의하는 그라치아니 전형적인 무솔리니의 정치군인이었던 그라치아니는 무장이 빈약한 아프리카인들을 상대하는 일이라면 몰라도 막강한 영국군을 공격하라는 명령에 혼비백산하여 싸움을 시작하기도 전에 자포자기했다.

와 트럭을 최대한 확보하려고 노력했음에도 불구하고 대부분의 이탈리아군은 여전히 기동성이 떨어졌다. 리비아에 오랫동안 주둔했지만 사막 적응 훈련도 없었다. 심지어 현지 지도조차 부족하여 많은 부대가 이동중에 길을 잃었다. 기계화된 소수의 부대는 빠르게 진격한 반면, 그렇지 못한 대다수 부대는 도보로 이동하면서 병력이 흩어졌고 전선은 길게 늘어졌다.

비록 상황이 썩 유리하지 않다고 해도 승산이 없다고만 할 수 없었다. 이집트 주둔 영국군은 실전 경험이 전혀 없었던 반면, 이탈리아군은 1930년대 내내 현대 기동전을 경험할 수 있는 기회가 많았다. 또한 영국은 독일의 침공 위협 때문에 이집트의 병력을 증강하기도 어려웠다. 만약 무솔리니가 이탈리아의 모든 역량을 리비아에 집중했다면 이집트를 손에 넣었을지도 모른다. 문제는 무솔리니의 전쟁 지휘가 주먹구구식이라는 점이었다. 이탈리아군은 3개 기갑사단(아리에테, 리토리오, 센타우로)이 있었지만 프랑스 전역 이후 재편성과 장비 교체가 한창이었기에 북아프리카에는 단 1개 사단도 투입되지 못했다. 제10군의 유일한 기동 전력은 피에트로 말레티(Pietro Maletti) 준장이 지휘하는 연대 규모의 말레티 분견대였고 2개 대대(M11/39 중전차 35대, L3/35 경전차 35대)가 전부였다. 나중에 새로운 전차들이 도착하면서 전력이 보강되었지만 여전히 여단 규모에 지나지 않았다. 이탈리아군의 전차 대부분은 프랑스군과 마찬가지로 보병 지원을 위해 군단과 사단에 소부대로 분산되어 있었다. 태반은 전선으로 수송할 수단이 없어 후방에 남아 있어야 했다. 그나마도 이탈리아 기갑부대는 소극적인 태도로 일관하면서 기동전을 벌이거나 후퇴하는 영국군을 과감하게 급습하는 시도조차 하지 않았다.

무솔리니의 등쌀에 내몰린 그라치아니는 처음부터 패배주의에 사로잡혀 자신이 가진 것조차 제대로 활용하지 못했다. 게다가 이렇다 할 전투가 거의 없었는데도 잔뜩 겁을 집어먹었다. 그는 영국군이 측면을 기습할 수 있다는 핑계로 시디바라니에서 방어선을 구축하고 더이상 한 발짝도 나가려고 하지 않았다. 그렇다고 후퇴를 고려하거나 영국군의 반격에 대비하지도 않았고 병사들의 사기를 북돋으려는 노력도 없었다. 한마디로 아무것도 하지 않았다. 그는 자신의 상대였던 리처드 오코너(Richard O'Connor) 장군은 물론이고 로멜, 몽고메리 등 앞으로 북아프리카에서 명성을 떨칠 다른 장군들에 비해 어떠한 인상도 남기지 못했다.

보다 못한 히틀러는 10월 4일 무솔리니에게 영국 본토 항공전에서 이탈리아가 공군을 제공한 보상으로 1개 기갑사단을 파병하겠다고 제안했다. 하지만 무솔리니는 자존심을 내세워 거부했다. 그러면서도 10월 10일에는 군대의 동원 해제와 전체 병력의 절반에 달하는 90만 명을 집으로 돌려보내기로 하는 어이없는 지시를 내렸다. 명목은 가을 추수를 위해서였지만 이탈리아 경제에 심각한 빨간불이 켜졌기 때문이었다. 이탈리아는 전쟁을 할 때가 아니었다. 보름 뒤 무솔리니는 또 한번 충동적으로 일을 저질렀다. 그리스 침공이었다. 센타우로 기갑사단을 포함하여 북아프리카로 향해야 할 병력과 물자가 엉뚱한 곳에 투입되었다. 이집트 침공은 뒷전이었다. 이탈리아군은 시디바라니에서 묶인 채 오도 가도 못 하는 처지가 되었다. 하지만 무솔리니는 그라치아니가 아무것도 하지 않고 시간만 허비한다며 노발대발했다.

그라치아니는 무솔리니의 독촉에 못 이겨 12월 6일부터 시디바라디에서 동쪽으로 130킬로미터 떨어진 항구도시 메르사 마트루(Mersa Matruh)를 향해 진격을 재개하기로 약속했다. 하지만 여전히 우물쭈물하는 사이 영국군이 먼저 움직였다. 12월 9일 새벽 5시 오코너가 지휘하는 영국군의 대대적인 반격이 시작되었다. 제법 견고해 보였던 이탈리아군의 방어선은 영국 공군의 폭격과 포격, 전차부대에 의해 단숨에 허물어졌다. 특히 대전차 무기가 빈약했던 이탈리아군 병사들은 전차 앞에서 속수무책이었다. 전면장갑이 78밀리미터에

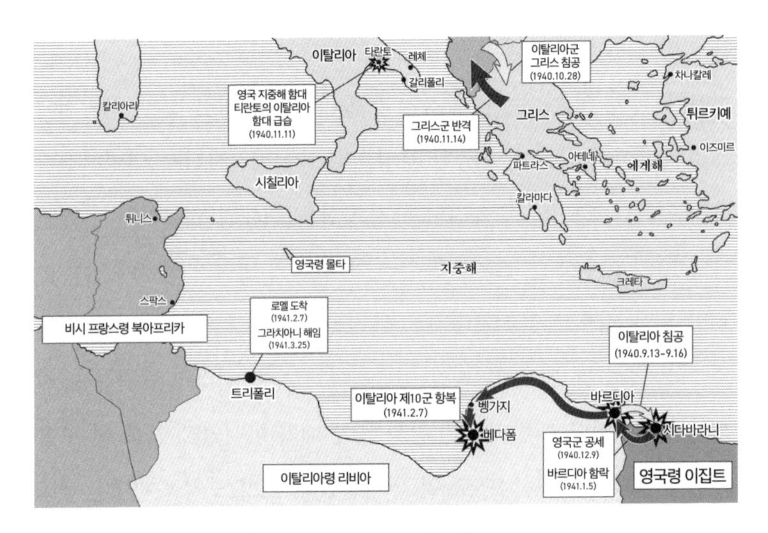

북아프리카와 지중해의 전황도 1940년 9월~1941년 2월

달하는 영국군의 신형 마틸다II 중전차에 비해 이탈리아군의 47밀리미터 대전차포는 100미터 거리에서도 관통력이 57밀리미터에 불과했다. 말레티 분견대의 전차들이 영국군을 저지하기 위해 용감하게 앞으로 나아갔지만 줄줄이 얻어맞고 주저앉았다. 말레티 장군도 전사했다.

흔히 알려진 것처럼 이탈리아군은 무방비 상태에서 허를 찔린 것이 아니었다. 그들은 항공정찰로 영국군의 이동을 사전에 파악했고 공격이 시작될 것을 어느 정도 예상하고 있었다. 그럼에도 불구하고 완패한 이유는 간단했다. 사막전에서 제아무리 수적으로 우세한들 항공기의 보호를 받지 못하고 충분한 대전차 무기도 없으며 기동성이 떨어지는 보병은 쓸모없었기 때문이다. 영국군 2개 기갑여단은 이탈리아군 전초 진지를 휩쓴 다음, 나흘 뒤에는 국경을 넘어 리비아로 진격했다. 영국군의 놀라운 승리는 이탈리아군을 조금만 밀어낼 수 있어도 성공이라고 여겼던 영국군 중동 사령관 웨이블조차 뜻밖일 정도였다. 바돌리오가 그라치아니에게 수단과 방법을 가리지 말고 무조건 적을 저지하라고 지시했지만 그라치아니는 "이미 늦었소!"라고 일축했다. 오히려 이집트 원정은 애초부터 불가능한 과제였으며 무솔리니를 말리려는 자신의 노력을 지지하지 않았기에 이 같은 재앙을 당하게 되었다고 원망을 쏟아냈다.

장군들이 뒤늦게 서로를 탓하면서 책임을 회피한들 상황은 나아질 리 없었다. 영국군의 전진은 파죽지세였다. 이탈리아군은 도처에서 연전연패했다. 에티오피아에서는 이럴 때마다 독가스를 썼다. 하지만 영국군을 상대로 그럴 배짱은 없었다. 1941년 1월 5일 국경 요새인 바르디아(Bardia)가 함락되고 베르곤촐리를 비롯한 3만 6000여 명이 포로가 되었다. 2월 7일에는 리비아 동부의 베다폼에서 정신없이 후퇴중이던 이탈리아 제10군의 잔여부대가 한발 먼저 온 영국군에게 퇴로를 차단당하면서 포위 섬멸되었다. 한 달 전 베르티를 대신하여 제10군의 지휘를 맡은 텔레라 장군은 어떻게든 퇴로를 열 요량으로 직접 M13/40 전차에 올라 용맹스럽게 진두에 나섰다. 하지만 그런 용기가 무색하게 전차는 파괴되고 자신도 전사했다. 제2차세계대전에서 연합군과 추축군을 통틀어 전사한 최고위 장성이었다. 이탈리아 장군들이라고 해서 모두 양은 아니었던 셈이다.

영국군은 두 달 동안 2개 사단 3만 명만으로 800킬로미터를 진격했으며 500여 명의 전사자를 포함하여 1800여 명을 잃었다. 반면 이탈리아군은 10개 사단이 괴멸하고 5000명 이상이 전사, 13만 명이 포로가 되었으며 600대의 항공기, 400여 대의 전차를 손실했다. 영국군의 포위망에서 탈출한 병력은 채 1만 명도 되지 않았다. 트리폴리도 풍전등화였다. 리비아 서부를 맡은 이탈리아 제5군은 건재했지만 전력이 빈약한 이들이 기세등등한 영국군을 막을 가능성은 없었다. 같은 시간 발칸반도에서도 비스콘티 프라스카(Visconti Prasca) 장군의 졸렬한 지휘와 그리스군의 호된 반격으로 이탈리아군은 알바니아로 쫓겨났다. 동아프리카에서는 37만 명에 달하는 이탈리아군이 영국군에게 포위되어 백기를 들었다. 이탈리아 역사상 최악의 패배였다. 무솔리니의 야심은 꺾였고 그의 정권은 뿌리부터 흔들렸다.

위대한 전쟁 영웅에서 비열한 실패자로

히틀러는 무솔리니의 다급한 구원 요청에 2개 기갑사단을 리비아에 파병하기로 결정했다. 그라치아니는 자리에서 물러났다. 제5군 사령관 이탈로 가리볼디(Italo Gariboldi) 원수로 교체되었다. 하지만 북아프리카의 주인은 더이상 이탈리아가 아니었다. 베다폼전투 엿새 뒤인 2월 13일 로멜이 독일 북아프리카 원정군의 사령관이 되어 트리폴리에 모습을 드러냈다. 그는 그라치아니보다 아홉 살 아래였고 훨씬 역동적이면서 자신감이 넘쳤다. 하지만 로멜의 파견은 어떤 의미에서는 불필요한 조치였다. 영국군의 병참선이 한계에 직면한데다 무솔리니 못지않게 고집불통이었던 처칠이 이탈리아군에게 결정타를 먹이는 대신 그리스 개입을 결정하고 이집트에서 대부분의 병력을 철수시켰기 때문이다. 오코너는 카이로로 돌아오라는 명령을 받았다. 트리폴리를 향한 영국군의 전진은 멈추었다.

영국군은 독일군의 증파 사실을 알았지만 울트라 암호 해독을 통해 로멜이 당장 거느리고 있는 독일군은 소수이며 제15기갑사단이 도착하는 5월까지는 이탈리아군을 도와 수비에 전념하라는 명령을 받았다는 정보에 마음을 놓았다. 하지만 야심만만한 로멜은 영국군이 스스로 물러나는 것을 지켜만 보지 않았다. 병력은 불충분했고 사막전 경험이 전혀 없었음에도 그는 과감하게 반격했다. 영국군은 뜻밖의 일격을 받아 대패했다. 더욱 치명적인 사실은 오코너가 포로가 되었다는 것이었다. 그는 영국군에서 몇 안 되는 기계화전 전문가이자 로멜의 맞수가 될 만한 인물이었다. 전세는 단숨에 역전되었다. 영국군 이상으로 체면이 땅에 떨어진 쪽은 그라치아니였다. 아무리 로멜에게 행운이 따랐다고는 하지만 오자마자 승리를 거두었으니 그라치아니는 쥐구멍에라도 들어가고 싶었을 것이다.

원래 로멜의 역할은 이탈리아군을 도와 영국군을 막는 '저지부대(blocking force)'라는 한시적인 임무였다. 임무를 완수한 이상 역할은 끝난 셈이었다. 그러나 그는 모처럼 얻은 기회를 그라치아니처럼 우물쭈물하며 놓치지 않았다. 로멜은 이탈리아군이 더이상 북아프리카에서 무모한 모험에 나설 생각이 없음을 알고 자신이 대신하기로 결심했다. 이집트로의 진격이 재개되었다. 로멜의 날카로운 공세는 몇 개월 전 그라치아니가 보여준 모습과는 비할 바가 아니었다. 발칸 반도에서도 독일군이 이탈리아를 대신하여 공세에 나섰다. 그리스에 상륙한 영국군은 여지없이 패주했다. 이집트가 풍전등화가 되면서 처칠은 도로 북아프리카로 시선을 돌려야 했다. 로멜 휘하에서 다시 태어난 이탈리아군은 그라치아니 밑에서 싸울 때보다 훨씬 용맹스러웠다.

북아프리카에서 새로운 전설을 쓰기 시작한 로멜과는 반대로 그라치아니는 위대한 전쟁 영웅에서 실패자로 낙인찍혔다. 무솔리니는 그를 해임하면서 "만약 1940년 12월에 이탈로 발보가 리비아에서의 작전을 지휘했다면 우리가 그처럼 한탄스러운 실패는 겪지 않았을 것이라고 확신한다"라고 말했다. 그야말로 뻔뻔한 언사였다. 발보는 한때 무솔리니의 충실한 동맹자였지만 히틀러와의 동맹을 강력하게 반대하면서 서로 사이가 틀어졌다. 발보가 탄 비행기를 격추하라고 비밀 지령을 내린 장본인이 바로 무솔리니였다. 이탈리아로 돌아온 그라치아니는 겁쟁이라며 온갖 비난과 함께 로멜과 비교당하는 치욕을 겪었다. 그나마 무솔리니는 군부를 자극할까 우려하여 더이상 문책 없이 그냥 넘어갔다. 무솔리니의 권위가 예전 같지 않았기 때문이다. 대신 그라치아니는 어떤 직책도 맡지 못한 채 이탈리아가 항복할 때까지 무위도식하며 시간을 보내야 했다.

그라치아니가 일선에 복귀한 것은 2년 6개월이 지난 뒤였다. 1943년 9월 22일 이탈리아 북부 살로(Salò)에서 무솔리니의 괴뢰정권이 수립되었다. 자신의 허황된 야심으로 온 나라가 전쟁터가 되었는데도 무솔리니는 자중하는 대신 히틀러를 등에 업고 새로운 정부를 세웠다. 그라치아니는 무솔리니가 제안한 국방장관을 수락했다. 그러면서도 무솔리니의 독일어 통역관 오이겐 돌만(Eugen Dollmann) 대령에게 이렇게 못박았다. "당신은 이 사실을 알아야 하오. 나는 절대 파시스트가 아니지만 언제나 명령에 복종하는 군인이었소." 그는 군인으로서 명령에 따르는 것이라고 주장했지만 이탈리아 원수들 중 유일하게 무솔리니에게 붙은 사람이라는 점에서 골수 파시스트라는 사실을 부정할 수는 없었다. 어떤 의미에서는 한때 자신을 총애했던 주군에게 마지막 의리를 지킨 셈이라고도 할 수 있었다.

이탈리아가 항복했을 때 독일군은 100만 명이 넘는 이탈리아군을 포로로 잡아 강제수용소에 수감했다. 이탈리아군은 와해되었다. 그라치아니는 이탈리아군을 재건하기 위해 나치 독일과 협정을 맺고 국가공화국군(National Republican Army)을 조직했다. 하지만 독일군은 이탈리아군은 쓸모없다며 불신했고 새로운 이탈리아군에게 4개 사단만을 승인했다. 독일군은 병력 모집에도 비협조로 일관했다. 이탈리아군 포로는 석방되는 대신 죄수 취급을 받으며 독일 본토에서 강제노동을 해야 했다. 그중 일부는 파시즘에 충성을 맹세하여 풀려났지만 이탈리아군으로 복귀하는 것이 아니라 독일군 용병으로 편입되었다.

게다가 독일군이 이탈리아에서 점령군 행세를 하며 행패를 부리자

이탈리아 북부 밀라노에서 데치마 플로틸리아 마스(제10저격차량화전대)**의 출정식에 참여한 그라치아니, 1945년 1월 3일** 원래 데치마 플로틸리아 마스는 이탈리아 해군 소속의 특수부대로 각종 해상 침투와 파괴 공작을 수행하여 명성을 떨친 정예부대다. 하지만 이탈리아 항복 이후에는 이름만 가져왔을 뿐 골수 파시스트로 구성된 비정규 의용군이었다. 연합군과의 전투보다는 파르티잔 토벌에 투입되어 같은 이탈리아인과 싸웠다.

이탈리아인들의 반감은 날로 커졌다. 그라치아니의 괴뢰군대에 제 발로 입대하는 사람은 극소수였다. 그는 죄수들에게 자유를 준다는 명목으로 석방하여 겨우 머릿수만 채웠지만 그런 군대가 쓸모가 있을 리 없었다. 1944년 7월 첫번째 사단이 전선으로 향했지만 어차피 이탈리아 전선의 주인공은 독일군과 연합군이었다. 국가공화국군은 독일군의 괴뢰군대에 지나지 않았다. 하지만 일부 부대가 활약한 사례도 있었다. 1944년 12월 26일 그라치아니는 이탈리아 중북부 가르파냐나전투(Battle of Garfagnana)에서 제3산마르코 사단, 제4몬테로사 알피니 사단 6000여 명과 독일군 3000여 명으로 구성된 혼성부대를 지휘하여 수적으로 두 배에 달하는 미군 제92보병사단을 격파했다. 이탈리아군이 미군을 이긴 드문 사례였다.

국가공화국군은 무솔리니에게 충성해야 했지만 실제로는 그라치아니가 실권을 쥐고 있었다. 무솔리니는 군대에 아무런 영향력도 행사할 수 없었다. 1945년 4월 28일 무솔리니가 북상하는 연합군을 피해 애인과 함께 달아났을 때 곁에서 호위했던 병사들은 국가공화국군이 아니라 독일군이었다. 독일군은 현지 파르티잔의 공격을 받자 거추장스러운 무솔리니를 버리고 달아났다. 무솔리니와 애인 클라라, 파시스트 지도자들은 저항 한번 해보지 못한 채 포로가 되어 참혹하게 처형당한 뒤 밀라노의 광장에 거꾸로 매달리는 구경거리가 되었다. 그라치아니는 운이 좋았다. 단물 다 빠진 무솔리니를 따라가봐야 재미가 없다고 여기고는 마지막 순간 잽싸게 다른 길로 빠져나갔다. 그는 살로공화국의 새로운 수장이 되었다. 하지만 겨우 나흘 천하였다. 5월 1일 연합군에게 항복했다.

전후 에티오피아 정부는 그라치아니를 전범으로 기소했다. 에티오피아 침략 당시 조직적인 학살과 독가스 사용으로 수많은 에티오피아인을 살해했다는 죄목이었다. 그러나 연합군은 이탈리아인들을 전범으로 단죄하는 데 관심이 없었다. 지중해에서 소련의 팽창을 견제하는 데 이탈리아의 협력이 필요했던 영국은 그라치아니가 실제로 그런 명령을 내렸는지 확인할 수 없다는 이유로 기소에 반대했다. 다른 이탈리아인들에 대해서도 마찬가지였다. 아시아와 아프리카에서 이탈리아 못지않게 잔혹한 식민통치를 했던 영국 입장에서는 유색 인종을 상대로 저지른 만행은 범죄가 아니었기 때문이다. 이탈리아인들을 상대로 전범재판이 열리는 일은 없었다. 전범재판의 상징성에도 불구하고 무엇이 정의며 누가 정의의 이름 아래 처벌될지는 오직 서구 열강에게 달렸다는 것이 냉엄한 현실 정치였다. 그렇다고 해서 이탈리아 스스로 피해자들에게 진솔하게 반성하거나 배상하는 일도 없었다. 이탈리아가 에티오피아에게 공식적으로 사죄한 것은 반세기도 더 지난 1997년이었다.

이탈리아 법정은 그라치아니에게 나치와 협력한 죄로 19년 형을 내렸다. 하지만 명령에 따랐을 뿐이라는 변호인들의 주장이 받아들여지면서 4개월 만에 풀려났다. 연합군의 방관과 냉전 속에서 이탈리아에서는 파시즘이 다시 기승을 부리기 시작했다. 그라치아니는 네오파시스트 이탈리아 사회당(neo-fascist Italian Social Party)을 조직하여 명예 당수가 되었다. 죽는 날까지 어떤 처벌이나 책임 추궁조차 받은 일이 없이 1955년 로마에서 일흔두 살의 나이로 평온하게 사망했고 로마에서 멀지 않은 작은 마을 아필레(Affile)에 묻혔다. 2012년 아필레 시정부는 그의 무덤에 '조국'과 '명예'라고 적힌 커다란 기념비를 세웠다. 우리는 과거사를 반성하는 독일과 그렇지 못한 일본을 비교하지만 그 이상으로 뻔뻔한 나라가 이탈리아가 아닐까.

제2장

“일본군은 초식동물, 쌀 없으면 풀 먹으면 되지”

무다구치 렌야와 임팔작전

"버마에서는 주변 산들이 이처럼 푸르다. 일본인은 원래가 초식동물이다. 이만큼 푸른 산에 둘러싸여 있으니 식량이 부족하다는 것은 있을 수 없는 일이다."

—임팔작전을 입안하며 보급 문제를 거론하는 참모들에게(1944년 2월)

무다구치 네놈은 병을 핑계로 후퇴했다. 부하들은 어떻게 했느냐. 병명이 뭐냐?

소좌 부상과 말라리아, 이질입니다.

무다구치 (지팡이로 소좌를 계속 때리면서)그런 걸 병이라고 할 수 없다. 네놈 같은 대대장이 있기에 싸움에 지는 거다. 이 멍청한 놈아!

—제31사단 제58연대 생존자였던 상병 우치야마 이치로의 증언 중에서

"제군, 사토 사단장은 군명을 어기고 코히마 방면의 전선을 포기했다. 먹을 것이 없어서 전쟁을 할 수 없다며 제멋대로 퇴각했다. 이것이 황군인가. 황군은 먹을 것이 없더라도 싸워야 하는 것이다. 무기가 없다, 탄환이 없다, 먹을 것이 없다는 것 따위는 싸움을 포기할 이유가 되지 못한다. 탄환이 없다면 총검이 있지 않은가. 총검이 없다면 맨손으로 싸우는 거다. 맨손도 쓸 수 없다면 발로 걷어차라. 발도 쓸 수 없다면 입으로 물어뜯어라. 일본 남자에게 야마토 정신이 있다는 것을 잊지 마라. 일본은 신의 나라다. 신들께서 지켜주신다."

—자신이 만든 제단 앞에서 장교들을 집결한 후 임팔작전을 훈시하면서 (1944년 7월 10일)

하지만 인도에서 겨우 목숨만 건져서 돌아온 장교들은 지치고 굶주린 나머지 그가 1시간이 넘도록 열변을 토하는 와중에 제대로 서 있을 힘조차 없어서 픽픽 쓰러졌다.

무다구치 작전 실패의 책임을 지고 할복하여 폐하와 죽은 장병들에게 사죄하고 싶군.

후지와라 옛날부터 죽겠다, 죽겠다 타령을 하는 사람치고 죽은 예는 없습니다. 사령관께서 제게 할복을 상담하시겠다면 참모의 책임상 일단 형식적으로라도 말려야 할 것이나, 사령관으로서 책임을 진심으로 느끼신다면 아무 말 하지 마시고 배를 가르십시오. 누구도 방해하거나 말리지 않을 것입니다. 마음 놓고 할복하셔도 됩니다.

이번 작전은 그럴 만한 가치가 있습니다.

—제15군 정보 참모였던 소좌 후지와라 이와이치의 회고 중에서

그는 무다구치 렌야가 할복은커녕 두 번 다시 죽겠다는 말을 입에 담지 않더라고 증언했다.

막장군대의 전설 일본군

독소전쟁의 영웅이자 노몬한(할힌골)에서 일본군을 상대로 대승을 거두었던 전설적인 소련군 원수 게오르기 콘스탄티노비치 주코프(Georgy Konstantinovich Zhukov) 장군은 일본군에 대해 묻는 스탈린에게 다음과 같이 말했다.

"노몬한에서 우리와 싸운 일본군은 잘 훈련되었고 특히 근접전에 익숙했습니다. 그들은 순종적이고 성실하며 전투에 끈질겼습니다. 특히 방어전에서 그러했습니다. 하급 지휘관들은 잘 훈련되어 있고 광적으로 집요합니다. 대체적으로 그들은 항복하지 않으며 할복하기 전까지 싸우기를 멈추지 않습니다."

그는 자신의 승리가 전적으로 포병 전력과 기계화 부대의 우세함 덕분이라면서 일본군의 강인함과 전투 의지를 솔직하게 인정했다. 하지만 일본군의 구식 무기와 장군들에 대해서는 가차없이 혹평했다.

일본 장군들은 제대로 교육받지 못했고, 구태의연한 방식을 고집했으며, 진취성이 없었다고 단언했다. 그런 그도 일본 장군들의 상상을 초월하는 추태를 들었더라면 기가 막혔을 것이다. 주코프의 상대였던 일본 제23사단장 고마쓰바라 미치타로(小松原道太郎) 중장은 탄약이 떨어져 철수한 부하들에게 "그런 건 퇴각의 이유가 되지 못한다"라면서 할복 자결을 강요했다. 막상 자신은 부대가 괴멸하자 자결은커녕 제 목숨을 부지하기 위해 몇몇 참모와 함께 슬그머니 포위망을 빠져나갔다. 그리고 뻔뻔하게도 제6군 사령부에 나타나 "많은 부하를 죽게 하여 면목이 없습니다. 죽어야 한다고 생각했지만 명령에 따라 적을 돌파하여 돌아왔습니다. 이번 일은 사단을 재건하여 반드시 오명을 씻도록 하겠습니다"라면서 구차한 변명을 늘어놓았다. 군인의 책임감은 둘째치고 인간으로서 염치가 없었다.

제2차세계대전을 통틀어 자국민들조차 부끄러워하는 군대를 꼽는다면 이탈리아군과 일본군이 있다. 전후 일본인들이 쓴 책에서도 일본군은 혹평 일색이다. 이를 반면교사로 삼아 다시는 이런 '막장' 군대가 나와서는 안 된다고 강조한다. 똑같은 패전국인 독일이 나치에 대한 비판과 별개로 세계 최강군대라는 자부심을 은근히 드러내는 것과 대조적이다. 구데리안, 만슈타인, 로멜 등 많은 나치 장군은 오늘날까지도 서방 군사전문가들의 추앙을 받고 있다. 이탈리아군이야 독일의 티거 전차와 같은 인상적인 무기도 없었고 전장에서도 형편없었다고 하지만, 일본군은 이탈리아군처럼 약골이라고 할 수는 없을 것이다. 오히려 적어도 태평양전쟁 초반에는 동남아시아를 일방적으로 휩쓸며 지난 100여 년 동안 그곳에서 군림했던 백인들을 하루 아침에 몰락시키지 않았던가. 인종우월주의에 사로잡혔던 서구인들은 진주만 기습 이전만 해도 일본군을 '아시아의 이탈리아군'이라며 우습게 여기다가 된통 당했다. 미군 지휘관들은 일본군을 '잽(Jap)'이라는 멸칭으로 부르면서도 만만하지 않은 상대임을 인정해야 했다. 미드웨이해전과 과달카날전투 패배 이후 전세가 빠르게 기울었지만 전쟁 내내 악귀처럼 싸웠으며 미군조차 마지막까지 고전을 면하지 못했다.

그럼에도 불구하고 일본군이 같은 일본인들에게도 욕을 먹는 이유는 따로 있다. 유별나리 만큼 이기적이고 타락한 군대였기 때문이다. 일본 장군들은 '천황의 군대'를 자처하면서 국가와 국민을 무시하고 군대를 썩어빠진 집단으로 전락시켰다. 그것도 모자라 자신들의 잇속을 챙길 욕심에 국운을 판돈삼아 도박을 벌이다가 파국을 초래했지만 끝까지 나 몰라라 했다. 고마쓰바라 미치타로와 같은 인간말종은 일본군 구석구석에 만연했다. 그들이 만들어낸 일본군의 병폐는 총체적이었다. 군 수뇌부에 만연한 보신주의, 비뚤어진 엘리트주의에 사로잡힌 참모들의 전횡과 독단, 국가보다 자기 조직의 이익을 우선시하는 파벌주의, 육해군의 극단적인 대립, 권위주의와 맹목적인 복종의 강요, 무모한 작전으로 수많은 부하를 사지로 몰아넣었음에도 불구하고 아무런 양심의 가책조차 없이 천수를 누린 고위 장성들. 반대로 천황에 대한 충절이라는 이름으로 '옥쇄(玉碎)'를 강요당했던 말단 병사들, 보급과 병참의 무시, 맹목적인 돌격 등.

싱가포르에서 영국군을 포로로 잡은 일본군 병사들, 1942년 2월 태평양전쟁 초반 일본군은 경이로운 속도로 동남아시아를 차지하며 서구 제국주의 국가들을 경악하게 만들었다. 하지만 일본군의 강인함은 독일군처럼 우수한 교리와 효율적인 전투 능력이 아니라 맹목적인 복종과 비인간성에 있었다. 지휘관들은 병사들의 목숨을 소모품으로 여기며 무리한 작전을 강요했다. 전쟁이 길어지자 일본군은 한계를 드러냈다. 미군은 일본군을 가리켜 "병사는 우수, 하급 간부는 양호, 중급 장교는 범용, 고위급 지휘관은 무능하다"고 평가했다.

태평양전쟁 당시 일본 총리이자 육군의 우두머리였던 도조 히데키(東條英機)는 악명 높은 '전진훈(戰陳訓)'을 제정하고 "살아서 포로의 수모를 받지 말라"고 강조했다. 이로 인해 수많은 병사가 개죽음을 당해야 했다. 정작 솔선해야 할 고위 간부들은 예외 취급이었다. 연합함대 참모장이었던 후쿠도메 시게루(福留繁) 중장은 1944년 3월 전선 시찰중 비행기가 추락하면서 다른 참모들과 함께 필리핀 게릴라의 포로가 되었다가 풀려났다. 이 사실만으로도 일본 해군 역사상 전대미문의 치욕일뿐더러, 게릴라들에게 1급 작전 기밀과 암호 책까지 빼앗긴 뒤 미군의 손에 넘어갔다. 군법에 회부되어 중벌을 받거나 스스로 책임을 통감하고 자결해야 마땅했다. 하지만 군 수뇌부는 오히려 해괴한 논리로 그들을 비호하면서 불문에 부쳤다. '게릴라는 군인이 아니므로' 게릴라에게 붙잡힌 것은 적군의 포로가 아니라는 것이었다. 당사자는 아무 일도 없었던 양 복직하여 얼마 후 벌어진 마리아나해전에서 일본 해군의 대패를 초래했다. 전쟁 말기 필리핀 레이테전투에서는 제102사단장 후쿠에 신페이(福榮眞平) 중장이 겁을 먹고 무단이탈하여 세부섬으로 도망치는 추태를 부렸지만 처벌은 '30일 근신'이었다.

입만 열면 무사도를 운운하고 목숨을 가볍게 여겨야 한다고 강조하면서도 자신의 목숨은 별개라는 식이었다. 더욱 어이없게도 일본군 지도부는 병사들에게 포로가 되지 말라고 강요만 했을 뿐 포로가 되었을 때의 행동 수칙을 가르치는 데는 관심이 없었다. 일본군 포로들은 미군 심문관에게 중요한 군사 기밀을 아무렇지 않게 누설하여 오히려 미군을 어리둥절하게 만들었다. 일본군의 방식이 얼마나 모순적이며 비합리적이었는지 보여주는 셈이다. 전투에서 악귀처럼 싸우던 일본군이 포로만 되면 한없이 순종적으로 바뀐 것도 이 때문이었다.

미국 전쟁 드라마 〈퍼시픽The Pacific〉 9화에서는 오키나와전투의 참혹한 광경을 사실적으로 재현한다. 온몸에 폭탄을 두른 채 미군에

게 갓난아기를 넘기려다 자폭하는 여성, 현지 주민들을 방패막이로 삼아서 미군을 공격하는 일본 군인들. 정상적인 근대 군대라기보다 악명 높은 탈레반이나 알카에다와 같은 테러집단에 더 가깝다고 할까. 오키나와 사람들의 눈으로 본 오키나와전투의 참상을 고발한 『철의 폭풍 : 제국의 버림받은 섬, 오키나와 83일의 기록沖縄戰記 鐵の暴風』에서도 헛된 저항을 위해 애꿎은 주민들에게 공포와 위협으로 집단 자살을 강요하거나, 심지어 민간인들을 거추장스럽다는 이유로 적지에 내팽개쳤던 일본군의 비열함을 신랄하게 비판한다. 반대로 적군인데도 민간인을 보호하려 했던 미군에 대해서는 해방군인 양 경외심마저 드러낸다. 그들의 눈에 악당은 일본군이었다.

물론 일본 장군들이라고 해서 모두 똥별은 아니었다. 일선 지휘관 중에서는 솔선수범과 합리적인 지휘, 훌륭한 인품으로 부하들은 물론, 적의 존경을 받았던 사람도 있었다. 대표적으로 '키스카의 기적'의 주인공 기무라 마사토미(木村昌福) 중장이었다. 멋진 콧수염을 가진 그는 학업 성적이 나쁘고 해군대학을 나오지 못했다는 이유만으로 게으름뱅이 괴짜 제독이라 불리며 해군 내에서 온갖 멸시를 받았다. 하지만 1943년 7월 알류샨열도의 키스카섬 철수작전을 성공하여 군 수뇌부는 물론 미군조차 깜짝 놀라게 했다. 그는 작전 도중 안개가 걷히면서 미군에게 발각될 위기에 처하자 여느 장군들처럼 자신의 체면만 앞세워 부하들을 사지로 몰아넣는 대신 비난을 무릅쓰고 함대를 되돌려 다음을 기약했다. 이때 그가 남긴 "돌아가자, 돌아가면 다시 올 수 있으니까"라는 말은 지금까지도 명언으로 전해진다.

실제로 2주 뒤 기무라 마사토미는 돌아왔다. 그리고 전멸을 각오하고 있던 일본군 수비대 5000여 명을 단 한 명의 희생이나 낙오 없이 전원 무사히 구출하여 됭케르크 이래 가장 완벽한 철수작전이라는 기적을 일으켰다. 뒤늦게 섬에 상륙한 미군이 발견한 것은 일본군이 버리고 간 개 세 마리가 전부였다.

또다른 명장 구리바야시 다다미치(栗林忠道) 장군은 이오지마전투에서 미군에게 악몽을 가져다주었다. 이오지마전투는 태평양전쟁을 통틀어 가장 치열한 전투이자 미군이 일본군보다 더 많은 사상자를 낸 유일한 전투였다. 원래 이오섬 수비대는 정예부대는커녕, 급조한 부대였기에 훈련은 부족했고 무기와 장비가 빈약했다. 미군의 포위와 폭격으로 물자도 매우 부족했다. 사실상 총알받이 부대였다. 그럼에도 불구하고 막강한 미군 해병대를 상대로 한 달이 넘도록 선전할 수 있었던 이유는 구리바야시 다다미치의 보기 드문 리더십과 솔선수범 때문이었다. 미군 해병대 사령관 홀랜드 스미스(Holland Smith) 장군은 "태평양에서 우리가 만난 적을 통틀어 구리바야시 다다미치는 가장 무서운 적수였다"라고 단언했다. 그러나 이런 장군들은 일본군에서 손에 꼽을 정도였다. 특히 위로 갈수록 능력은 없는 주제에 출세욕만 가득한 자들이 많았다. 유능하지만 출신 배경이 좋지 않고 윗선에 연줄이 없는 군인은 배척당하여 한직을 떠돈 반면, 아첨꾼들만 승진했기 때문이다. 기무라 마사토미도 해군대학 출신의 엘리트가 아니라는 이유만으로 끝까지 요직을 맡지 못했다.

악명 높은 일본군 장성 중에서도 대표적인 '오물' 중 한 명이 무다구치 렌야(牟田口廉也, 1888~1966) 중장이었다. 그는 두 번의 큰 사고를 쳤다. 하나는 중일전쟁의 발단이 된 루거우차오사건(중국에서는 7·7사변이라고 부른다)이었다. 또하나는 메이지유신 이래 일본군 최악의 졸전이자 지옥을 선사한 임팔작전이었다. 일본 패망에 워낙 큰 기여를 한 덕분에 심지어 인터넷상에서는 우스갯소리로 연합군의 스파이나 '조선 독립의 유공자'라고 하더라. 어떤 의미에서는 역사에서 쉽게 보기 어려운 인재인지도 모른다. 아군이 아니라 적에게 말이다.

비뚤어진 엘리트주의가 만든 괴물

무다구치 렌야는 1888년 사가(佐賀)현의 한 하급관리 집안에서 둘째 아들로 태어났다. 원래 그의 성은 후쿠치(福地)로 아버지는 법원 서기였다. 어릴 때 외가 쪽인 무다구치 가문의 양자로 들어갔다. 그는 군인의 길을 선택하고 육군유년학교와 사관학교, 육군대학을 우수한 성적으로 졸업하는 등 엘리트 코스를 밟음으로써 출세의 길로 들어섰다. 도쿄의 참모본부와 육군성에서 근무하면서 승승장구했고 프랑스를 다녀오기도 했다. 그러나 우등생이라는 이유로 중앙의 요직만 거치면서 다양한 경험을 해볼 수 없었을뿐더러 편협하고 오만한 엘리트 의식에 사로잡히게 되었다. 이런 모습은 무다구치 렌야뿐만이 아니었다. 당시 폐쇄적인 일본군 문화가 만들어낸 고질적인 병폐이기도 했다. 특히 육군대학은 학업 성적이 우수한 극소수의 장교만이 들어갈 수 있었기에 육군대학 졸업생의 기고만장함은 하늘을 찌를 정도였다.

육군대학을 졸업했다는 이유만으로 고귀한 신분이라도 되는 양 특권을 누린 반면, 육군대학을 나오지 못한 장교들은 제아무리 능력과 실적이 있어도 멸시를 당했다. 하지만 성적이 좋다고 우수한 군인이라고 할 수 있을까. 오히려 이런 자들일수록 점수를 잘 받는 요령에만 뛰어날 뿐 고정관념에 사로잡혀 변화를 거부하고 새로운 것을 배우려는 노력은 하지 않았다. 한마디로 뇌가 굳어버린 자들이었다. 소수 엘리트들이 학연, 지연으로 일본군의 요직을 장악하고 자신들만의 카르텔을 만들어 다른 사람들의 목소리는 완전히 차단했다. 아시아 유일의 근대화 국가였던 일본을 파국으로 몰고 간 원흉은 비뚤어진 성적 지상주의였다. 조선이 경직된 과거제도와 낡은 경전만 달달 외운 유생들이 관직을 죄다 독점하고 개혁을 거부하다가 나라가 외세에 넘어간 선례를 아이러니하게도 일본이 되풀이한 셈이었다.

무다구치 렌야는 베이핑(北平, 지금의 베이징) 주둔 지나주둔군 제1연대장을 맡았다. 관동군, 타이완군, 조선군과 더불어 일본의 해외 파견 부대 중 하나인 지나주둔군은 1900년 의화단의 난 이후 베이징, 톈진, 산하이관 등 북방의 요충지에 주둔하면서 중국 북부의 목줄을 쥐고 있었다. 1937년 7월 7일 밤 베이핑 교외 루거우차오(盧溝橋)에서 야간 훈련중이던 현지 일본군 부대가 중국군의 도발로 병사 한 명이 실종되었다는 허위 보고를 했다. 무다구치 렌야는 처음에는 사실을 확인하기 위해 현장에 참모를 파견했다. 하지만 공명심에 눈이 멀어서 마음을 바꾸고는 본국의 허락도 없이 반격을 지시하여 사건을 확대했다. 이것이 8년 중일전쟁의 도화선이 된 루거우차오사건이었다. 실종되었다는 병사는 시무라 기쿠지로(志村菊次郎)라는 이등병이었다. 스물한 살의 어린 신병이었던 그는 용변을 보기 위해 잠깐 자리를 비웠을 뿐 곧 복귀했다. 지휘관은 뒤늦게 이 사실을 알았지만 이미 윗선에 보고가 올라갔다는 이유로 함구했고 무단이탈을 처벌하지도 않았다. 이등병이 자기도 모르는 사이 전쟁을 일으켰다는 점에서 역사상 전무후무한 사건이었다. 덕분에 자신의 복무도 연장되어 7년 뒤인 1944년 버마(지금의 미얀마로 1989년에 개칭했다)에서 중국군 신편 제38사단과의 전투 중 전사했다.

사건 당시 무다구치 렌야는 현장에 없었음에도 불구하고 다음날 기자들 앞에서 멀쩡한 팔에 붕대를 감고 나와 마치 격전의 한복판을 뚫고 나온 양 으스댔다. 그의 독단적인 행동은 통수권이 천황에게 있다는 사실을 무시한 월권이자 군법재판에 회부될 일이었다. 하지만 어느 누구도 문제삼지 않았다. 심지어 영웅 심리에 빠진 나머지 입만 열면 주변 사람들에게 "지나사변(중일전쟁)은 내가 쏜 한 발로 시작되었다"라고 너스레를 떨었다. 바꾸어 말해서 무다구치 렌야 한 사람의 자의식 과잉이 수천만 명의 사상자와 일본의 패망으로 이어지는 중일전쟁을 초래한 셈이었다. 그때까지 무다구치 렌야는 야전에서 실전을 경험한 적이 한 번도 없었다. 전쟁을 모르면서 전쟁을 떠드는 군인이었다. 내세울 공은 없는 주제에 윗선의 눈에 들어 꽃길만 밟아온 터라 거만과 허세로 가득했다. 또한 자신의 능력을 과신하여 만사가 제 뜻대로 되는 양 가볍게 여겼다. 루거우차오사건에서 폭거를 저지

중국 전선에서의 무다구치 렌야(왼쪽 두번째) 그는 전선에 늘 기자들을 대동하고 다니면서 신문 기사 1면을 화려하게 장식하기를 좋아했다. 덕분에 도조 히데키의 눈에 들어 출세를 거듭했고 버마 주둔 제15군 사령관에 임명되었다. 그 결과는 임팔작전이라는 최악의 참패였다. 감당하지 못하는 지위는 자신은 물론 군대와 나라까지 파멸시킨다는 사실을 보여주었다.

른 것도 이 때문이었다. 하지만 무다구치 렌야뿐 아니라 일본군 엘리트 장교들의 공통된 모습이자 군 상층부도 묵인했기에 가능한 일이었다.

이후 무다구치 렌야는 관동군에서 복무했다. 중일전쟁 내내 이렇다 할 활약은 없었지만 태평양전쟁 발발과 함께 처음으로 실전다운 실전을 경험했다. 그는 '말레이의 호랑이' 야마시타 도모유키(山下奉文) 휘하에서 정예부대로 이름난 제18사단장을 맡아 영국령 말레이 침공에 참전했다. 싱가포르전투에서는 진두지휘하다가 수류탄 파편에 맞아 왼쪽 어깨를 다치기도 했다. 그 와중에도 끝까지 지휘봉을 놓지 않았다는 이유로 야마시타 도모유키가 직접 문안 편지와 포도주를 보내주기도 했다. 하지만 상관의 '과분한' 배려는 무다구치 렌야를 더욱 우쭐하게 만들었다. 그는 상승장군이라는 어울리지 않는 별명을 얻었다. 그리고 새로운 전장, 버마 전선으로 향했다. 랑군(지금의 양곤)에 상륙한 제18사단은 파죽지세로 북상하여 버마 중부의 요충지인 만달레이(Mandalay)를 점령하고 조지프 스틸웰(Joseph Stilwell) 장군이 이끄는 중국군에게 괴멸적인 타격을 입히는 활약을 벌였다. 그 공으로 1943년 3월 버마 주둔 일본군의 주력인 제15군 사령관으로 부임했다.

술자리에서 작전을 구상하다

제15군 사령부는 버마 중부의 메이묘(Maymyo, 지금의 핀우린)에 있었다. 만달레이에서 동쪽으로 약 70킬로미터 떨어진 메이묘는 버마의 다른 지역과는 달리 기후가 온화하고 풍경이 아름다워 영국 식민지 시절부터 인기 있는 휴양지였다. 영국군이 인도로 철수한 뒤 버마 전선은 평온 그 자체였다. 처칠의 관심사는 온통 북아프리카에서 로멜을 막는 데 쏠려 있었다. 중국군은 일본군이 살윈강을 넘어 윈난성을 침공하지 않을까 전전긍긍했다. 동쪽의 태평양에서는 미국과 일본 해군이 서로 한 발짝도 물러서지 않는 치열한 함대항공전이 벌어지고 있었다. 반면 버마는 양쪽 모두에게 잊힌 전선이었다. '버마의 지붕'이라고도 불리는 아라칸산맥 덕분이기도 했다. 인도-버마의 경계를 이루는 산맥은 길이 1000여 킬로미터, 해발 3000여 미터에 이르고 울창한 원시림에는 독충과 독사가 가득하여 사람들의 발길을 가로막았다. 하물며 밀림을 뚫고 대부대를 보내기란 매우 어려웠다.

버마를 점령한 직후인 1942년 9월 일본 남방군은 그 여세를 몰아 인도 동부를 침공하기 위한 '21호작전'을 입안했다. 무다구치 렌야의 제18사단을 주력부대로 삼아 아삼 지방을 점령하고 전쟁을 조기에 종전하겠다는 구상이었다. 그러나 영국군이 제아무리 형편없다고 해도 인도에 배치된 병력은 10개 사단에 달했다. 겨우 1, 2개 사단으로 승리를 거두겠다는 일본군의 생각은 어림없는 소리일뿐더러, 그만큼 상대를 깔본다는 얘기였다. 막상 언제나 큰소리치던 무다구치 렌야가 이번에는 허세를 부리지 않았다. 그는 자신이 앞장서야 할 처지에 놓이자 현지 사정상 보급이 어렵다는 이유로 결사반대한 끝에 작전을 무산시키는 데 성공했다. 사관학교 시절부터 보급을 하찮게 여겼던 그로서는 이례적이었다. 남을 싸움터로 보낼 때와 자신이 나서야 할 때 말이 달라지는 것이 무다구치식 논리였다.

싸움터 대신 안락한 곳에 눌러앉은 무다구치 렌야는 본색을 드러냈다. 제15군 소속 종군기자였던 나리타 리이치(成田利一)는 무다구치 렌야를 비롯한 제15군 수뇌부들이 넓은 별장에서 귀족이나 다름없는 안락한 삶을 누리며 호사스러운 유흥을 즐기는 모습에 깜짝 놀랐다고 회고했다. 무다구치 렌야는 교외에 '세이메이쇼(清明莊)'라는 커다란 유곽을 지었다. 저녁 5시만 되면 하던 일을 죄다 내팽개치고 칼퇴근한 뒤 그곳에서 참모들과 함께 화려하게 치장한 젊은 게이샤들의 시중을 받으며 주색에 빠져 지냈다. 그곳 여인들은 일본에서 특별히 선발하여 데려온 일본 여성들이었다. 그야말로 전장의 무릉도원이었다. 태평양에서는 미군을 상대로 곳곳에서 일본군의 처절한 옥쇄가 벌어지고 일본 본토마저 미군의 폭격으로 쑥대밭이 되는 와중에 무다구치 렌야와 심복들만 별천지에 살고 있었다. 무다구치 렌야가 전쟁 한가운데에서 행복한 시간을 보낼 수 있었던 비결은 다른 전선과 달리 버마가 연합군의 공격에서 비켜나 있었기 때문이다.

참모장 구노무라 도다이(久野村桃代) 소장은 '무노무라(無能村)'라는 별명으로 불릴 만큼 나사 빠진 인간이었다. 그는 술자리에서 고급참모 기노시타 히데아키(木下秀明) 대좌와 마음에 드는 기생을 서로 차지하겠다며 주먹다짐을 벌이기도 했다. 모범이 되어야 할 우두머리들이 이러했으니 제15군의 기강이 제대로 설 리 없었다. 어쨌든 전쟁이 끝날 때까지 이대로 신선놀음이나 하면서 무위도식했다면 하다못해 일본군에게 재난을 가져다주지는 않았으리라.

이 와중에 무다구치 렌야의 운명을 흔들어놓는 사건이 있었다. 간디, 네루와 더불어 인도의 명망 있는 반영 독립지도자 수바스 찬드라 보스(Subhas Chandra Bose)가 일본을 방문했다. 간디의 비폭력투쟁을 반대했던 그는 도조 히데키에게 인도의 독립을 도와달라고 요청했다. 도조 히데키는 흔쾌히 받아들였다. 물론 진짜 속셈은 이참에 인도 대륙을 손에 넣기 위함이었다. 그리고 버마 방면군 사령관이자 무다구치 렌야의 상관인 가와베 마사카즈(河邊正三) 중장을 도쿄로

무다구치 렌야(앞줄 가운데)**와 제15군 참모진** 버마 전선에서 이들의 썩어빠진 모습은 일본군에서도 유례를 찾아보기 어려울 정도였다. 일본군 최악의 싸움이었던 임팔작전은 무다구치 렌야뿐 아니라 이들 모두의 합작품이었다.

불러 자신의 구상을 넌지시 밝혔다. 그러나 이때만 해도 도조 히데키 한 사람의 막연한 야심일 뿐 당장 구체적인 계획을 세우거나 행동에 옮기겠다고 밀어붙인 것은 아니었다.

1943년 말 스틸웰이 지휘하는 중국군 2개 사단과 미군 1개 연대는 인도 레도(Ledo)를 출발하여 버마로 진군을 시작했다. 레도와 윈난(雲南)성 쿤밍(昆明)을 연결하는 보급로를 개통하여 고립무원에 빠진 중국에 미국의 원조 물자를 공급하기 위해서였다. 당장 연합군의 침공을 방어하기에도 급급한 일본군 입장에서는 전선을 무리하게 확장할 처지가 아니었다. 그런데 무다구치 렌야는 가와베 마사카즈로부터 도조 히데키의 말을 전해듣고 그의 환심을 살 절호의 기회라고 여겼다. 그는 2년 전 병참을 핑계로 울창한 정글에 병력을 보낼 수 없다는 자신의 주장을 손바닥 뒤집듯 바꾸었다. 때마침 북부 버마에서는 영국군 특수전 전문가 오드 찰스 윙게이트(Orde Charles Wingate) 준장이 이끄는 특수부대 '친디트(Chindit)'가 게릴라전을 펼치며 일본군을 혼란에 빠뜨렸다. 무다구치 렌야는 영국군이 버마에 군대를 보낼 수 있다면 반대로 일본군도 인도로 진격할 수 있다는 논리로 인도 침공작전을 수립했다. 일본군 제18사단이 북부 버마에서 연합군의 침공을 막는 한편, 제15군 산하 3개 사단이 친드윈강을 넘어 영국군을 격파하고 인도 동부의 요충지 임팔(Imphal)을 점령한다는 것이었다. 계획대로만 되면 연합군의 위협을 제거하고 인도 침공의 발판을 마련하는 셈이었다. 하지만 그가 간과한 사실은 친디트는 고작해야 3000여 명에 불과했다는 점이었다. 또한 항공기로 보급품을 받았다. 그럼에도 불구하고 윙게이트는 심한 보급난에 허덕여야 했고 고생과 희생에 비해 전과는 기대했던 것처럼 크지 않았다.

반면 무다구치 렌야의 계획은 훨씬 장대하면서 졸렬했다. 침공부대의 병력은 3개 사단 및 지원부대를 포함하여 9만 2000여 명에 달했다. 무다구치 렌야로서는 난생처음 대규모 작전의 지휘였지만 가장 큰 걸림돌은 병참이었다. 버마와 인도 국경은 아라칸산맥이 가로막고 있었기에 제대로 된 도로조차 없을뿐더러 제15군에게는 군대와 보급 물자를 실어나를 차량도 턱없이 부족했다. 무다구치 렌야는 대본영에 수송부대의 증파를 요청했지만 일본은 태평양에서 수세에 몰린 데다 국력의 한계에 직면하여 들어줄 수 있을 리 없었다.

하지만 그는 굽히지 않고 엉뚱한 고집을 부렸다. 대안으로 생각해낸 방법은 이른바 '칭기즈칸작전'이었다. 수백여 년 전 칭기즈칸의 몽골 군대가 그러했듯이 현지 주민들에게 가축을 징발하여 짐을 운반하게 하고 식량으로도 활용하겠다는 것이었다. 아이디어는 그럴듯했지만 가축들이 가파른 산을 오를 수 있는지, 장기간의 행군을 견딜 수 있는지는 별개였다. 무다구치 렌야의 더욱 황당한 발상은 어차피 식량이 없어도 이 넓은 산에서 열매나 동식물을 얼마든지 구할 수 있기 때문에 보급 준비 따위는 필요하지 않다는 것이었다. 버마의 정글은 일본의 산이 아니라는 사실을 망각했기 때문이다. 심지어 무다구치 렌야는 병사들에게 풀을 먹는 적응 훈련을 시키기도 했다. 하지만 즉흥적으로 구상한 작전이 제대로 진행될 리 없었다. 그럼에도 불구하고 버마 방면군 사령관 가와베 마사카즈 중장, 남방군 총사령관 데라우치 히사이치(寺內壽一) 원수, 도쿄의 참모본부와 대본영에 이르기까지 어느 한 사람 작전의 가능성을 냉철하게 따져보기보다 무책임하게도 상승장군 무다구치 렌야가 해본다고 하니 일단 해보라는 식으로 모조리 떠넘겼다.

무다구치 렌야가 그토록 자신만만했던 진짜 이유는 정말로 정글을 극복할 자신이 있어서가 아니었다. 일단 공격만 하면 영국군이 알아서 물러날 거라는 허황한 기대 때문이었다. 1942년 일본군이 버마를 침공했을 때 영국군은 변변한 저항 없이 인도로 후퇴했고 일본은 손쉬운 승리를 거두었다. 그는 이번에도 어떻게든 될 것이라며 보급을 우려하는 참모들에게 "영국군은 약하다. 반드시 퇴각할 것이다. 보급을 걱정할 필요는 없다"라고 하며 호언장담했다. 그러나 2년 전과는 사정이 완전히 달라져 있었다. 영국은 더이상 풍전등화의 신세가 아니었다. 인도의 전력도 대폭 강화되었다. 그럼에도 불구하고 무다구치 렌야는 혹시라도 일선 사단장들이 반대할까 두려워 그들을 불러모아 의견을 듣거나 작전을 논의하는 일조차 하지 않았다. 이런 싸움이 제대로 될 리 없었다.

임팔 주변에는 영국군 제14군 제4군단을 중심으로 15만 명에 달하는 병력이 주둔했다. 영국군은 전차와 중화기로 무장하여 화력에서 월등히 우세했고 항공기로 최전선에 물자를 보급했다. 그뿐 아니라 암호 해독과 정보 수집을 통해 일본군의 침공 계획을 미리 파악했다. 영국군 제14군 사령관 윌리엄 조지프 슬림(William Joseph Slim) 중장은 무다구치 렌야보다 세 살 아래였지만 경험이 풍부한 역전의 장군이었다. 나중에는 영국 육군 원수까지 올랐다. 그는 젊은 시절 제1차세계대전에 종군하면서 두 번이나 부상을 입었다. 제2차세계대전이 일어난 뒤에는 동아프리카에서 이탈리아군을 격파하고 에티오피아를 해방하는 등 최일선에서 잔뼈가 굵은 전형적인 야전군인이었다. 책상물림 장군인 무다구치 렌야와는 대조적이었다. 무다구치 렌야가 술독에 빠져 있는 동안 슬림은 인도-버마 국경의 방어 태세를 정비하는 데 총력을 기울였다. 또한 인도 주둔 영국군에게 일본군에 대한 막연한 두려움과 패배주의를 없애고 이길 수 있다는 자신

코히마의 영국군을 사열중인 슬림 장군(오른쪽), **1944년 1월** 1942년 3월 슬림은 버마에 부임하자마자 호된 패배를 경험했지만 와신상담하면서 복수의 칼을 갈았고 전술을 완전히 바꾸었다. 슬림의 강도 높은 훈련에 영국군은 오합지졸에서 정예부대로 다시 태어났다. 그러나 주색잡기에 열을 올리던 무다구치 렌야는 이런 사실을 전혀 알지 못했다.

감을 불어넣기 위해 많은 노력을 기울였다. 그는 수시로 전선을 시찰했으며 병사들과 동고동락했다. 실전 경험이 부족한 병사들이 경험을 쌓을 수 있도록 소부대를 편성한 뒤 정글로 보내 본군을 끊임없이 급습했다. 2년 동안 일본군은 해이해진 반면, 영국군은 훨씬 강해졌다.

병사들을 지옥으로 몰아넣다

1944년 3월 8일 임팔을 향한 일본군은 삼면에서 공세를 시작했다. 10만 명에 달하는 일본군은 3만 두에 이르는 소와 코끼리 1000마리, 양 1만 마리에 식량과 보급품, 중화기 등을 싣고 친드윈강을 건너 아라칸산맥의 밀림으로 진군했다. 하지만 시작부터 난관의 연속이었다. 거센 물살과 울창한 정글, 험준한 산을 지나는 동안 평야에 익숙했던 가축들은 거친 행군을 견디지 못하고 쓰러지거나 물살에 떠내려갔다. 그 바람에 가축의 등에 실었던 물자도 함께 잃었다.

무다구치 렌야의 실수는 또 있었다. 가축들을 식량으로 쓸 생각만 했을 뿐 가축에게 먹일 사료는 준비하지 않았다. 그는 가축이 초식동물이니까 산에 있는 풀을 알아서 뜯어먹을 것이라고 태평스럽게 생각했다. 하지만 정글에는 가축이 먹을 풀이 없었다. 진군을 시작한 지 얼마 되지 않아 가축들은 줄줄이 죽어나갔다. 보급이 끊긴 병사들은 금방 굶주림에 직면했다. 산딸기, 죽순, 버섯, 지렁이, 심지어 나중에는 전우의 인육을 먹기까지 했다.

한니발과 나폴레옹 역시 불가능하다는 수많은 반대를 무릅쓰고 험난한 알프스산맥에 도전했다. 또한 엄청난 희생을 치르면서도 끝까지 역경을 헤쳐나가 위대한 승자로 역사에 이름을 남겼다. 그런 점에서 무다구치 렌야를 무모하다고 비난할 수만은 없을지도 모른다. 하지만 결정적인 차이점은 그들은 직접 진두에 서서 병사들과 동고동락했던 반면, 무다구치 렌야는 거꾸로였다는 점이다. 그는 남들만 사지로 내보내고 자신은 전선에서 400킬로미터나 떨어진 메이묘에 남

무거운 짐을 들고 험한 산길을 오르며 임팔로 진군하는 일본군 한동안 점령지에서 현지인들을 노예처럼 부리면서 평온하게 살던 그들에게 출세욕에 눈이 먼 상관의 무모한 모험은 그야말로 날벼락이 아니었을까.

아 안락한 시간을 보내며 부하들이 승전보를 보내기만 기다렸다. 전선의 부하들은 "여인과의 이별이 괴로운 모양이다"라며 기생들 품에 안긴 채 전선 시찰을 한번도 나오지 않는 그를 비아냥거렸다.

일본군의 공격이 시작되자 영국군은 정면 승부 대신 지연전을 펼치면서 후퇴하기 시작했다. 일본군을 깊숙이 끌어들인 뒤 보급의 한계에 부딪혔을 때 반격할 속셈이었다. 이 와중에 일본군 제31사단은 임팔 북부의 요충지 코히마(Kohima)를 과감히 기습하여 병참선을 끊고 미처 후퇴하지 못한 영국군을 위기에 몰아넣었다. 무다구치 렌야의 도박은 부실한 계획과 마구잡이식 작전에도 불구하고 뜻밖의

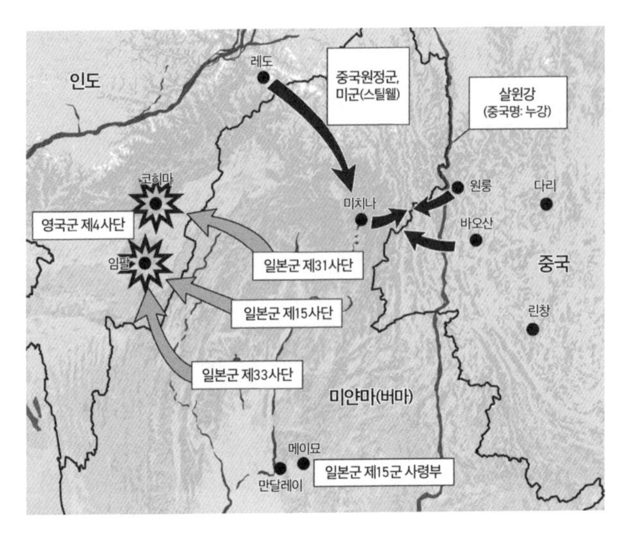

임팔작전 당시 양군의 전황도, 1944년 3월 8일 ~ 7월 3일

기적이 따라줄 것처럼 보였다.

그러나 포위된 영국군은 이전처럼 무너지거나 백기를 들지 않았다. 일본군이 우회할 수 없는 강력한 원형 방어선을 구축한 뒤 항공 보급을 받고 전차와 중화기로 일본군의 공격을 끝까지 막아냈다. 일본군은 제아무리 공격을 퍼부어도 영국군을 돌파할 방법이 없었다. 작전 시작 19일 만인 3월 27일 제33사단장 야나기다 겐조(柳田元三) 중장은 보급난과 영국군의 저항으로 작전이 불가능하므로 더 많은 희생을 치르기 전에 철수해야 한다고 주장했다. 후방에서 승전보만 기다리던 무다구치 렌야는 야나기다 겐죠를 호되게 질책하고 재차 공격을 명령했다. 하지만 야나기다 겐죠는 고분고분하게 명령에 따르지 않았다. 그 역시 육군대학을 졸업할 때 천황이 하사하는 군도는 물론 희대의 수재라는 별명을 얻을 만큼 자부심이 대단했다. 두 사람은 부하들이 보는 앞에서 체면도 잊은 채 막말을 쏟아내며 언쟁을 벌였다. 무다구치 렌야는 야나기다 겐죠를 쫓아내고 중국 전선에서 맹장으로 이름난 다나카 노부오(田中信男) 중장으로 교체했다.

굶주림, 말라리아와 사투를 벌이면서도 돌격에 나서는 일본군의 끈기는 영국군조차 경탄할 정도였지만 4월 말이 되자 한계에 이르렀다. 일본군 부대는 전진은커녕 곳곳에서 고립된 채 옥쇄를 강요당했다. 이 와중에도 무다구치 렌야는 부하들만 닦달할 뿐 전황에는 무관심했다. 제15군 사령부에서 복무한 사이토 히로쿠니(齋藤博國) 소위는 한 장교가 전선에서 목숨을 걸고 돌아와 비참한 상황을 알리는데도 무다구치 렌야와 참모들은 술자리에서 그 보고를 들었다고 떠올렸다. 일선의 불만이 갈수록 높아지면서 아무런 대책 없이 앵무새처럼 맹목적인 진격만 되풀이하는 무다구치 렌야에게 분노와 항명이 터져나왔다. 물론 무다구치 렌야도 상황을 전혀 모르지는 않았다. 하지만 뾰족한 수가 없었을뿐더러 그동안 큰소리 뻥뻥 쳐놓고 이제 와서 아무런 성과 없이 물러나는 것도 체면 문제였다. 그가 한 일이라고는 사령부 앞마당에 제단을 차리고 승전 기원 의식을 하는 것이 전부였다.

일선 사단장들 역시 무다구치 렌야의 정신 나간 불장난 탓에 정글에서 뼈를 묻을 판국이 되자 가만있지 않았다. 참다못한 제31사단장 사토 고토쿠(佐藤幸德) 중장은 무다구치 렌야가 제 역할은 하나도 하지 않는 주제에 애꿎은 병사들만 사지에 몰아넣는다며 독단적으로 철수를 명령했다. 메이지유신 이래 '사단장 항명'이라는 전대미문의 사건이었다. 그는 "허무맹랑한 명령을 내리고 부대가 실행을 주저한다고 해서 군율을 방패로 책망하는 것은 부하에게 불가능한 일을 강요하는 폭거일 뿐이다", "구노무라 참모장 이하 참모들의 능력은 사관후보생만도 못하다", "사령부 최고 수뇌부의 심리 상태에 대해 하루빨리 의학적인 판정을 내려야 할 때라고 생각한다"라며 분노를 감추지 않았다.

지옥에서 허우적대던 병사들은 '촌철살인'을 쏟아내는 사토 고토쿠를 영웅으로 떠받들었다. 하지만 그의 항명은 병사들을 위해서가 아니었다. 사토 고토쿠도 무다구치 렌야만큼이나 허세 덩어리였고 작전 실패에는 그의 무능함도 있었다. 심지어 영국군은 사토 고토쿠의 사령부가 적군 속의 아군이라며 폭격을 금지했을 정도였다.

사토 고토쿠는 젊은 시절 상관이었던 무다구치 렌야에게 질책을 받은 적이 있었다. 그는 그때의 일을 지금껏 기억하고 있다가 이참에 남아 있던 앙금을 폭발했다. 반면 야나기다 겐죠를 대신하여 제33사단장을 맡은 다나카 노부오는 걸출한 장군이었다. 그는 일본군에서는 드물게 육군대학 출신이 아님에도 뛰어난 전공만으로 사단장까지 올랐다. 하지만 아군끼리 싸우는 제15군의 추태를 보면서 "만주에 있을 때나 여기서나 똑같이 한심한 놈들이 한심한 짓만 골라 하고 있다"며 한탄했다.

무다구치 렌야는 사토 고토쿠를 달랠 수도, 정식으로 군법재판에 회부할 자신도 없었다. 자칫 자신의 치부가 드러날까 두려웠기 때문이다. 그는 사토 고토쿠에게 할복을 요구했다가 거부당하자 정신병자로 몰아 본국으로 쫓아버렸다. 제15사단장 야마우치 마사후미(山內正文) 중장도 작전에 적극적이지 않다는 이유로 해임되었다. 임팔작전에 참여한 사단장 전부가 경질된 것은 일본 육군에서도 전무후무한 일이었다.

6월 5일 가와베 마사카즈는 무다구치 렌야의 사령부를 방문했다. 가와베 마사카즈는 루거우차오사건 때에도 무다구치 렌야의 직속상관이었고 그의 월권을 묵인했을 만큼 우유부단한 인간이었다. 두 사람 모두 공세가 실패했으며 지금이라도 후퇴해야 한다는 사실을 절감하고 있었다. 하지만 그것을 입 밖에 낼 용기가 없었다. 둘 다 엘리트 출신이라고 거드름 부릴 줄은 알아도 야전 경험은 거의 없는데다 옹졸하면서 소심한 소인배였다. 훗날 무다구치 렌야는 "나는 이미 임팔작전은 포기할 때라는 말이 목구멍까지 올라왔지만 차마 꺼낼 수 없었다. 나는 그저 나의 안색을 통해 헤아려주기만 바랐다"라고 말했다. 이에 대해 가와베 마사카즈는 오히려 무다구치 렌야의 귀기어린 표정에 질려서 감히 작전을 중단하라고 말할 수 없었다고 변명했다. 어쨌든 어느 한쪽이라도 총대를 멨다면 최악의 재난만은 피했을 것이다. 하지만 서로 눈치만 보면서 상대가 결단을 내리기만 기다리는 와중에 상황은 점점 악화되었다.

벼랑 끝에 내몰린 무다구치 렌야는 전전긍긍하다가 그로부터 거의 한 달이 지난 뒤에야 가와베 마사카즈를 찾아가 정식으로 작전

중지를 요청했다. 7월 3일 드디어 철수 명령이 떨어졌다. 하지만 너무 때늦은 조치였다. 이미 일본군 태반은 패주중이었고 정글을 헤치고 왔던 길을 되돌아가는 행렬은 더이상 철수라고도 할 수 없었다. 말라리아와 이질, 굶주림으로 지친 병사들은 소총을 비롯하여 소지품을 죄다 도중에 버렸다. 군복은 누더기였다. 게다가 끝없이 쏟아지는 비와 연합군의 폭격, 영국군의 추격에 시달려야 했다. 제 발로 걸을 수 없는 부상병들은 무참히 버려진 채 그 자리에서 그대로 죽음을 맞이했다. 미쳐버리거나 스스로 목숨을 끊는 자도 많았다. 일본군이 지나간 퇴각로는 '백골가도(白骨街道)'라고 부를 정도로 무수한 시체와 해골이 널브러져 있었다. 당초 출정했던 10만여 명 중에서 만신창이가 되어 돌아온 병사는 1만 2000여 명에 불과했다. 사실상 전멸이나 다름없었다. 영국군의 사상자는 1만 7000명 정도였다.

임팔작전은 단순히 중과부적으로 패했다기보다 기획 단계부터 개인적인 공명심에 눈이 먼 무책임한 졸속작전이었다. 여느 나라였다면 무다구치 렌야와 주요 지휘관, 참모들, 직속상관인 가와베 마사카즈, 데라우치 히사이치 모두 군법재판에 회부되어 엄중한 문책을 받았을 일이었다. 그러나 처벌은커녕 군법재판조차 열리지 않았다. 일이 시끄러워지고 국민들의 사기가 떨어질 수 있다는 이유에서였다. 무다구치 렌야는 잠시 예비역에 편입된 뒤 몇 달 후에 아무 일도 없었던 양 육군예과사관학교 교장으로 부임하여 종전을 맞이했다. 가와베 마사카즈는 본토의 중부군 사령관으로 영전되었다. 가와베 마사카즈의 뒤를 이어 버마 방면군의 지휘를 맡은 기무라 헤이타로(木村兵太

郞) 중장은 포로들과 민간인들에게 워낙 잔혹하여 '버마의 도살자'라는 악명을 떨쳤다. 하지만 전장에서는 가와베 마사카즈나 무다구치 렌야보다 한 술 더 뜨는 졸장이었다. 영국군이 버마를 침공하자 작전을 지휘하기는커녕 겁에 질린 나머지 내연녀만 데리고 타이로 달아났다. 이로 인해 지휘 계통이 마비되면서 대혼란에 빠진 버마 주둔 일본군 전체가 연합군에게 포위되었다. 임팔작전에 비견되는 또 한번의 참사가 벌어졌다.

일본 패망 후 무다구치 렌야는 싱가포르에서 포로 학대 죄목으로 BC급 전범으로 기소되었다. 하지만 증거 부족을 이유로 1년 6개월 만에 석방되어 집으로 돌아왔다. 한동안은 은둔생활을 하면서 조용히 지냈다. 그러다가 1962년 슬림의 참모를 지낸 한 영국군 장교가 인터뷰에서 임팔작전이 성공할 수도 있었다고 말했다. 그러자 대번에 기가 살아난 듯이 기회가 될 때마다 "그것은 내 잘못이 아니라 부하들이 무능했기 때문에 실패했다"라고 떠들고 다녔다. 실제로 일본군은 작전 초반 과감한 기습작전으로 코히마를 점령하여 한때나마 영국군을 위기에 빠뜨리기도 했다. 그러나 그것은 무다구치 렌야가 잘해서가 아니었다. 제31사단 산하 보병 여단장 미야자키 시게자부로(宮崎繁三郞) 소장의 공이었다.

미야자키 시게자부로는 이오섬의 명장 구리바야시 다다미치와 더불어 태평양전쟁 중 일본 육군에서 가장 뛰어난 전술가 중 한 명으로 평가받는다. 그는 무다구치 렌야와 사토 고토쿠가 한심한 입씨름이나 벌이는 동안 임팔작전 내내 용맹스럽게 싸웠다. 철수과정에서도 소수의 병력으로 최후방을 맡아 영국군의 추격을 저지했다. 그는 언제나 솔선수범하고 위험을 마다하지 않아 부하들의 존경을 받았다. 전쟁이 끝난 뒤에는 다른 장군들처럼 정치권을 기웃거리며 한자리 얻을 기회나 노리는 대신 작은 가게를 운영하면서 살았고 버마에서 많은 장병을 잃은 일을 자책했다. 그는 죽기 직전까지도 버마의 악몽을 잊지 못한 채 임종을 눈앞에 두고 "적중 돌파중에 낙오된 부대를 확실히 구출했는가?"라고 혼잣말처럼 반복했다고 한다. 이에 비하면 무다구치 렌야의 모습은 하도 뻔뻔하여 주변 사람들이 얼굴을 들지 못할 판이었다. 일흔일곱 살의 나이로 눈을 감는 순간까지 단 한번도 자신의 졸렬한 지휘로 개죽음했던 수많은 병사에게 사죄하는 일이 없었다. 심지어 임종할 때 임팔작전의 실패는 자기 잘못이 아니라는 팸플릿을 만들어 장례식장에 온 사람들에게 나누어주라는 유언을 남겼다. 이쯤 되면 부끄러움을 모르는 것도 구제 불능의 불치병이 아닐까 싶다.

제3장

“나야말로 히틀러의 X맨”

모리스 가믈랭과 프랑스 전역

"만약 독일인들이 우리를 먼저 공격하는 호의를 베푼다면 나는 그들에게 기꺼이 10억 프랑을 줄 것이오."

—어느 날 모리스 가믈랭이 한 방문객에게(1940년 2월)

모리스 가믈랭은 "어느 쪽이건 자신의 달팽이 껍데기에서 먼저 나오는 쪽이 반드시 질 것이다"라고 장담했다. 제1차세계대전의 상식으로는 방어가 공격보다 훨씬 유리했기 때문이다. 잘 방비하고 우회할 방법이 없는 적진을 정면 공격하는 것은 자살행위였다. 3개월 뒤 가믈랭은 그토록 기다렸던 독일군의 선제공격이 시작되었다는 보고를 받고 기쁜 나머지 얼굴에는 화색이 가득했다. 참모였던 앙드레 보프르 장군은 그가 행복한 표정으로 콧노래를 부르며 집무실로 걸어가더라고 회고했다. 물론 히틀러에게 10억 프랑을 주는 일은 없었지만 그 순간 돈을 정말로 주고 싶었던 쪽은 가믈랭이 아니라 히틀러가 아니었을까.

가믈랭 적군이 르텔과 랑 사이로 엔강을 넘고 있습니다.

달라디에 우리는 공격해야 합니다.

가믈랭 무엇으로 말입니까? 저에게는 더이상 예비대가 없습니다. 랑과 파리 사이에서 제가 명령할 수 있는 군단은 단 하나도 없습니다.

달라디에 (완전히 절망한 표정으로) 그렇다면 그건 프랑스군의 파멸을 의미합니다!

가믈랭 예, 프랑스군의 파멸이죠.

—가믈랭과 국방장관 에두아르 달라디에와의 전화 통화중에서 (1940년 5월 15일)

처칠 전략 예비대는 어디에 있습니까?

가믈랭 (어깨를 으쓱하면서) 없습니다.

—파리에서 열린 연합군 참모회의에서 처칠과 가믈랭의 대화 중에서 (1940년 5월 16일)

꼭 4개월 뒤 영국 본토 항공전이 절정이었던 9월 15일 똑같은 문답이 처칠과 제11비행단 사령관 키스 로드니 파크 장군 사이에서 오갔다. 그러나 영국인들에게 남은 예비대는 없어도 전의가 남아 있었고 마지막 힘까지 쥐어짜내 독일 공군의 파상 공세를 막아냈다. 반면, 프랑스인들에게 없었던 것은 예비대가 아니라 싸울 의지였다.

전격전의 신화는 누구 작품인가

1940년 6월 22일 전 세계를 충격에 빠뜨린 제2차세계대전 최대의 이변이 있었다. 유럽 최강을 자랑하던 프랑스가 연전연패를 거듭한 끝에 독일군에게 백기를 들었다. 6주 전인 5월 10일 처칠이 히틀러의 폭주를 막지 못한 네빌 체임벌린(Neville Chamberlain)을 대신하여 새로운 영국 총리로 취임한 날 독일군이 벨기에와 네덜란드를 전격 침공했다. 오랜 침묵을 깨고 서부 전역의 막이 열렸다. 이때만 해도 상황은 연합군에게 불리하지 않았다. 오히려 프랑스는 어느 때보다도 자신감이 넘쳤다. 우발적인 사건으로 등 떠밀리듯이 갑자기 전쟁에 휘말렸던 1870년이나 1914년과 달리 이번에는 충분히 준비했다고 여겼기 때문이다.

1년 전 독일이 폴란드를 침공했을 때 프랑스는 독일을 향해 선전포고를 하고서도 행동에 나서지 않았다. 제2집단군 산하 프랑스군 11개 사단이 국경을 넘어 수 킬로미터를 진격하고 몇 개의 마을을 점령하여 히틀러를 잠시나마 긴장하게 했지만 그것이 전부였다. 프랑스군은 독일군의 저항을 거의 받지 않았는데도 폴란드가 패망하자 냉큼 원래 위치로 물러났다. 히틀러는 프랑스의 우유부단함을 한층 얕보게 되었다. 그러나 프랑스도 나름대로 생각이 있었다. 성급하게 끼어드는 대신 폴란드를 희생양삼아 독일의 공격에 대비할 시간을 번다는 것이었다. 진정한 결전은 프랑스가 싸울 준비가 끝났을 때였다. 수 개월 동안 프랑스는 예비 병력을 동원하고 전투태세를 마쳤다. 1940년 5월이 되자 프랑스군의 총병력은 예비군을 포함하여 500만 명에 달했다. 그중 절반 정도인 104개 사단 224만 명이 독일 국경에 배치되었다. 또한 영국 원정군 13개 사단과 벨기에군 22개 사단, 네덜란드군 10개 사단이 있었다. 나라를 잃고 프랑스로 망명한 폴란드군 2개 사단도 가세했다. 전차와 야포, 항공기 어느 면에서도 연합군이 훨씬 우세했다. 영불 해군은 압도적인 전력으로 북해를 봉쇄하고 독일 해안가를 위협했다. 프랑스군 수뇌부는 독일군의 어떤 공격도 막아낼 거라며 잔뜩 벼르고 있었다.

프랑스 총리 폴 레노(Paul Reynaud)는 자신만만하게 "우리는 이길 것입니다"라고 승리를 장담했다. 전 육군 참모총장 막심 베강(Maxime Weygand) 장군은 "프랑스군은 역사상 어느 때보다도 강하다. 최고의 장비, 일급 요새, 높은 사기, 걸출한 지휘 능력을 갖추고 있다"라고 선언했다. 체임벌린은 뮌헨협정의 실패를 인정하는 대신 자신의 선견지명 덕분에 히틀러의 유럽 지배 야욕을 무너뜨렸다고 자화자찬하면서 그는 "나는 여전히 히틀러가 1938년 9월에 버스를 놓쳤다는 생각에는 변함없습니다"라고 호언장담했다.

5월 13일 처칠은 의회에서 첫 취임 연설을 하면서 쉬운 싸움이 되지는 않겠지만 사람들에게 승리를 장담했다. 적어도 이번 전쟁에서 패배를 예상했던 사람은 없었다. 그러나 겨우 이틀 뒤인 15일 아침 7시 30분 처칠은 한 통의 전화에 잠이 번쩍 달아났다. 프랑스 총리 레노는 절망적인 목소리로 이렇게 외쳤다. "우리가 졌습니다…… 우리가 깨졌습니다." 그는 다시 말했다. "우리는 전투에서 졌습니다. 스당 주변 전선이 돌파되었습니다." 전쟁은 이제 겨우 시작되지 않았는

마지노 요새에서 카드 게임을 즐기는 프랑스군 병사들 개전과 동시에 처절한 격전이 벌어졌던 1914년과는 정반대로 양군은 선전포고를 하고도 도발을 삼간 채 대치 상태만 유지했다. 이쪽에서 치고 나갈 생각이 없다고 해서 정치인들이 외교적 협상을 시도한 것도 아니었다. 언론들은 '가짜 전쟁(Phoney War)' 또는 '불가사의한 전쟁(Twilight War)'이라고 비꼬았다. 하지만 병사들은 그나마 이때가 가장 행복한 시기였다. 프랑스 패전 후 프랑스 병사들은 포로수용소로 끌려가 비인도적인 강제노동에 시달리며 전쟁이 끝나는 순간까지 길고도 혹독한 시간을 보냈다.

가. 바로 며칠 전만 해도 유럽 최강의 군대를 자랑했으며 제1차세계대전에서는 훨씬 불리한 상황에서도 파리를 끝까지 지켜내고 4년에 걸친 전쟁을 견디어 결국에는 독일을 패망에 이르게 했던 프랑스가 이번에는 개전한 지 겨우 닷새 만에 패배를 인정했다.

독일 선전매체들은 승리의 비결이 히틀러의 혜안과 나치 군대가 항공기와 전차, 공수부대라는 신무기를 활용한 새로운 전쟁을 했기 때문이라며 널리 떠들었다. 프랑스군을 전광석화처럼 섬멸한 독일군의 교리, 이른바 '전격전(Blitzkrieg)'은 오랫동안 신화처럼 여겨졌다. 하지만 전적으로 거짓은 아니더라도 상당 부분 허구와 과장이 섞여 있다. 근래에 와서 카를 하인츠 프리저(Karl-Heinz Frieser)나 마르틴 반 크레펠트(Martin van Creveld) 등 서방의 많은 학자는 1940년의 독일군이 전격전을 할 만큼 강하지 않았음을 지적하면서 신화 벗기기에 나서고 있다. 진짜 전격전은 전쟁 말기에서 독일군보다 훨씬 기계화되고 강력한 생산력을 갖춘 미군과 소련군에 의해 실현되었다.

그토록 자신만만하던 프랑스군이 제대로 싸워보지도 못하고 모래성처럼 무너졌던 진짜 이유는 무엇일까? 그 중심에는 프랑스군 총사령관 모리스 귀스타브 가믈랭(Maurice Gustave Gamelin, 1872~1958) 원수가 있었다. 세상을 놀라게 한 독일 전격전을 실현한 진정한 장본인은 3개 기갑사단을 이끌고 아르덴을 돌파하여 프랑스군을 혼비백산하게 만들었던 제19기갑군단장 구데리안도, 워낙 신출귀몰하여 '유령사단'이라는 별명을 얻은 제7기갑사단장 로멜도, '독일군 제일의 책사'라고 불리며 이 놀라운 작전을 계획한 에리히 폰 만슈타인(Erich von Manstein)도 아닌 가믈랭이었다. 그는 "진짜 두려운 쪽은 유능한 적이 아니라 무능한 아군"이라고 했던 나폴레옹의 격언을 몸소 증명한 히틀러의 X맨(숨은 조력자)이었다.

젊은 명장에서 늙은 범장으로

당시 예순여덟 살의 노장이었던 가믈랭은 프랑스군이 시대에 뒤떨어졌음을 보여주는 상징이었다. 하지만 처음부터 아무 능력 없이 정치인들과의 연줄을 통해 그 자리를 차지했던 '똥별'은 아니었다. 젊은 시절만 해도 그는 최고의 엘리트 장교이자 군사 사상가로서 명성을 떨치며 프랑스군을 이끌 재목으로 주목받았다. 제1차세계대전이 일어나자 가믈랭은 프랑스군 총사령관 조제프 자크 세제르 조프르(Joseph Jacques Césaire Joffre) 원수의 참모를 맡았다. 그는 마른(Marne)전투의 작전을 기획했고 풍전등화였던 파리를 위기에서 구하는 데 큰 공을 세웠다. 이후 제11사단을 맡아 다른 프랑스군 지휘관들처럼 맹목적인 공세제일주의에 매몰되어 병사들의 목숨을 무익하게 희생하게 하는 대신 뛰어난 전술 능력을 발휘했다. 그는 최소한의 희생만으로 프랑스 북부 누와용(Noyon)을 탈환했다. 1918년에는 연합군 총사령관 페르디낭 포슈(Ferdinand Foch) 원수를 보좌하여 독일군의 최후 공세를 막아내고 연합군의 승리를 이끌어냈다. 전후 해외 주재 무관과 식민지 주둔군을 지휘했다. 1931년에는 베강을 대신하여 프랑스군 총참모장에 임명되었다. 가믈랭은 세계대공황이라는 매우 불리한 여건 속에서 프랑스군의 재무장과 마지노 요새의 건설을 추진했다. 이때만 해도 유럽 최고의 장군 중 한 명으로 손꼽혔고, 심지어 독일 장교들에게도 존경을 받았다.

그러나 제2차세계대전에서 그의 모습은 예전의 명성에만 연연할 뿐 변화에는 둔감하고 우유부단하며 고집불통의 어리석은 노인이

1940년 초 영불 연합군 수장들 왼쪽부터 대영제국 총참모장 윌리엄 에드먼드 아이언사이드 대장, 해군 대신 윈스턴 처칠, 프랑스군 총사령관 모리스 가믈랭 원수, 영국 원정군 총사령관 고트 자작 존 베레커 대장, 프랑스군 부사령관 알퐁스 조제프 조르주 대장. 이중에서 전시 총리가 된 처칠을 제외하고 제2차세계대전이 끝났을 때 승리의 월계관을 쓴 사람은 한 명도 없었다. 한때 대단한 명성을 누렸던 노장들은 옛 영광에만 집착할 뿐 변화에 둔감했고 이전과는 전혀 달라진 현대전쟁에 적응하지 못했다. 결국 보다 젊고 열정적이고 새로운 전쟁을 배울 준비가 된 후배들에게 주역 자리를 내주고 사라져야 했다.

었다. 더이상 젊은 시절의 재능과 뛰어난 통찰력은 찾아볼 수 없었다. 프랑스 주둔 영국 항공대(BAFF) 사령관 아서 셰리든 바랏(Arthur Sheridan Barratt) 장군은 가믈랭을 가리켜 "배만 볼록 나온 땅딸보 잡화점 주인"이라고 불렀다. 1939년 9월 1일 독일이 폴란드를 침공하자 영국·프랑스는 폴란드와의 동맹에 따라 즉각 독일에 선전포고를 했다. 가믈랭은 동맹국인 폴란드에 대한 모든 지원을 아끼지 않겠다고 호언했다. 9월 7일 라인강 일대에서 프랑스 제2집단군 산하 11개 사단이 자르 공세(Saar Offensive)에 나섰다.

히틀러는 서방 연합군이 정말로 행동에 나서리라고는 예상하지 못했기에 자신의 운이 다했다고 절망했다. 거의 모든 병력을 폴란드에 집중하여 프랑스 국경에 배치된 독일군은 22개 사단에 불과했다. 하나같이 훈련과 장비가 빈약한 2선급 부대였다. 프랑스군이 본격적으로 공세를 시작하면 잠시도 버티지 못할 형국이었다. 프랑스는 최소한의 희생으로 전쟁을 끝낼 수 있는 마지막 기회였다. 그러나 프랑스군은 겨우 8킬로미터를 진격한 뒤 닷새 만인 12일 국경도시 자르브뤼켄(Saarbrücken)을 앞두고 멈추었다. 독일군의 강력한 저항에 부딪혀서가 아니라 가믈랭이 체면치레는 했다면서 진격을 중지했기 때문이다. 히틀러는 한숨 돌리면서 우유부단한 프랑스군을 한층 얕보게 되었다.

9월 21일 소련군이 폴란드 동부를 전격 침공했다. 폴란드에게는 결정타였다. 개전 5주 만인 10월 6일 폴란드는 패망했다. 가믈랭은 기다렸다는 듯이 마지노 요새로 철수를 명령했다. 전투 기간이 짧았는데도 독일군은 196명의 전사자를 포함하여 600여 명을 잃은 반면, 프랑스군 사상자는 2000여 명에 달했다. 프랑스군의 손실 대부분은 전투가 아니라 질병 때문이었다. 프랑스군은 말 그대로 시늉만 한 셈이었고 히틀러를 겁주기는커녕 오히려 연합군을 더욱 얕보게 만들었다는 점에서 차라리 시작하지 않느니만 못한 작전이었다. 로멜의 작전 참모를 지낸 지크프리트 베스트팔(Siegfried Westphal) 장군은 훗날 영국 템스 텔레비전과의 인터뷰에서 "1939년 9월에 프랑스군이 총공격을 했다면 독일군은 겨우 1, 2주밖에 버티지 못했을 것이다"라고 회고했다.

제1차세계대전의 악몽에 갇히다

가믈랭이 독일과의 싸움에 그토록 조심스러웠던 이유는 1914년의 악몽 때문이었다. 총사령관이었던 조프르 원수를 비롯하여 프로이센·프랑스 전쟁의 복수심에 불타 있었던 프랑스군 지휘관들은 광적으로 전쟁을 외치며 프랑스인들을 전란으로 몰아넣었다. 그들은 근거 없는 자신감에 사로잡혀 현실적으로 프랑스가 독일을 이길 힘이 있는지에 대해, 전란이 불러올 엄청난 참사나 고통에 대해 조금도 고민하지 않았다. 맹목적인 공세제일주의는 수많은 병사를 죽음으로 몰아넣었다. 프랑스는 영국·미국의 도움을 받아 기나긴 싸움 끝에 가까스로 승리를 거두었지만 한 세대가 사실상 파멸하는 대가를 치러야 했다. 얻은 것이라고는 상처투성이 영광뿐이었다. 그제야 정신이 번쩍 든 정치인들과 장군들은 이전의 호전적인 모습과는 정반대로 완전히 위축되었다. "최선의 방어는 최선의 공격"이라는 오랜 격언을 잊은 듯이 공격이라는 말은 쏙 들어가고 이번에는 방어만이 능사라는 식이었다. 의기소침한 프랑스를 보여주는 상징이 마지노 요새(Ligne Maginot)였다. 국방장관 앙드레 마지노(André Maginot)가 주도하여 프랑스가 10년에 걸쳐 건설한 당대 최강의 요새였다.

마지노는 제1차세계대전에 참전하여 부상을 입었고 전쟁이 끝난 뒤에는 국방장관이 되었다. 그는 언젠가 독일과의 전쟁이 다시 일어나리라 예견하고 라인강을 따라 난공불락의 철옹성을 건설할 것을 주장했다. 그는 거대요새의 장점으로 독일의 기습 공격을 방어할 수 있고, 알자스로렌(Alsace-Lorraine)의 산업시설을 지킬 수 있으며, 인력을 절약하고 병력을 동원할 시간을 벌 수 있다는 점을 들었다. 프랑스인들은 훨씬 적은 희생으로 독일의 위협에 대항할 수 있다는 그의 주장에 열광했다. 만약 1914년과 같은 전쟁이 다시 일어난다면 프랑스는 승패와 상관없이 파국에 직면할 판이었기 때문이다.

마지노 요새는 1930년대 내내 프랑스의 축성기술을 총동원하여 건설되었다. 주 요새 선은 남쪽의 스위스 국경부터 북쪽의 룩셈부르크까지 140킬로미터에 달했고 15킬로미터 간격으로 대형 요새와 97개의 소형 요새, 352개의 포대, 78개의 대피소, 17개의 관측소, 5000개의 보루가 촘촘히 배치되었다. 각 요새는 100킬로미터가 넘는 거대한 지하 터널로 서로 연결되었다. 병사들은 두꺼운 강철과 콘크리트 뒤에 숨어 대포와 기관총으로 적의 공격을 막아낼 수 있었다. 하지만 마지노선에는 치명적인 약점이 있었다. 벨기에까지 연장하지 못하면서 프랑스 동쪽 국경에 구멍이 생겼다. 벨기에가 프랑스에게 버려질지 모른다면서 요새 건설에 거세게 반발한 탓도 있었지만 가장 큰 원인은 따로 있었다. 벨기에 일대가 저지대여서 지반이 너무 약해 침수될 수 있었고 무엇보다도 천문학적인 비용을 프랑스가 감당할 수 없었기 때문이다.

마지노 요새는 겉으로는 웅장했지만 내실은 '난공불락'이라는 명

마지노 요새의 위용 신문기사 등을 보면 마지노선을 '더이상 물러설 곳 없는 최후의 방어선이자 배수의 진'의 의미로 사용하지만 잘못된 이해다. 마지노선은 마지막 보루가 아니라 적의 공세를 국경에서 가장 먼저 막기 위한 최전방 방어선이었다. 난공불락의 요새라는 명성이 무색하게 프랑스를 지키는 방벽은커녕 제값도 하지 못한 채 역사 속으로 사라졌다는 점에서 차라리 "빛 좋은 개살구" 쪽이 어울리지 않을까.

성과는 거리가 멀었다. 개전 직전까지도 많은 부분이 완공되지 못했고 완공된 부분도 태반은 부실 공사였다. 애초에 프랑스의 빈약한 경제력으로는 마지노가 구상했던 것과 같은 강력한 요새를 건설하기란 역부족이었다. 미국이나 소련 정도는 되어야 가능한 일이었다. 요새 건설에 너무 많은 돈을 쏟아붓다보니 오히려 프랑스군의 현대화가 뒤처졌다. 프랑스군 병사들은 20년 전과 다를 바 없는 구닥다리 무기로 무장했다. 전차 태반은 제1차세계대전에서 사용했던 르노 FT-17

경전차였다. 새로운 무기를 개발하지 못해서가 아니라 자금 부족으로 구식 장비를 대신할 만큼 충분히 생산할 수 없었기 때문이다.

하지만 프랑스군의 근본적인 문제는 마지노 요새의 부실보다도 프랑스군 수뇌부의 전략적 모호함과 가믈랭의 우유부단함이었다. 그는 독일군의 라인란트 침공을 비롯하여 히틀러가 도발할 때마다 정치인들에게 독일군의 전력을 터무니없이 과장하고 겁을 주어 히틀러를 응징하려는 노력을 무산시켰다. 그의 소극적인 태도는 독일군조차 의아해할 정도였다. 그러나 프랑스인들은 싸울 의지가 있는데 가믈랭이 꺾어놓았다기보다 처음부터 프랑스인들은 싸울 의지가 없었고 가믈랭은 사람들이 듣고 싶어하는 말을 해주었을 뿐이었다.

독일-폴란드 전쟁이 시작되었을 때 가믈랭이 남긴 메모는 사상자에 대한 프랑스인들의 두려움이 어느 정도인지 단적으로 보여주었다. "나는 베르됭전투처럼 전쟁을 시작하지 않을 것이다. 프랑스는 출산율이 낮은 나라이며 지난 전쟁에서 끔찍한 희생을 치렀다. 나에게는 또다른 피를 흘리는 것을 견딜 여력이 없다. 프랑스가 싸워야 하는 전쟁은 모든 것을 정확하게 예측하고 거의 손실이 나지 않는 과학적인 전쟁이 되어야 한다."

가믈랭은 20년 전과 같은 참혹한 싸움이 되풀이되지 않도록 최소한의 희생으로 전쟁을 끝내야 한다는 강박증에 사로잡혀 있었다. 그렇다면 차라리 전쟁을 하지 않는 편이 최선의 선택이었을 것이다. 프랑스의 모순은 실제로는 강대국이 아니면서도 여전히 철 지난 영광에 사로잡혀 스스로를 강대국이라고 굳게 믿고 유럽 질서의 수호자를 자처한다는 사실이었다. 제1차세계대전 이전에도 독일, 영국보다 한 수 아래였던 프랑스는 무리한 싸움으로 어느 강대국들보다도 많은 손실을 입었다. 전쟁에서 상처투성이 승리는 거두었지만 인구 성장은 정체되었고 경제는 침체되었다. 마크 해리슨(Mark Harrison) 교수의 『제2차세계대전의 경제학*The Economics of World War II*』에 따르면 1939년 프랑스의 국내총생산은 일본과 비슷했고 영국의 70퍼센트, 독일의 절반에 지나지 않았다. 하물며 미국은 프랑스의 네 배 이상이었다. 프랑스는 군비를 유지하기 위해 필사적으로 허리띠를 졸라맸다. 그럼에도 불구하고 재무장을 시작한 독일을 도저히 따라잡을 수 없었다. 프랑스는 겉으로만 강대한 식민 대국일 뿐 실속 없는 이류 국가였다. 영국이 함께 나서주어야만 뭔가를 할 수 있었지만 영국도 사정이 여의치 않기는 마찬가지였다.

독일이 폴란드를 침공했을 때 프랑스가 결코 지켜보지 않겠다고 엄포를 놓으면서도 행동을 주저한 것은 이 때문이었다. 그러면서도 강대국이라는 허상에 구애되어 지키지도 못할 약속만 남발했다. 독일의 모든 신경이 폴란드에 집중되어 있는 동안 가믈랭은 독일을 선제공격하는 대신 국경 방비를 단단히 하면서 독일의 침공에 대비하는 데 온 힘을 기울였다. 그렇게까지 했음에도 불구하고 그의 딜레마는 프랑스군이 여전히 강해지지 않았다는 사실이었다. 프랑스로서는 마지노 요새를 건설하는 동시에 모든 전선에서 독일군의 공격을 완벽하게 막아내고 반격에 나설 만큼 충분한 병력과 현대적인 장비를 확보한다는 두 마리 토끼를 잡을 능력이 없었다.

프랑스군의 총체적인 난맥상

가믈랭의 선택은 독일군이 어디에서 공격해올지 미리 예상한 다음 그곳에 최정예부대를 신속하게 투입하겠다는 것이었다. 결론은 벨기에였다. 프랑스에게 최상의 시나리오는 독일군이 마지노 요새 정면을 향해 '돌격'하는 것이었다. 하지만 그럴 가능성은 거의 없었다. 자살행위나 다름없었기 때문이다. 그의 생각에 독일군은 1914년과 마찬가지로 북부 벨기에를 통로로 삼을 것이 틀림없어 보였다. 평야가 펼쳐져 있어 대부대를 전개하기에 가장 쉬우면서도 단숨에 북부 프랑스로 밀고 들어올 수 있었기 때문이다. 이론적으로는 그럴싸했지만 불안감이 없지 않았다. 만약 예상이 빗나갔을 때는 어떻게 할 것인가. 가믈랭은 해결책을 찾는 대신 모르는 척하기로 했다. 그런 일이 일어나서는 안 되므로 생각할 필요도 없다는 논리였다.

프랑스군의 아킬레스건은 북쪽의 기동부대와 동쪽의 마지노 요새 사이의 틈새였다. 가믈랭은 충분한 전략 예비대가 없다는 이유로 그곳에 2선급 부대만 배치했다. 설사 독일군 일부가 침입하더라도 뫼즈강까지 도달하려면 적어도 8일은 걸릴 테고 그사이 대비할 수 있다는 판단이었다. 실제 도상 훈련에서는 8일은커녕 60시간이면 충분하다는 결론이 나왔지만 가믈랭은 묵살했다. 독일군의 주 공세는 반드시 북부 벨기에에서 시작된다는 것이 그의 믿음이었고 그 믿음에서 벗어나는 것은 어떤 가능성도 인정하려고 하지 않았다. 개전을 앞두고 다양한 정보 수집과 항공 정찰을 통해 독일군의 주력이 가믈랭이 예상하는 북부 벨기에가 아니라 남부 벨기에와 룩셈부르크에 인접

한 아르덴 고지에 집결중이라는 보고가 들어왔지만 "쇠귀에 경 읽기"였다. 그는 고집스러울 만큼 자신의 생각을 바꾸려고 하지 않았다.

더욱 이해하기 어려운 조치는 마지노 요새였다. 원래 요새의 목적은 최소한의 병력으로 적의 침입을 막는 데 있었다. 그럼으로써 결전장이 될 벨기에와 북부 프랑스에 투입할 병력을 최대한 확보하기 위함이었다. 하지만 마지노 요새에는 전체 117개 사단 중 3분의 1에 해당하는 36개 사단이 배치되었다. 반면 독일군은 141개 사단 중 7분의 1에 불과한 19개 사단을 마지노 요새 맞은편에 배치했다. 소수의 프랑스군이 마지노 요새를 이용하여 다수의 독일군을 묶어두는 것이 아니라 소수의 독일군을 막기 위해 다수의 프랑스군이 마지노 요새에 갇힌 꼴이었다. 그렇다고 해서 마지노 요새의 많은 수비대가 여차하면 요새 밖으로 치고 나가 독일 본토로 진격할 계획이었던 것도 아니었다. 이 부대들은 기동성이 없는 방어부대였기에 등뒤에서 프랑스가 무너지는 동안 사실상 아무것도 할 수 없었다. 그 이유는 무엇인가? 전쟁이 끝난 뒤 가믈랭은 자신의 부사령관이자 동북부 전선 총사령관인 알퐁스 조제프 조르주(Alphonse Joseph Georges) 장군에게 책임을 떠넘겼고 조르주는 가믈랭 탓으로 돌렸다. 한마디로 그들 자신도 왜 그렇게 멍청한 배치를 했는지 모른다는 이야기였다.

개전 당시 프랑스군이 보유한 전차는 3254대에 달했다. 2439대의 전차를 보유한 독일군보다 수적으로 30퍼센트나 많았다. 비록 구식 전차가 상당수 포함되어 있었지만 소무아 S35 전차를 비롯한 신형 전차들은 강력한 화력과 장갑을 갖추었고 성능 면에서 독일의 3호,

4호 전차에 비해 손색이 없었다. 특히 프랑스군이 자랑하는 샤를 B1 중전차는 중량 32톤, 75밀리미터 전차포를 탑재했으며, 장갑은 최대 60밀리미터에 달하여 독일이 보유한 모든 전차를 압도했다. 이 전차를 맞닥뜨린 로멜은 큰 충격에 빠졌을 정도였다. 독일군은 88밀리미터 대공포를 끌어다가 겨우 격파할 수 있었다. 그러나 프랑스군 전차는 결정적인 단점이 있었다. 무전기가 없어 서로 연계하여 싸우기가 어려웠다. 또한 속도가 느리고, 장거리 행군이 어려우며, 연료가 바닥났을 때 재빨리 보충하는 데도 애로가 많았다. 프랑스의 전차 교리상 기동전은 처음부터 고려 대상이 아니었기 때문이다.

프랑스군은 전차 수가 훨씬 많았음에도 기갑사단은 겨우 4개 사단에 불과했다. 그마저도 폴란드를 침공한 독일 기갑부대의 놀라운 활약상을 보고 나서야 편성되었다. 그중 샤를 드골(Charles de Gaulle)의 제4기갑사단은 전쟁이 시작된 뒤에 창설되었다. 전차 대부분은 대대 규모로 편성되어 각 보병사단에 뿔뿔이 흩어져 있었다. 반면 독일은 1935년에 이미 3개 기갑사단을 편성했다. 프랑스 침공에서는 10개 기갑사단을 투입했다. 그중 절반은 야전군에 해당하는 클라이스트 기갑집단에 편입하여 독일군의 강력한 창으로 활용했다. 하지만 프랑스군은 전쟁 내내 여기저기 흩어진 전차를 모으기는커녕 기갑사단을 한데 모아 집중 운영하는 일조차 없었다. 설사 그렇게 하려고 해도 그에 필요한 지휘 통신이나 보급 지원 시스템이 없었다.

제1차세계대전 때부터 프랑스군 수뇌부는 전차를 소리만 요란할 뿐 느리고 둔중하면서 걸핏하면 고장나기 십상인 애물단지로 취급했다. 그들에게 전차는 보병을 지원하기 위한 이동식 포대에 지나지 않았다. 20여 년 동안 엄청나게 발전한 기술적 변화를 깨닫지 못했기 때문이다. 하지만 전차가 공세의 중핵을 맡아 대부대로 집중 운영되었을 때 가공할 위력은 무엇으로도 막을 수 없었다. 베르사유조약에 따라 전차 개발이 꽁꽁 묶인 독일이 1930년대 초반만 해도 변변한 전차 한 대 없었음에도 10여 년 만에 프랑스를 능가한 이유는 전차에 주목하라는 젊은 장교들의 목소리에 귀를 기울였기 때문이다. '전격전의 아버지'라고 불렸던 구데리안이 대표적 인물이었다. 젊은 시

프랑스 전역 당시 샤를 B1 중전차, 1940년 5월 전차의 성능으로만 본다면 일대일로 싸워 이길 수 있는 독일 전차가 없었다는 점에서 훗날 연합군을 충격에 빠뜨리는 독일의 티거 중전차에 비견할 만했다. 그러나 티거와 달리 이 전차는 본격적인 전차전을 위한 병기가 아니라 보병을 화력 지원하기 위한 무기였다. 설계에서도 많은 문제점이 있었다. 독일군은 이 전차를 노획한 후 훈련용이나 자주포 등으로 개조하여 사용했다.

절 통신 장교로 복무했던 그는 통신의 중요성을 깨닫고 고성능 무전기를 전차에 탑재했다. 이것이 전격전을 실현한 발판이었다. 하지만 프랑스군은 가믈랭같이 늙고 고루한 장군들이 발전을 가로막고 있었던 탓에 뒤처질 수밖에 없었다.

그 차이는 당장 실전에서 드러났다. 독일 기갑부대가 맹렬한 기세로 프랑스군을 휩쓰는 동안 프랑스군 기갑부대는 찔끔찔끔 투입되다가 사라졌다. 프랑스군 제1기갑사단은 샬롱앙샹파뉴(Châlons-en-Champagne)를 출발하여 벨기에 디낭(Dinan)으로 북상하던 중 5월 15일 디낭에서 서쪽으로 15킬로미터 떨어진 플라비온(Flavion)에서 연료를 보충하다가 로멜의 기습을 받아 변변히 싸우지도 못하고 전멸했다. 바로 다음날 제2기갑사단은 행군 도중에 독일군의 기습으로 무방비 상태에서 완전히 괴멸되었다. 제3기갑사단도 스당에서 역습에 나설 참이었지만 전차들을 한곳에 모으지 못한데다 태반이 고장과 연료 부족으로 소모되면서 별다른 활약을 하지 못했다. 르네 프리우(René Prioux) 장군이 지휘하는 프랑스군 유일의 기계화 군단인 프리우 기병군단은 2개 기계화 사단으로 구성되었고 개전과 함께 벨기에로 진군했다. 이들은 에리히 회프너(Erich Hoepner)의 독일군 2개 기갑사단을 상대로 분투했지만 잘못된 운영으로 큰 손실을 입었다. 게다가 수송 수단이 없었던 탓에 프랑스로 후퇴하다가 고장나거나 연료가 떨어진 전차들을 도중에 버리면서 사실상 소멸했다. 그나마 제대로 싸운 부대는 편성조차 끝나지 않은 샤를 드골의 제4기갑사단이었다. 그러나 그의 힘만으로는 이미 무너지기 시작한 대세를 바꾸기에는 역부족이었다. 독일 공군을 방어해야 할 프랑스 전투기들 역시 엉뚱한 곳에 흩어져 있었다. 대전차포와 대공포도 매우 빈약하여 프랑스군의 진지를 휩쓰는 독일 공군의 폭격에 속수무책이었다.

얄팍한 잔머리가 프랑스를 망치다

5월 10일 가믈랭은 독일군의 침공이 시작되었다는 보고를 받았다. 자신이 심혈을 기울여 준비한 'D 계획'을 보여줄 때였다. 'D 계획'은 독일군이 벨기에를 침공하면 즉각 영불 연합군의 주력부대를 벨기에에 파병하여 독일군과 결전을 벌인다는 내용이었다. 벼르고 있던 그는 프랑스군 최강부대로 구성된 22개 사단을 벨기에 북부로 진격시켰다. 독일군의 정확한 의도를 파악하기도 전에 성급하게 주력부대를 출동시킨 진짜 이유는 위기에 처한 동맹국을 구원하기 위해서가 아니었다. 가믈랭은 벨기에를 전장으로 삼아서 제1차세계대전 때처럼 자국 영토가 또 한번 전쟁터가 되는 것을 피하겠다는 심산이었다. 한마디로 기왕 싸워야 한다면 내 집 마당이 아니라 남의 집 마당에서 싸우겠다는 것이었다. 그러나 그의 얄팍한 잔머리는 도리어 프랑스가 패망하는 결정적인 이유가 되었다. 가믈랭은 독일군이 자신의 함정에 빠졌다고 믿었지만 정작 함정에 걸려든 쪽은 자신임을 깨닫지 못했다. 프랑스군이 벨기에를 향해 신나게 진격하는 동안 독일군의 진짜 공세는 아르덴에서 시작되었다. 훗날 처칠이 '낫질작전'이라고 이름 붙인 만슈타인의 계획 역시 도박성이 짙었다. 하지만 양측의 도박에는 결정적인 차이점이 있었다. 가믈랭은 독일군의 패를 전혀 읽지 못한 반면, 독일군은 가믈랭의 패를 꿰뚫고 있었다는 사실이었다. 히틀러는 "적은 우리가 아직도 케케묵은 슐리펜 계획을 되풀이한다고 믿고 있다"라며 기뻐서 어쩔 줄 몰라했다.

가믈랭은 독일군이 위험을 무릅쓰며 굳이 대부대의 기동이 어려운 아르덴의 울창한 삼림지대를 통과할 리 없다고 굳게 믿었지만 크나큰 오산이었다. 독일 A집단군 산하 7개 기갑사단은 아무런 저항 없이 아르덴을 돌파한 뒤 개전 사흘 만인 5월 13일 뫼즈강을 건넜다. 가믈랭의 작전은 근본적으로 흔들렸다. 하지만 그의 가장 큰 실책은 단순히 독일군에게 허를 찔렸다는 사실이 아니라 자신의 예측이 빗나간 충격에 좌절하여 싸울 의지를 잃었다는 점이었다. 이것이 1914년 마른전투에서 승리한 조프르나 1944년 아르덴에서 똑같은 기습을 당했던 아이젠하워가 당황하지 않고 끝까지 싸워 전세를 뒤집었던 것과 결정적인 차이였다. 가믈랭은 독일군이 아르덴을 통과한 뒤 뫼즈강을 향해 쇄도중이라는 최초 보고를 받았을 때만 해도 한낱 양동작전이라며 한 귀로 흘렸다. 그의 관심사는 오직 벨기에였다. 실제로 독일군도 아르덴의 험준한 지형을 돌파하기란 결코 쉬운 일이 아니었다. 클라이스트 기갑군만 해도 병력 13만 4000명과 차량 4만 1000대, 전차 1600대에 달했다. 이 거대한 군대가 험준한 좁은 길을 따라 전진하자 극심한 교통 정체로 난장판이 되었다. 연합군 폭격기가 무방비나 다름없는 독일군의 행렬에 폭격을 퍼부었다면 재앙은 프랑스군이 아니라 독일군에게 닥쳤을 것이다. 그러나 가믈랭은 에스

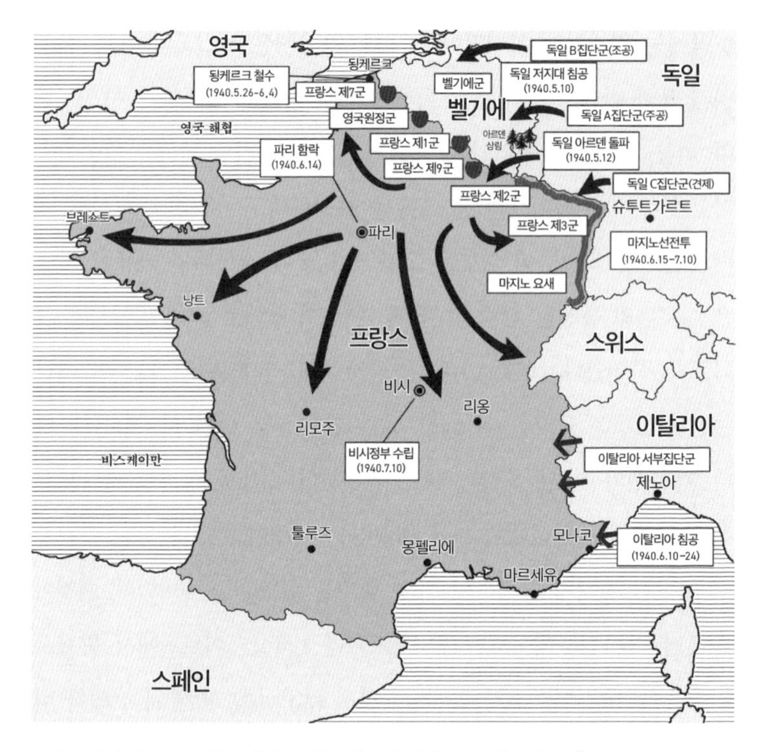

프랑스 전역 당시 양군의 배치 상황 및 독일군의 진격, 1940년 5월~7월

파냐 내전과 폴란드 침공에서 보여준 것처럼 독일 공군이 프랑스 도시에 무차별적 보복 폭격으로 엄청난 민간인 희생을 초래할지 모른다고 우려한 나머지 폭격기의 출격을 엄격히 통제했다. 프랑스군은 손쉽게 이길 수 있는 좋은 기회를 놓쳤다.

다음날 저녁 독일군 선봉이 뫼즈강을 건넜지만 그때까지도 프랑스군 수뇌부는 여전히 낙관했다. 가믈랭의 발등에 불이 떨어진 순간은

14일 구데리안의 기갑부대가 스당을 돌파하고 샤를 욍치제(Charles Huntziger)의 프랑스 제2군이 독일군을 방어하는 데 실패하면서였다. 스당은 70년 전 프로이센·프랑스 전쟁에서 대몰트케 원수의 프로이센군에게 나폴레옹 3세가 포위, 섬멸된 곳이었다. 게다가 독일 기갑부대는 남쪽으로 향하리라 생각했던 가믈랭의 예상을 깨고 서쪽으로 진격했다. 이쪽은 무주공산이었다. 스당에 주둔한 프랑스군 제55보병사단은 2선급 부대로 대부분 급히 소집된 신병들이었고 마지노 요새의 축성에 동원되어 훈련을 거의 받지 못했다. 그들은 며칠째 독일 공군의 맹폭격에 시달린데다 독일군 전차가 나타났다는 소문을 듣자 겁에 질린 나머지 확인도 하지 않고 진지를 버리고 달아났다. 프랑스군의 방어선에 거대한 구멍이 생긴 셈이었다. 로멜, 구데리안을 비롯한 독일군 지휘관들은 이 기회를 놓치지 않고 더욱 진격에 박차를 가하여 프랑스군을 밀어붙였다.

가믈랭은 스당이 돌파되었다는 보고를 듣고 혼비백산했다. 가믈랭만이 아니었다. 부사령관 조르주는 "스당에서 우리 전선이 무너졌다! 재난이 벌어졌어!"라며 오열했다. 전쟁이 시작된 지 불과 닷새밖에 지나지 않은 5월 15일 새벽 가믈랭은 파리의 에두아르 달라디에(Édouard Daladier)에게 전화를 걸었다. 그는 상황을 과장하면서 프랑스가 이미 전쟁에 졌으며 독일 기갑부대가 파리 코앞까지 밀고 들어오는 중이라고 말했다. 달라디에는 깜짝 놀라 당장 반격하여 1918년 독일 루덴도르프 공세(Ludendorff Offensive)를 영웅적으로 격퇴했던 것처럼 독일군을 막아야 한다고 소리쳤다. 하지만 이미 패배주의에 사로잡힌 가믈랭은 때가 늦었다면서 어떤 말에도 요지부동이었다. 실제로 연합군은 패배에 몰리기는커녕 진격이 지나치게 순조로운 상황에 도리어 겁을 먹은 히틀러가 몇 번이나 일선 부대에 진격 속도를 늦추라고 닦달하고 있었는데도 말이다. 독일군 참모총장 할더 장군은 5월 17일 자 일기에 "총통은 극도의 신경과민이다. 그는 남쪽 측면을 걱정하고 있다. 그는 우리가 전쟁 전체를 망치고 있다며 분통을 터뜨리고 비명을 지르고 있다"라고 썼다. 심지어 구데리안은 히틀러의 명령을 무시한 채 더욱 속도를 올리다가 명령 불복종을 이유로 기갑군단장에서 잠시 해임되기도 했다. 달리 말하면 독일군의 진격은 그만큼 위험한 도박이었고 상황에 따라서는 언제라도 쉽게 뒤집힐 수 있었다. 하지만 한쪽은 스스로 포기했고 다른 한쪽은 그렇지 않았다는 데서 승패가 갈렸다.

처칠은 전시 총리가 되자마자 전쟁에 지고 있다는 보고를 듣고 급하게 파리로 날아왔다. 하지만 며칠 전만 해도 자신에 가득했던 프랑스 지도자들과 장군들의 모습에서 전의는 사라지고 없었다. 처칠이 가믈랭에게 예비대에 대해 묻자 돌아온 대답은 '없다'였다. 처칠은 가믈랭의 맥 빠진 대답에 훗날 회고록에서 다음과 같이 회상했다.

"나는 아연실색했다. 위대한 프랑스군과 최고 지휘관들을 우리가 뭐라고 생각해야 하는가? 800여 킬로미터에 이르는 방어선을 책임진 어떤 사령관도 대규모 기동작전을 준비하지 않는다는 것은 나로서는 이해할 수 없는 일이었다. 내 인생에서 가장 충격적인 일 중 하나였다. 나는 다시 가믈랭에게 언제, 어디에서 돌출부의 측면을 공격할 예정인지 물었다. 그의 대답은 무엇이었을까? '수에서 열세하고, 장비에서 열세하며, 방법에서 열세합니다.'"

이에 대해 가믈랭은 전략 예비대가 처음부터 없었다는 말이 아니라 원래는 있었지만 독일군에 의해 소모되어 더이상 남아 있지 않다는 뜻이었다고 변명했다. 하지만 가믈랭은 애초에 전략 예비대의 확보에는 관심이 없었다. 그는 프랑스의 최대 공업지대이자 인구 밀집지역인 북부 프랑스가 또다시 싸움터가 되는 일은 없어야 한다는 강박증에 사로잡혀 있었다. 싸우더라도 프랑스가 아닌 남의 땅에서 싸울 요량으로 최정예부대를 성급하게 벨기에로 출동시켰다. 전 병력의 3분의 1은 마지노 요새에 묶여 있었고 나머지 전력의 대부분도 독일군이 마지노 요새 뒤쪽으로 진출하는 것을 막기 위해 남쪽에 배치되어 있었다. 도박에 가까울 만큼 병력을 지나치게 불균형하게 배치했다는 점이 가믈랭의 치명적인 실책이었다. 전략 예비대가 없었던 이유도 독일군에게 패배해서가 아니라 그가 그렇게 배치한 탓이었다. 조르주가 위험성을 경고하면서 최강부대 중 하나인 제7군을 전략 예비대로 남겨둘 것을 제안했지만 가믈랭은 묵살했다. 파리 동쪽에는 얼마 안 되는 병력만 남아 있었다. 그나마도 변변찮은 2선급 부대였기에 한번 돌파되자 더이상 독일군을 막을 도리가 없었다.

가믈랭은 가장 중요한 패를 너무 빨리 상대에게 내보이는 바람에 궁지에 내몰리자 뒤늦게라도 판세를 뒤엎을 방법을 찾기보다는 그냥 자신의 패 전체를 던져버렸다. 그는 완전히 의기소침해져 전선에서 수백 킬로미터 떨어진 사령부에 주저앉은 채 당혹감에 사로잡힌 장군들이 올리는 보고서 이외에는 상황이 어떻게 돌아가고 있는지 직접 알아보려는 노력조차 하지 않았다. 일선 부대와의 소통도 없었고 직접 전선으로 나와서 사기가 떨어진 병사들을 격려하지도 않았다. 그저 자신의 선입견과 추정에만 의존하여 주먹구구식으로 대응했다. 심지어 우군 부대가 어디에 있는지, 적이 어디까지 왔는지조차 모르고 있었다. 독일군의 진격이 갈수록 확대되고 전투가 격렬해지면서 그 어느 때보다도 총사령관으로서 지도력이 절실한 순간에 가믈랭은 마치 혼자 구름 위에 앉아 전쟁을 강 건너 불구경하는 것처럼 보였다. 그의 사령부는 '잠망경 없는 잠수함'이라는 별명을 얻었다.

반면, 독일군은 일선 지휘관들에게 스스로 상황을 헤쳐나갈 수 있는 상당한 재량권을 부여했다. 독일군의 가장 큰 장점은 권한의 분산과 유연한 대처 능력이었다. 어느 누구도 혼자서 거대한 전장을 통제할 수 없기 때문이다. 하지만 낡은 권위주의에 사로잡혀 있던 프랑스군은 여전히 모든 권한이 총사령관 한 사람에게 집중되어 있었다. 일선 지휘관들은 총사령부에서 하달된 계획과 교리에 맹목적으로 따라야 했다. 가믈랭이 절망감에 사로잡혀 아무것도 하지 않자 군대 전체가 마비되었다. 북쪽에서는 프랑스군의 주력부대가 뒤늦게 프랑스로 방향을 돌렸지만 전차와 차량 태반은 도중에 연료 부족으로 주저앉았다. 길게 늘어진 독일군의 포위망을 돌파하거나 측면을 강타하지 못한 것은 이 때문이었다. 그럼에도 불구하고 그는 모든 책임을 일선 지휘관들이 태만한 탓으로 돌리고 20명에 달하는 장군들을 해임했다. 드골을 비롯하여 일부 지휘관이 용감하게 공세에 나서기도 했지만 프랑스군의 반격은 지엽적인 수준에 머물렀고 상황을 바꿀 수 없었다. 연합군의 완전한 파멸을 막은 구세주는 히틀러였다. 그는 프랑스군이 얼마나 궁지에 몰렸는지 알지 못한 나머지, 기갑부대에 진격을 멈출 것을 명령했다. 덕분에 연합군은 잠시나마 숨을 돌릴 수 있었다.

답답하기 짝이 없는 모습에 참다못한 참모들이 반쯤 혼이 나간 가믈랭을 다그친 끝에야 그는 5월 19일 작전명령 12호를 세웠다. 북쪽과 남쪽에서 영불 연합군이 양면 협공하여 독일 기갑부대를 포위한다는 것이었다. 가믈랭이 직접 작성한 명령서는 이론적으로는 그럴듯했지만 현실적으로는 불가능했다. 어영부영하는 사이 프랑스군 전체가 공황에 빠지면서 대규모 반격에 나설 수 있는 전력은 더이상 남아 있지 않았다. 게다가 명령서에는 구체적인 내용 대신 "모든 것은 다음 몇 시간에 달려 있다"라는 추상적인 문장이 전부였다.

심지어 가믈랭은 참모들, 일선 지휘관들과 구체적인 논의 대신 혼자서 방에 틀어박혀 명령서를 작성했다. 그는 명령이 적힌 쪽지를 조르주 장군에게 넘겨주면서 자신이 떠난 뒤에 읽으라고 지시했다. 나중에 그는 회고록에서 "나는 그날 오후에 해임되지 않았다면 다음 날 아침 조르주를 만나 내 계획을 어떻게 실행할지 직접 전달할 참이었다"라고 궁색하게 변명했다. 하지만 스스로 앞으로 몇 시간이 가장 중요하다고 강조하면서도 그 자리에서 작전을 논의하지 않고 하루를 미루어 군이 귀중한 시간을 낭비했는지는 의문이다.

너무 늦었던 해임

어차피 가믈랭의 싸움은 여기까지였다. 5월 20일 레노 총리는 무책임하고 불성실한 가믈랭의 행태를 참다못해 쫓아내고 전임자였던 베강 장군으로 교체했다. 개전한 지 꼭 열흘 만이었다. 하지만 일흔세 살의 퇴역군인이었던 베강 역시 가믈랭보다 그리 나을 것 없었다. 다른 장군들도 마찬가지였다. 프랑스군 중에서 포슈나 조지 패튼(George Patton), 주코프처럼 불굴의 의지로 마지막까지 싸우겠다는 장군은 찾아볼 수 없었다. 하나같이 겁에 질린 채 프랑스를 더 큰 재앙에 빠뜨리기 전에 백기를 들고 전쟁을 끝내야 한다고 주장했다. 5월 24일 됭케르크에서 40만 명에 달하는 영불 연합군이 포위되었다. 그들이 궁지에서 빠져나올 수 있었던 비결은 그때까지 남쪽에 남아 있던 100만 명이 넘는 프랑스군이 구원에 나서서가 아니라 무슨 수를 써서라도 자국의 젊은이들을 구하겠다며 배를 끌고 도버해협을 넘은 수많은 영국 국민의 용기, 그리고 병참과 휴식을 핑계로 사흘 동안 기갑부대의 정지를 명령한 히틀러의 오판 덕분이었다.

그러나 아직 전쟁에 진 것은 아니었다. 시간이 지나면서 프랑스군의 사기는 조금씩 회복되었고 독일군이 무적이 아니라는 사실을 깨닫기 시작했다. 전차끼리의 정면 대결에서 밀리는 쪽은 프랑스가 아니라 독일이었다. 대부분의 독일 전차는 프랑스 전차를 맞상대하기 어려웠다. 이때만 해도 독일의 전차기술은 프랑스보다 훨씬 뒤떨어져 있었다. 독일군의 강점은 전차의 성능이 아니라 그것을 어떻게 써먹을지 안다는 사실이었다. 됭케르크에서 탈출한 프랑스군은 그때까지 독일군에게 점령되지 않은 프랑스 서부의 항구를 통해 되돌아온 뒤 새로운 방어선에 투입되었다. 독일군은 파리 북쪽으로 약 120킬로미터 떨어진 아미앵(Amiens)을 공격했다가 큰 손실을 입고 격퇴되었다. 독일군은 프랑스군의 전술이 빠르게 향상되고 있다고 보고했다. 마른 전투의 기적이 되살아날 것처럼 보였다.

그러나 대세를 바꾸기에는 너무 늦었다. 가믈랭이 지휘한 그 짧은 시간 동안 프랑스군은 이미 절반을 잃었다. 전세는 독일군에게 완전히 기울었다. 독일 공군은 프랑스의 하늘을 지배하며 프랑스군 진지를 쉴새없이 폭격했고 프랑스군의 반격을 분쇄했다. 베강은 레노 총리에게 군대의 붕괴가 초읽기에 들어갔다고 보고했다. 정치인들은 항복을 논의했다. 6월 14일 전투 없이 파리는 독일의 손에 넘어갔다. 레노 총리는 사임했다. 그리고 22일 프랑스는 항복했다. 기적은 없었다. 프랑스인들은 재빨리 백기를 들면 히틀러가 선처해주리라 기대했지만 오판이었다. 히틀러는 콩피에뉴 숲에서 프랑스인들에게 철저히 되갚아주었다. 프랑스는 둘로 쪼개졌다. 제1차세계대전에서 겨우 되찾은 알자스로렌은 도로 독일에게 빼앗겼다. 국토의 3분의 2는 나치의 지배를 받게 되었다. 나머지 3분의 1은 제1차세계대전의 영웅이었던 필리프 페탱(Philippe Pétain)의 비시 정부가 통치했다. 포로가 된 프랑스 병사들은 석방 대신 독일로 끌려가 노예처럼 부려졌다. 유일하

독일로 끌려가는 프랑스군 포로들 포로 수는 180만 명에 달했고 전체 프랑스 성인 남성의 10퍼센트에 해당했다. 프랑스가 항복한 이상 국제법에 따라 풀려나야 함에도 불구하고 독일 본토로 끌려가 강제노동에 종사해야 했다. 일부는 운 좋게 송환되었지만 대부분 열악한 환경에서 노예와 같은 생활을 했다. 그런데도 히틀러의 충견 노릇을 했던 비시 정권은 프랑스군 포로들이 독일에서 좋은 대우를 받고 있다고 허위 선전을 했다. 포로들은 전쟁이 끝난 뒤에도 자유 프랑스군이나 레지스탕스와 달리 전쟁 영웅이 아니라 조국을 버린 겁쟁이나 독일의 부역자라는 누명을 써야 했다.

게 패배를 인정하지 않은 사람은 드골이었다. 그는 아직 프랑스가 완전히 진 것이 아니라면서 런던으로 망명하여 외로운 투쟁을 시작했다. 꼭 4년 뒤 그는 승자가 되어 당당하게 프랑스로 돌아왔다.

가믈랭은 비시 정부에 의해 반역죄로 기소되었다. 페탱이 그를 재판에 세운 이유는 프랑스를 몰락시킨 패전지장(敗戰之將)이라서가 아니라 평소 앙숙이었던 자신의 정적을 제거하기 위해서였다. 국방장관 달라디에, 항공장관 기 라 샹브르(Guy La Chambre), 전 총리 레옹 블룸(Léon Blum), 육군 감찰관 로베르 자코메(Robert Jacomet) 장군도 끝까지 나치와 싸울 것을 고집하거나 페탱이 권력을 쥐는 데 반대했다는 이유로 기소되었다. 가믈랭은 군법재판에서 모든 혐의에 답변을 거부하고 침묵했다. 그는 피레네의 한 요새에 수감된 뒤 독일군이 비시 프랑스를 점령하자 오스트리아 이터성(Itter Castle)으로 이감되었다. 1945년 5월 미군에게 구출될 때까지 그곳에서 기나긴 시간을 보내야 했다. 명예 회복의 기회는 없었다. 사람들에게 완전히 잊힌 존재가 된 그는 말년에 쓴 회고록에서 나라를 패망으로 몰고 간 책임을 통감하기보다 끝까지 자기변명만 늘어놓았다. 가믈랭은 패배의 원인을 자신의 오판이 아닌 병사들의 전의 부족, 군내에 암약한 공산주의자들의 방해, 프랑스의 전쟁 준비 부족 탓으로 돌렸다.

물론 모든 책임을 가믈랭 한 사람에게만 뒤집어씌우는 것은 부당할지 모른다. 프랑스군의 지휘체계는 나폴레옹시대와 비교해서도 그리 나아진 것이 없을 만큼 낙후되어 있었다. 경직된 교리와 명령체계는 야전 지휘관들의 능동성을 빼앗아버렸다. 프랑스제 전차는 독일 전차보다 훨씬 강력하여 독일군을 당혹하게 했지만 무전기가 없는데다 소부대로 분산되어 있었기에 우수한 성능을 제대로 발휘하지 못했다. 심지어 프랑스군 총사령부에는 일선 부대와 직접 소통할 수 있는 전화기가 단 한 대도 없었다. 가믈랭이 내리는 모든 명령은 전령을 통해 전달되었고 일선까지 적어도 이틀 이상 걸리기 일쑤였다. 제1차세계대전 때처럼 정해진 시간표대로 싸울 때면 큰 문제가 되지 않을지 몰라도 전차와 항공기에 의해 일분일초가 달라지는 상황에 대처하기에는 어림없었다. 만약 구데리안이나 로멜, 만슈타인이 독일군 대신 프랑스군에서 복무했다면 아무것도 하지 못했을 것이다. 프랑스군 전반에 걸쳐 만연했던 권위주의와 나태함, 보수적인 사고방식은 어느 한 사람만의 문제가 아니라 총체적인 병폐였다. 그러나 1930년대 내내 프랑스군을 이끈 장본인 중 한 명이 가믈랭이라는 점에서 프랑스군이 시대에 뒤떨어지게 만든 것 또한 그의 책임이었다. 게다가 전쟁에서 보여준 리더십 부재와 한심한 추태는 프로이센·프랑스 전쟁에서 프랑스를 패망하게 한 나폴레옹 3세 이상이었다.

가믈랭이 제아무리 구차한 핑계를 늘어놓은들 그는 세상에서 가장 거대한 군대를 가장 짧은 시간에 잃은 총사령관이었다. 한편으로 가믈랭이 만난 시대는 전쟁의 패러다임이 보병에서 전차와 항공기로 넘어가는 때였다. 자신의 역량으로는 따라갈 수도, 이해하기도 어려운 시대를 만났다는 사실이 그에게는 가장 큰 불행이었는지도 모른다. 동시에 그 변혁의 시대에 하필이면 가믈랭 같은 졸장을 만나야 했던 프랑스인들의 불운이기도 했다.

제4장

사디스트가 사단장이 되다

하나야 다다시와 하호작전

"네놈의 복장은 뭐냐? 그러고도 연대장이라고 할 수 있나?"

—제55사단으로 부임한 하나야 다다시가 중좌 무라야마 세이이치의 복장을 힐책하며

1943년 10월 하나야 다다시가 제55사단장으로 부임하자 사단 지휘관들이 비행장으로 마중을 나왔다. 그런데 하나야 다다시는 공병 연대장이었던 무라야마 세이이치(村山誠一) 중좌가 인사하자 너저분한 복장을 문제삼으며 모두가 보는 앞에서 폭행했다. 그날 밤 열린 사단장 환영 연회에서 무라야마 세이이치는 옷을 벗어던지고 군도를 뽑아 하나야 다다시를 베겠다며 달려들었다가 주변의 만류로 참았다. 그러면서도 자신을 한번 더 때리면 그때는 정말로 죽이겠다고 엄포를 놓았다. 사단장이 연대장 정도의 고위 장교를 폭행한 것도 상식에서 벗어났지만 칼을 뽑고 사단장에게 덤비는 연대장의 하극상도 상상을 초월하는 일이었다. 버마 전선에서 일본군의 기강이 얼마나 문란했는지 단적으로 보여준다.

“어떤 경우에도 최후까지 계속 저항해야 한다. 탄약이 떨어지고 군도가 부러졌을 때 수십 명의 적이 나타나도 육탄으로 돌격하라. 최후에는 천황 폐하 만세를 외치고 깨끗하게 산화하라.”

—제55사단장 부임 직후 병사들을 향한 훈시 중에서

하나야 다다시는 전쟁터에서 수많은 부하에게 자결을 강요했으면서도 막상 자신은 제일 먼저 도망갔다. 그렇다고 군 상층부에서 문제삼거나 그의 ‘갑질 행태’를 문책하는 일도 없었다. 하나야 다다시뿐 아니라 자신에게는 한없이 너그러우면서 부하들에게만 폭군으로 군림했던 지휘관들의 이중적인 행태가 일본군을 소위 ‘똥군기’의 군대로 만든 원흉이었다.

“통행금지는 졸병들 때문에 정한 것이다. 내가 지나간다는데 할말이 있는가?”

—통행금지령이 내려진 상황에서 하나야 다다시가 초병의 물음에 한 말

제55사단장 시절 하나야 다다시는 연합군의 공습에 대비하여 야간 통행금지령이 내려진 상황에서 한밤중에 말도 없이 지나가려고 했다. 이때 사단 입구를 지키고 있던 초병이 “누구냐?”라고 물었다. 하지만 하나야 다다시는 신분을 밝히기는커녕 “내가 돌아올 줄 알고 있지 않았나? 날 놀리는 것이냐?”라고 하면서 도리어 초병을 폭행하고 책임 부사관을 불러냈다. 부사관은 통행금지령이 내려진 이상 신분 확인은 당연하다고 항변했지만 씨알도 먹히지 않았다. 이 일로 부사관은 어처구니없게도 일병으로 강등되었다. 분을 참을 수 없었던 부사관은 하나야 다다시를 죽이려고 했지만 결국 포기하

고 스스로 목숨을 끊었다.

"너와 산포 포탄 중 어느 쪽이 더 중요할 것 같나? 포탄은 아까우니까 보낼 수 없다. 저런 물건은 야습하면 얻을 수 있다. 네놈은 야습이 무서운 거겠지. 배를 갈라라. 네놈의 칼이 녹슬어서 잘리지 않는다면 내 것을 빌려주겠다. 지휘할 사람은 얼마든지 있다."

—하호작전중 산포 지원 요청을 한 어린 소위에게

하호작전중 제112연대 제5중대장 대리였던 오카자키 쓰요시(岡崎毅少) 소위는 철조망으로 둘러싸인 영국군 고지를 공격하기 위해 산포 사격을 요청했다. 하지만 하나야 다다시는 전황을 무시하고 억지소리를 늘어놓으면서 펄펄 뛰었다. 옆에 있던 대대장과 참모가 달래려고 애썼지만 그는 도리어 참모에게 "왜 배를 가르지 않느냐!"라고 하며 파리채로 마구 때리면서 행패를 부렸다.

"다음에 내려오면 목을 쳐주겠다. 네놈이 가고 싶은 곳은 야스쿠니 신사냐, 군법회의냐?"

—옥쇄 공격에 나섰다가 괴멸된 뒤 소수의 생존자를 수습하여 내려온 어느 대대장에게

그 대대는 재차 돌격했다가 전원 전사했다. 심지어 하나야 다다시는 위생병들에게도 옥쇄 공격을 명령하여 사단 위생병 태반을 잃는 등 적보다 무서운 것이 아군 지휘관임을 증명했다.

일본군의 비뚤어진 병영문화 '똥군기'

태평양전쟁 당시 일본군에서 복무했던 사람들의 회고록이나 일본군을 다룬 책을 보면 하나같이 입을 모아 성토하는 내용이 있다. 병영문화의 부조리다. 원래 어느 군대건 전투가 목적인 이상 군기를 엄격하게 유지하기 위해서 불편부당한 부분이 있기 마련이다. 하지만 일본군의 시대착오적이고 야만적인 병영문화는 유별날 만큼 악명을 떨쳤고 일본 사회 전체에 지울 수 없는 악몽까지 남겼다.

그중에서도 군생활을 가장 견디기 어렵게 만드는 것은 구타와 얼차려였다. 사회의 '나쁜 물'을 빼고 강인한 정신력과 진정한 무사도를 주입하여 최강의 군인으로 거듭나게 만든다는 명목으로 온갖 사적 제재와 고문에 가까운 가혹행위가 자행되었다. 기강을 위한 '필요악'이 아니라 병사들을 단기간에 길들이기 위함이었다. 뛰어난 자질과 지휘 능력을 갖춘 지휘관을 육성하는 것보다 폭력으로 병사들을 복종시키는 쪽이 훨씬 쉬운데다 일본군에게 병사는 한낱 소모품이자 노예였기 때문이다. 심지어 군마보다도 못한 취급을 받는 것이 말단 병사들이었다. 군마는 비싸지만 병사는 돈이 들지 않았기 때문이다. 병사들은 스스로 '1전 5리의 목숨'이라고 불렀다. 전사통지서에 붙이는 우푯값이 1전 5리였던 것이다. 이런 군대에 무슨 충성심이 있겠으며 서구 군대와 같은 상하의 신뢰와 명예심을 찾아볼 수 있을까. 병사들은 전장에 나가는 것이 조국을 위해 싸운다기보다 도살장에 끌려가는 소가 된 느낌이었을 것이다.

일본군은 어쩌다가 이런 '똥군기'의 대명사가 된 것일까. 메이지유신 직후인 1882년 일본 참모본부는 메이지 천황의 이름으로 군인칙유(軍人勅諭)를 제정했다. 장장 2700자에 달하는 장문의 내용에는 상관은 천황의 대리자이며 상관의 명령은 천황의 명령과 같다고 규정했다. 상급자는 무소불위의 권력을, 하급자는 절대복종해야 한다는 것이었다. 병사들은 입대와 동시에 얻어맞으면서 군인칙유를 한 글자도 틀리지 않고 암송하는 것이 의무였다. 군인들의 복무 지침인 '군대내무서(軍隊內務書)'에도 상관은 부모와 같은 존재이므로 부모처럼 떠받들어야 한다고 못박았다. 일본군의 내무 규율은 원래 유럽 군대에서도 가장 엄격한 군기를 자랑했던 프로이센군의 방식을 흉내냈다. 그러나 제1차세계대전이 끝난 뒤 유럽은 문민 통제를 강화하고 군대에 대한 인식을 개선하여 병영 악습을 없애나간 반면, 일본군은 오히려 거꾸로 갔다. 1930년대 이후 군인들이 권력을 쥐게 되면서 군대는 국가 속의 국가이자 성역이 되어 어느 누구도 손을 댈 수 없었다. 사회가 군대의 방식에 맞추어야 했다.

태평양전쟁 때 병사들은 상관의 명령이라면 옳고 그름을 떠나 무조건 따라야 했다. 감히 질문을 하거나 이견을 제시한다는 것은 있을 수 없는 일이었다. 말로는 병영의 가족화를 내세우고 중대장은 병사들에게 '아버지와 같은 존재'라고 추켜세웠지만 현실은 병영의 가축화였다. 모호한 가족주의는 권한과 책임이 애매해지면서 오히려 군기의 문란을 초래했다. 군대는 무엇보다 위계질서의 확립이 중요하며 하급자의 절대복종을 강조하는 것도 이 때문이다. 하지만 일본군은 내무반에서 누가 상관이고 하급자인지 기준조차 불분명했다. 같은 병사들끼리도 먼저 들어온 것이 벼슬인 양 후임병들에게 횡포를 부리기 일쑤였다. 입대는 먼저 했지만 능력 부족으로 진급이 누락된 일병이 먼저 진급한 상병을 무시하고 괴롭히기도 했다. 다른 나라 군대라면 엄연한 하극상이지만 내무반이 철저히 외부와 격리되고 그 안에서 벌어지는 불상사는 자기들끼리 은밀하게 처리하다보니 문제가 해결될 수 없었다.

군생활의 혹독함과 병사들의 복지 수준은 스탈린 시절의 소련군보다도 훨씬 열악했다. 병사들은 마치 분풀이 대상처럼 육체적·정신적으로 폭력에 끝없이 시달려야 했다. 장교가 부사관을 때리고, 부사관이 고참병을 구타하고, 고참병이 후임병을 폭행했다. 위에서부터 내려오는 '내리갈굼'에서 가장 죽어나는 이는 먹이사슬의 가장 밑바닥에 있는 신병들이었다. 신병들에게 병영은 감옥과 지옥 중 지옥에 더 가깝다는 말이 나올 정도로 끔찍했다. 물론 그들 역시 시간이 지나고 고참이 되었을 때는 고스란히 되갚아주는 악순환이 반복되었다.

가혹행위를 참다못해 자해하거나 자살하는 경우도 비일비재했다. 심지어 평소에는 참고 있다가 실전에 투입되면 원한을 품었던 상관이나 고참을 살해한 뒤 은폐하는 일도 많았다. 이 때문에 전선에서는 반대로 군기를 느슨하게 풀어주었다고 한다. 등뒤에서 날아오는 총알을 맞고 싶은 사람은 없을 테니 말이다. 군대에 대한 인식이 하도 나쁘다보니 징병 대상자들은 수단과 방법을 가리지 않고 병역을 피하려고 애를 썼다. 일본 역사학자 요시다 유타카(吉田裕)의 『일본의 군대－병사의 눈으로 본 근대일본日本の軍隊-兵士たちの近代史』에서는

어느 마을에서 징병검사 때마다 마을 청년들의 무사 불합격을 바라는 기원제를 매년 지내더라는 웃지 못할 내용도 나온다.

일본군도 구타와 가혹행위 자체는 엄연한 군법 위반이었다. 하지만 워낙 뿌리 깊은 관행인데다 사내가 이 정도의 괴로움조차 견디지 못하면 전쟁은커녕 사회에 나가서도 무슨 일을 할 수 있겠느냐가 당시 일본 사회의 뿌리 깊은 인식이었다. 한편으로는 군대를 기피하고 혐오하면서도 다른 한편으로는 군대가 단순히 병역의 의무만이 아니라 인간 수양의 장소라며 경외심을 품는 것이 일본인들의 이중성이기도 했다. 군생활의 가혹함은 근성과 책임감을 길러주어 진정한 남자가 되기 위한 일종의 통과의례라는 것이었다. 군대에서 배운 악습은 제대하고 사회로 나온 뒤 가정과 학교, 기업에서 그대로 되풀이되었다. 결국 일본 사회의 후진성과 폭력에 대한 무덤덤함이 '똥군기'라는 기형적인 문화를 만들어낸 진정한 원인이었다.

군 상층부 역시 병폐를 바로잡기는커녕 자신들 역시 그렇게 배웠다면서 묵인하거나 오히려 조장했다. 그 대신 분노와 불만에 가득한 병사들에게 당근이라며 내놓은 보상이 이른바 '위안부'였다. 식민지와 점령지에서 많은 여성을 강제로 끌고 나와 시대착오적인 성노예로 삼았다. 병사들로서는 유일하게 만만하게 대해도 되는 약자들이었고 평소의 울분을 그녀들에게 풀었다. 난징대학살을 비롯하여 태평양전쟁에서 보여준 일본군의 수많은 만행이나 폭도나 다름없는 모습 역시 '똥군기'가 만들어낸 산물이었다. 그러나 전장에서 자신의 스트레스 해소를 위해 저항할 수 없는 민간인을 죽인다면 군인이 아니라

살인마일 뿐이다. 일본군은 폭력과 억압으로 병사들을 손쉽게 길들일 수 있었지만 전쟁에서 패배하자 부메랑으로 돌아왔다. 하루아침에 위계질서가 사라지자 그동안 참고 있었던 병사들은 폭군 행세를 하던 장교들과 부사관들에게 보복했다.

거만하고 난폭한데다 '똘기' 충만한 장교들이 난무했던 막장 일본군에서도 독보적인 악질이 있었다. 제55사단장을 지낸 하나야 다다시(花谷正, 1894~1957) 중장이었다. 그는 단순히 군인으로서의 자질이 부족하다는 차원의 문제가 아니었다. 부하들을 집요하게 괴롭히는 데서 희열을 느꼈다는 점에서 정신적인 문제가 있었던 것은 아닌지 의심스러울 정도였다. 하나야 다다시 때문에 할복한 지휘관만도 10여 명에 달했고 그의 부실한 작전 지휘로 수천여 명의 병사가 개죽음을 당했다. 여느 군대라면 진작 퇴출되었겠지만 질책이나 주의는커녕 변변한 공도 없는 주제에 우등생이라는 이유만으로 순탄하게 출세했다. 나중에는 한 전선을 책임지는 사단장이라는 중책까지 맡았다. 가학 성향을 지닌 사이코패스에게 1만 명의 생사여탈권을 쥐어주었으니 일본군의 인사 시스템이 얼마나 불합리했는지 보여주는 셈이었다. 이 한 가지 사실만 보더라도 태평양전쟁에서 일본은 패망할 수밖에 없었다.

만주사변을 일으킨 갑질 장교

하나야 다다시는 오카야마현의 부유한 농민 가정에서 태어났다.

어릴 때부터 군인의 길을 택한 그는 일본인이라면 누구나 선망하는 정통 엘리트 코스인 육군유년학교와 육군사관학교, 육군대학을 차례로 졸업했다. 덕분에 군생활도 탄탄대로였다. 그는 관동군 사령부와 도쿄 참모본부에서 근무하는 등 요직을 두루 거치며 승승장구했다. 같은 사관학교 동기생이라도 학교 성적에 따라 이후의 인생이 달라지는 것이 일본군이었다. 예외가 없지는 않았지만, 대개는 제아무리 전장에서 뛰어난 공적을 쌓고 실력 있는 유능한 장교라 하더라도 사관학교에서 성적이 나빴다면 영원히 열등생으로 낙인찍힌 채 만년 대위나 소령에 머물러야 했다. 진급에 필수적인 육군대학에 들어가는 것도 불가능하다보니 나중에는 자신보다 한참 후배를 상관으로 모셔야 했다. 반면 공부 잘하는 우등생은 사고를 치고 말썽을 부려도 '엘리트'라는 이유로 출셋길이 보장되었다. 성적이 곧 신분이었고 인간의 가치 척도였다. 하나야 다다시도 일본군의 성적 지상주의 문화가 만들어낸 수많은 괴물 중 한 명이었다.

뼛속까지 비뚤어진 엘리트의식으로 길들여진 하나야 다다시는 온갖 악행을 일삼으며 군율을 우습게 여겼다. 만만하다 싶은 상대에게는 계급이 높건 낮건 상관없이 안하무인으로 행세했다. 입만 열면 육군대학 출신이라고 거드름을 피우면서 육군대학 출신이 아닌 장교에게는 설사 상관이라도 "육군대학도 못 나온 놈은 글러먹었다. 저능하다"라고 하면서 폭언을 일삼고 노골적으로 멸시했다. 상관에게도 이토록 불손하기 짝이 없는데 하물며 부하들에게는 말할 것도 없었다. 계급에 걸맞은 교양이나 예의는 조금도 찾아볼 수 없었다.

소좌로 진급한 하나야 다다시는 1931년 만주 펑톈(奉天, 지금의 선양)의 관동군 산하 특무기관에 부임했다. 관동군은 제국주의 일본의 폭주와 대륙 침략에서 빠짐없이 거론되다보니 일본군의 상징처럼 여겨지지만 원래는 랴오둥반도 남단의 작은 조차지와 남만주철도를 보호하기 위한 일개 경비부대였다. 예하부대는 1개 사단 이외에 몇 개의 독립 수비대대가 전부였고 병력도 평시체제를 유지하여 도합 1만 명 남짓에 불과했다. 오히려 유사시 대륙으로 출병하기 위한 신속 대응군이자 정예부대는 조선 주둔군이었다. 그러나 정치적 위세나 군내에서의 영향력은 관동군이 한 수 위였다. 일본판 동인도회사였던 남만주철도주식회사를 쥐고 있었기 때문이다. 남만주철도주식회사를 통해 얻는 부의 태반은 관동군으로 흘러들어왔다. 관동군은 거대한 파벌을 형성하고 일본 정재계와 군부에 걸쳐 막강한 힘을 행사했다. 또한 관동군 사령부의 장교들은 본연의 업무보다 남만주철도주식회사와 결탁하여 이권에 개입하여 한몫 잡기에만 혈안이 되어 있었다. 도덕적으로 타락할 수밖에 없는 구조였다.

떡고물이 떨어지는 만큼 야심도 나날이 커졌다. 관동군 수뇌부는 더이상 남만주철도주식회사 하나에만 만족할 수 없었다. 중국은 신해혁명으로 청조가 무너진 뒤 여러 군벌이 끝없이 항쟁하는 20세기판 춘추전국시대가 벌어지고 있었다. 1926년 장제스(蔣介石)가 북벌전쟁을 시작하여 불과 2년 만에 광대한 중국 대륙을 통일했지만 이번에는 장제스와 동맹자들끼리 싸움이 시작되었다. 1930년에는 군벌 최대의 내전인 중원대전이 폭발했다. 중국 전체가 전쟁의 불길에 휩싸였다. 만주의 제왕인 장쉐량(張學良)은 장제스의 편을 들어 남쪽으로 출병했다. 그로 인해 만주는 텅 비게 되었다. 관동군에게는 광대한 만주를 손아귀에 넣어 관동군의 왕국으로 삼을 절호의 기회였다. 그 선두에 선 사람들은 관동군 고급 참모 이타가키 세이시로(板垣征四郎) 대좌, 작전 참모 이시와라 간지(石原莞爾) 중좌, 하나야 다다시였다. 그중에서도 하나야 다다시가 속한 특무기관의 주된 임무는 정보 수집과 방첩, 모략, 매수와 같은 '지저분한' 역할이었으므로 그의 협력 없이 거사는 불가능했다. 도쿄의 참모본부에서 관동군의 수상한 움직임을 눈치채고 국제적인 문제가 될 수 있으니 경거망동하지 말라고 명령했지만 귓등으로도 듣지 않았다. 국가의 위신보다 자기 잇속 챙기는 것이 더 중요했다.

1931년 9월 18일 밤 10시경 펑톈 교외의 류타오후(柳條湖)에서 정체불명의 폭음과 함께 남만주철도주식회사의 철로가 폭발했다. 근처에서 야간 훈련을 핑계로 기다리고 있던 관동군은 즉각 행동에 나섰다. 류타오후에서 동쪽으로 800미터 떨어진 베이다잉(北大營)의 동북군 제7여단을 습격하고 만주의 수도인 펑톈을 공격했다. 6년 뒤 시안(西安)사건으로 전 세계를 놀라게 한 장쉐량은 아편 치료를 명목으로 베이핑(베이징의 옛 이름)에 체류중이었다. 그는 한 행사에 참석중 급보를 받았다. 그러나 재빨리 펑톈으로 돌아와 상황을 파악하고 수습에 나서는 대신, 마치 대수롭지 않은 일인 양 부하들에게 맞서 싸우지 말 것을 지시했다. 그는 일본인들의 상투적인 도발로만 여기고 괜히 어쭙잖은 대응으로 일을 더 키우고 싶지 않다고 여겼다. 그때까지 동북군 제7여단과 펑톈 수비대는 관동군에 맞서 필사적으로 저항하고 있었지만 명령에 따라 펑톈에서 후퇴하거나 항복했다. 다음날 아침 펑톈 전역은 관동군의 손에 넘어갔다. 만주사변이자 일본이 중일전쟁과 태평양전쟁을 향해 폭주하게 되는 시발점이기도 했다.

일본군이 도발하고 중국이 외교 교섭으로 적당히 달래 마무리짓는 것이 그때까지 수없이 반복되어온 양국의 행태였다. 장쉐량은 이번에도 그럴 참이었지만 안이한 판단은 완전히 빗나갔다. 오히려 장쉐량이 어영부영하는 사이 관동군은 작정한 듯 일사천리로 진격했다. 펑톈 주변의 주요 도시들은 물론이고 창춘(長春)과 지린(吉林)을 속전속결로 공략하여 사흘 만에 남만주 전역을 장악했다. 뒤이어 북만주로 진격함으로써 12월 말까지 만주 전체가 변변한 저항 한번 못해본 채 관동군의 수중에 들어갔다. 장쉐량은 만주로 돌아가지 못한 채 속수무책으로 지켜만 볼 뿐 감히 저항할 엄두조차 내지 못했다. 이 때문에 그는 '부저항 장군', 즉 싸우지 않는 장군이라는 오명을 쓰고 중국 민중의 지탄을 받아야 했다.

오랫동안 만주사변에서 장쉐량의 무기력함을 놓고 많은 역사서에서는 장제스의 음모설을 거론했다. 중국의 권력자였던 장제스가 눈엣가시와 같았던 장쉐량을 몰락하게 할 속셈으로 '저항하지 말라'고 지시했다는 것이다. 바꾸어 말하면 장쉐량 자신은 일본에 맞서 싸울 생각이 있었지만 장제스의 부당한 압박에 못 이겨 눈물을 머금고 물러날 수밖에 없었다는 것이다. 마치 장제스가 일본과 짜고 만주사변을 일으켰다는 뉘앙스마저 담겨 있다.

펑텐 성곽에서 중국군의 반격을 경계하는 관동군 병사들, 1931년 9월 19일 장쉐량의 명령에 따라 중국군이 싸우지 않고 물러났다고만 알려져 있지만 명령에 불복하고 끝까지 싸운 부대도 있었다. 전투는 다음날 아침까지 계속되었다. 하지만 양군의 실력 차이는 분명했다. 일본군은 전사자 2명, 부상자 22명에 불과한 반면, 중국군은 전사자만 300명이 넘었다. 비록 기습을 당했다고는 해도 장쉐량 휘하의 중국군 중에서는 최정예부대임에도 말이다. 장쉐량이 만주사변에서 꼬리를 내린 것도 일본군이 얼마나 무서운지 누구보다 잘 알고 있었기 때문이다.

그러나 냉전 시절 중국 공산당이 자신들이 타도한 장제스에게 민족의 반역자라는 이미지를 덧씌우기 위해 만들어낸 상투적인 혁명사관이며 역사 왜곡이다. 또한 당시 상황에 대한 몰이해다. 사건 당시 장제스는 만주사변을 보고받을 수 없는 장소에 있었다. 그는 난징(南京)이 아니라 장시(江西)성 난창(南昌)에서 광둥성의 반란을 진압하는데 여념이 없었다. 장쉐량조차 돌아가는 사정을 파악하지 못하는 판국에 펑텐에서 무려 1500킬로미터 떨어진 곳에 있던 장제스가 만주에서 일어난 사건을 재빨리 눈치채고 장쉐량에게 전화를 걸어 저항 중지를 강요한다는 것은 처음부터 관동군과 짜고 쳤다는 증거라도 있지 않는 한 어불성설이었다. 애초에 장쉐량은 장제스에게 먼저 물어보고 지시를 받은 것이 아니라 자신의 판단으로 부저항 명령을 내렸다. 장제스가 알게 된 때는 사건이 일어난 지 24시간이 지난 뒤였다. 그가 장쉐량에게 한 말은 신중하게 대응할 것과 현지 상황을 정확히 알려달라는 것이었다.

이 주장은 장쉐량의 비서장이었던 궈웨이청(郭維城)을 비롯하여 일부 동북군 인사가 자신들의 상사인 장쉐량을 옹호하고 책임을 장제스에게 떠넘기기 위해 만든 루머이다. 하지만 이를 뒷받침할 구체적인 근거가 없다는 것이 중국학자들의 통설이다. 장쉐량도 말년의 회고록과 NHK와의 인터뷰에서 "당시 나는 일본군이 그렇게 나올 줄 몰랐다. 나는 일본이 우리를 무력 도발하기 위함이라고 여기고 저항하지 말라는 명령을 내렸다. 나는 9·18사변(만주사변)에서 잘못 판단했다……. 9·18사변에서 부저항의 책임을 국민정부에게 떠넘길 수 없다"라고 하면서 관동군의 속셈을 간파하지 못한 자신의 오판이지 장제스 탓이 아니라고 인정했다.

바꾸어 말하여 그만큼 관동군의 행동이 상식을 뛰어넘는 폭거였기 때문이다. 장제스나 장쉐량은 허를 찔린 꼴이었고 허둥거리다가 정신을 차렸을 때는 이미 관동군이 만주 전체를 장악한 뒤였다. 심지어 같은 일본인들조차 무슨 일인지 알지 못하여 우왕좌왕했을 정도였다. 사건 직후 하나야 다다시는 현지 일본영사관에 전화하여 외교관들을 특무기관으로 불러모았다. 그리고 중국군의 도발로 관동군이 부득이하게 병력을 출동할 수밖에 없었다고 주장하면서 협력을 요구했다. 그러나 이들로서도 곧이곧대로 믿기에는 음모가 너무나 조잡했다. 중국군에게 파괴되었다는 철로는 80센티미터 정도에 불과했고 나무 침목 두 개가 날아갔을 뿐이었다. 근처에서 발견된 세 구의 시체는 동북군 차림이었지만 아편중독자임이 분명했다. 외교관들은 관동군의 음모임을 직감하고 사건을 확대하기보다는 병력을 철수하고 중국측과 평화적으로 해결할 것을 권고했다. 하나야 다다시는 칼을 뽑고 그들의 얼굴에 들이대면서 "통수권을 훼손하는 자는 용서하지 않겠다"라고 하며 엄포를 놓았다. 또한 군에 불리한 전보를 제멋대로 보내면 가만두지 않겠다고 협박하면서 영사관의 무전실까지 점거했다. 군법회의에 회부되거나 군대에서 쫓겨날 일이었지만 잠시 일선 부대로 좌천된 것이 전부였다. 오히려 혈기왕성한 후배들은 그의 안하무인 같은 행동을 구국의 결단인 양 영웅으로 떠받들었다. 하나야 다다시는 더욱 기고만장하여 "만주국은 내가 만들었다"라고 떠들고 다니면서 마음에 들지 않으면 상대가 상관일지라도 거리낌없이 호통을 쳤다. 제35보병연대 제1대대장 시절에는 한 언론사가 군부를 비판하는 기사를 실었다는 이유로 병사들을 무단 출동시켜 언론사 건물을 포위한 뒤 발포하기도 했다.

하나야 다다시식 똥군기

1937년 7월 중일전쟁이 일어나자 대좌로 승진한 하나야 다다시는 제11사단 제43연대장에 부임하여 격전이 한창이던 상하이 전선으로 출동했다. 폭풍우 속에서 타이후(太湖)를 건너던 중 한 대대가 강풍과 풍랑 때문에 진격이 늦어졌다. 하나야 다다시는 병사들이 보는 앞에서 대대장을 채찍으로 내리치며 온갖 욕설을 퍼부었다. 그러고도 분을 참지 못한 나머지 술자리에서 술병으로 머리를 내리치기도 했다. 수모를 당한 그 대대장은 자결했다.

하나야 다다시는 전쟁터에서 이렇다 할 활약이나 전공이 한번도 없다고 해서 출세의 걸림돌이 되지는 않았다. 육군대학을 우수한 성적으로 졸업한 엘리트 출신이자 일본군이 모범으로 삼는 정신력 우선주의를 신봉하는 맹장이라는 이유에서였다. 1943년 10월에는 버마 남부에 주둔한 제55사단장으로 부임했다. 본토에서 멀리 떨어진 전선에서 사단장을 맡은 그는 폭군으로 군림했다. 회의석상에서 다른 장교들은 꼿꼿이 서 있는 와중에 혼자서만 사단장이랍시고 의자에 벌렁 누웠다. 그리고 테이블 위에 두 다리를 올려놓고 그 사이에 과자와 차를 끼어놓았다. 한 당번병은 차를 끓이려고 들어왔다가 그 꼴을 보고 "이런 멍청한 놈이 잘도 천황 폐하를 모시는 사단장이 되었구나"라고 훗날 회고했다.

하나야 다다시는 그날의 제 기분에 따라 꼬투리를 잡아 부하들을 함부로 면박하거나 폭언을 일삼는 것으로도 모자라 주먹으로 마구 때렸다. 부하들이 올리는 작전 계획이나 문서는 아무리 시급한 사안이라도 몇 번이나 되돌려보내기 일쑤였다. 부대 업무가 제대로 돌아갈 리 없었다. 자신의 절대 권력 앞에서 남들이 쩔쩔매는 모습을 즐기는 것이 그의 목적이었다. 자기를 알아보지 못하고 경례를 하지 않는다는 이유로 구둣발로 걷어차거나 부하의 얼굴을 짓밟기도 했다. 한 보초는 부대 바깥으로 목욕을 다녀온 하나야 다다시에게 "각하의 부재중 이상이 없었습니다"라고 말하자 "바보 같은 놈! 여기는 전쟁터다. 이상이 없을 수 있겠느냐!"라고 하면서 열흘 동안 근신 처분을 내렸다. 식사 때마다 호화로운 음식을 요구하고 반찬이 마음에 들지 않는다며 밥상을 걷어찬 일도 있었다.

그의 행패는 어린 졸병들은 말할 것도 없고 나이 지긋하고 머리 허연 고참 장교들에게조차 예외가 아니었다. 군의 부장이었던 오사코 스미카(大迫澄佳) 대좌는 하나야 다다시와 동갑이었지만 경례할 때 절도가 부족하다는 이유로 얻어맞았다. 고급 부관 구리타 요시시게(栗田嘉重) 중좌는 직책상 사단장과 항상 대면해야 한다는 점이 불운이었다. 하나야 다다시는 마치 분풀이하듯이 그를 하루에도 몇 번씩 불러다가 때렸기에 얼굴은 항상 피투성이였다. 계급 고하를 따지지 않고 수모를 주다보니 많은 장교가 신경증에 걸릴 지경이었고 타 부대로 전출될 때는 혹시나 무슨 트집을 잡히지 않을까 싶어 인사도 하지 않고 달아났다. 이쯤 되면 군 상층부에서 직접 나서서 하나야 다다시를 조사하거나 정신 감정을 해볼 만도 했다. 하지만 실권자인 도조 히데키의 총애를 받고 있었기에 누구도 손댈 수 없었다.

하나야 다다시는 겉으로는 용맹하고 호언장담을 일삼았기에 마치 저돌적인 맹장처럼 보였다. 하지만 속내는 소심하기 이를 데 없는 졸장부였다. 사소한 실수에도 부하들에게 할복을 강요하면서도 궁지에 몰린 상대가 덤비면 대번에 꼬리를 내렸다. 또한 말로는 큰소리치면서 자신은 최일선에 나서는 일도 없었을뿐더러 연합군의 폭격이 두려운 나머지 가는 곳마다 가장 먼저 자신이 숨을 방공호부터 파도록 지시했다. 어떤 의미에서 그의 고압적인 태도는 소심한 내면을 숨기기 위한 허세인 셈이었다.

하호작전, 임팔 참사의 전초를 보여주다

분별없는 양아치가 상층부의 신임을 업고 사단장이라는 중책을 맡았을 때 어떤 해악을 끼칠 수 있는지 보여준 사례는 1944년 2월 '하호작전(ハ號作戰)'이었다. 일본 버마 방면군은 제15군 사령관 무다구치 렌야의 건의에 따라 인도 동부의 요충지 임팔에 대한 대규모 공격을 준비했다. 북부 버마를 침공한 중국군의 퇴로를 차단하고 버마에서 연합군의 위협을 제거하기 위해서였다. 이와 별도로 양동작전이 수립되었다. 남부 버마를 맡은 제28군 산하 1개 사단이 국지적인 공세로 연합군의 시선을 속여 제15군의 진격을 돕는다는 것이었다. 그리고 공교롭게도 그 역할을 맡은 부대가 하나야 다다시의 제55사단이었다.

하나야 다다시는 "영국군 2, 3개 사단이 수비하는 지역을 전격 침공하여 내가 며칠 안에 격멸하겠다"라고 큰소리쳤다. 영국군은 험준한 아라칸산맥을 방패삼아 각종 중화기로 강력한 방어선을 구축하고 있었다. 수적으로나 화력 면에서 월등히 열세한 일본군이 정면 돌파하겠다는 말은 조금만 생각해도 터무니없는 이야기였다. 참모들과 연대장들이 대경실색하여 이구동성으로 반대했지만 하나야 다다시는 손에 든 대나무 회초리로 그들을 마구 때려서 입을 막아버렸다. 작전의 가장 큰 난관은 역시 보급이었다. 무다구치 렌야가 풀을 먹으면 된다고 했다면 하나야 다다시는 한술 더 떠서 아예 보급의 필요성 자체를 무시했다. 적진을 점령하고 적의 것을 노획하면 된다는 것이었다. 제55사단 예하 보병단장이자 평소 하나야 다다시의 총애를 받던 사쿠라이 도쿠타로(櫻井太德郎) 소장 역시 아첨할 요량으로 자신이 국경에서 100킬로미터 떨어진 항구도시 치타공(Chittagong)을 단숨에 점령하겠다고 자신만만하게 말했다. 심지어 인도 내륙으로 300킬로미터 깊숙이 진격하여 영국군 방어선을 무너뜨리겠다는 터무니없는 계획까지 세웠다가 상급부대인 제28군이 무모하다며 질책하자 마지못해 포기하기도 했다.

그들의 호언장담은 단순히 모험주의에 사로잡힌 몇몇 지휘관의 허세나 현실 착오라기보다 그만큼 영국군을 업신여기는 풍조가 일본군 전체에 만연해 있었기 때문이다. 진주만 기습 직후 일본군은 영국령 동남아시아를 무주공산으로 휩쓸었다. 이때만 해도 영국군은 태반이 현지 식민지 출신인데다 전쟁 준비가 되어 있지 않은 탓에 변변히 싸워보지도 못하고 달아나거나 백기를 들었다. 1942년 12월 제

1차 아라칸 전역(First Arakan Campaign)에서는 제55사단이 아키아브(Akyab, 지금의 시트웨)를 향한 영국군의 공세를 격퇴하고 영국군에게 큰 타격을 주었다. 특히 제112연대는 영국군 제6여단 사령부를 급습하여 여단장 로널드 캐번디시(Ronald Cavendish) 준장과 참모들을 포로로 잡는 승리를 거두었다. 이번에도 일본군은 비록 사정이 썩 여의치는 않지만 일단 공격만 하면 영국군이 지레 겁을 먹고 후퇴하리라 굳게 믿었다. 그러나 하나야 다다시가 간과한 사실이 있었다. 더 이상 과거의 영국군이 아니라는 점이었다. 지휘관들은 유능하고 경험이 풍부한 장군들로 대폭 물갈이되었다. 미국의 원조를 받아 무기와 장비도 한층 강화되었다. 영국군은 자신감을 되찾았다. 하나야 다다시는 젊은 시절 만주의 첩보기관에서 근무했다는 이유로 입만 열면 정보의 중요성을 강조하면서도 실제로는 적의 동태를 살피거나 적을 연구하지 않았다.

1944년 2월 5일 일본군의 진격이 시작되었다. 일본군은 전선에 침투한 뒤 인도군 제7사단 후방으로 돌아서 포위하는 한편, 영국군의 병참선을 위협했다. 전세는 일본군에게 유리하게 돌아가는 것처럼 보였다. 그러나 영국군은 이전과 전혀 달랐다. 무질서하게 후퇴하는 대신 방어에 유리한 지점에서 원형 진지를 구축한 뒤 주변에 철조망을 두르고 중화기와 전차로 방어했다. 보급 물자는 항공기로 공수했다. 예전처럼 적진을 우회하여 등뒤를 치면 혼비백산한 적이 알아서 무너진다는 식의 손쉬운 방법은 더이상 통하지 않았다. 원형 진지를 제압하려면 강력한 화력과 충분한 병력이 있어야 했다. 문제는 포위당

아라칸전투 당시 일본군을 향해 포격중인 영국군의 미제 M3 그랜트 중전차 영국군은 험준한 능선을 따라 병력을 배치하면서 원형 진지라는 새로운 방어전술을 도입했다. 영국군은 이것을 '관리 박스(Admin Box)'라고 불렀다. 일본군은 이전처럼 영국군의 등뒤로 우회할 수도 없었고 대전차 무기 부족으로 전차와 중포로 보호받는 영국군의 방어선을 돌파할 방법도 없었기에 자살 돌격만 반복하다가 무수한 병사만 희생시켰다.

한 쪽이 포위한 쪽보다 훨씬 강하다는 사실이었다. 일본군은 육탄 공격을 반복했지만 매번 엄청난 사상자만 내고 격퇴되었다. 7일에는 일부 일본군이 영국군을 돌파하고 침투하는 데 성공했지만 전차의 반격을 받아 괴멸했다. 시간이 지날수록 성과는 없고 손실만 눈덩이처럼 불어났다. 하나야 다다시와 사쿠라이 도쿠타로도 뾰족한 수가 있을 리 없었다. 그들은 무조건 공격하라는 말만 되풀이하면서 영국군을 이기지 못하는 이유가 자신들의 준비 부족이 아니라 일선 장병들의 의지 부족 탓이라며 책임을 떠넘겼다.

게다가 식량마저 바닥났다. 병사들은 겨우 나흘 치의 식량과 탄약만을 휴대했다. 그다음은 적의 것을 빼앗겠다는 계획이었다. 어림없는 소리였다. 보급이 막힌 전선에서는 굶주림에 직면했다. 도처에서 식량을 보내달라는 요청이 빗발쳤다. 하지만 하나야 다다시에게는 "쇠귀에 경 읽기"였다. 그는 "양식을 달라는 것은 일선 부대가 겁쟁이이기 때문이다. 약한 놈은 으름장을 놓아야 싸움에 이기는 법이다"라며 엄포를 놓았다. 한 참모가 병사들이 굶어 죽는 참상을 보다 못해 몰래 식량을 보내려고 했다. 뒤늦게 그 사실을 안 하나야 다다시는 그 참모를 불러 "너는 참모인 주제에 전략전술을 모른다. 밥만 먹는다고 싸울 수 있겠나? 네놈은 불충한 놈이다. 국적이다" 하면서 뺨을 갈겼다. 완전히 찍힌 그 참모는 걸핏하면 하나야 다다시에게 분풀이용으로 폭행을 당해야 했다. 군의관이 보다 못해 진단서를 써준 덕에 후방으로 전출되어 지옥에서 빠져나올 수 있었다.

하나야 다다시는 불리한 보고가 올라올 때마다 해당 지휘관을 불러 정신력 탓을 하면서 몇 시간씩 두들겨팬 뒤 자결을 강요했다. 그러나 자신은 영국군의 포격이 두려운 나머지 단 한번도 전선을 시찰 나오지 않았다. 한번은 전선 가까이 나왔다가 영국군 전차의 맹포격을 보고 얼이 빠진 채 뒤도 돌아보지 않고 달아났다. 그 후로 다시는 전선에 나오는 일이 없었다. 그의 작전 지도는 전황과 동떨어질 수밖에 없었고 비현실적인 명령만 반복했다. 무다구치 렌야처럼 후방에서 여자를 끼고 놀았다는 이야기는 없지만 앵무새처럼 부하들에게 승리만 강요하면서 상황이 어떻게 돌아가는지 아무런 관심이 없다는 점은 마찬가지였다.

제112연대장 다나하시 신사쿠(棚橋眞作) 대좌는 앞서 제1차 아라칸 전역에서 과감한 기동으로 대승을 거두어 명성을 떨친 맹장이었다. 하지만 그도 식량이 바닥나고 영국군의 방어선을 도저히 돌파할 수 없었다. 참다못해 "더이상 천황의 자식들을 죽일 수 없다"라면서 400여 명밖에 남지 않은 부하를 데리고 독단적으로 철수했다. 이로 인해 전선 전체가 무너졌다. 이제는 하나야 다다시도 고집을 꺾지 않을 수 없었다. 작전 20일 만인 2월 26일 중지 명령이 떨어졌다. 그 와중에도 한 어린 소대장이 영국군의 맹추격에 쫓겨 회수 불가능한 중포를 부득이 파괴했다고 보고하자 그를 마구 때리고 수류탄으로 자결하도록 했다.

뿌린 대로 거둔 말년

하호작전은 메이지유신 이래 최악의 졸전 중 하나로 이름을 남겼다. 제55사단의 손실은 5000여 명이 넘었고 무기와 장비 태반을 잃었다. 임팔작전에 앞서 영국군에게 타격을 가하기는커녕 도리어 회복 불가능한 손실을 입어 영국군의 공세를 막기에도 급급하게 된 쪽은 일본군이었다. 그러나 패배에 대한 어떤 문책이나 조사도 없었다. 오히려 모든 책임은 명령을 받지 않고 후퇴를 결정한 다나하시 신사쿠가 뒤집어썼다. 다나하시 신사쿠는 연대장에서 해임되자 하나야 다다시에게 할복을 강요당할까봐 뒤도 돌아보지 않고 일본으로 달아났다. 하나야 다다시는 그를 놓친 데 분기탱천하여 군법재판에 회부하려고 했다. 하지만 재판과정에서 작전의 내막이 밝혀지면 자신에게도 좋을 것이 없음을 깨닫고 불문에 부치기로 했다.

일본으로 돌아간 다나하시 신사쿠는 직접 군 상층부를 찾아가 부하들을 개죽음을 당하게 만든 하나야 다다시의 횡포를 고발했다. 하지만 돌아온 말은 "왜 전원 전사하지 않았나?"라는 면박이었다. 그는 한직으로 쫓겨났다. 전쟁이 끝난 뒤에는 앞서 죽어간 부하들에 대한 죄책감을 견디지 못하고 자결했다. 하나야 다다시의 갑질은 당사자 한 사람만이 아니라 그런 행태를 묵인하고 조장하는 일본군이라는 조직 전체가 만들어낸 병폐였다. 그나마 하호작전 몇 달 뒤 참모장이 교체되었다. 무능한 아첨꾼이었던 가와무라 벤지(河村弁治)를 대신하여 오비 데쓰조(小尾哲三) 대좌가 새로 부임했다. 강직한 성격의 그는 하나야 다다시에게 "때리지 마세요. 사단장이 화를 내면 부하는 위축됩니다"라며 거리낌 없이 쓴소리를 했다. 하나야 다다시도 더이상 이전처럼 폭력을 함부로 휘두르는 일이 없었다고 한다.

하호작전은 졸속작전과 영국군의 강력한 저항 앞에서 참담한 실패로 끝났다. 하지만 버마 방면군 사령부는 임팔작전을 근본적으로 재검토하는 대신 3월 8일 당초 계획대로 밀어붙였다. 결과는 제15군 전체의 괴멸이었다. 영국군은 일본군의 전력이 크게 약화되자 기회를 놓치지 않고 버마 탈환을 시작했다. 제55보병사단은 또 한번 괴멸적인 타격을 입었다. 하나야 다다시의 사령부가 있는 버마 중부 핀마나

(Pyinmana)도 풍전등화였다. 제33군 참모였던 쓰지 마사노부(辻政信) 중좌는 하나야 다다시에게 후퇴 불가와 옥쇄를 명령했다. 그동안 하나야 다다시가 부하들에게 강요했던 짓을 자신이 당하게 된 꼴이었다. 그러나 하나야 다다시는 참모장이 더이상의 손실을 줄여야 한다며 철수를 건의하자 냉큼 받아들이고 동쪽으로 후퇴하여 전선 붕괴에 일조했다. 물론 이번에도 무단 후퇴의 처벌이나 문책은 없었다. 이후 타이 주둔 제18방면군 참모장으로 부임하여 그곳에서 평온한 종전을 맞이했다.

전후 그는 도쿄에서 군인 연금을 받으며 살면서 아케보노회(曙會)라는 우익단체를 만들었다. 하지만 도와주는 사람이 없어 혼자서 운영했다. 1955년에는 저명한 일본 역사학자이자 전범 연구가인 하타 이쿠히코(秦郁彦) 교수와의 인터뷰에서 만주사변이 관동군의 모략이었음을 까발리기도 했다. 그러나 그의 폭로는 역사에 대한 진솔한 사죄라기보다 세간의 관심을 끌기 위한 영웅주의에서 비롯된 것이었다. 하나야 다다시는 자신 때문에 심한 고통을 겪었던 부하들에게 한마디의 사과도 하지 않았다. 무다구치 렌야, 데라우치 히사이치와 더불어 '육지의 세 멍청이'라며 악명을 떨쳤던 도미나가 교지(富永恭次)가 그나마 만년에 "모두 제가 나빴기 때문에 그 같은 비난을 받는 것입니다"라며 자신의 지난 과오를 인정하고 시베리아에서 억류된 부하들의 귀환운동에 앞장섰던 것에 비하면, 하나야 다다시는 뉘우침은커녕, 최소한의 양심조차 찾아볼 수 없었다.

하나야 다다시는 1957년 폐암으로 예순네 살의 나이로 사망했다.

경제적인 능력이 없다보니 생활은 몹시 궁핍했다. 워낙 인망을 잃은 탓에 주변의 도움도 받지 못했다. 예전에 하나야 다다시에게 온갖 괴롭힘을 당했던 구리타 요시시게는 지나간 일은 덮어두고 그를 인간적으로 동정하여 옛 제55사단 장병들에게 모금을 호소했다. 하지만 어느 한 사람 그를 도와주거나 장례식에 찾아오지 않았다. 사필귀정이라는 말처럼 뿌린 대로 거둔 셈이었다.

제5장

동토의 땅에서 혼쭐이 난 스탈린의 간신배

클리멘트 보로실로프와 겨울전쟁

완전히 흥분한 스탈린이 벌떡 일어나 클리멘트 보로실로프를 향해 마구 질책하기 시작했다. 보로실로프도 미친 듯이 폭발했다. 그는 자리에서 일어나 벌게진 얼굴로 스탈린이 했던 비난을 그대로 되돌려주었다. "이 모든 것의 책임은 동지 자신에게 있소! 우리 군대의 정예를 쓸어버린 장본인은 바로 당신이오. 당신이 우리의 최고 장군들을 죽였잖소!" 스탈린이 못 들은 척하자 보로실로프는 구운 새끼 돼지가 놓인 쟁반을 집어 식탁에 내동댕이쳤다.

—어느 날 스탈린의 별장에서 열린 회의석상에서 핀란드 침공의 실패를 놓고 스탈린과 보로실로프의 충돌(1940년 1월)

훗날 니키타 세르게예비치 흐루쇼프는 자신의 회고록에서 "내 평생 그 같은 대폭발을 보는 것은 그때가 유일했다"라고 떠올렸다. 두 사람의 추태는 근본적인 문제점을 찾기보다 서로에게 책임을 떠넘기고 희생양을 만드는 데 익숙한 공산체제의 부조리함을 보여준다.

"겁쟁이와 탈영자가 사람들의 비난과 분노를 피해 숨을 수 있다고 여긴다면 실수하는 것이다. 그자는 자신의 어머니로부터 저주를 받을 것이고 그의 이름은 자식들에게 혐오스럽게 불리게 될 것이다. 머리에는 총알이 박힐 것이다. 그처럼 비열한 놈이 얻는 것은 이런 것이다. 개에게는 개다운 죽음을!"

—레닌그라드(지금의 상트페테르부르크) 포위전 당시 보로실로프가 내건 포고문 중에서(1941년)

이 무시무시한 포고문은 전쟁중이라고 하지만 모든 것을 공포와 협박으로만 해결하는 스탈린체제의 단면이었다. 초기 패전의 책임은 스탈린을 비롯한 공산당 지도자들의 오판과 아집 때문이었다. 하지만 그 대가는 인민들과 병사들이 치러야 했다. 승리를 명목으로 온갖 비인도적인 명령이 난무했다. 가장 악명 높은 명령은 '220호'와 '227호'였다. 그 내용은 "포로가 되느니 자결하라"고 했던 도조 히데키의 '전진훈'조차 무색했다. 어떤 경우에도 후퇴와 항복은 용납하지 않으며 당사자는 물론 가족들까지 반역자로 규정하여 처형하거나 유배지로 보내겠다는 위협이었다. 전선부대 뒤에는 독전대를 배치하여 아군의 등뒤를 기관총으로 겨냥하고 형벌부대를 조직하여 자살 임무에 몰아넣었다. 소련의 승리는 소련 인민들의 무한한 피와 희생으로 이루어졌다.

테헤란의 소련대사관에서 열린 회의에서 오버로드작전에 대한 논의가 끝난 뒤 저녁 만찬이 열리기 전 대표단들은 다시 회의실에 모였다. 분위기는 매우 엄숙했다. 영국과 소련의 군악대가 양국 국가를 연주하는 가운데 공군 제복을 입은 처칠은 한 영국 중위로부터 검을 넘겨받았다. "저는 영국 국민의 경의를 담아 이 영광스러운 검을 선물하라는 명령을 받았습니다." 처칠은 스탈린에게 '스탈린그라드의 검(Sword of Stalingrad)'을 전달했다. 1년 전 스탈린그라드전투의 위대한 승리를 축하하는 영국 국왕 조지 6세의 선물이었다. 스탈린은 검을 두 손으로 공손히 받아 칼집에 입을 맞춘 뒤 영국인들에게 감사를 표했다. 그리고 루스벨트에게 넘겼다. 루스벨트는 검을 높이 쳐들고 말했다. "그들은 진실로 강철의 심장을 가졌습니다." 여기서 강철은 러시아어로 '스탈린'이라는 점에서 스탈린에 대한 찬사였다.

루스벨트는 다시 처칠에게 검을 주었고 처칠은 그 검을 마지막으로 스탈린 옆에 있던 보로실로프에게 넘겨주었다. 보로실로프는 허둥거리며 칼집을 거꾸로 들었고 칼날이 빠지면서 요란한 소리와 함께 바닥에 떨어졌다. 스탈린은 아무 말도 하지 않았지만 화가 난 것이 분명했다. 처칠의 통역관이었던 휴 런기(Hugh Lunghi)는 그 순간 스탈린이 주먹을 꽉 쥔 모습을 보았다고 회고했다. 소련의 체면을 떨어뜨렸음은 물론 미신을 중요하게 여기는 스탈린에게는 몹시 불길한 짓이었다. 당황한 보로실로프는 행사가 끝난 뒤 굴욕감 가득한 얼굴로 처칠을 쫓아가 필사적으로 사과했다. 처칠은 기분 좋게 받아들였지만 보로실로프가 돌아간 뒤 주변 사람들에게 "그 늙은 멍청이는 그런 거 하나도 제대로 못하다니!"라고 비웃었다.

—테헤란회담에서 벌어진 일화 중(1943년 11월 28일)

어쨌든 보로실로프는 운이 좋았다. 스탈린은 목구멍까지 '숙청'이라는 말이 나왔을지 모르지만 굳이 문제삼지는 않았다. 하지만 스탈린이 그토록 관대했던 사람은 보로실로프가 유일했다. 만약 다른 사람이 똑같은 실수를 했다면 분명 목숨을 부지하지 못했을 것이다. 칼은 현재 볼고그라드에 있는 스탈린그라드 전쟁박물관에 보관중이다.

대조국전쟁의 허상, 소련군은 왜 '아작'났는가

1941년 6월 22일 새벽 거의 2000킬로미터를 가로지르는 국경 전역에서 350만 명에 달하는 추축군대가 소련을 침공했다. 독소전쟁, 또는 소련이 '대조국전쟁(The Great Patriotic War)'이라고 부르는 역사상 거대한 전쟁의 시작이었다. 침공군은 독일군 3개 집단군 153개 사단 이외에도 핀란드군 14개 사단, 루마니아군 13개 사단, 이탈리아군 3개 사단, 슬로바키아군 2개 사단, 헝가리군 3개 여단 등 히틀러의 '반공성전'에 참여한 여러 동맹군도 포함되어 있었다.

총력을 기울인 독일군의 공격 앞에서 소련군은 말 그대로 추풍낙엽이었다. 침공 나흘 만에 벨라루스의 수도 민스크(Minsk)가 함락되었고 6월 30일에는 서부 전선군 전체가 포위 섬멸되었다. 소련군의 손실은 40만 명이 넘었다. 스탈린은 개전 직전까지 히틀러의 침공 가능성을 묵살하고 독일에게 빌미를 줄 수 있다는 이유로 어떤 대비도 허락하지 않았다. 막상 그 판단이 빗나가자 모든 책임은 운 없는 장군들에게 떠넘겨졌다. 서부 전선군 사령관이자 에스파냐 내전에서 활약하여 소련 영웅 칭호를 받은 드미트리 파블로프(Dmitry Pavlov)

장군은 반역자로 몰려서 체포되어 총살당했다. 물론 몇 명을 희생양으로 삼는다고 한들 상황은 달라질 리 없었다. 우크라이나 수도 키이우(Kyiv, 키예프)에서 다시 대규모 포위전이 벌어졌다. 70만 명 이상의 소련군이 죽거나 포로가 되었다. 히틀러는 폴란드와 프랑스 전역에 이어 또 한번 신화를 만드는 것처럼 보였다. 모든 사람이, 심지어 스탈린조차 모스크바 함락은 초읽기라고 믿었다. 히틀러의 승리는 전 유럽을 석권했던 독일군이 강하기도 했지만 그보다 더 큰 이유는 1941년의 소련군이 1914년의 제정 러시아군 이상으로 졸렬하고 형편없었기 때문에 가능했다.

개전 당시 550만 명을 헤아렸던 소련군은 3개월 만에 지리멸렬했다. 독일군이 모스크바 코앞까지 밀려오는 상황에서 수도를 지킬 병력조차 없었다. 소련군 참모총장 주코프는 일본의 침공 위험을 무릅쓰고 금쪽같이 아껴두었던 시베리아의 병력을 대거 빼내 모스크바 전면에 배치했다. 이 순간 일본 지도부가 석유를 확보하겠다고 남쪽으로 방향을 바꾸어 미국과 일전을 벌이는 대신 원래 계획대로 시베리아 침공에 나섰다면 양면협공을 받은 소련은 속수무책이었을 것이다. 하지만 소련에게는 다행스럽게도 일본은 진주만을 기습했고 독일군은 모스크바를 코앞에 두고 진격을 멈추었다. 소련군의 저항이 거셌다기보다 일석일조에 끝장내기에는 러시아의 영토가 너무 광활했다는 점, 독일이 감당하기에는 히틀러가 너무 판세를 크게 벌인 점, 동장군의 등장으로 독일군의 병참이 한계에 직면한 점 때문이었다.

독소전쟁 초반 소련군이 그토록 일방적으로 밀린 이유는 무엇이

남부 러시아 전선에서 병사들에게 돌격을 명령하는 젊은 정치장교, 1942년 7월 몇 분 뒤 그는 전사했다. 스탈린그라드전투를 다룬 할리우드 액션영화 〈에너미 앳 더 게이트*Enemy at the Gates*〉에는 소련 지휘관들이 병사들에게 무기도 주지 않고 닥치고 돌격을 강요하는 장면이 나온다. '우라 돌격(ура attack)'으로 알려진 소련식 자살공격은 일본군의 반자이 돌격에 비견되곤 하지만, 소련군의 교리는 일본군처럼 정신력을 맹신한 보병의 총검 돌격이 아니라 전차와 항공기, 포병에 의한 기계화 전쟁이었다. 그러나 스탈린의 숙청으로 많은 장교가 제거되면서 빈자리를 채운 장교들이 제대로 능력을 쌓기까지는 많은 시간이 걸려야 했다.

었을까. 단순히 기습을 당해서거나 무기와 장비의 열세, 투지의 부족 때문은 아니었다. 병력과 무기는 소련군이 월등히 우세했다. 독일군은 겨우 3500대의 전차를 보유한 반면, 소련군은 2만 5000대를 갖고 있었다. 특히 소련의 신형 전차는 독일 전차보다 뛰어났다. 나중에 히틀러가 "만약 내가 1941년에 러시아가 얼마나 많은 전차를 가졌는지 알았다면 결코 공격하지 않았을 텐데"라고 말했을 정도였다. 게다가 소련군은 제 안방에서 싸운다는 이점도 있었다. 설사 독일군의 공격을 초전에 막아낼 수는 없어도 더 적은 희생으로 더 잘 싸울 수는 있었다. 폴란드의 패망이 프랑스만 믿고 전쟁 준비를 너무 늦게 했던 것이 실수였고, 제1차세계대전의 망령에 사로잡혔던 프랑스가 독일군에게 허를 찔렸다면 소련은 스탈린이 원인이었다.

그는 히틀러의 위협보다 소련군이 자신의 권력에 더 위협적이라 여기고 소련군의 손발을 철저히 묶어두었다. 경험이 부족했던 소련군 지휘관들은 꼭두각시처럼 당의 지시를 따르며 정면 공격을 반복하여 수많은 병사의 목숨을 무의미하게 희생시켰다. 그렇게 해야만 언제 떨어질지 모르는 스탈린의 불벼락을 눈치껏 피하며 목숨을 조금이라도 더 부지할 수 있었기 때문이다. 소련군 지휘관들에게 독일군과 싸우는 일보다 훨씬 더 두려운 일은 변덕스러운 스탈린의 마수에 걸리는 것이었다. 그들의 머릿속에는 지난 수년 동안 스탈린이 자행했던 대숙청의 악몽이 깊이 박혀 있었다.

1930년대 말 광기어린 폭풍이 소련 전체를 휩쓸 때 군부도 예외가 될 수 없었다. 소련 기계화 교리의 창시자이자 스탈린조차 '작은 나폴레옹'이라 부르며 경외감을 감추지 않았던 미하일 니콜라예비치 투하쳅스키(Mikhail Nikolaevich Tukhachevskii) 원수를 비롯하여 경험이 풍부하고 명망 있는 수많은 지휘관이 반역자로 몰려 악명 높은 비밀경찰 NKVD(내무인민위원회, KGB의 전신)에게 끌려가 고문당한 뒤 처형되었다. 운 좋게 살아남더라도 혹독한 고문 후유증으로 만신창이가 되었다. 가족들도 '굴라크(Gulag)'라고 불리는 머나먼 시베리아의 강제수용소로 끌려가야 했다. 희생자는 100만 명 이상으로 추산되었고 1000만 명 이상이 체포되었다. 장교들은 언제 비밀경찰이 집이나 사무실에 들이닥칠까 전전긍긍했다. 그 선봉에는 스탈린의 광기에 편승하여 죽음의 칼자루를 휘두르며 소련군을 풍비박산내는 데 일조한 스탈린의 아첨꾼이자 군부의 수장이었던 클리멘트 보로실로프(Kliment Voroshilov, 1881~1969)가 있었다.

혁명의 시류에서 스탈린을 만나다

스탈린보다 두 살 아래인 보로실로프는 소련의 많은 지도자가 그랬던 것처럼 밑바닥 인생에서 혁명이라는 시류에 운 좋게 편승하여 부귀영화를 누렸던 풍운아였다. 그는 제정러시아 시절 우크라이나의 시골 마을에서 가난한 철도노동자의 아들로 태어났다. 니콜라이 2세가 통치하던 러시아는 한 세기 전 대혁명 직전의 프랑스만큼이나 혼돈 그 자체였다. 겉으로는 당당한 열강 중 하나였지만 실속은 허약하고 낙후되었으며 민중은 불만이 가득했다. 차르가 자신의 위신을 세울 요량으로 무모하게 벌였던 대외전쟁은 매번 참담한 실패로 끝나면서 로마노프 왕조의 명줄만 줄인 꼴이 되었다. 19세기 말 러시아에도 서구의 근대 문물이 밀려들어오면서 초기 산업혁명이 시작되었다. 하지만 대부분의 부는 소수의 봉건 귀족과 엘리트에게 집중되었다. 인구의 절대다수를 차지하는 농민들의 삶은 수백 년 전과 다를 바 없이 거칠고 험난했으며 척박한 땅에 의지하여 근근이 살아갔다.

보로실로프는 일곱 살 때부터 집안의 생계를 돕기 위해 광산과 들판에서 일해야 했다. 그나마 자신의 부모나 그 윗세대보다 희망이 있었다. 문명세계와는 동떨어진 것처럼 보이던 러시아 농촌에도 문맹퇴치를 위해 초등교육이 조금씩 보급되기 시작했다는 사실이었다. 그는 3년 동안 학교를 다녔다. 기초교육을 마쳤을 뿐이지만 농민들의 문맹률이 80퍼센트가 넘던 러시아 사회에서 읽고 쓰는 법을 배웠다는 사실만으로도 엄청난 무기를 얻은 셈이었다. 그는 먹고살기 위해 공장에 취직했다. 그시절 공장노동자들의 처지 또한 농민들과 전혀 다를 바 없이 열악하고 궁핍했다. 보로실로프는 열다섯 살 때 파업에 참여했다가 쫓겨났다.

1905년 1월 피의 일요일 사건과 러일전쟁은 가뜩이나 약화된 차르체제를 뿌리부터 흔들어놓았다. 니콜라이 2세는 일본에게 승리하여 그동안 실추된 권위를 회복할 요량이었지만 오히려 러시아군이 연전연패하면서 궁지에 몰린 쪽은 차르 자신이 되었다. 그는 한발 물러서서 두마(Duma, 러시아어로 '의회') 설치와 입헌군주제 실현을 약속했지만 불만에 가득한 민중을 달래기에는 역부족이었다. 혁명의 분위기는 러시아 전역으로 확산되었다. 그중에서도 가장 과격한 세력은 블라디미르 레닌(Vladimir Lenin)이 이끄는 볼셰비키(Bol'sheviki)였다. 러시아 사회민주노동당의 한 계파인 볼셰비키는 러시아어로 '다수(majority)'라는 뜻이지만 거창한 이름과 달리 온건

파인 멘셰비키(Men'sheviki, 러시아어로 '소수')나 다른 정당에 비해 훨씬 작은 세력이었다. 그러나 폭력혁명을 부르짖으며 차르를 무력으로 타도하고 노동자, 농민의 나라를 세워야 한다고 주장하여 잃을 것 없는 사람들 사이에서 강력한 지지를 얻었다. 보로실로프도 볼셰비키에 가담하여 열성적인 직업혁명가가 되었다. 덕분에 젊은 시절을 파업, 지하 활동, 유배, 망명 등으로 보내야 했다.

차르가 저지른 가장 큰 실수는 제1차세계대전 참전이었다. 우유부단한 니콜라이 2세는 독일 카이저 빌헬름 2세와는 인척지간이고 친독파였다. 하지만 기세등등한 강경파 장군들의 성화에 못 이겨 떠밀리듯 독일에 선전포고했다. 제 발등을 찍은 격이었다. 러시아군은 용맹스럽게 동부 프로이센으로 진격했다가 타넨베르크전투에서 여지없이 박살났다. 러시아는 수세에 몰렸다. 그나마 러시아군의 진격에 경악한 독일군 수뇌부가 서부 전선에서 급히 병력을 빼낸 덕분에 파리가 구원받았다. 하지만 대가는 고스란히 차르의 몫이었다. 전쟁은 장기화되었고 러시아군은 파멸 직전까지 내몰렸다. 1917년 2월 참다못한 민중이 폭발했다. 근근이 유지되던 차르체제는 붕괴되었다. 하지만 혁명은 더 큰 혼란의 시작일 뿐이었다.

두 달 뒤 스위스에서 망명중이던 볼셰비키의 수장 레닌이 돌아왔다. 그는 독일 정보부의 은밀한 지원을 받으며 불만 세력을 선동하여 '10월혁명'을 일으켰다. 자유주의자와 우파 민족주의자, 부르주아 계층으로 구성된 멘셰비키 정권은 무너졌다. 레닌은 독일과 사실상 항복이나 다름없는 굴욕적인 평화조약을 맺은 뒤 국내의 적들에게 총부리를 돌렸다. 적백내전의 시작이었다. 1918년 1월 28일 볼셰비키 정권은 기존의 러시아 군대와는 다른 새로운 군대, 즉 '붉은 군대'를 창설했다. 처음에는 노동자, 농민을 마구잡이로 모은 오합지졸 무리에 지나지 않았다. 지휘관들은 열의만 있을 뿐 싸우는 법을 모르는 공산주의자들이었다. 붉은 군대는 우파 군대에게 패주를 거듭했다. 하지만 붉은 군대의 총사령관 레프 트로츠키(Leon Trotsky)가 제정 시절 장교들을 활용한다는 결정을 내리면서 전세는 단숨에 뒤집어졌다. 가장 화려한 스포트라이트를 받은 사람은 투하쳅스키였다. 20대 후반의 젊은이였던 그는 볼셰비키가 '인민의 적'으로 규정한 귀족 출신이었지만 앞장서서 볼셰비키를 지지했다. 또한 뛰어난 군사적 역량을 발휘하여 적백내전을 승리로 이끄는 데 중요한 역할을 했다.

물론 레닌이나 트로츠키는 모처럼 얻은 권력을 제정 시절의 유산과 나누어 가질 생각이 없었다. 군부의 요직은 군사적으로는 무능하지만 레닌에게 오랫동안 충성을 바친 볼셰비키 간부들이 장악했다. 보로실로프는 남서 전선군 사령관, 제1기병군 사령관을 역임하고 우크라이나에서 알렉산드르 콜차크(Alexander Kolchak)의 백군이나 폴란드군과 싸웠다. 이때 그의 정치위원은 스탈린이었다. 정치위원(Political commissar)이란 소련의 독특한 제도로 병사들의 사상교육과 더불어 군권을 쥔 지휘관의 충성심을 확인하고 엉뚱한 짓을 하지 못하도록 감시하는 것이 주된 역할이었다. 볼셰비키에게는 획기적인 아이디어였다. 프랑스 대혁명이나 신해혁명과 달리 적백내전에서 군인들이 권력을 쥐지 못한 것은 이 때문이었다.

스탈린은 여러모로 보로실로프와는 대조적이었다. 보로실로프가 빈곤한 어린 시절을 보내며 약간의 초급교육을 받은 것이 전부였다면, 스탈린은 훨씬 유복한 가정에서 많은 교육을 받을 수 있었다. 스탈린이 사제가 되기 위해 신학교를 다니다가 도중에 그만둔 것은 집안 형편이 어려워서가 아니라 외골수적인 성격과 학교 규율을 어겼기 때문이었다. 스탈린과 보로실로프는 닮은 점이 거의 없었지만 서로에게 공통점을 찾아 의기투합했다. 이때부터 평생지기이자 굳건한 정치적 동맹자가 되었다.

1919년 초만 해도 볼셰비키는 백군 부대가 모스크바 근처까지 진격하고 국제 간섭군이 상륙하면서 패망의 위기에 몰려 있었다. 하지만 트로츠키는 붉은 군대를 재편한 뒤 반격에 나섰다. 1920년 말에 전황은 볼셰비키 쪽으로 빠르게 기울었다. 명확한 구심점과 왜 싸우는지에 대한 목표가 없었던 백군과 달리, 볼셰비키는 레닌을 중심으로 똘똘 뭉쳤다. 무엇보다도 승리를 위해서라면 수단과 방법을 가리지 않고 무자비했다. 트로츠키는 백군 포로와 볼셰비키를 지지하지 않는 자들은 물론이고 식량의 강제 공출에 저항하는 농민들, 탈영한 병사들, 무단 후퇴한 지휘관들을 모두 반혁명분자로 몰아 즉결 처형했다. 백군이 결코 만행이 없었다고 할 수는 없지만 잔혹함과 폭력성에서 볼셰비키에 비할 수 없었다. 볼셰비키의 승리는 미국 남북전쟁처럼 여론의 지지를 얻어서가 아니라 반대파에 대한 무차별적이고 조직적인 대량 살육과 공포 덕분이었다. 백군의 최고 실력자였던 콜차크 제독은 시베리아로 후퇴하던 중 부하들의 배신으로 체포되어 볼셰비키에게 총살당했다. 나머지 백군 부대들도 하나씩 진압되었다. 1922년 내전은 볼셰비키의 완전한 승리로 끝났다.

적백내전 승리의 최대 공로자는 트로츠키였다. 반면 스탈린과 보로실로프는 군사적 재능과는 거리가 먼데다 남들처럼 제1차세계대전에서 졸병으로 총을 들고 싸운 경험조차 없었다. 스탈린은 전쟁 동안 시베리아에서 유형생활을 보냈다. 병역 회피를 위해 공장노동자로 일했던 보로실로프는 한 공장의 합창단에서 노래를 부르는 일을 하기도 했다. 혁명 이후 한자리씩 차지하기는 했지만 전쟁 지휘는 혁명의 걸림돌을 암살하거나 파업을 선동하는 것과는 전혀 달랐다. 그들은 실수를 거듭하면서 붉은 군대가 바르샤바를 코앞에 두고 폴란드군의 반격으로 밀리는 데 일조하여 호된 비판을 받기도 했다. 어차피 독재체제에서 중요한 것은 누가 나라를 위해 더 많은 공을 세웠느냐가 아니라 권력자의 총애를 얻고 권력투쟁에서 이기느냐에 달려 있었다. 레닌이 그들을 여전히 쓸모 있다고 여긴 덕에 당에서 쫓겨나는 대신 중용되었다.

소련군을 망친 무능한 수장

1924년 1월 레닌이 죽었다. 가장 유력한 후계자는 트로츠키였다. 트로츠키는 레닌에 비견되는 혁명 지도자이자 소련 건국의 공신이었다. 냉혹하면서 탁월한 카리스마와 뛰어난 언변, 군사적 재능을 두루 갖추었으며 군권까지 쥐고 있었다. 그러나 스탈린은 그 이상으로

흑해 휴양도시 소치에서 부부 동반으로 휴가를 즐기는 스탈린(왼쪽 첫번째)**과 보로실로프**(왼쪽 세번째)**, 1932년 8월** 두 여성은 왼쪽부터 스탈린의 아내 나데즈다 알리루예바와 보로실로프의 아내 에카테리나 고르브만이며, 오른쪽 첫번째 남자는 경호원이다. 당시 소련 전역이 대기근에 허덕이며 수백만 명이 아사하는 와중에도 이들만은 별천지에 살고 있었다.

권력욕과 냉혹함을 지닌 인물이었다. 권력 투쟁에서 훨씬 불리한 쪽은 스탈린이었지만 오만한 성격의 트로츠키에게 불만을 품고 있는 간부들과 손을 잡으며 은밀하게 세력을 모았다. 그중에서도 가장 헌신적인 충복이 보로실로프였다. 1년 뒤 소련 혁명군사위원회 의장이자 스탈린의 정적이었던 미하일 프룬제(Mikhail Frunze)가 죽자 스탈린은 보로실로프를 그 자리에 추대했다. 보로실로프는 영민하지는 않았지만 우직하고 충성스러웠다. 그는 스탈린을 도와 트로츠키에게 군권을 빼앗는 데 성공했다. 트로츠키는 권력의 정점을 눈앞에 두고 나락으로 추락하고 외국으로 달아났지만 스탈린의 마수를 피할 수는 없었다. 멕시코에서 망명생활을 하던 중 스탈린이 보낸 암살자에게 살해되었다. 다른 경쟁자들도 줄줄이 쫓겨나거나 목숨을 부지하기 위해 스탈린에게 복종을 맹세했다. 최후 승자는 스탈린이었다. 스탈린은 보로실로프의 공을 잊지 않았다. 보로실로프는 스탈린의 비호 아래 출세 가도를 달렸다. 1935년 11월에는 세묜 부됸니(Semyon Budyonny), 바실리 블류헤르(Vasily Blyukher), 알렉산드르 예고로프(Alexander Yegorov), 미하일 투하쳅스키와 더불어 소련 5대 원수 중 한 명이 되었다.

보로실로프는 소련군의 정점에 섰다. 그는 서쪽의 위협에 대비하여 서부 러시아에 집중된 군수산업을 우랄산맥 동쪽으로 이동했으며 무기와 장비 현대화에 기여하는 등 업적이 없지는 않았다. 또한 개인적으로 투하쳅스키와 사이가 나빴음에도 기병보다 전차에 집중해야 한다는 그의 주장에는 공감했다. 적백내전 시절 직속상관이자 기병 원수 부됸니의 거센 반발에도 불구하고 새로운 전차의 설계와 기갑부대의 확장에 많은 노력을 기울였다. 1930년대 말에 생산된 신형 KV중전차에는 그의 이름이 붙었고 독소전쟁 초반 T-34 전차와 더불어 독일군에게 충격을 안겨주었다. 하지만 보로실로프는 본질적으로 혁명가이지 군인이나 정치인이 아니었다. 또한 권력자의 총애를 등에 업고 부귀영화를 누리는 데 익숙한 간신배였다. 그는 스탈린에게 아첨하면서 수령을 칭송하는 선전 노래를 만들거나 자신의 초상

스탈린(왼쪽)**과 국방인민위원**(국방장관) **보로실로프**(오른쪽), **1935년** 보로실로프는 스탈린의 충견에서 하루아침에 토사구팽당한 비밀경찰 수장 니콜라이 예조프(Nikolay Yezhov)처럼 한 번 쓰고 버리는 말이 아니라 스탈린이 진심으로 마음을 터놓는 몇 안 되는 친우였다. 누구도 믿지 않았던 스탈린도 보로실로프만큼은 총애했다. 보로실로프 또한 '스탈린(강철Steel)'이 아닌 젊은 시절의 가명인 '코바(Koba)'라고 부르며 막역한 관계를 자랑했다. 스탈린이 무능한 장군인 그에게 군부를 맡긴 것도 양날의 검인 군부를 통제하기 위해서였다.

화를 제작하고 뇌물을 받아 주머니를 두둑이 채우는 데 열을 올렸다. 무기 생산에는 막대한 자금을 쏟으면서도 소련군의 열악한 환경을 개선하고 내실을 다지는 데는 관심이 없었다.

하지만 진짜 과오는 이제부터였다. 군부 대숙청이었다. 그 배경에는 체제의 위기가 있었다. 스탈린은 자신의 영도 아래 경제를 부흥하여 서구를 능가하는 사회주의 유토피아를 실현하겠다는 야심으로 1920년대 말부터 대대적인 소련식 대약진운동을 강행했다. 주변 여건도 소련에게 유리했다. 서구 국가들은 적백내전 때와는 달리 세계대공황으로 곤경에 처해 있었다. 소련과 소모적인 대결보다는 경제 교역으로 돈을 벌 기회가 우선이었다. 덕분에 소련은 대량의 최신 기계를 서구에서 도입하고 기술자를 영입했다. 그러나 몇 년 되지 않아 결과는 참담했다. 자연재해나 서구가 훼방을 놓아서가 아니라 스탈린과 공산당 간부들이 경제에 대해 무지했기 때문이다. 그들의 무능함은 자신들이 타도한 니콜라이 2세를 훨씬 능가했고 소련 경제에 끼친 악영향은 국가적 자살행위나 다름없었다. 계획은 방만하고 비효율적이었으며 자금은 아무렇게나 낭비되었다. 상부의 끝없는 독촉에 시달려야 했던 일선 관료들은 당장의 실적 경쟁에만 열을 올릴 뿐 내실에는 무관심했다. 가장 큰 타격을 입은 곳은 집단농장으로 내몰린 농촌이었다. 식량 생산의 급감으로 전에 없는 대기근이 소련 전체를 휩쓸었다. 소련의 대표적인 곡창지대이자 지구에서 가장 비옥한 흑토지대인 우크라이나조차 굶주림에 허덕였다. 희생자는 적어도 200만 명에서 전체 인구의 20퍼센트가 넘는 최대 1000만 명으로 추산되었다. 그러나 스탈린은 이런 사실을 인정하지 않았다. 구제는커녕 오히려 우크라이나로 들어가는 식량 공급조차 막아버렸다.

스탈린은 뒤늦게 자신이 저지른 일에 두려움을 느끼면서도 모든 책임을 일선 당 간부들의 기강 해이와 '자본주의 첩자'들 탓으로 돌렸다. 경제적으로는 조금씩 풀어주되, 인민에 대한 통제와 억압은 한층 강화했다. 하지만 그 정도로는 불만을 억누르기에 충분하지 않다고 결론내리고 1937년 대숙청의 막을 열었다. 대숙청은 이전처럼 스탈린을 위협하는 몇몇 정적이나 반혁명분자에게만 해당되는 것이 아니었다. 스탈린이 보기에 2억 명에 달하는 소련 인민 자체가 잠재적인 적이었다. 소련체제를 유지하려면 자신이 나서서 당과 인민들을 더욱 옥죄어야 한다고 여겼다. 스탈린의 광기 속에서 숙청은 계급과 지위를 막론하고 소련 사회 전 방위적으로 확대되었다. 중요한 것은 누가 어떤 잘못을 했는지 찾아내는 것이 아니라 얼마나 많은 사람을 체포하고 처형하느냐였다. 스탈린은 그 숫자까지 정해주었다. 지역 책임자들은 충성심을 증명하기 위해 서로 더 많이 잡아들이려는 실적 경쟁을 벌였다. 소련 전체가 공포에 휩싸였다.

스탈린은 마르크스주의가 낳은 괴물이었다. 그리고 그런 괴물에게 무제한의 권력을 넘겨준 소련 인민들의 잘못이었다. 칼날이 마지막으로 향한 곳은 군부였다. 군부는 스탈린체제를 지키는 방패막이로서 그동안 스탈린에 의해 성역으로 취급받았다. 하지만 스탈린의 광기 앞에서는 더이상 예외일 수 없었다. 보로실로프는 스탈린의 편집광적인 숙청에 적극적으로 찬성하지 않았지만 그렇다고 감히 거역할 배짱도 없었다. 그는 스탈린의 눈 밖에 날까 두려워 장교들의 처형 명령서에 쉴새없이 서명했다. 다섯 명의 원수 중 보로실로프 자신과 부됸니를 제외한 세 명이 투옥되어 심한 고문을 받고 총살당했다. 또한 15명의 군사령관 중 13명이, 9명의 제독 중 8명이, 57명의 군단장 중 50명이, 186명의 사단장 중 154명이 제거되었다. 최근 연구에 따르면 실제 피해를 본 장교는 전체의 10퍼센트 미만에 불과했고 그중 상당

소련군 초대 원수들, 투하쳅스키(앞줄 왼쪽), **보로실로프**(앞줄 가운데), **부됸니(앞줄 오른쪽), 블류헤르**(뒷줄 왼쪽), **예고로프**(뒷줄 오른쪽), **1935년** 적백내전 초반 소련은 계급제도를 봉건 잔재라는 이유로 폐지한 후 병사들이 선거를 통해 지휘관을 뽑았다. 하지만 매우 비효율적임이 분명해지면서 장교를 다시 임명했다. 1935년 9월 22일에는 계급제도가 부활했다. 하지만 장군들의 세력이 강해지자 스탈린은 군부를 재정비하기로 했다. 다섯 명의 원수 중 세 명은 이 사진을 찍은 지 4년을 넘기지 못하고 처형되었다. 부됸니도 체포될 뻔했으나 자신을 잡으러 온 자들을 주먹으로 때려눕히고 스탈린에게 재빨리 전화하여 겨우 목숨을 부지했다.

수는 나중에 복권되었다고 한다. 그러나 소련군 지휘부가 완전히 풍비박산났다는 사실은 부정할 수 없었다. 빈자리는 운 좋게 칼날을 피한 후임자들이 채웠지만 대부분 그 직위를 맡기에는 경험과 훈련이 부족했다. 무엇보다도 서로 눈치만 보고 몸을 사리는 보신주의가 한층 강해졌다. 스탈린의 비밀경찰인 NKVD에게 끌려가지 않을 수 있는 최선책은 그냥 눈에 띄지 않는 것이었다. 군기는 땅에 떨어졌고 소련군의 오랜 고질병인 규율 위반과 음주 문제는 더욱 심화되었다.

근래에 이르러 일부 러시아 학자들 중에는 스탈린의 군부 대숙청을 긍정적으로 보는 이들도 있다. 스탈린이 무능한 장교들을 제거함으로써 소련군 내부에 만연했던 부패와 타락을 없애고 보다 젊고 유능한 장교들로 세대교체를 실현했다는 것이다. 비록 잠깐의 혼란은 불가피했지만 그로 인해 독소전쟁에서 막강한 독일군을 상대로 승리했다는 이야기이다. 어불성설이다. 냉철하게 말해 명확한 잣대도 없고 정당한 조사와 재판도 거치지 않은 채 권력자의 변덕과 기분에 따라 마구잡이로 진행된 스탈린체제의 무자비한 국가 폭력을 미화하는 것에 지나지 않는다. 피해자들 중에는 군대에서 제거되어 마땅한 무능한 자도 있었지만 그렇지 않은 자들이 훨씬 더 많았다. 조사과정에서 증거 조작과 강제 자백, 고문이 광범위하게 자행되었고 여기에 걸려들고 말고는 당사자의 운에 달린 문제였다. 스탈린이 정말로 군부를 정화할 생각이었다면 보로실로프부터 제거 대상 1호가 되어야 마땅했다.

소련판 임팔작전이 되다

부작용은 금방 드러났다. 서쪽에서는 야심을 드러낸 히틀러가 폴란드를 침공하여 4주 만에 정복했다. 무솔리니도 발칸의 약소국 알바니아를 손쉽게 손에 넣었다. 그동안 유럽의 수호자를 자처하던 영국, 프랑스는 무력하게 지켜볼 뿐이었다. 스탈린은 자신도 이참에 히틀러를 흉내내어 영토 확장에 나서기로 결심했다. 손바닥만한 발트 3국을 집어삼키는 것은 어렵지 않았다. 총 한 발 쏠 일 없이 호통 한번으로 굴복시킨 스탈린의 다음 목표는 동토의 나라 핀란드였다. 하지만 핀란드는 단호히 거절했다. 말로 안 되면 다음은 주먹이었다. 침공 병력은 21개 사단 45만 명, 전차 및 장갑차 3200대, 항공기 2500대에 달했다. 인구 370만 명에 불과한 약소국 핀란드 따위는 단숨에 정복할 기세였다. 문제는 쓸 만한 지휘관들이 모조리 제거된 직후였고 침공의 지휘봉을 든 사람이 보로실로프였다는 사실이었다.

핀란드는 가난하고 낙후한 나라였다. 군대는 전차와 중포, 항공기와 같은 현대적인 무기는커녕 소총과 군복조차 충분히 갖추지 못했다. 핀란드군은 총동원했을 때 30만 명에 달했다. 하지만 인구와 노동력이 매우 부족한 핀란드로서는 남자들을 장기간 군대에 붙잡아 두는 것만으로도 경제가 붕괴될 판이었다. 보로실로프는 스탈린에게 자신만만하게 승리를 장담했다. 폴란드에서 손쉬운 승리를 거둔 장군들은 소련군의 능력을 과대평가했고 근거 없는 낙관론에 사로잡혔다. 경고의 목소리는 무시되었다. 소련 병사들이 받은 경고는 핀란드군의 저항이 아니라 실수로 국경을 넘어서 스웨덴을 침공하지 말라는 것이었다. 그러나 핀란드는 생각처럼 만만한 나라가 아니었다. 핀란드군 병사들은 잘 훈련받았고 전쟁 경험이 있는 사람들도 많았다. 거칠고 강인했으며 애국심이 투철했다. 무엇보다 핀란드 독립전쟁의 영웅이자 총사령관인 칼 구스타프 에밀 만네르헤임(Carl Gustaf Emil Mannerheim) 원수는 보로실로프 따위와는 비교할 수 없는 유능한 장군이었다.

1939년 11월 30일 전 전선에 걸쳐 소련군의 대규모 침공이 시작되었다. 수도 헬싱키를 비롯한 주요 도시에는 소련 폭격기들이 폭탄을 떨어뜨렸다. 핀란드군은 국경에서 무리하게 싸우는 대신 지연전을 펼치며 조금씩 물러났다. 방어에 가장 유리한 지점까지 소련군을 깊숙이 끌어들이기 위해서였다. 그중에서도 소련군이 주 공세를 펼치는 남부 국경 안쪽에는 카렐리야지협을 중심으로 핀란드가 지난 20년 동안 이날을 대비하여 건설한 대규모 요새지대 '만네르헤임선'이 있었다. 만네르헤임선은 겉보기에는 난공불락과 거리가 멀었다. 프랑스의 마지노선처럼 대량의 철근과 콘크리트로 건설된 웅장한 구조물이 아니라 자연 지물을 이용하여 참호와 천연의 장애물로 이루어져 있었다. 핀란드는 프랑스보다 훨씬 가난한 나라였기 때문이다. 하지만 제 역할을 한 쪽은 마지노선이 아니라 만네르헤임선이었다.

스탈린은 침공 시기를 잘못 선택했음을 깨달아야 했다. 침공부대의 상당수는 추위에 익숙한 시베리아가 아니라 온화한 우크라이나에서 징집된 농민 출신 병사들이었고 동계 훈련을 전혀 받지 못했다. 그들에게 영하 40도 아래로 내려가는 핀란드의 겨울 환경은 태어나서 여태껏 경험하지 못한 추위였다. 험준한 지형과 혹독한 추위, 빈약한 도로는 소련군의 강점인 포병과 전차부대를 제대로 운영하지 못하게 만들었다. 여기에 당에서 파견된 정치 장교, 상급 기관에서 내려온 참모들, 군 언론인 등 수십 명이 지휘관의 일거수일투족을 감시하면서 사사건건 참견했다. 이런 분위기에서는 설령 구데리안, 로멜이

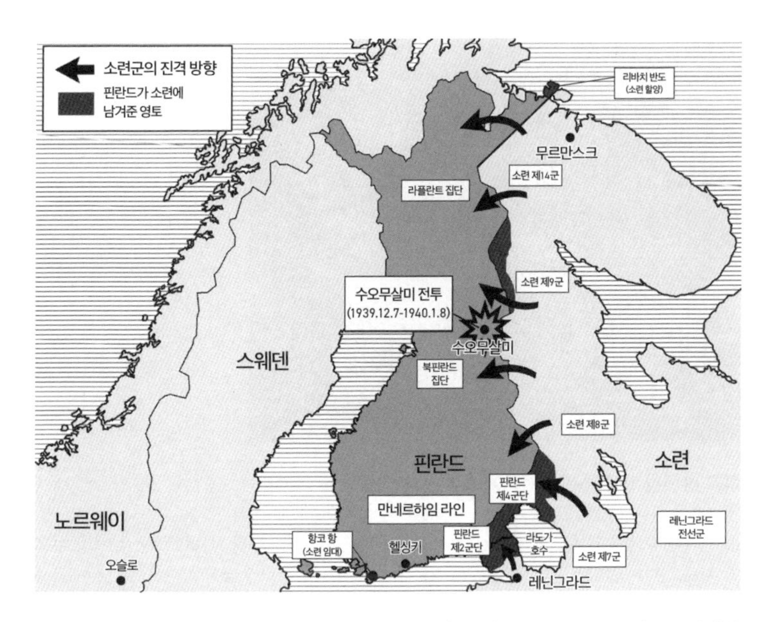

겨울전쟁의 전황도, 1939년 11월 30일~1940년 3월 13일 핀란드가 잃은 영토는 전체의 8퍼센트 정도였지만 가장 비옥하면서 인구와 산업이 밀집된 남부의 카렐리야지협을 빼앗기면서 큰 타격을 입었다. 굴욕을 잊지 않은 핀란드는 와신상담했고 1년 뒤 히틀러가 소련을 침공하자 잃은 영토의 탈환에 나섰다.

있었다고 한들 두 손, 두 발이 묶였을 것이다. 한 대대장은 "도대체 내가 뭘 할 수 있을지 모르겠다. 나는 입 닥치고 있을 테니 저 작자들더러 알아서 하라고 할까?"라고 푸념을 하기도 했다. 전차는 얼어붙었으며 동복과 겨울용 천막 부족으로 많은 소련군 병사가 얼어 죽었다. 숲속에서 마치 유령처럼 나타났다 사라지는 핀란드 병사들의 공격 앞에 소련군의 병참선이 끊어졌다. 소련군 병사들은 추위와 굶주

참호 안에서 얼어 죽은 소련군 병사의 시체 핀란드에서 소련군의 모습은 3개월 전 극동에서 벌어진 노몬한전투와는 전혀 달랐다. 대숙청에서 살아남은 소련 지휘관들은 위축되어 명령받은 것 이외에는 어떤 것도 하지 않았다. 정찰은 게을리했고, 병참 준비는 형편없었으며, 제병 협동도 제대로 되지 않았다. 애초에 싸우기 좋은 계절을 놔두고 북극권 국가인 핀란드를 굳이 겨울에 침공한 것부터 스탈린의 조급증이 초래한 오판이었다.

림에 시달려야 했다.

핀란드 중동부에서 벌어진 수오무살미전투는 겨울전쟁의 양상을 단적으로 보여주었다. 소련군 제44군단 산하 제44소총사단과 제163소총사단은 추위에 벌벌 떨면서 진격했다. 핀란드군은 수적으로 열세하고 중화기도 없었지만 겨울용 위장복과 동계 장비를 갖추었다. 무엇보다도 침략자를 반드시 물리치겠다는 강인한 의지와 더불어 자신들의 땅에서 어떻게 싸워야 하는지 알고 있었다. 마지못해 도살장으로 끌려나온 소련군 병사들은 눈 속에서 치고 빠지는 핀란드군의 게릴라전술 앞에서 소부대로 고립된 채 하나씩 격파되었고 한 달 만에 2개 사단이 전멸했다. 핀란드군은 '모티(motti, 핀란드어로 장작) 전술'이라고 불렀다. 핀란드군은 2000여 명을 잃은 반면, 소련군은 사상자가 1만 3000여 명에 달했다. 또한 40여 대의 전차, 소총 5000정, 기관총 300정, 야포 70문, 대전차포 30문, 트럭 260여 대 등 대량의 무기와 군수품을 노획했다. 겨울전쟁 최대의 승리였다. 핀란드 지휘관들은 영웅이 된 반면, 소련 지휘관들은 불벼락을 맞았다. 제4군단장 이반 다쉬체프(Ivan Dashichev)와 제163사단장 안드레이 젤렌초프(Andrew Zelentsov)는 해임되었으며 제44소총사단장 알렉세이 비노그라도프(Alexei Vinogradov)는 체포된 후 부하들이 보는 앞에서 총살당했다. 스탈린은 한 달이 넘도록 승리는커녕 소련군이 한 발도 전진하지 못한 채 핀란드의 동토에 갇혀서 얼어 죽고 있으며 국제적인 웃음거리가 되었다는 사실에 분통을 터뜨렸다. 그동안 히틀러의 침략전쟁을 수수방관하던 국제연맹도 이번에는 움직였다. 소련은 국제연맹에서 제명되었다. 미국이 핀란드에 군사 원조를 보내고 영국과 프랑스도 군사 개입을 준비했다. 몇 달 전 스탈린과 사이좋게 폴란드를 나누어 가진 히틀러 역시 소련과의 동맹을 되짚어보기로 했다. 언제나 그렇듯이 스탈린은 모든 잘못을 다른 사람에게 떠넘기기로 했다.

스탈린은 모스크바 교외의 자기 별장으로 측근들을 불러들이고 모두가 보는 앞에서 보로실로프를 호되게 질책했다. 이번에는 보로실로프도 참지 않았다. 그는 스탈린의 대숙청으로 유능한 장군들이 죄다 목이 달아난 것이 패배의 원인이라고 주장했다. 하지만 보로실로프 역시 스탈린을 탓할 자격이 없었다. 그 또한 많은 장교를 총살하는 데 동참했을뿐더러 핀란드 침공중에도 작전을 세우고 전선을 시찰하는 대신 명망 있는 예술가 알렉산드르 미하일로비치 게라시모프(Aleksandr Mikhailovich Gerasimov)를 시켜서 선전용 초상화를 그리는 데 열중하고 있었기 때문이다.

1941년 1월 7일 스탈린은 보로실로프를 자리에서 쫓아냈다. 그의 뒤를 이어 세묜 티모셴코(Semyon Timoshenko) 장군이 지휘봉을 들었다. 소련 인민들에게는 참패의 원인을 소련군의 잘못이 아니라 서방의 간섭과 지형이 불리한 탓으로 돌렸다. 심지어는 만네르헤임선이 마지노선보다도 더 견고하다고 주장하기도 했다. 티모셴코는 썩 유능하지는 않았지만 적어도 보로실로프보다는 나았다. 그는 병력을 대대적으로 늘려서 핀란드군을 완전히 압도한 뒤 봄이 오자 총공세에 나섰다. 병력 76만 명, 전차 6500대, 항공기 4000대에 달했다. 핀란드 역시 놀라운 용전에도 불구하고 지난 3개월에 걸친 항전으로 지칠 대로 지쳐 있었고 더이상 버틸 수 없었다. 3월 12일 모스크바에서 평화조약이 체결되었다. 핀란드는 타이완 정도의 크기인 3만 4750제곱킬로미터의 영토를 빼앗긴 것 이외에도 대량의 선박과 2000여 대의 열차, 차량을 배상금으로 내놓아야 했다. 핀란드군은 7만여 명을 잃은 반면, 소련군의 사상자는 30만 명이 넘었다. 그렇게 해서 억지로 빼앗은 영토는 소련군의 시신을 묻기에도 부족하다는 조롱을 받아야 했다. 핀란드인들은 자신들이 졌다고 여기지 않았고 독일에 접

크렘린궁전을 배경으로 한 스탈린과 보로실로프 초상화 그림 제목은 어이없게도 '평화의 수호자'였다. 핀란드에서 자신의 병사들이 얼어 죽고 있는 동안 보로실로프는 모스크바의 안락한 사무실에 앉아 스탈린에게 아첨할 요량으로 게라시모프에게 두 사람이 함께 있는 초상화를 그리게 했다.

근하여 복수전을 준비했다. 스탈린은 핀란드 침공의 명분으로 레닌그라드를 지키기 위한 완충지대 확보를 내세웠지만 애초에 핀란드를 적으로 돌리지 않으면 그만임에도 긁어 부스럼만 만든 셈이었다.

스탈린은 겨울전쟁에서 드러난 소련군 지휘관들의 나태함과 소극성의 만연에 분통을 터뜨렸다. 한 장군이 회의석상에서 진격이 지지부진한 책임을 핀란드의 울창한 숲 탓으로 돌리자 스탈린은 이렇게 호통쳤다. "이제는 그곳에 숲이 있다는 사실을 우리 군대가 깨달아야 할 때요. 표트르 대제 때에도 그곳에는 숲이 있었소. 옐리자베타, 예카

테리나, 알렉산드르도 그 숲을 발견했소! 그리고 이제! 네번째요!" 야심만만한 국방부위원(국방차관) 레프 메흘리스(Lev Mekhlis)는 스탈린에게 핀란드군의 기습은 주로 소련군 병사들이 낮잠을 잘 때를 노렸다고 폭로했다. "낮잠?!" 어이없어하는 스탈린에게 그리고리 쿨리크(Grigory Kulik) 장군은 "1시간씩 오침이 있습니다"라고 털어놓았다. 스탈린은 "사람들은 요양원에서나 낮잠을 자는 법이지"라며 으르렁댔다.

보로실로프는 스탈린의 심기를 건드린데다 패전의 희생양이 되어 자신이 숙청했던 부하들과 똑같은 운명에 처할 수도 있었다. 그러나 그는 목숨을 부지했다. 이전부터 보로실로프의 자리를 노리던 메흘리스가 스탈린에게 "그는 단순히 해임으로만 끝낼 수 없습니다. 더욱 중벌을 받아야 합니다"라고 부추겼지만 못 들은 척했다. 스탈린은 보로실로프가 무능한 졸장인데다 면전에서 자신에게 욕설을 퍼부었다고는 하지만 오랫동안 누구보다 충성스러웠다는 사실을 잊지 않았다. 그 순간 평생의 용기를 쥐어짜냈을 보로실로프도 두 번 다시 스탈린에게 도전하여 자기 위치를 위태롭게 하는 어리석음은 저지르지 않았다. 대신 15년 동안 차지했던 국방인민위원에서 물러나야 했다. 스탈린을 대신하여 핀란드에서 실패한 패전지장으로서 모든 비난과 불명예를 감수하는 일도 그의 몫이었다. 평화조약이 체결된 직후인 3월 28일 그는 중앙위원회에 출석하여 "나와 참모본부 모두 이번 전쟁의 특수성이나 어려움을 조금이라도 고려했다고는 말할 수 없습니다"라고 하며 자신의 태만함을 솔직하게 인정했다.

히틀러는 핀란드에서 망신당한 소련군을 얕보게 되었다. 그는 프랑스를 정복한 다음 소련에게 칼을 겨눌 준비를 했다. 하지만 히틀러가 간과한 사실은 소련군은 누가 어떻게 지휘하느냐에 따라 전혀 달라질 수 있다는 점이었다. 몽골-만주 국경의 노몬한에서 벌어진 일본군과의 전투에서는 소련군이 승리했다. 일본군이 핀란드군보다 더 만만해서가 아니라 소련군 지휘관이 주코프였기 때문이다. 소련이 배출한 가장 걸출한 장군 중 한 명인 주코프는 보로실로프보다 열다섯 살 어렸지만 싸우는 법을 제대로 아는 진짜 군인이었다. 그는 결단력, 추진력, 두둑한 배짱, 전략적 식견, 냉혹함 등 보로실로프에게는 없던 것을 갖고 있었다. 성급한 공격 대신 우선 전선을 시찰한 다음 일본군을 압도하기에 충분한 병력과 물자를 긁어모았다. 제57소총군단장 니콜라이 블라디미로비치 페클렌코(Nikolai Vladimirovich Feklenko)를 비롯하여 공산당에 충성할 줄은 알아도 굼뜨고 싸울 의지가 없는 장군들은 쫓겨났다. 주코프는 일본군에 대한 정보를 수집하고 소련군을 철저히 훈련했으며 해이해진 기강을 바로잡았다. 규율을 어기거나 명령에 따르지 않으면 엄중히 처벌했다. 전투중 도주하거나 무단 철퇴하는 자는 반역자로 간주하여 총살했다.

모든 준비가 끝나자 주코프는 총공격을 시작했다. 야포와 항공기의 엄호 아래 수백 대에 달하는 전차를 앞세우고 파도처럼 밀고들어오는 소련군의 공격은 지금까지 일본군이 경험해 보지 못한 것이었다. 일본군의 방식은 제1차세계대전 때와 크게 다를 바 없는 보병 중심의 구태의연한 전술이었다. 반면 주코프는 적을 압도하는 전력으로 남북에서 양면 협공하여 일본군의 전선을 단숨에 돌파한 후 퇴로를 차단하고 하나씩 섬멸했다. 그때까지 소련군을 얕보고 태평한 시간을 보냈던 일본군은 속수무책이었다. 많은 부대가 도처에서 소련군에게 포위된 채 절망적인 전투를 벌이다가 전멸했다. 일본군이 처음으로 경험한 진정한 현대전이었다. 러일전쟁의 승리만 기억했던 일본군은 비로소 소련군의 실력을 절감했다. 이때 얼마나 호되게 당했는지 두 번 다시 시베리아 침공을 운운하지 않았을 정도였다.

노몬한전투의 승리는 독소전쟁 후반부에서 보여주게 될 소련군의 진정한 실력이기도 했다. 그러나 그때까지 앞으로도 더 많은 희생이 따라야 했다. 대숙청의 여파는 여전했다. 주코프의 승리는 아직 예외일 뿐이었다. 독재자 한 명의 편집광적인 의심증이 불러온 대숙청은 소련군에게 돌이킬 수 없는 손실을 가져다주었다. 소련군은 독일군과의 싸움에서 모든 것을 처음부터 다시 배워야 했고 승리할 때까지 2000만 명을 잃어야 했다. 물론 스탈린이 죄책감을 느끼는 일은 없었다. 훗날 보로실로프는 스탈린이 때때로 대숙청을 후회한 적이 있느냐는 질문에 "스탈린은 그들의 죽음을 그다지 유감스럽게 여기지 않았소"라고 털어놓았다. 스탈린이 겨울전쟁에서 많은 것을 배웠다고 말하기는 어렵지만 장군들의 무능함은 절감했다. 그는 자신이 쫓아낸 유능한 장군들을 도로 기용했다. 그중에는 주코프의 가장 뛰어난 장군이자 나중에 베를린의 정복자가 되는 콘스탄틴 로코소프스키(Konstantin Rokossovsky)도 있었다. 그는 NKVD로 끌려가 거의 죽다 살아났고 평생 고문 후유증에 시달렸다.

스탈린시대를 끝내다

보로실로프는 군부에서 물러난 뒤 부총리에 임명되어 문화 분야에 관여했다. 무능해도 잔인함과는 거리가 멀었던 그는 소련군이 동부 폴란드를 점령하고 나서 포로가 된 폴란드 장교들을 풀어줄 것을 건의했다. 하지만 스탈린은 이참에 폴란드의 저항 세력을 뿌리 뽑을 생각이었다. 포로가 된 폴란드 장교들 중에는 판사, 교수, 기업인, 의사 등 폴란드를 이끄는 엘리트 인사들이 대거 포함되어 있었다. 소련에게는 눈엣가시와 같았다. 스탈린의 결론은 이들을 모조리 총살하는 것이었다. 보로실로프는 이번에도 감히 거역하지 못한 채 순순히 처형 명령서에 서명했다. 카틴(Katyn) 숲속에서 폴란드 장교 2만 2000여 명이 살해된 뒤 암매장되었다. 나중에 이 사실이 알려지자 스탈린은 뻔뻔하게도 나치의 만행으로 돌렸다.

독소전쟁이 발발하자 보로실로프는 군대에 복직했다. 레닌그라드 전선군 사령관을 맡은 그는 파죽지세로 밀려오는 독일 북부집단군의 저지에 나섰다. 보로실로프는 적어도 비열하거나 겁쟁이는 아니었다. 직접 일선에 나가 후퇴하는 병사들을 규합하여 용맹하게 반격에 나서기도 했다. 그러나 그것만으로는 막강한 독일군을 막을 수 없었다. 그가 현대전을 지휘할 자격이 없음이 또 한번 증명되었다. 보로실로프는 한 달 만에 쫓겨났다. 레닌그라드의 구세주 역할은 주코프가 맡았다. 독일군은 난공불락이 된 레닌그라드를 장장 872일 동안 포위했지만 결국 함락시키지 못한 채 후퇴했다. 스탈린도 전쟁에서 승리하려면 보로실로프 같은 군복 입은 정치꾼이 아니라 제대로 된 장군에게 맡겨야 한다는 사실을 인정해야 했다.

이제 '한물간 노인네'들은 뒤로 물러날 때였다. 전쟁은 주코프를 비롯하여 보다 젊고 잘 훈련되고 의욕 충만한 장군들이 맡았다. 보로실로프는 전쟁 내내 두 번 다시 일선에 나오거나 실세로서 막강한 권력을 행사할 수 없었다. 하지만 여전히 군의 원로였으며 스탈린의 친구였다. 1943년 11월 소련 최초의 연합국 정상회담인 테헤란회담에서도 스탈린을 수행하여 연합국 정상들을 만나는 영광을 얻었다. 평생을 함께했던 동지들은 물론이고, 심지어 가까운 친척들조차 조금만 의심스러워도 처형했던 스탈린조차 보로실로프에게는 유별나리 만큼 관대했다. 어쩌면 그를 통해 자신의 고독함을 달랬는지도 모른다.

독소전쟁이 끝난 뒤 보로실로프는 소련의 위성국가가 된 헝가리에 괴뢰정권을 세우는 일을 감독했다. 1953년 3월 5일 스탈린이 죽자 보로실로프는 소련 최고 평의회 상임위원회 의장이 되었다. 그는 주코프, 흐루쇼프, 말렌코프 등 다른 지도자들과 함께 악명 높은 비밀경찰의 수장이자 스탈린 못지않은 악당인 라브렌티 베리야(Lavrentiy Beria)를 전격 체포했다. 스탈린시대를 연 것도 보로실로프였지만 오랜 악몽을 끝낸 것도 그였다. 그의 정치 일생을 통틀어 유일하게 소련 인민에게 도움이 된 일이었다. 흐루쇼프와 브레즈네프 시절까지도 원로로 대접받으며 정치적 영향력을 행사했다. 1968년에는 소련 영웅 훈장을 받았고 다음해에 사망하여 크렘린 벽 묘지에 묻혔다. 그의 나이 여든여덟 살이었다. 영국의 저명한 작가이자 스탈린 연구가인 에드워드 크랭크쇼(Edward Crankshaw)는 보로실로프를 가리켜 "그의 기나긴 경력은 과시욕과 어리석음, 그리고 끝없는 행운이 특징이었다"라고 평가했다.

제6장

국민과 군대보다 내 목숨이 우선

피에트로 바돌리오와 이탈리아 패망

바돌리오는 잔뜩 겁에 질린 표정으로 독일군이 보복할 것이라면서 울먹거렸다. "내가 휴전협정을 발표했을 때 미국인들이 충분한 지원군을 보내지 않고 로마 근처에 상륙하지 않는다면 독일군이 이 도시를 점령한 뒤 파시스트 꼭두각시 정권을 세울 것이오." 그러고는 자기 손으로 목을 자르는 시늉을 했다. "독일군은 내 목을 자를 것이오."

—바돌리오와 접촉하기 위해 로마에 침투한 미 제82공수사단장 맥스웰 테일러 장군과 나눈 대화에서(1943년 9월 7일 밤)

테일러 장군이 독일의 위협에서 이탈리아 지도자들을 보호해줄 수 없다고 말하자 피에트로 바돌리오는 울면서 테일러에게 항복 발표를 늦추어달라고 매달렸다. 하지만 이탈리아인들의 우유부단함에 진절머리가 난 아이젠하워는 다음날 저녁 이탈리아의 항복을 전격 선언했다. 겁에 질린 바돌리오와 이탈리아 지도자들은 국왕과 함께 악에 받친 히틀러의 마수를 피해 자기들만 살자고 로마를 빠져나온 뒤 연합군 진영으로 달아났다.

"군사적으로 우리가 배치한 병력으로 침공하는 것은 불가능했다. 우리는 알바니아에 7개 사단밖에 없었다. 그중 2개 사단은 알바니아인들의 반란을 막는 데 필요했다. 또다른 2개 사단은 예비 병력으로 남겨두어야 했다. 결국 우리에게는 공세에 쓸 수 있는 3개 사단밖에 남지 않았다. 그리스군은 15개 사단으로 우리와 맞섰다. 이 수치가 반대였다면 우리는 진격에 성공했을지도 모른다."

—그리스 침공의 실패에 대해 변명하는 바돌리오 말년의 회고록에서

바돌리오는 졸전의 모든 책임을 무솔리니의 어리석음으로 떠넘겼다. 그런 무솔리니의 폭주를 군부의 수장인 자신이 막지 못한 것에 대해서는 "군인은 어떤 명령에도 복종해야 하는 수도승과 같다"라고 항변했다. 책임 회피와 남 탓은 졸장들의 만국 공통인 셈이다.

누가 이탈리아군을 쪼다로 만들었나

인터넷에서 이탈리아군을 검색하면 '이탈리아군 졸전 역사'라는 웹문서가 나온다. 여기에는 이탈리아군이 코믹하게 희화화되어 있다. 북아프리카에서 싸우던 한 젊은 장교가 부하에게 "나는 노예가 아니므로 나라를 위해 목숨을 바치지 않는다. 내 목숨은 내가 반한 여자를 지킬 때만 걸 뿐이다"라는 멋진 말을 남기며 탈영하자 부하도 이

를 말리기는커녕 함께 따라나선다. 전장에서 이탈리아군은 전투보다 호사스러운 식사에 열을 올렸다거나, 밤이 되면 "우리가 졸리면 적도 졸릴 것"이라며 경계도 하지 않고 태평하게 잠이 들어 적의 무수한 기습을 허용했다거나, 이탈리아군의 나약함은 살아남기 위한 나름의 처세술이라는 식이다. 이 문서의 원출처는 일본 사이트라고 한다. 이탈리아를 비웃고 조롱하는 데 유독 일본인들이 앞장서는 듯하다. 몇 년 전에는 일본에서 〈헤타리아ヘタリア〉라는 역사 애니메이션이 방영된 적도 있다. 제2차세계대전의 이탈리아를 개그 소재로 삼는 것이 주된 내용이다. 제목부터 '헤타레(へたれ, 쪼다)'와 '이탈리아'의 합성어이다. 한마디로 쪼다 이탈리아라는 것이다. 제3자인 우리야 어차피 남의 일이니 웃고 즐길지 몰라도 대부분은 사실과 거리가 멀다. 이탈리아인들 입장에서는 역사 왜곡이라며 분개하지 않을까 싶다.

무솔리니가 벌여놓은 희대의 삽질이 워낙 인상적이기는 하지만 그걸 이탈리아 병사들이 쪼다인 탓으로 돌릴 수는 없다. 이탈리아군도 용맹스럽게 잘 싸운 경우가 얼마든지 있기 때문이다. 동부 전선에서 이탈리아군은 열악한 병참과 불충분한 무기에도 불구하고 조반니 메세(Giovanni Messe) 장군의 지휘 아래 소련군을 상대로 연전연승을 거두었다. 돈강으로 진격하던 중 남부 러시아의 이즈부셴스키(Izbushensky)에서는 제3사보이아 기병연대가 소련군 제812보병연대를 향해 기병 돌격하여 검과 수류탄만으로 소련군 보병들을 마구 짓밟고 도륙했다. 이탈리아군의 손실은 100여 명에 불과한 반면, 소련군은 450여 명의 사상자가 나오고 600여 명이 포로가 되었다. 영국 역사학자 마틴 길버트(Martin Gilbert)는 마치 한 세기 전의 나폴레옹전쟁을 연상하게 하는 이 전투를 가리켜 "전쟁 역사상 마지막으로 성공한 기병 돌격"이라고 평가했다. 독일 육군 참모총장 할더 장군을 비롯한 독일 장군들은 도움은 주지 않으면서 "이탈리아 사단은 유감스럽게도 너무 비효율적이기 때문에 우리 후방에서 소극적인 엄호 이상의 역할은 맡을 수 없다"라면서 동맹군에게 경멸어린 시선을 감추지 않았지만 이탈리아군은 충분히 제 몫을 하고 있었다.

1941년 겨울 독일군이 소련군의 매서운 반격으로 모스크바를 코앞에 두고 밀려날 때 이탈리아군은 최소한의 희생으로 소련군을 막아내어 무솔리니의 체면을 살려주었다. 재앙이 닥친 북쪽과 달리 남부 전선이 그럭저럭 버틴 이유에는 이탈리아군의 투혼을 빼놓을 수 없다. 1년 뒤 이탈리아군은 지옥 같은 스탈린그라드전투에서 소련 최강을 자랑하는 제1근위전차군에게 공격을 받았다. 옆에서는 독일 제6군이 포위되고 헝가리군과 루마니아군이 줄줄이 무너졌다. 추축군 대 전체가 괴멸하는 판국에 이탈리아군의 손실을 묻는 치아노 외무장관에게 한 독일 장군은 "그들의 손실은 전혀 없소. 죄다 달아나고 있으니까요"라고 오만하게 대꾸했다. 그러나 동맹군을 우습게 여기는 독일군의 오만한 태도와 달리 이탈리아군은 무기력하게 백기를 들지 않았다. 알프스산맥의 추위에 익숙했던 알피니 산악군단의 병사들은 조직적인 지연전을 펼치며 부대를 유지한 채 철수했다. 차량이 매우 부족했던 이탈리아군은 도보로 물러나야 했고 후퇴중에 큰 손실을 입기는 했지만 적어도 독일 제6군과 같은 운명을 맞이하지는 않았다.

스탈린그라드전투 당시 폭설을 뚫고 철수하는 이탈리아군 병사들 히틀러와 독일 장군들은 동맹군들이 소련군을 제대로 막지 못했기 때문에 독일 제6군이 포위되었다며 분노를 토했다. 하지만 소련군에게 역습의 기회를 준 가장 큰 이유는 애초에 욕심만 앞세운 무리한 진격과 병참 무시, 과도한 목표였다. 또한 히틀러는 동맹군에게 일방적인 희생을 강요할 뿐 소통은 게을리했고 소련군 기갑부대를 막기 위한 대책을 요구하는 목소리도 무시했다. 스탈린그라드의 재앙은 전적으로 히틀러의 소통 부재가 초래한 결과였다.

1943년 1월 26일 모스크바 방송은 "러시아에서 파괴되지 않은 추축군 부대는 오직 알피니 군단밖에 없다"라며 이탈리아군의 용맹함을 솔직히 인정했다.

서양 속담에 "사자가 이끄는 양떼가 양이 이끄는 사자 무리를 이긴다"라는 유명한 말이 있다. 그만큼 지휘관의 역량이 중요하다는 말이지만 제2차세계대전의 이탈리아군처럼 꼭 들어맞은 경우도 없을 듯하다. 이탈리아군은 로멜이나 메세와 같은 사자가 지휘할 때는 사자가 되었지만 양이 지휘할 때는 양이 되었다. 대개는 사자보다 양이 지휘했다는 점이 문제지만 말이다. 하지만 일단 발동이 걸리면 똑같은 군대가 맞나 싶을 정도로 이탈리아군은 놀라울 만큼 용맹했다. 전쟁사를 통틀어 이토록 기복이 심한 군대가 또 있을까 싶을 정도였다. 이탈리아군을 가리켜 사자가 되기를 꿈꾸었던 양의 군대라고 하지만 군대가 양떼가 아니라 하필이면 양을 우두머리로 만나야 했던 것이 그들의 불운이었다. 사실 양은 의외로 난폭한 동물이다. 양순하다는 말과 달리 지능이 낮고 겁이 많으면서도 다혈질이고 풀뿌리까지 통째로 뜯어먹을 만큼 탐욕스럽다. 한번 분노하면 제 성질을 못 이길 만큼 호전적이라고 한다. 덧붙여 이탈리아군 최강부대 중 하나이자 로멜 휘하에서 명성을 떨친 제132기갑사단의 별칭이 이탈리아어로 '숫양(Ariete)'이다.

이탈리아군에게는 수많은 우두머리 양이 있었다. 대표적인 인물이 앞서 다룬 그라치아니다. 하지만 그조차 능가하는 겁쟁이 장군이 있었다. 더욱 놀라운 사실은 이탈리아군 총사령관이었고 전쟁 말기에는 무솔리니를 끌어내린 뒤 그 자리를 차지했다는 점이다. 피에트로 바돌리오(Pietro Badoglio, 1871~1956) 원수였다. 전쟁 내내 신통치 않았던 이탈리아가 항복 후 아예 존재감이 사라진 데는 그의 역할이 결정적이었다. 바돌리오는 제2차세계대전에서 활약한 주요 장군들 중에서 최고령자이기도 했다. 무솔리니보다 열두 살 많았고 프랑스군 총사령관 가믈랭보다 한 살 위였다. 하지만 그가 보여준 모습은 나이에 걸맞은 경륜(經綸)이 아니라 역사에 한 획을 그을 추태였다.

남에게는 악몽, 자신에게는 행운

바돌리오는 이탈리아 북부의 시골 마을인 그라차노 몬페라토(Grazzano Monferrato)에서 소지주의 아들로 태어났다. 그라차노 몬페라토는 나중에 무솔리니가 바돌리오의 이름을 따서 '그라차노 바돌리오'로 바꾸었다. 하지만 무솔리니가 망하고 파시스트 정권이 끝난 뒤에도 마을 이름은 바뀌지 않았다. 최근에서야 무솔리니의 충견이었던 그의 흔적을 지우고 원래대로 돌려야 한다는 의견이 제기되었지만 여전히 그대로다. 이탈리아에서 파시즘 향수가 얼마나 짙은지 보여주는 셈이다. 바돌리오는 토리노 육군사관학교와 육군대학을 졸업한 뒤 1892년 포병 장교로 임관하여 군생활을 시작했다. 4년 뒤에는 이탈리아 최초의 식민지였던 동아프리카로 부임했다.

그는 에리트레아에 도착하자마자 첫 실전을 경험했다. 이탈리아 역사상 최악의 패배 중 하나인 아두와전투였다. 메넬리크황제가 지휘하는 에티오피아군은 이탈리아군을 깊숙이 끌어들인 뒤 사방에서 포위하여 말 그대로 섬멸했다. 이탈리아군은 장군 두 명이 전사하고 한 명이 포로가 되었으며 3000여 명의 포로를 포함하여 70퍼센트를 잃었다. 이탈리아인 포로들은 머나먼 아디스아바바로 끌려가야 했고 현지 출신 포로들은 손발이나 생식기를 잘렸다. 젊은 중위였던 바돌리오는 운 좋게 목숨을 건져 빠져나올 수 있었다. 군인으로서 그의 경력은 시작부터 참담한 패전이었지만 남들처럼 불운을 겪는 일은 없었다. 오히려 탄탄대로의 인생이었다. 아두와전투 악몽으로부터 15년 뒤 그는 리비아를 놓고 벌어진 이탈리아-오스만튀르크 전쟁에 참전했다. 제1차세계대전이 발발했을 때 중령이었던 바돌리오는 알프스에서 벌어진 전투에서 여러 번 공을 세웠다. 1년 만에 소장으로 진급했고 제2군 참모장과 제2군단장 등을 역임했다. 1917년 초에는 중장이 되어 제2군 산하 제27군단장에 임명되었다. 그는 여기서 또 한번 악몽을 경험했다. 카포레토전투였다.

알프스산맥에서는 이탈리아와 오스트리아 사이에 치열한 전투가 3년째 진행중이었다. 오스트리아군은 러시아와 세르비아를 상대하기에도 벅찼기에 이탈리아군에 대해서는 수세를 유지했다. 매번 공세에 나서는 쪽은 이탈리아군이었다. 1915년 5월부터 1917년 8월까지 27개월 동안 이탈리아군은 11차례나 대규모 공격을 시도했다. 두세 달에 한 번꼴인 셈이었다. 하지만 그때마다 막대한 사상자만 낼 뿐 성과는 없었다. 이탈리아군 참모총장 루이지 카도르나(Luigi Cadorna) 대장은 연합군 장군들 중에서도 유별날 만큼 독선적이고 난폭하기로 이름난 인물이었다. 그는 이탈리아 남부의 무지한 농촌 출신이 태반이었던 이탈리아군을 쓸모없는 밥벌레라고 여겼다. 열악하기 짝이 없는 군대의 환경을 개선하고 싸울 의지를 부여하기보다 자신의 편견에 사로잡혀 규율을 유지한다는 명목으로 맹목적인 엄벌주의로 일관했다.

명령을 제대로 수행하지 못한다는 이유로 217명의 장군과 225명의 대령이 파면되었고, 750명이 총살되었으며, 병사들 중 여섯 명당 한 명꼴로 징계를 받았다. 제1차세계대전 동안 어느 군대보다도 높은 수치였다. 심지어 임무에 실패한 부대는 열 명 중 한 명을 무작위로 처형하는 고대 로마 시절의 형벌을 부활하기도 했다. 영국 역사학자 데이비드 스티븐슨(David Stevenson) 교수는 카도르나를 "제1차 세계대전의 모든 지휘관을 통틀어 가장 냉혹하고 무능한 지휘관 중 한 명으로 비난받았다"라고 평가했다.

1917년 8월 카도르나는 이번에야말로 끝장을 보겠다는 일념으로 총력을 기울여 제11차이손초전투를 시작했다. 동원한 병력만도 53만 명이었고 야포도 5300문에 달했다. 이탈리아군의 공세는 처음에는 성공적인 것 같았지만 금세 한계에 부딪혔다. 오스트리아군을 대신하여 훨씬 무서운 적수인 독일군이 나섰기 때문이다. 이탈리아군은 고작 몇 개의 고지를 점령하기 위해 15만 8000여 명의 사상자를 냈다. 개전 이래 2년 6개월 동안의 인명 누적 손실을 합하면 64만 5000여 명에 이르렀다. 20년 뒤 무솔리니 군대의 형편없는 추태에 비하면 이때의 이탈리아군은 놀라운 인내심과 분투를 발휘했다. 하지만 그 인내심도 한계였다. 이탈리아군은 지칠 대로 지쳤다. 게다가 카도르나는 동부 전선에서 러시아군의 보로실로프 공세로 만신창이가 된 줄로만 알았던 오스트리아군이 느닷없이 알프스에서 반격에 나서리라고는 전혀 예상하지 못했다. 그는 다음 공격을 준비할 요량으로 이탈리아군을 지나치게 전진 배치했다. 이 때문에 적의 공격에 고스란히 노출되었다. 후방에는 예비대가 없었다. 이번에는 동맹군이 공격할 차례였다. 알프스산맥 뒤쪽으로 35개 사단에 달하는 독일, 오스트리아군이 집결했다. 그중에는 독일 알프스 군단 산하 왕립 뷔르템베르크 산악경보병대대의 중대장이자 스물여섯 살의 중위였던 로멜도 있었다.

10월 24일 새벽 이탈리아 북동쪽 카포레토(지금의 슬로베니아 코바리드) 산악지대에서 독일-오스트리아 동맹군의 대대적인 공세가 시작되었다. 어마어마한 포격과 함께 독가스가 살포되자 최일선 진지를 지키고 있던 이탈리아군 병사들은 완전히 겁에 질려 뒤도 돌아보지 않고 달아났다. 그들이 갖고 있던 조잡한 방독면으로는 겨우 2시간 정도 버틸 수 있었기 때문이다. 폭풍 같은 포격이 휩쓸고 간 뒤 독가스가 자욱하게 깔린 계곡에는 자동소총, 수류탄, 단검, 화염방사기 등으로 무장하고 고도로 훈련된 독일 돌격부대 '스톰트루퍼(Storm-trooper)'가 모습을 드러냈다. 2시간도 되지 않아 이탈리아군의 전초 거점들이 무너져내렸다. 카도르나는 한 발짝도 후퇴를 허용할 수 없다면서 그 자리에서 버티라고 명령했다. 하지만 이탈리아군에게는 독일군을 저지할 예비대가 없었다. 그의 맹목적인 퇴각 금지 명령은 독일군이 방어선을 돌파하자 군대 전체를 공황에 빠뜨렸다. 이탈리아군은 붕괴되어 150킬로미터를 후퇴했고 11월 3일에는 피아베강까지 밀려났다. 67만 명에 달하던 이탈리아 제2군은 완전히 무너졌다. 동맹군의 사상자는 2만 명 정도에 불과한 반면, 이탈리아군은 65개 사단 중 38개 사단이 괴멸했고 전사자 1만 명, 부상자 3만 명, 포로 26만 5000명에 달했으며 35만 명이 탈영했다. 또한 3000여 문의 야포와 1700여 문의 박격포, 3000정의 기관총, 30만 정의 소총을 잃었다. 그뿐 아니라 1만 4000제곱킬로미터에 달하는 영토를 빼앗겼으며 200만 명의 난민이 발생했다. 지난 2년여 동안 수십만 명을 희생하며

이탈리아 북부 우디네에서 독일군의 포로가 된 이탈리아군 병사들, 1917년 11월
카포레토전투는 이탈리아 근대 역사상 최악의 패배였다. 이 전투로 이탈리아는 몇 달 전 혁명이 일어난 러시아처럼 완전히 나가떨어질 뻔했지만 영국과 프랑스가 급히 병력과 무기를 지원한 덕분에 겨우 버틸 수 있었다.

겨우 얻었던 모든 성과를 한 방에 날려버린 셈이었다. 이탈리아 북부 전체가 풍전등화였지만 그나마 독일-오스트리아군도 병참의 한계로 피아베강을 앞에 두고 멈추었다.

이탈리아군이 붕괴된 가장 큰 책임은 카도르나와 제2군 사령관 루이지 카펠로(Luigi Capello) 장군에게 있었다. 바돌리오는 다른 군단장들과 함께 이탈리아군 방어선의 취약점을 지적하고 적이 방어선 한 곳을 돌파할 경우 퇴로가 차단되어 전선 전체가 붕괴될 수 있음을 경고했다. 하지만 카펠로는 머릿속에 오직 공격뿐이었다. 이탈리아군의 경직된 공세제일주의는 태평양전쟁에서 일본군 못지않았다. 그러나 일선 지휘관인 바돌리오 역시 책임을 면할 수 없었다. 그는 입으로만 위험을 경고했을 뿐 동맹군의 역습에 대비하지 않기는 마찬가지였다. 그는 적의 공격이 시작되자 공황에 빠진 나머지 전선을 틀어막기 급급하여 병력을 낭비했다. 다리는 폭파되지 않은 채 적의 손에 넘어갔다. 게다가 무전을 몇 번이나 함부로 송신하여 사령부의 위치가 노출되었다. 그는 적의 포격을 피하기 위해 사령부를 이리저리 옮겼지만 일선 부대들과의 연락이 끊어지면서 혼란만 더욱 가중시켰다. 바돌리오 군단이 무너지자 독일군은 단숨에 이탈리아군의 전선을 돌파하여 후방으로 쇄도했다. 카포레토의 패배는 세 명의 공동 작품이나 다름없었다.

카도르나는 구차한 변명을 늘어놓으며 제2군이 "겁쟁이처럼 싸우지 않고 후퇴하고 불명예스럽게 항복했기 때문"에 패배했다고 주장했다. 심지어 "군대에 해충(패배주의자)이 만연한 것이 내 탓인가?"라고 말하기도 했다. 그러나 제아무리 병사들에게 책임을 떠넘긴들 자리를 보전할 수는 없었다. 참모총장은 아르만도 디아츠(Armando Diaz) 장군으로 교체되었다. 카펠로도 쫓겨났다. 카도르나와 카펠로의 경력이 끝장난 반면, 바돌리오는 아무런 타격도 입지 않았다. 오히려 이번에도 불행을 행운으로 바꾸는 놀라운 능력을 발휘했다. 디아츠는 바돌리오를 참모차장에 임명했다. 바돌리오는 이탈리아군의 이인자가 되었다. 전쟁이 끝난 뒤에는 참모총장이 되어 이탈리아군의 정점에 섰다. 그는 이탈리아군의 강화 대신 보신주의자답게 육군의 공식 기록에서 자신에게 불리한 내용을 지우는 일에만 혈안이 되었다. 덕분에 패전지장에서 전쟁 영웅으로 둔갑했다. 전쟁이 끝난 뒤 이탈리아 의회에서 카포레토 패배에 대한 조사가 있었지만 군부 실세인 바돌리오를 건드릴 수는 없었다.

무솔리니의 충견이 되다

전후 이탈리아는 명목상 승전국이었지만 패전국 못지않게 혼란의 극치였다. 차르체제를 무너뜨린 러시아혁명에 자신감을 얻은 사회주의자들이 농민들과 노동자들을 선동하여 국가 전복을 외쳤다. 공장에서는 월급 인상을 요구하는 노동자들이 파업했고 참전 군인들 역시 아무런 보상이 없다며 분노했다. 이탈리아 전역에서 폭동과 무력 충돌이 일어났다. 민간 정부는 속수무책이었다. 이런 상황에 편승하여 등장한 풍운아가 파시즘의 수장이자 시대의 어릿광대인 베니토 무솔리니였다. 그는 제1차세계대전 당시 베르사글리에리(Bersaglieri, 이탈리아어로 '저격병')부대에서 복무하다가 부상을 입은 상이용사였다. 그는 불만이 가득한 200여 명의 참전군인을 모아 '파쇼 이탈리아 전투분대'라는 정치단체를 창설했다. 파시스트당의 시작이었다. 무솔리니의 세력은 빠르게 늘어났고 이에 비례하듯 야심도 커졌다. 많은 장교도 그를 지지했다. 자신이 집권하면 군대의 처우 개선과 대폭적인 월급 인상을 장담했기 때문이다. 1922년 10월 24일 무솔리니는 나폴리에서 수천여 명의 지지자에게 로마로 진군하여 정권을 탈취하겠다고 선언했다.

바돌리오는 국왕 비토리오 에마누엘레 3세(Vittorio Emanuele III)와 루이지 팍타(Luigi Facta) 총리를 향해 명령만 내리면 군대를 투입하여 무솔리니의 엉성한 오합지졸 패거리를 단숨에 쓸어버리겠다고 장담했다. 하지만 국왕은 타협을 선택했다. 국왕은 그동안 권력투쟁에만 혈안이 된 삼류 정치인들에게 신물이 나 있었다. 따라서 큰소리치는 무솔리니가 새로운 이탈리아를 보여주지 않을까 하는 기대를 걸고 총리에 임명했다. 법률가 출신의 총리 역시 문약하기 짝이 없는 인물이었다. 그는 무솔리니에게 순순히 자리를 내주었다. 무솔리니는 왜소하고 유약하며 우표 수집 외에는 세상 어떤 일에도 관심 없는 무능한 암군이었던 국왕을 가리켜 "이탈리아의 위대한 운명을 짊어지기에는 너무 작은 인물"이라며 공공연히 비웃었다. 하지만 정권을 잡자 무솔리니는 레닌처럼 국왕을 총살하는 대신 공손하게 신하가 되는 쪽을 선택했다. 자신의 힘만으로는 이탈리아를 장악할 수 없다는 것을 잘 알고 있었기 때문이다.

무솔리니 집권 초기에만 해도 바돌리오는 이 벼락출세한 얼뜨기 정치꾼에게 충성하기를 거부했다. 그는 군에서 퇴역한 뒤 브라질 대사를 맡아 국외로 나갔다. 하지만 얼마 지나지 않아 시류에 편승하기로 결심하고 1925년 귀국했다. 무솔리니는 전쟁 영웅이자 국왕의 신임이 두터운 바돌리오의 빠른 태세 전환에 대한 보상으로 3군 참모총장이라는 새로운 자리를 만들어주었고 원수로 승진시켰다. 모든 군권은 어차피 무솔리니가 쥐고 있었으므로 명목뿐인 자리였다.

1929년 1월 바돌리오는 리비아 총독에 임명되었다. 이탈리아가 오스만제국에서 리비아를 빼앗은 지 17년이 지났지만 여전히 통치는 만만하지 않았다. 이슬람 반군들의 거센 저항 때문이었다. 제1차세계대전이 벌어진 뒤 이탈리아는 유럽전쟁에 집중하기 위해 마지못해 반군과 타협하고 자치권을 인정해야 했다. 하지만 전쟁이 끝나고 무솔리니가 권좌를 차지하자 손바닥 뒤집듯이 제일 먼저 리비아 재정복에 나섰다. 이탈리아군은 압도적인 물량으로 몇 개월 만에 리비아 대부분을 장악했다. 그러나 키레나이카 동북쪽의 자발 알 아크다르(Jabal al Akhdar)를 중심으로 베두인족 유목민들은 굴복하지 않았다. 전설적인 저항군 지도자 알무크타르는 게릴라전으로 맞서면서 이탈리아군을 끊임없이 괴롭혔다. 바돌리오의 전임자들은 알무크타르에게 매번 농락당하여 무솔리니의 인내심을 바닥나게 만들었다.

바돌리오는 리비아 정복의 임무를 맡고 사령관 그라치아니에게 엄명을 내렸다. "필요하다면 키레나이카 사람들을 죄다 죽여서라도 이 싸움을 끝내야 한다." 수단과 방법을 가리지 말고 무자비하게 진압하라는 명령이었다. 그라치아니는 그 명령을 철저히 수행했다. 게릴라전을 가리켜 "물을 떠난 물고기는 결코 살아남을 수 없다"라는 마오쩌둥(毛澤東)의 유명한 격언처럼 게릴라를 제압하는 가장 좋은 방법은 물고기가 살 수 없도록 물을 빼는 것이었다. 리비아-이집트 국경은 철조망으로 봉쇄되어 장갑차와 항공기가 물 샐 틈 없이 순찰했다. 이탈리아 폭격기들은 베두인족 마을에 독가스 폭탄을 떨어뜨리고 달아나는 민간인들에게 기관총을 퍼부었다. 키레나이카 토착민 절반이상이 강제수용소로 끌려갔다. 걷지 못하는 사람은 그 자리에서 총살당했다. 강제수용소는 사방을 철조망으로 둘러치고 엄중하게 감시했다. 사람들은 강제노동뿐 아니라 영양실조와 전염병에도 시달려야 했다. 가스실만 없을 뿐 열악함은 나치의 악명 높은 유태인수용소에 비견할 만했다. 알무크타르는 이탈리아군의 추격을 피해 달아나던 중 매복공격을 받아 포로가 되었다. 그는 끝까지 굴복하지 않은 채 1931년 9월 16일 처형되었다. 남은 저항 세력도 분쇄되면서 1932년 1월 바돌리오는 리비아의 완전한 정복을 선언했다.

제2의 카이사르가 될 뻔한 장군

무솔리니는 승리를 거두었지만 만족하지 못했다. 그는 이탈리아가 위대한 나라가 되기에는 식민지가 너무 적다며 공공연히 불평했다. 다음 목표는 아프리카 유일의 독립국 에티오피아였다. 무솔리니 입장에서 가장 만만하기도 했지만 한편으로는 40여 년 전 아두와에서 이탈리아인들에게 뼈저린 패배를 안겨준 나라이기도 했다. 이탈리아가 제2의 로마제국이 되기 위해서는 먼저 그때의 악몽을 극복해야 한다는 것이 무솔리니의 생각이었다.

아두와전투 이후 에티오피아와 이탈리아는 우호관계를 맺고 한동안 평화를 유지했다. 1927년에 국왕의 사촌인 아브루치 공작(Duke of Abruzzi)은 아디스아바바를 방문하여 황제에게 사치스러운 이탈리아제 리무진을 선물하기도 했다. 다음해에는 20년 기한의 이탈리아-에티오피아 우호조약을 체결했다. 그러나 리비아를 정복한 무솔리니가 공공연히 아두와의 설복과 식민지 확장을 떠들면서 긴장이 고조되었다. 파시스트 선전매체들도 에티오피아의 위협을 제거하지 않는다면 이탈리아령 소말리아와 에리트레아가 안전할 수 없다며 선동했다. 가난함과 단조로운 일상에 지쳐 있었던 이탈리아인들은 무솔리니의 새로운 정복전쟁에 열광했다. 바티칸의 추기경들도 무솔리니가 에티오피아를 가톨릭 신앙과 로마 문명으로 이끌기 위해 투쟁하고 있다며 찬양했다. 에티오피아가 아프리카에서는 드문 기독교 국가였는데도 말이다. 무솔리니는 행동의 시기를 1935년으로 못 박았다. 더 늦어지면 히틀러에 의해 전운이 감도는 유럽 정세에 발목을 잡힐 수 있었기 때문이다.

당장 에티오피아를 정복할 태세인 무솔리니와 달리 바돌리오는 적어도 3년의 시간이 필요하다고 주장했다. 출세에만 눈이 먼 파시스트 장군들이 장악한 이탈리아군은 허약하기 짝이 없었다. 제1차세계대전에서 얻은 교훈은 모조리 무시되었고 현대적인 훈련 대신 거창한 열병식에 열을 올렸다. 무기 개량과 교리 발전은 게을리하고 정신력만 강조했다. 이탈리아군은 1918년의 기동성과 중화기를 갖춘 효율적인 군대에서 머릿수만 많을 뿐인 19세기식 보병군대로 퇴보했다. 물론 바돌리오도 여기에 일조한 책임을 면할 수는 없었다.

보다 근본적으로 이탈리아는 제2의 카이사르가 되겠다고 큰소리치는 무솔리니의 야심을 감당하기에는 너무나 허약했다. 지독한 가난과 기근, 말라리아를 비롯한 전염병이 만연하는 이탈리아 남부 농촌의 실상은 에티오피아보다 그리 나을 것이 없었다. 무솔리니는 쓸데없는 일을 벌이기보다 이탈리아를 통합하고 부강한 나라로 만드는 것이 우선이었다. 하지만 그는 막무가내였다. 1935년 5월 25일 그는 이탈리아 하원에서 "이제는 동아프리카에 눈을 돌려야 한다"라고 선언했다. 바돌리오는 여전히 전쟁 준비가 부족하다면서도 무솔리니에게 굴복했다. 이탈리아군을 실은 수송선은 연일 수에즈운하를 통과하여 에리트레아로 향했다.

양국의 긴장이 고조되는 가운데 1934년 11월 22일 에티오피아 남동부에서 국경 충돌이 벌어졌다. 왈왈(Welwel)사건이었다. 왈왈은 소말리아 국경에서 북쪽으로 약 130킬로미터 떨어진 작은 오아시스 마을이었다. 주민이라고는 초라한 움막에 살면서 가축을 키우는 가난한 농민이 전부였다. 1928년 이탈리아-에티오피아 우호조약에 따르면 이곳은 엄연히 에티오피아의 영토였다. 하지만 소말리아 주둔 이탈리아군이 슬그머니 국경을 넘어와 이곳을 점거한 뒤 수비대를 배치했다. 에티오피아는 뒤늦게 이 사실을 알고 군대를 보내 이탈리아군을 포위하고 철수를 요구했지만 이탈리아군이 거부하면서 12월 5일 양측의 무력 충돌이 벌어졌다. 100여 명의 에티오피아군과 50여 명의 이탈리아군이 사망했다.

양측은 서로 먼저 공격했다고 주장했지만 중요한 사실은 동아프리카의 평화가 하루아침에 깨졌으며 무솔리니는 침공 구실을 얻었다는 점이었다. 에티오피아는 국제연맹에 제소하여 도움을 호소했다. 약자가 할 수 있는 유일한 선택이었다. 제1차세계대전 후 국가 간의 분쟁을 막는다는 명목으로 탄생한 것이 국제연맹이었다. 그러나 국제연맹은 수수방관했다. 영국과 프랑스는 별 가치도 없는 에티오피아 때문에 무솔리니와 대립각을 세울 생각이 없었다. 오히려 히틀러를 견제하는 데 무솔리니의 협력을 구해야 할 판이었다. 다른 약소국들 역시 에티오피아를 동정하면서도 자신들의 처지도 어렵다는 이유로 도움을 주는 데 주저했다. 고립무원이었던 에티오피아에 그나마 손을 내민 쪽은 아이러니하게도 나중에 무솔리니와 동맹을 맺는 히틀러였다. 그는 당시 최신형이었던 37밀리미터 Pak35 대전차포 12문과 1만 6000정의 마우저 소총, 600정의 MP35 기관단총을 제공했다. 이때만 해도 히틀러는 오스트리아 병합을 놓고 무솔리니와 껄끄러운 관계였고 이탈리아를 에티오피아의 수렁에 빠뜨리기를 원했다.

원정군의 총사령관은 군의 원로이자 무솔리니의 파시스트 4천왕 중 한 명인 데 보노 장군이었다. 1935년 10월 3일 이탈리아군은 일제히 국경을 넘어 에티오피아로 쇄도했다. 에티오피아군의 저항은 미미했다. 사흘 뒤 아두와가 함락되었다. 셀라시에황제가 정면 승부 대신 이탈리아군을 깊숙이 끌어들이기 위해 장군들에게 전략적 후퇴를 명령했기 때문이다. 변변한 전투가 없었는데도 이탈리아군의 전진 속도는 매우 느렸다. 폭우가 쏟아지고 지형이 너무 험준한데다 데 보노는 아두와전투의 패배를 경험삼아 성급하게 진격하기보다는 도로를 건설하고 안정적인 병참선 확보를 원했기 때문이다. 병참선은 500킬로미터에 달했다. 군대는 길게 늘어섰고 포병은 뒤처졌다. 게다가 에티오피아군은 초토화 전술로 모든 식량과 가축을 쓸어갔다. 현지 주민들이 해방자를 자처하는 이탈리아군에게 먹을 것을 호소하면서 병참 부담은 한층 커졌다. 하지만 로마에 앉아 신속한 승전보를 원하는 무솔리니는 안달이 났다. 그의 입장에서는 에티오피아에서 느긋하게 시간을 보낼 처지가 아니었다. 유럽 정세는 예측 불허였고 전쟁이 길어질 경우 영국, 프랑스의 태도도 바뀔 수 있었다. 데 보노는 더이상 깊숙이 전진하면 에티오피아군에게 포위될 수 있다고 경고했지만 결국 로마로 소환되었다. 무솔리니는 에티오피아 정복의 역할을 데 보노의 경쟁자인 바돌리오에게 떠넘겼다.

그러나 뜻밖에도 에티오피아군이 반격하기 시작했다. 12월 15일 20만 명에 달하는 에티오피아군이 '크리스마스 공세'에 나섰다. 에리트레아 국경에서 멀지 않자 뎀베기나협곡(Dembeguina Pass)에서 이탈리아군은 에티오피아군의 급습을 받았다. 에티오피아군 병사들은 언덕에서 돌을 굴려 이탈리아군 경전차들을 꼼짝 못 하게 한 뒤 불을 지르고 맨손으로 궤도를 부수었다. 탈출하려는 승무원들은 목이 잘렸다. 사기가 땅에 떨어진 이탈리아군은 대패하여 후퇴했다. 아두와전투 이래 최악의 패배였다. 게다가 이탈리아군의 측면이 노출되면서 원정군 전체가 위기에 처했다. 에티오피아군은 도처에서 반격하면서 이탈리아군을 밀어붙이기 시작했다. 이탈리아군의 전진 거점인 메켈레도 위태로웠다. 에티오피아군의 통렬한 반격은 바돌리오를 크게 당황하게 만들었다. 무솔리니의 모험은 두 달 만에 파국으로 끝날 판이었다. 만약 메켈레가 함락되고 에티오피아군이 에리트레아를 침공한다면 이탈리아는 국제적인 웃음거리가 될 터였다.

무솔리니는 바돌리오에게 공세에 나서지 않으면 그라치아니로 교체하겠다고 위협했다. 절체절명의 위기에 처한 바돌리오가 꺼낸 카드는 독가스였다. 그는 이미 리비아의 유목민 반란을 진압하는 데 독가스를 사용한 바 있었지만 이번에는 신중하지 않을 수 없었다. 1925년 6월 17일 제네바 의정서에 따라 국제 분쟁에서 독가스 사용은 엄중히 금지되었다. 이탈리아와 에티오피아는 제일 먼저 서명한 나라 중 하나였다. 자칫 국제 문제로 번질 수 있었다. 그러나 수단을 가릴 때가 아니었다.

12월 23일 에티오피아군은 에리트레아 국경으로 진군하던 중 이탈리아 폭격기를 발견했다. 그들은 당황하지 않고 대공사격을 시작했지만 이탈리아 폭격기가 떨어뜨린 폭탄은 폭발하는 대신 대량의 액체를 쏟아냈다. 처음에는 어리둥절하던 에티오피아군 병사들은 금세 경악과 공포에 휩싸였다. 액체를 뒤집어쓴 병사들은 순식간에 손과 발, 얼굴에 물집이 잡히고 고통스럽게 비명을 질렀다. 몸을 씻기 위해 강으로 뛰어갔지만 강도 오염되어 있었다. 수백여 명이 참혹하게 죽었다. 그 광경은 가공할 공포였다. 에티오피아군은 이탈리아군의 전차와 항공기 공격에는 그럭저럭 버틸 수 있었지만 독가스는 달랐다. 전세는 뒤집어졌다. 에티오피아군의 공세는 격퇴되었다. 그동안 무솔리니의 닦달에도 불구하고 병력을 보강하고 물자를 충분히 확보한 바돌리오는 드디어 공격에 나설 때가 되었다고 생각했다.

1936년 1월 19일 이탈리아군은 진격을 재개했다. 그러나 북쪽에서 좁은 산길을 따라 이동중이던 1개 검은셔츠연대가 에티오피아군의 급습을 받아 무너졌다. 충격을 받은 바돌리오가 한때 메켈레를 포기하고 에리트레아로 퇴각을 고민했을 정도였다. 이번에도 그를 구한 것은 독가스였다. 에티오피아군은 엄청난 손실을 입고 후퇴했다. 드디어 바돌리오는 승기를 잡았다. 3월 31일 셀라시에황제는 남은 전력을 모아 메이처우(Maychew)에서 최후의 반격에 나섰다. 마치 워털루전투에서 영국군을 향해 돌격하던 나폴레옹 군대처럼 3만 명에 달하는 에티오피아군은 하루종일 이탈리아군을 향해 쉬지 않고 파상공세를 펼쳤다. 마지막으로 황제 친위대가 진군하여 에리트레아 1개 대대를 괴멸하기도 했지만 빗발처럼 쏟아지는 이탈리아군의 폭격과 포격을 뚫을 수는 없었다. 이탈리아군은 1300여 명을 잃은 반면, 에티오피아군의 손실은 1만 1000명에 달했다. 셀라시에황제는 철수를 시작했다. 에티오피아군의 철수 행렬은 이탈리아군 폭격기의 끊임없는 폭격에 시달려야 했고 결국 무너졌다. 셀라시에황제는 병사들이 독가스에 중독되어 끔찍하게 죽은 시신 더미를 무력하게 바라보아야 했다. 4월이 되자 북부에서 에티오피아군의 방어선이 무너졌다. 같은 시간 남쪽에서도 그라치아니가 에티오피아군을 격퇴하고 방어선을 돌파했다.

드디어 아디스아바바로 가는 길이 열렸다. 바돌리오는 기계화 부대를 앞세우고 강철의 진군을 시작했다. 에티오피아군이 곳곳에서 게릴라전을 펼치며 저항했지만 이탈리아군을 막기에는 역부족이었다. 5월 5일 바돌리오는 아디스아바바에 입성했다. 로마는 "우리는 해냈다! 우리는 이겼다!"라는 바돌리오의 전문에 열광했다. 셀라시에황제

L3 탱켓을 앞세우고 아디스아바바로 진군하는 이탈리아군 기계화 부대 이탈리아군의 주력 전차인 L3 탱켓은 1920년대 영국의 걸작 전차인 카든 로이드 경전차를 국산화했다. 하지만 중량은 3.5톤, 승무원 두 명, 최고 속도 시속 40킬로미터, 최대 장갑 14밀리미터, 무기는 8밀리미터 기관총 2정이 전부였다. 화력과 장갑이 매우 빈약하여 치안용이나 게릴라들을 상대하는 데 걸맞았다. 이때만 해도 그리 뒤처졌다고 할 수는 없지만 남들이 훨씬 크고 강력한 전차를 만드는 동안 이탈리아는 여기서 발전이 멈춘 채 열강들과의 전쟁에 뛰어들면서 파국을 맞이했다.

는 나라를 버리고 비참한 망명길에 올라야 했다. 한 달 뒤 제네바에서 열린 국제연맹 회의에 참여했다. 그는 이탈리아의 끈질긴 방해와 영국의 비협조에도 불구하고 단상에 섰다. 그리고 이탈리아의 만행을 낱낱이 고발했다. 그가 남긴 마지막 말은 눈앞의 이익에 눈이 멀어 스스로의 본분을 포기한 열강들의 양심을 후벼파는 것이기도 했다. "이것이 오늘의 우리이며, 당신들의 내일입니다."

바돌리오는 승리의 월계관을 썼다. 그 공으로 동아프리카 총독에 임명되어 광대한 영토를 통치했고 미국 주간지 〈타임〉의 표지를 장식하기도 했다. 그러나 그 승리는 바돌리오의 뛰어난 전략 덕분이 아니었다. 그는 신중하기보다 우유부단했고 에티오피아군을 상대로 고전을 면치 못했다. 더욱이 에티오피아 정복은 무솔리니를 기고만장하게 만들었을지 몰라도 이탈리아군에게는 아무런 이익이 되지 못했다. 오히려 막대한 자금과 인력을 낭비하여 군의 현대화가 늦어졌다. 이탈리아군은 눈앞의 승리에만 열광했을 뿐 현대전을 배울 기회로 활용하지 못했다. 어쨌든 여기서 끝냈다면 바돌리오는 리비아와 에티오피아의 정복자이자 로마제국 부활의 성공을 눈앞에 두었던 제2의 카이사르로 역사에 남았을지도 모른다. 그러나 한번 발동 걸린 무솔리니의 야심은 멈추지 않았다.

이탈리아 경제가 침체되고 불만이 고조되자 흔히 인기 없는 독재자들이 그렇듯이 무솔리니 역시 국민들의 시선을 외부로 돌렸다. 에스파냐에서 소련의 지원을 받는 좌파 공화정부에 대항하여 우파 세력이 반란을 일으키면서 내전이 폭발했다. 무솔리니는 히틀러와 함께 에스파냐로 출병했다. 원정군은 4개 사단 연인원 7만 8000여 명에 달했으며 그중 1만 5000여 명이 죽거나 다쳤다. 또한 항공기 660대, 전차 150대, 대포 800문, 소총 24만 정 등 대량의 무기를 프랑코의 우파 군대에 원조하여 승리에 일조했다. 그러나 프랑코는 자신을 위해 아낌없이 퍼준 무솔리니에게 걸맞은 보상을 제공하기를 거부했다. 한마디로 무솔리니는 국제적인 호구 노릇을 한 셈이었다. 1930년대 말 유럽에 전운이 감돌면서 다른 열강들이 경쟁적으로 군비 강화와 군대의 현대화에 혈안이 되어 있는 동안 이탈리아군은 아무것도 할 수 없었다. 가뜩이나 경제적 어려움에 더하여 에티오피아 정복과 에스파냐 내전 개입으로 자금이 없었기 때문이다. 가장 큰 책임은 무솔리니에게 있었지만 1925년부터 오랫동안 군의 수장 자리를 지켰던 바돌리오도 비판을 면할 수 없었다. 그는 무솔리니의 허황된 욕심에 기회주의적으로 편승하여 얄팍한 명성만 얻었을 뿐 시대의 변화에 둔감한 구식 장군이자 이탈리아군의 발전을 저해하는 장애물이었다. 그의 승리는 무력한 약자를 무자비하게 굴복시켜 얻은 것이었다. 카이사르와 같은 위대한 정복자와는 거리가 멀었다.

몰락하는 무솔리니제국

히틀러는 뮌헨회담에서 수데테란트를 차지하는 조건으로 더이상 영토를 요구하지 않겠다고 장담했지만 협정문의 잉크가 마르기도 전에 깨뜨렸다. 그는 영국과 프랑스를 종이호랑이라고 얕보고 1939년 3월 15일 군대를 동원하여 체코슬로바키아의 나머지 영토를 점령했다. 이번에도 영국과 프랑스는 입으로만 비난할 뿐 나서지 않았다. 무솔리니도 이에 질세라 새로운 먹잇감을 찾았다. 발칸의 최약소국인 알바니아였다. 알바니아는 인구 280만 명에 병력은 2만 명에 불과했고 이탈리아의 보호 아래에 있던 나라였다. 변변한 자원도 없었기에 군이 정복할 가치가 있는지조차 의심스러웠다. 1939년 4월 7일 이탈리아 전함의 함포 엄호 아래 알프레도 구초니(Alfredo Guzzoni) 중장이 지휘하는 이탈리아군 2개 사단이 상륙했다. 독재자에서 군주가 된 조구 1세(Zogu I)는 에티오피아 황제보다 훨씬 변변찮은 인물이었다. 그는 맞서 싸우는 대신 국고에서 잽싸게 돈을 챙겨 가족들과 함께 그리스로 달아났다. 이탈리아군은 겨우 닷새 만에 알바니아를 손에 넣었다. 짧은 싸움에서도 이탈리아군 사상자는 1000여 명에 달했다. 작전은 졸렬했고, 육해공군 간 협조는 결여되었으며, 경전차의 80퍼센트는 기동중에 고장이 났다. 충분한 사전 준비 없이 히틀러의 성공을 시기 질투한 무솔리니가 즉흥적으로 바돌리오에게 공격을 명령한 탓이었다. 그나마 무솔리니와 바돌리오에게는 마지막 승리였다. 더이상은 행운이 따르지 않았다.

알바니아 정복 직후인 1939년 5월 22일 독일, 일본, 이탈리아 3국은 '강철조약'을 맺고 추축동맹을 결성했다. 함께 손을 잡고 세계를 정복하자는 것이었다. 그러나 허울뿐인 동맹이었다. 이탈리아 장성들은 젊은 시절 제1차세계대전에서 독일군에게 호되게 패배한 적이 있을뿐더러 독일보다는 오랜 동맹국인 영국, 프랑스에 친밀감을 느꼈다. 독일 장성들도 공공연히 이탈리아군이 허약하다며 경멸했다. 전쟁 내내 그들의 관계는 진정한 혈맹과는 거리가 멀었다. 바돌리오 역시 무솔리니가 오랜 혈맹을 버리고 나치와 한배를 타는 것에 부정적이었지만 굳이 방해하지도 않았다. 그는 처세술의 달인이었다. 히틀러에게 빌헬름 카이텔(Wilhelm Keitel)이라는 예스맨이 있었다면 무솔리니에게는 바돌리오가 있었다.

전쟁보다 처세에 능했던 바돌리오는 무솔리니와 원만한 관계를 유지하면서 20년 동안 군부의 수장으로 지냈다. 하지만 그것도 영원하지 않았다. 무솔리니가 좌충우돌 사고를 치면서 이탈리아의 운명이 점점 기울었기 때문이다. 무솔리니는 네로황제 이래 2000년 동안 이탈리아 최악의 지도자였다. 그는 연설과 선전에는 발군의 능력이 있었지만 통치 능력이 없었다. 의회정치 시절 서투르기는 해도 건실하게 성장했던 이탈리아는 무솔리니 집권 이후 썩을 대로 썩어버렸다. 게다가 무솔리니는 뮌헨회담 때만 해도 자신이 뒤를 봐주었던 히틀러가 예상을 뛰어넘는 성공을 거두자 질투심을 감추지 않았다. 하지만 자신의 힘으로 뭔가를 이루기보다는 동업자의 승리에 숟가락 얹을 궁리만 했다. 프랑스 침공은 겨우 체면치레라도 했지만 그 후에는 모조리 재앙으로 끝났다. 이집트로 진격한 그라치아니는 영국군의 거센 반격으로 대패했다. 이탈리아령 동아프리카의 통치자였던 아오스타 공작은 영국령 소말리아를 점령하여 반짝 승리를 거두었다. 하지만 영국군이 반격하자 파국에 직면했다. 바돌리오는 에티오피아를 정복하는 데 16개월이 걸렸지만 영국군은 단 3개월 만에 승리했다. 50여 년에 걸친 이탈리아의 동아프리카 지배도 끝장났다. 제일 손쉬워 보였던 그리스 원정조차 참패였다. 무솔리니는 그리스 침공을 처음 선언할 때만 해도 국민들에게 "우리는 확실히 그리스의 등뼈를 부러뜨릴 것이다!"라며 자신만만하게 외쳤다. 하지만 등뼈가 부러진 쪽은 이탈리아였다. 실패의 원인은 무솔리니의 변덕과 분별없는 행태 때문이었다.

원래 무솔리니가 노렸던 쪽은 유고슬라비아였다. 유고슬라비아는 군사력이 허약했고 정치적으로도 매우 불안정했다. 이탈리아 입장에서는 그리스보다 훨씬 손쉬운 상대가 될 수 있었다. 그러나 무솔리니는 히틀러의 강력한 반대에 부딪혀 꼬리를 내려야 했다. 그는 발칸의 안정을 깨뜨려서 자신이 구상중인 소련 침공작전에 악영향을 미칠까 우려했기 때문이다. 히틀러는 발칸 대신 무솔리니가 예전부터 탐내던 이집트 정복을 제안했다. 무솔리니는 자신에게 주제넘게 이래라저래라 간섭한다며 볼멘소리를 하면서도 순순히 그 말에 따랐다. 무솔리니의 시선이 북아프리카로 향하면서 알바니아 주둔 이탈리아군은 거의 증강되지 않았다. 장군들은 무솔리니가 적어도 1940년 안에 유고슬라비아나 그리스를 침공하는 일은 없을 것이라며 마음을 놓았다.

그러나 뜻밖의 사건이 상황을 바꾸어놓았다. 10월 7일 독일군이 루마니아를 점령하고 보호국으로 삼았다. 무솔리니는 아침 신문을 읽다가 그 사실을 알고 노발대발했다. 히틀러가 자신과 아무런 상의도 없이 발칸반도에 발을 들여놓았다는 이유에서였다. 그는 사위인 치아노를 불러다가 당장 그리스를 공격하겠다고 엄포를 놓았다. "히틀러는 언제나 자신이 정해놓은 사실을 나한테 들이민다. 이번에는 내가 그에게 고스란히 되갚아줄 것이다. 그는 신문을 보고 내가 그리스를 점령했음을 알게 될 것이다. 이러면 균형이 바로잡아지겠지."

날벼락이 떨어진 쪽은 히틀러나 그리스인들이 아니라 이탈리아군이었다. 매번 무솔리니의 뒤치다꺼리를 맡아야 했던 바돌리오는 충격에 빠진 나머지 "그는 미쳤다. 이제는 그리스를 원한다"라고 한탄했다. 10월 15일 바돌리오는 그리스 침공을 논의하는 회의에서 그리스 북부 에피로스(Epirus)를 점령하는 정도라면 몰라도 그리스 전체를 정복하려면 적어도 20개 사단이 필요하다고 주장했다. 육군 참모총장 로아타는 최소한 3개월의 준비시간을 달라고 건의했다. 그러나 무솔리니는 히틀러와의 경쟁심에 완전히 이성을 잃고 막무가내로 무조건 지금 당장 공격해야 한다고 못박았다. 머릿속에는 그리스군의 저항보다 히틀러가 또다시 끼어들어 훼방을 놓지 않을까 하는 걱정뿐이었다. 알바니아 주둔 사령관 비스콘티 프라스카(Visconti Prasca) 장군은 무솔리니에게 5, 6개 사단만 자신에게 준다면 아테네까지 단숨에 밀고 들어가겠다고 장담했다. 허세와 출세욕으로 가득찬 프라스카는 이참에 원수가 될 욕심에 눈이 먼 나머지, 자신이 세운 작전을 가리켜 '인간이 할 수 있는 한' 가장 완벽하다고 호언했다. 바돌리오는 프라스카처럼 무솔리니를 부추기지는 않았지만 굳이 나서서 말리지도 않았다. 유약하고 우유부단한 그는 쓸데없는 말로 무솔리니에게 찍히기를 원하지 않았다.

알바니아 주둔 이탈리아군은 1개 기갑사단과 알바니아 민병대를 포함하여 2개 군단(제25군단, 제26군단) 8개 사단 15만 명 정도였다. 그나마도 병참 문제로 인해 실제로 침공에 나선 병력은 제25군단 산하 3개 사단(제23보병사단 '페라라Ferrara', 제51보병사단 '시에나Siena', 제131기갑사단 '센타우로Centauro')과 침공 직전 증원된 제3산악사단 '줄리아(Julia)' 등 4개 사단 5만 명이 전부였다. 반면 그리스군은 15개 사단 30만 명에 달했다. 삼각 편제로 구성된 그리스군 사단들은 이

각 편제인 이탈리아 사단보다 인원수에서 50퍼센트나 더 많았다. 그리스군의 무기가 제1차세계대전 당시의 구식이기는 했지만 이탈리아군이 더 나을 것도 없었다. 취약하기 짝이 없었던 이탈리아 사단들은 그리스 사단과 일대일로 싸워도 깨질 판이었다. 알바니아와 그리스 국경에는 유럽에서 가장 험준하다는 핀도스산맥이 펼쳐져 있었다. 스몰리카스산은 해발 2637미터에 달했다. 도로가 매우 좁고 낙후한 탓에 기계화 부대는 거의 쓸모가 없었다. 무엇보다도 그리스인들은 핀란드인들 못지않게 강인하고 호전적이면서 싸우는 법을 알고 있었다. 서구 언론들은 '골리앗과 다윗의 싸움'이라고 떠들었지만 이탈리아군은 골리앗이 아니었다. 게다가 무솔리니의 고집 때문에 하필이면 침공에 불리한 늦가을을 선택하면서 상황은 더욱 불리했다.

무솔리니는 히틀러, 스탈린과 마찬가지로 자신이 주먹을 쳐드는 시늉만 해도 그리스인들이 알아서 굴복하리라 생각했다. 하지만 그리스의 독재자 이오안니스 메탁사스(Ioannis Metaxas) 장군은 결코 호락호락하지 않았다. 그는 명문 귀족 출신이자 엘리트군인이었고 이탈리아군의 주둔을 받아들이라는 무솔리니의 요구를 단칼에 거절했다. 10월 28일 새벽 이탈리아군은 그리스를 침공했다. 무솔리니가 굳이 이날을 선택한 이유는 공격하기에 최적이라서가 아니라 18년 전 추종자들과 함께 로마로 진군하여 권좌를 얻은 기념일이었기 때문이다. 무능한 독재자들이 흔히 그렇듯이 무솔리니는 철저한 준비보다는 자신의 행운을 믿는 쪽을 선택한 셈이었다. 하지만 이번에는 그때의 기적이 따르지 않았다.

폭설이 쏟아지는 가운데 이탈리아군은 제1차세계대전 때처럼 몇 시간 동안 포격을 퍼부은 뒤 진격을 시작했다. 그러나 이탈리아군의 포격은 불충분했고 오히려 그리스군의 포격을 받아야 했다. 그리스군은 결전을 회피하면서 지연전을 펼치며 후퇴했다. 그럼에도 불구하고 이탈리아군은 제대로 전진하지 못했다. 도로가 진창으로 변했기 때문이다. 그리스군에게는 대전차 무기가 거의 없었지만 센타우로 기갑사단의 콩알 전차들은 늪에 빠지거나 태반이 고장나면서 제대로 싸우기도 전에 무용지물이 되었다. 악천후 탓에 이탈리아 공군은 출격할 수 없었다. 이탈리아 해군도 준비 부족을 핑계로 그리스 주변의 제해권을 장악하거나 그리스 남부의 상륙작전 시도를 거부했다. 이탈리아군은 독일군처럼 전격전을 수행할 능력이 없었다. 정예로 이름난 이탈리아군 제3산악사단이 핀두스산맥으로 진격하여 11월 2일 국경에서 약 40킬로미터 떨어진 보부사(Vovousa)를 점령했다. 그러나 그리스군이 증원되자 더이상 앞으로 나아갈 수 없었다. 다음날 새벽 그리스군의 반격이 시작되었다. 그리스인 특유의 전투 함성 '아에라(Aera, 그리스어로 바람)'와 함께 그리스군이 물밀듯이 밀고 들어왔다. 이탈리아군은 병력의 반수를 잃고 포위망을 겨우 빠져나왔다. 이탈리아군 최강부대 중 하나이자 산악전문부대인 줄리아 사단의 패주는 그때까지 태평스러웠던 로마의 수뇌부에게 충격을 주었다. 격분한 무솔리니는 프라스카를 쫓아내고 참모차장 우발도 소두(Ubaldo Soddu) 장군에게 맡겼다. 하지만 그는 야전 경험이 부족할뿐더러 군대 지휘보다도 영화음악 작곡에 더 열을 올리는 괴짜였다.

이탈리아군의 진군은 일주일 만에 가로막혔다. 그리스군의 저항보다도 이탈리아군의 준비가 너무 불충분했고 날씨마저 최악이었기 때문이다. 침공 전날 로마 참모본부에서 온 프란체스코 로시(Francesco Rossi) 장군이 현지 상황을 점검한 뒤 도저히 공격할 상황이 아니라면서 작전을 늦추어야 한다고 건의했는데도 무솔리니는 묵살했다. 뒤늦게야 무솔리니는 자신이 전쟁을 너무 얕보았으며 충동적으로 침공을 명령한 것을 후회했지만 때는 늦었다. 더 큰 문제는 영국이 그리스에 개입했다는 사실이었다. 11월 11일 영국 해군은 타란토를 기습하여 이탈리아 해군을 무너뜨렸다. 무솔리니는 일단 방어에 주력하면서 전력을 보강한 뒤 봄이 오면 공세를 재개할 생각이었다. 그러나 그리스군은 기다려주지 않았다. 개전 18일째인 11월 14일 전 전선에 걸쳐 그리스군의 공세가 시작되었다.

그리스군은 똑같은 조건이었는데도 훨씬 잘 싸웠다. 일주일 만에 이탈리아군을 그리스에서 완전히 쫓아낸 뒤 21일 국경을 넘어 알바니아로 진격했다. 이탈리아군 3개 사단이 분쇄되었다. 당황한 무솔리니는 더 많은 병력을 보냈지만 알바니아에서 그리스군을 밀어내는 것조차 역부족이었다. 무솔리니의 처지는 1년 전 핀란드를 침공했다가 동토의 땅에서 20만 명을 잃었던 스탈린 이상으로 궁지에 내몰렸다. 그나마 소련군은 봄이 오자 핀란드군을 밀어붙일 수 있었지만 이탈리아군은 끝까지 그리스군을 이길 수 없었다. 홧김에 일을 저질렀다가 수습할 길이 없게 된 무솔리니는 히틀러에게 매달렸다. 히틀러는 힘의 격차를 확실히 보여주었다. 독일군은 무솔리니가 6개월 동

그리스-알바니아 전선에서 포로가 된 이탈리아군 병사들 무솔리니는 이탈리아군을 28개 사단 56만 명까지 증원하고 1941년 3월 알바니아 남부에서 공세에 나섰다. 그는 어떻게든 체면을 회복할 생각이었지만 이탈리아군 2개 군단 7개 사단은 험준한 지형에 포진한 그리스 제1사단을 돌파하는 데 실패했다. 그리스군 사상자는 5000여 명에 불과한 반면 이탈리아군은 두 배가 넘는 1만 1800명을 잃었다. 그는 이탈리아군의 한심한 모습에 장군들이 자기를 속였다고 분통을 터뜨리며 로마로 돌아갔다. 하지만 애초에 그들의 말을 무시하고 무모한 전쟁을 일으킨 쪽은 무솔리니 자신이었다.

안 쩔쩔매고 있었던 그리스를 겨우 3주 만에 쓸어버렸다. 완전히 기가 죽은 무솔리니는 두 번 다시 히틀러에게 도전할 엄두를 내기는커녕 그의 졸개로 전락하여 매번 도움을 받는 처지가 되었다.

프라스카는 출세욕에 눈이 멀어 무솔리니의 야심에 편승하려다가 원수가 되기는커녕 오히려 패전의 책임을 지고 군대에서 쫓겨났다. 나중에 그는 이탈리아가 항복한 뒤 저항군에 가담했다가 독일군의 포로가 되었지만 탈출하여 소련군에게 투항했다. 전쟁 말기에는 베를린전투에 소련군으로 싸우는 등 이전보다 훨씬 파란만장한 삶을 살았다. 보신주의의 달인 바돌리오조차 이번만큼은 무솔리니의 분노를 피하지 못했다. 치아노는 바돌리오가 처음부터 이 원정에 탐탁지 않아했고 그리스에서의 승리를 위해 아무 노력도 하지 않았다고 책임을 떠넘겼다. 입장이 난처해진 바돌리오는 스스로 사직서를 썼다. 무솔리니는 처음에는 사직서를 반려했지만 며칠 뒤 "좋소, 당신은 이제부터 자유롭게 갈 때요"라고 말했다. 바돌리오의 자리는 경쟁자인 우고 카바렐로(Ugo Cavallero) 원수가 차지했다.

바돌리오는 굴욕감을 느꼈지만 결과적으로는 잘된 일이었다. 더 이상 그는 무솔리니가 벌이는 불장난에 장단을 맞출 필요가 없었다. 무솔리니제국은 패전과 실패를 거듭하면서 뿌리부터 흔들렸다. 1943년 5월 추축군대는 북아프리카에서 괴멸했다. 이탈리아에게는 결정타였다. 루스벨트와 아이젠하워는 여세를 몰아 프랑스로 쳐들어가기를 바랐지만 처칠은 강력한 대서양 방벽이 지키는 프랑스 침공은 시기상조라며 반대했다. 그 대신 '추축(樞軸)의 부드러운 아랫배'인 이탈리아반도를 통해 독일 남부로 치고 들어가자는 계획을 세웠다. 처칠은 자신의 오명이었던 제1차세계대전 당시 갈리폴리 상륙작전의 실패를 잊지 못하고 지옥 같은 참사가 또 한번 재현될까 두려웠기 때문이다. 하지만 다른 이유도 있었다. 소련의 지중해 진출을 견제하고 전쟁이 끝난 뒤에도 영국의 세력권인 발칸반도와 지중해를 쥐고 있겠다는 제국주의적인 집착이기도 했다.

1943년 7월 10일 몽고메리의 영국 제8군과 패튼의 미 제7군이 시칠리아를 침공했다. 시칠리아 수비를 맡은 이탈리아 제6군은 원래 기갑군단과 차량화군단, 기병군단으로 구성된 기동부대로 이탈리아군 최강의 전력을 자랑했다. 그러나 예하부대가 야금야금 빠져나가면서 빈자리는 일반 보병사단과 급조된 해안사단으로 채워졌다. 그들을 돕는다는 명목으로 시칠리아에 배치된 헤르만 괴링 기갑사단과 제1공수사단 등 4개 사단 6만여 명의 독일군은 만만치 않은 적수였다. 하지만 지휘계통의 극심한 혼란과 이탈리아군과의 협조가 제대로 되지 않아 제 실력을 발휘할 수 없었다. 서로 뒤질세라 경쟁을 벌이는 몽고메리와 패튼 앞에서 추축군의 방어선은 금방 무너졌다. 이탈리아 주둔 독일 사령관 알베르트 케셀링(Albert Kesselring) 원수는 로멜에 비견할 만한 유능한 장군이었다. 그는 총통의 맹목적인 철퇴 불가를 따르다가 스탈린그라드나 북아프리카의 파멸을 반복하는 대신 현명하게도 메시나해협을 통해 이탈리아 본토로 대부분의 병력을 질서 있게 후퇴시켰다. 연합군은 메시나해협 봉쇄에 실패했다.

하지만 진짜 문제는 시칠리아의 함락이 아니었다. 예측 불허가 된 이탈리아의 정세였다. 한때 무소불위의 권력을 휘둘렀던 무솔리니의 몰락은 초읽기였다. 북아프리카에서 추축군대가 항복한 지 나흘 뒤인 5월 16일에는 로마가 처음으로 전략 폭격을 받았다. 이탈리아인들은 그제야 단꿈에서 깨어나 무솔리니가 히틀러만 믿고 무모한 전쟁에 뛰어든 바람에 로마제국의 부활은커녕 모든 것을 잃게 되었다고 분노했다. 무솔리니도 예전의 그가 아니었다. 연이은 실패로 극심한 우울증에 시달렸고 건강도 매우 나빠졌다. 파시스트 지도자들은 국왕을 꼬드겨 쓸모없어진 무솔리니를 권좌에서 끌어내리기로 했다. 모든 책임을 무솔리니 한 명에게 떠넘기고 연합군과 타협하여 전쟁을 끝내겠다는 속셈이었다. 무솔리니는 히틀러나 스탈린과 같은 절대 권력자와는 거리가 멀었기에 정적들이 똘똘 뭉쳐 반격하자 속수무책이었다.

시칠리아전투가 한창이던 7월 25일 밤 파시스트 대평의회는 무솔리니의 불신임을 전격 선언했다. 다음날 무솔리니는 국왕에 의해 체포되어 구금되었다. 그가 22년이나 파시스트들의 지지를 받으며 철권통치를 했다는 점에서 내전을 촉발할 수도 있었지만 정권 교체는 의외로 순탄했다. 무솔리니에게 충성하던 파시스트단체들은 침묵했고 자신들의 수령을 구출하려는 시도조차 없었다. 무솔리니의 뒤를 이어 전례 없는 난국을 수습할 유력자로 두 명이 떠올랐다. 바돌리오와 엔리코 카빌리아(Enrico Caviglia) 원수였다. 바돌리오보다 아홉 살 많은 카빌리아는 제1차세계대전 당시 이탈리아군에서 가장 뛰어난 장군 중 한 명이었다. 그는 카포레토전투 1년 뒤 비토리오 베네토 전투에서 오스트리아군을 격파했다. 오스트리아는 항복했다. 그 충격으로 다른 동맹국들도 줄줄이 백기를 들면서 제1차세계대전은 막을 내렸다. 영국 국왕 조지 5세는 바스 훈장을 수여했다. 카빌리아는 바돌리오보다 훨씬 인망이 있었고 배짱과 결단력이 있었다. 또한 군부에서 무솔리니에게 맞선 몇 안 되는 반(反)파시스트 장군이기도 했다. 만약 그가 총리가 되었다면 이탈리아의 운명은 달라졌을지도 모른다. 그러나 국왕이 선택한 사람은 어리석게도 바돌리오였다. 무솔리니의 숙청과 상관없이 자신에게 충성하는 파시스트 정권을 계속 유지할 속셈이었다.

히틀러를 피해 내빼다

바돌리오는 드디어 자신을 쫓아낸 무솔리니에게 복수하고 권력의 정점에 앉았다. 그는 입으로는 여전히 독일 곁을 지키면서 연합군과 싸우겠다고 했지만 속이 뻔히 보이는 거짓말이었다. 독일에게 승산이 사라진 이상 전쟁을 계속하기를 원하는 이탈리아인들은 없었다. 장군들은 당장이라도 정전협정에 서명해야 한다고 국왕과 바돌리오를 닦달했다. 7월 31일 중립국인 포르투갈 리스본에서 연합군과 이탈리아의 비밀협상이 시작되었다. 한편, 동부 전선에서 독일군의 마지막 대공세인 '치타델작전(Operation Citadel)'에 매달리고 있던 히틀러에게 무솔리니의 실각은 청천벽력 같은 소리였다. 깜짝 놀란 히틀러는 동프로이센 라스텐부르크(Rastenburg, 지금의 폴란드 켕트신)의 사령부 '볼프스샨체(Wolfsschanze, 늑대 소굴)'에서 급히 장군들을 모은 다음 "돼지들을 그곳에서 끌어내야 한다"라며 길길이 날뛰었다. 그리고 카이텔에게 교황과 국왕, 총리 일당을 모조리 체포하고 유태인들을 잡아들이라고 호통쳤다. 하지만 그동안 동부 전선에만 신경쓰느라 이탈리아의 배신에 아무런 대비도 하지 않았던 그는 당장 행동에 나설 수 없었다. 시간이 필요했다. 이때만 해도 이탈리아에 배치된 독일군은 소수였다. 바돌리오로서는 독일의 방해를 받지 않고 히틀러를 배신하고 연합군에 넘어갈 수 있는 유일한 기회였다.

문제는 국왕과 바돌리오가 위기의식을 느끼지 못했다는 점이었다. 그들은 연합군의 요구대로 무조건 항복을 재빨리 받아들이고 독일에 맞설 준비를 하는 대신 허황되게도 흥정에 나섰다. 자신들의 권좌를 보장할 것은 물론이고 연합군이 점령한 이탈리아 식민지를 모두 돌려줄 것과 이탈리아에서의 연합군 철수를 요구했다. 연합군 입장에서는 어림도 없는 소리였다. 아이젠하워는 로마에 3개 공수사단을 포함하여 15개 사단을 투입하여 독일군의 보복에서 자신들을 지켜달라는 바돌리오의 요구도 일축했다. 협상은 지지부진했다. 게다가 히틀러는 등뒤에서 벌어지는 일을 모를 만큼 멍청하지 않았다. 그는 바돌리오를 "가장 떫은 적"이라고 부르면서 장군들에게 "우리는 한번에 타격하여 쓰레기들을 모조리 쓸어버릴 준비를 할 것이오"라고 강조했다. 히틀러의 집요함에 관한 한 무솔리니의 말은 옳았다. 권좌에서 쫓겨나기 직전 그는 이 지긋지긋한 전쟁에서 빠져나올 길이 있다고 태평스럽게 믿고 있는 동료들에게 히틀러가 순순히 놓아줄 리 없다고 예언했다. 그 말이 이제 현실로 닥칠 순간이었다.

이탈리아와 연합군이 협상 테이블에서 서로 한 치도 물러서지 않으며 한 달 내내 귀중한 시간을 낭비하는 동안 동부 전선에서는 독일군의 정예부대들이 이탈리아로 출동했다. 독일군은 속속 이탈리아에 진입하여 로마를 비롯한 주요 도시와 요충지에 빠짐없이 배치되었다. 이탈리아 북부는 B집단군 사령관으로 복귀한 로멜이, 로마를 비롯한 중부와 남부는 케셀링이 각각 맡았다. 이탈리아에 배치된 독일군은 17개 사단에 이르렀다. 그중에는 히틀러가 자랑하는 제1SS기갑사단 '라이프슈탄다르테 아돌프 히틀러(Leibstandarte Adolf Hitler)'를 비롯하여 막강한 전력을 자랑하는 기갑사단들도 있었다. 그 밖에도 발칸반도와 프랑스 등 유럽 곳곳에 흩어져 있는 이탈리아군을 무장 해제할 준비가 진행되었다. 바돌리오 정부는 말로만 항의할 뿐 감히 독일군의 진입을 막을 엄두조차 내지 못했다. 배신의 기회는 지나갔다.

그제야 정신이 번쩍 든 국왕과 바돌리오는 연합군의 무조건 항복을 받아들이기로 했다. 무솔리니가 실각한 지 40일이나 지난 뒤인 9월 3일 시칠리아 남부의 작은 전원 마을 카시빌레(Cassibile)에서 이탈리아 특사 주세페 카스텔라노(Giuseppe Castellano) 준장과 아이젠하워의 참모장 월터 베델 스미스(Walter Bedell Smith) 소장이 정전협정문에 서명했다. 이날 연합군은 메시나해협을 넘어 이탈리아 본토를 침공했다. 그러나 이탈리아 지도부는 여전히 망설였다. 로마 주재 독일 대사 루돌프 란(Rudolf Rahn)이 국왕과 바돌리오를 방문하여 이탈리아가 항복했다는 소식이 사실인지 묻자 뻔뻔하게도 연합군이 지어낸 거짓말이라며 딱 잡아떼었다. 뒤늦게 배신 사실을 인정했다가는 잔뜩 독이 오른 독일군에게 보복을 당할 것이 뻔했기 때문이다. 수적으로는 이탈리아군이 여전히 우세했지만 이탈리아 지도부는 감히 독일군을 상대로 일전을 벌일 용기가 없었다. 지난 한 달 동안 아무것도 하지 않던 바돌리오는 연합군에게 독일군에 맞서 저항할 준비를 하려면 시간이 더 필요하다고 주장했다.

물론 이탈리아군도 그동안 손을 놓고만 있었던 것은 아니었다. 삼군 총참모장 비토리오 암브로시오(Vittorio Ambrosio) 장군은 8월 한 달 내내 정전협정이 체결되었을 때를 대비하여 연합군과 함께 독일군에 맞서 싸우기 위한 구체적인 작전계획과 병력 배치에 관한 111호 명령과 44호 계획서 등을 수립했다. 하지만 현실적으로 불가능한 지시의 나열에 지나지 않았다. 200만 명에 달하는 이탈리아군은 절반만 이탈리아 본토에 있었고 나머지 절반은 유럽 전역에 광범위하게 흩어져 있었다. 대부분 독일군과 싸울 준비가 되어 있지 않았다. 게다가 혹시라도 독일군의 귀에 들어갈까 우려되어 일선 부대에 명령을 전달할 방법도 없었다. 이탈리아 장군들은 지난 2년 동안 독일군과 함께 싸우면서 독일군이 얼마나 무서운 존재인지 누구보다도 잘 알고 있었다. 심지어 일부 각료는 겁에 질린 나머지 차라리 항복을 없었던 일로 하고 추축국에 그대로 남아야 한다고 주장했다. 물론 이들에게는 그럴 용기조차 없었다.

9월 7일 밤 미 제82공수사단장 맥스웰 테일러(Maxwell Taylor) 장군 일행이 은밀하게 로마에 침투하여 바돌리오를 방문했다. 이탈리아 기계화 군단장이자 로마 수비를 맡은 자코모 카르보니(Giacomo Carboni) 소장은 목욕 가운 차림으로 미국인 특사를 만나려는 바돌리오의 모습에 경악하고 "당신은 여전히 이탈리아군의 원수입니다. 옷을 제대로 입으십시오"라고 호되게 질책했다. 그제야 바돌리오는 원수의 제복으로 갈아입었지만 그에 걸맞은 담력까지 갖출 수는 없었다. 테일러는 1개 공수사단을 로마 교외의 비행장에 강하할 것이며 그때까지 이탈리아군이 비행장의 안전을 확보해야 한다고 말했다. 바돌리오는 이탈리아군은 그럴 준비가 되어 있지 않다고 대꾸했다. 그는 완전히 겁에 질려 독일군이 이 사실을 알면 자신을 죽일 것이라며 울먹였다. 테일러는 어이없는 표정으로 돌아가야 했다.

참을성 많은 아이젠하워도 시간만 질질 끌 뿐 우물쭈물하는 이탈리아인들에게 인내심이 바닥났다. 다음날 저녁 6시 30분 이탈리아의 항복을 전격 선언했다. 추축 진영의 한 축이 무너진 셈이었지만 전쟁에는 아무런 영향도 없었다. 아이젠하워의 방송이 나온 지 약 1시간 뒤인 저녁 7시 42분 바돌리오는 라디오를 통해 정전을 알리는 방송을 했다. 그러나 그의 연설은 2년 뒤 일본 히로히토 천황의 항복 선언보다도 더 애매모호하고 알쏭달쏭했다. "이탈리아군은 모든 곳에서 영미군과의 싸움을 즉각 중지하되, 그 밖의 적에게 공격을 받는다면 대응해도 좋다." 물론 '그 밖의 적'이란 독일군을 겨냥한 것이었다. 그러나 그것이 전부였고 구체적으로 무엇을 어떻게 하라는 작전 명령은 아무것도 없었다. 그때까지도 이탈리아군 수뇌부는 독일군과 싸울지 말지 결단조차 내리지 못했기 때문이다. 어쩌면 독일군은 싸우지 않고 이탈리아에서 조용히 물러날지 모른다고 은근히 낙관하기도 했다. 암브로시오는 이탈리아군에게 독일군이 후퇴할 경우 막지 말라는 지시를 내렸다. 아무 일 없이 폭풍이 무사히 지나가기만을 바라겠다는 심산이었다.

하지만 헛된 기대였다. 이날 히틀러는 우크라이나에서 만슈타인을 만난 뒤 라스텐부르크로 돌아와 저녁 7시 50분 영국 BBC를 통해 이탈리아 항복 뉴스를 들었다. 그는 기다렸다는 듯이 카이텔에게 '악세 작전(Operation Achse)' 발동을 명령했다. 이탈리아의 점령과 유럽 각지의 이탈리아군을 무장 해제하라는 명령이었다. 이탈리아 지도부가 그때까지도 우왕좌왕하는 것과는 반대로 로멜은 신속하게 움직였다. 그러나 독일군도 낙관할 수만은 없었다. 로마에만 해도 2개 기갑사단을 포함하여 8개 사단 5만 5000명에 달하는 이탈리아군이 주둔중이었다.

그중 제136기갑사단 '센타우로II'는 원래 무솔리니가 점점 위태로워지는 자신의 신변을 보호할 요량으로 히틀러의 도움을 받아 편성한 독일식 부대였다. 독일제 3호 전차 N형과 4호 전차 G형, 3호 돌격포, 88밀리미터 대전차포 등으로 무장했으며 독일 교관에게 훈련받았다. 병사들 역시 무솔리니의 광신적인 추종자이자 동부 전선에서 단련된 역전의 정예였다. 히틀러의 친위대인 제1SS기갑사단의 이탈리아 판인 셈이었다. 비록 수령이 권좌에서 쫓겨났을 때 아무것도 하지 않았지만 말이다. 제135기갑사단 '아리에테II' 역시 150여 대의 신형 기갑차량으로 무장하여 이탈리아 기갑사단 중에서는 매우 강력한 전력을 자랑했다.

반면 케셀링 휘하의 독일군은 대부분 남쪽에서 이탈리아군과 함께 연합군과 대치중이었다. 로마 주변에 배치된 독일군은 제3기갑척탄병사단과 제2공수사단 등 2개 사단 2만 6000명에 불과했다. 이탈리아군과의 전투가 본격적으로 시작되면 독일군도 승패를 떠나 상당

센타우로II 기갑사단의 4호 전차 G형 1943년 6월 히틀러는 궁지에 내몰린 무솔리니를 돕기 위해 3호 전차 M형, 4호 전차 G형, 3호 돌격포 각 12대씩 전차 36대, 88밀리미터 대전차포 24문을 보내주었다. 평소 동맹국들에게 인색하기 짝이 없는 그로서는 통 큰 지원이었으나 너무 늦은 조치였다. 한 달도 되지 않아 무솔리니는 몰락했고 이탈리아군이 이들을 써먹을 일은 없었다.

한 출혈을 각오해야 했다. 대담하고 배짱 두둑한 로멜과 케셀링조차 이탈리아 남부에서 연합군과 싸우고 있는 독일군 8개 사단이 연합군과 이탈리아군의 양면 협공을 받아 포위 섬멸당하는 최악의 상황을 우려했을 정도였다.

3시간 뒤 밤 11시가 되자 각지에 주둔한 이탈리아군 부대에서 독일군이 행동에 나섰다는 보고와 명령 요청이 빗발치듯 쏟아졌다. 상황은 급박했다. 그 순간 국왕과 바돌리오, 정부 각료들, 군 수뇌부의

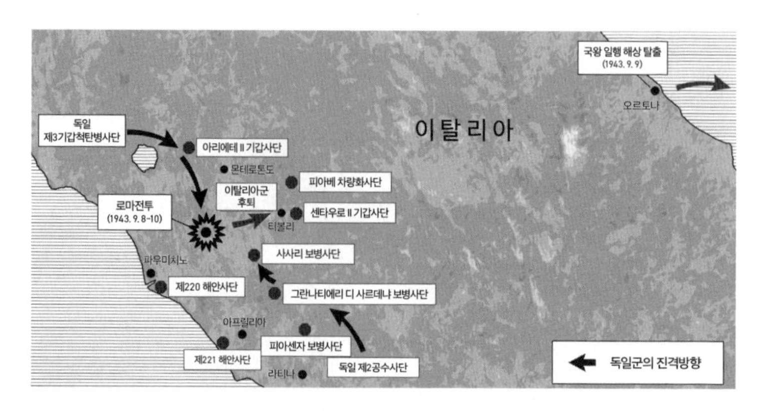

악세작전 발동 당시 로마 주변의 독일-이탈리아군 병력 배치 상황, 1943년 9월 8일

선택은 싸우는 것도, 독일과 협상을 하는 것도 아니었다. 치졸하게도 국민과 군대를 버리고 본인들만 도망칠 참이었다. 바돌리오는 국왕을 찾아가 당장 로마에서 탈출해야 한다고 재촉했다. 그는 작은 여행가방 하나만 챙긴 뒤 대기중이던 리무진에 올랐다. 한 장군이 떠나기 전에 내릴 명령이 있냐고 묻자 "없소. 나는 바로 떠날 것이오"라고 말하고 국왕 일행과 함께 야반도주하듯이 로마에서 빠져나갔다. 암브로시오 장군 역시 군대를 향해 독일군과의 불필요한 마찰은 피하되, 선제공격을 받으면 저항해도 좋다는 무책임한 말만 던지고 바돌리오와 함께 달아났다.

그들은 로마에서 북동쪽으로 150킬로미터 정도 떨어진 작은 항구도시 오르토나(Ortona) 해안 앞에서 기다리던 미 해군 콜벳함 바이오넷에 몸을 숨겼다. 물론 히틀러도 이 사실을 알고 있었지만 굳이 막지는 않았다. 그럴 만한 가치조차 없다고 여겼기 때문이다. 1년 뒤 연합군과 몰래 협상하려던 헝가리의 섭정 미클로시 호르티(Miklós Horthy) 제독을 신속하게 체포했던 것과는 대조적이었다. 하지만 모두 그들처럼 비열하지는 않았다. 교황은 바티칸궁전에 남아서 로마 시민들과 운명을 함께하기로 했다. 앞서 이야기한 카발리아 원수 역시 고령의 몸임에도 카르보니 장군과 함께 로마의 항복을 놓고 케셀링과 협상에 나섰다. 덕분에 로마가 잿더미로 변하는 것 만큼은 막을 수 있었다.

이탈리아군의 최후

최고 지도자들은 제 목숨만 구하려고 내빼는 데 성공했을지 몰라도 이탈리아 전체가 패닉에 빠졌다. 이탈리아의 항복 선언은 독일군보다 이탈리아군에게 더 충격이었다. 뜻밖의 상황에 이탈리아군이 갈팡질팡하는 사이 독일군의 선제공격이 시작되었다. 로마 남쪽 교외에 주둔한 독일 제2공수사단이 진격하여 프라티카 디 마레 비행장(Pratica di Mare airport)을 점령하는 한편, 이탈리아 제21보병사단 '그라나티에리 디 샤르데냐'와 충돌했다. 로마 북쪽 브라차노(Bracciano) 호수 인근에서는 제3기갑척탄병사단이 아리에테II 기갑사단을 공격하여 격렬한 전투가 벌어졌다. 제2차세계대전을 통틀어 독일과 이탈리아가 벌인 유일한 전차전인 이 싸움에서 놀랍게도 이탈리아 전차들은 잠시나마 독일군 전차부대를 물리치고 여러 대의 전차를 격파하기도 했다. 전쟁 내내 이탈리아 기갑 차량이 좋은 평가를 받은 적이 없었지만 아리에테II 기갑사단의 M15/42 중형 전차와 세모벤테 M42 자주돌격포는 최신형이었고 이탈리아제치고는 성능이 우수하여 독일 전차의 맞수가 될 만했다.

그날 저녁 9시 30분부터 시작된 로마 방어전은 9월 10일까지 만 이틀 동안 이어졌다. 로마 수비를 맡은 이탈리아군은 태반이 달아나거나 독일군에게 항복했다. 그 와중에도 독일군에게 굴복하기를 거부하고 반파시스트 시민들과 함께 끝까지 싸우는 쪽을 선택한 부대도 적지 않았다. 그러나 아무런 사전 지시도 받지 못한 돌발 상황인데다 지휘계통의 마비로 조직적으로 저항할 수 없었기에 중전차를 앞세운 독일군을 막기에는 역부족이었다. 9일 새벽에는 독일 공수대원들이 로마 시내에 강하하여 짧은 전투를 한 끝에 이탈리아 육군 본부를 점령하고 장군 30여 명과 사령부 요원 150여 명을 포로로 잡았다. 그러나 주요 목표물인 육군 참모총장 로아타 장군은 바돌리오와 함께 잽싸게 달아난 탓에 놓쳐버렸다. 일부 독일 공수대원은 국왕이 버리고 간 왕궁 공격에 나섰다가 이탈리아군에게 포위당하기도 했다.

독일군이 포위망을 빠르게 좁히면서 이탈리아군을 소탕하는 가운데 로마에 남아 있던 카르보니 장군은 급히 연합군에게 공습을 요청하기 위해 교황청의 지하 무전실로 갔다. 하지만 통신이 연결되지 않아 실패했다. 케셀링은 이탈리아인들에게 당장 백기를 들지 않으면 700대의 폭격기를 출동시켜 로마를 완전히 불바다로 만들겠다고

로마에서 독일 공수부대원들에게 잡혀 포로가 된 이탈리아 장교들, 1943년 9월 8일 일부는 탈영하거나 운 좋게 풀려나 집으로 돌아가기도 했다. 하지만 히틀러는 포로가 된 이탈리아 병사들이 반역자라면서 어떠한 자비도 베풀기를 거부했다. 이탈리아 포로들은 프랑스와 폴란드 포로들과 동일하게 취급되어 전쟁이 끝날 때까지 수용소에서 혹독한 대우를 받았고 약 5만 명이 사망했다.

엄포를 놓았다. 실제로 케셀링에게는 140여 대의 비행기밖에 없었지만 잔뜩 겁먹은 이탈리아인들의 저항 의지를 꺾기에는 충분했다. 9월 9일 저녁이 되자 로마의 방어선은 완전히 붕괴되었다. 이탈리아군은 로마제국의 옛 성문인 포르타 산파올로(Porta San Paolo)에서 마지막 저항을 시도했으나 중과부적이었다. 9월 10일 저녁 로마 전역은 독일군의 수중으로 넘어갔다.

아리에테II 기갑사단을 비롯한 잔여 병력은 로마에서 동쪽으로 30킬로미터 떨어진 티볼리(Tivoli)로 후퇴했다가 그곳에서 독일군에게 투항했다. 저항의 시늉이나마 한 아리에테II 기갑사단과 달리, 센타우로II 기갑사단은 대부분 무솔리니의 추종자들이었기에 독일군에게 총 한 발 쏘지 않고 항복했다. 회수한 독일제 전차들은 헤르만 괴링 사단에서 사용했다. 이탈리아군은 민간인 183명을 포함하여 1000여 명이 죽거나 다쳤다. 그중에는 여성도 27명이 있었다. 독일군의 손실도 적지 않았다. 110명이 전사했고 500여 명이 부상을 당했다. 극심한 혼란 속에서도 이탈리아군의 저항이 만만치 않았던 것이다. 만약 바돌리오가 연합군과 무익한 흥정을 벌이느라 한 달의 시간을 허비하는 대신 즉각 항복한 뒤 독일군을 공격했거나 끝까지 항전했다면 독일군에게는 매우 어려운 싸움이 되었을 것이다.

남부에서는 많은 이탈리아군 부대가 독일군의 추격을 피해 연합군 진영으로 탈출했다. 코르시카섬에서는 이탈리아군 수비대가 자유 프랑스군과 함께 독일군을 몰아내 작은 승리를 거두기도 했다. 사르데냐섬에서는 독일군이 전투 없이 철수했다. 이탈리아 함대는 전쟁 내내 항구에 처박힌 채 싸움을 회피하여 "이탈리아 해군의 용기는 배의 크기와 반비례한다"라는 조롱을 받았다. 이들은 항복 소식을 듣자마자 움직일 수 있는 군함을 모두 이끌고 허둥지둥 빠져나와 영국령 몰타를 향해 달아났다. 도중에 독일 폭격기의 맹폭격으로 전함 로마가 격침되고 1400여 명의 승무원이 몰살하는 비극도 있었지만 비토리오 베네토와 이탈리아 등 다섯 척의 전함을 비롯한 함대 대부분은 무사히 연합군 진영으로 넘어왔다.

파시즘에 충성을 맹세하며 독일군 편에 선 이탈리아군이 있는가하면, 독일군을 상대로 끝까지 저항한 경우도 많았다. 특히 이탈리아 본토나 프랑스보다는 발칸반도에서 현지 게릴라들과의 싸움으로 단련된 이탈리아군이 완강하게 맞서 싸웠다. 물론 빈약한 무기와 지휘 계통의 혼란, 적지 한가운데에 고립된 상황에서 제아무리 발버둥쳐도 막강한 독일군을 이기기란 불가능했다. 대표적인 사건은 그리스 케팔로니아(Cephalonia)섬 학살이었다. 제33보병사단 아퀴(Acqui)는 독일군의 항복 요구를 거부하고 선제공격하여 400여 명을 포로로 잡기도 했지만 곧 맹렬한 반격에 부딪혔다. 고립무원이었던 그들로서는 독일군의 폭격에 시달리고 탄약마저 떨어지자 백기를 들었다. 히틀러는 독일군에게 저항한 이탈리아군을 포로가 아닌 반역자로 규정하고 집단 처형을 지시했다. 사단장 안토니오 간딘(Antonio Gandin) 장군을 비롯하여 5000여 명 이상이 학살되었다. 나머지도 포로가 되어 수송선을 타고 본토로 이송되던 중 연합군의 폭격을 받아 배가 침몰하면서 대부분 사망했다. 이 사건은 니컬러스 케이지 주연의 2001년 영화 〈코렐리의 만돌린*Captain Corelli's Mandolin*〉으로 제작되기도 했다.

에게해 도데카네스제도(Dodecanese)에서는 5만 5000명의 이탈리아군이 영국군과 함께 독일군에 맞서 끝까지 싸웠다. 하지만 독일 공군의 맹폭격과 전차부대 앞에서 5000여 명이 넘는 사상자를 내고 항복했다. 포로가 되어 독일군에게 총살된 장군 중에는 이탈리아 해군 참모차장이자 지중해에서 영국 해군을 상대로 활약한 이니고 캄피오니(Inigo Campioni) 해군 대장도 있었다. 발칸반도 곳곳에서 많은 이탈리아군이 독일군에 희망 없는 저항을 시도하다가 학살되거나 포로가 되었다. 그중 일부는 탈출하여 게릴라에 합류하기도 했다. 9월 말까지 독일군과 싸우다 죽은 이탈리아군은 2만 명이 넘었다.

하지만 이탈리아군은 대부분 싸우기보다 무기를 버리고 탈영하여 집으로 돌아가거나 독일군에게 투항하는 쪽을 선택했다. 일선 지휘관들 역시 집단 자살이나 다름없는 저항 대신 무익한 희생을 피하기 위해 독일군과 협상하여 자신들의 무기를 순순히 내주었다. 달아났던 이탈리아 수뇌부는 영국령 몰타로 무사히 탈출하여 안전해진 뒤에야 국민과 군대를 향해 독일군에 맞서 싸우라고 외쳤지만 때늦은 명령이었다. 독일군은 큰 어려움 없이 일주일 만에 이탈리아 전역을 장악하고 100만 명이 넘는 이탈리아군을 포로로 잡았다. 일부는 케셀링의 관용으로 운 좋게 풀려나기도 했지만 대부분은 독일로 끌려갔다. 그들은 전쟁이 끝날 때까지 다른 연합군 포로들과 똑같이 혹독한 대우를 받으며 강제노동에 시달려야 했다. 완공을 눈앞에 둔 이탈리아 최초의 항공모함 아퀼라(Aquila)를 포함하여 막대한 양의 무기와 이탈리아 북부의 산업시설도 모조리 독일군의 손으로 넘어갔다.

전쟁 내내 한심한 모습을 보였던 이탈리아군은 마지막 순간에도 이렇다 할 의기조차 보이지 못한 채 허망하게 소멸했다. 1년 뒤 루마니아와 불가리아, 핀란드가 차례로 이탈리아의 뒤를 따라서 추축국에서 이탈했지만 군대가 붕괴되는 일은 없었다. 그들은 자국에 주둔한 독일군을 무장 해제하고 소련군과 함께 서쪽으로 진격하여 히틀

바돌리오(왼쪽 세번째)**와 아이젠하워**(왼쪽 다섯번째)**, 영국령 몰타에 정박중인 영국 전함 넬슨에서, 1943년 10월 20일** 아이젠하워는 어제의 적을 오늘의 동맹으로 얻었지만 그 동맹은 아무짝에도 쓸모가 없었다.

러에게 큰 타격을 주었다. 헝가리는 섭정 호르티가 소련과의 비밀 협상을 시도했다가 독일군에게 제압되었다. 하지만 헝가리군은 여전히 부대 건재를 유지한 채 독일군과 함께 헝가리를 침공한 소련군에 맞서 싸웠다. 이탈리아의 졸렬한 모습은 제2차세계대전은 물론이고 근대 전쟁사를 통틀어 보기 드문 추태였다. 그 책임은 무솔리니보다도 일흔네 살의 국왕 비토리오 에마누엘레 3세에게 있었다. 권력에는 그만한 책임이 뒤따른다는 사실을 망각했기 때문이다.

비토리오 에마누엘레 3세는 즉위하기 전 선대 국왕 움베르토 1세(Umberto I)에게 들은 말은 딱 한마디였다. "임금이 되기 위해 네가 알아야 할 것은 너의 이름을 쓸 줄 알고, 신문을 읽을 줄 알며, 말을 탈 줄 알면 충분하다." 그는 영국 왕실처럼 "군림하되 통치하지 않는다"라는 상징적인 존재가 아니라 강력한 권력을 가진 전제 군주였지만 그에 걸맞은 도덕심이나 책임감은 없었다. 무솔리니라는 삼류 선동가를 권좌에 앉힌 자도 국왕이었고, 무솔리니가 20년 동안 나라를 망치는 것을 방관한 자도 국왕이었으며, 더이상 이용 가치가 없다며 연합군과의 협상 제물로 삼으려다가 히틀러의 분노를 초래하자 겁에 질려 나라를 버리고 달아난 자도 국왕이었다. 증오심에 사로잡힌 독일 국민들이 히틀러라는 괴물을 탄생시켰다면 무솔리니라는 얼간이는 우유부단하고 무능한 암군이 만들어낸 작품이었다.

명장 대신 복장

그렇다고 바돌리오와 다른 지도자들이 국왕보다 더 나은 것도 없었다. 그들은 연합군이 점령한 남부 이탈리아의 브린디시(Brindisi)에 임시정부를 세웠다. 명목상으로는 연합군의 일원이었지만 연합군은 이탈리아를 새로운 동맹국으로 인정하기를 거부했다. 혹시라도 이탈리아군 포로들이 독일군에게 집단 투항할지 모른다는 이유로 석방하거나 무장시키는 데도 소극적이었다. 몰타로 탈출한 이탈리아 함대는 전투에 투입되는 대신 연합군의 엄중한 감시를 받았다. 1년이 지난 뒤에야 일부 이탈리아군은 연합군의 승인을 얻어 공동교전군(Italian Co-belligerent Army)이라는 이름으로 재건되었다. 하지만 자유 프랑스군이나 자유 폴란드군처럼 연합군의 한 축을 맡지는 못했다. 또한 노르망디 상륙작전에 참가하여 유럽을 해방하는 데 나서는 일도 없었다. 연합군에게 이탈리아인들은 거치적거리는 존재일 뿐이었다.

이탈리아인들을 믿지 못하는 것은 히틀러도 마찬가지였다. 북쪽에서는 약 20만 명에 달하는 이탈리아 병사가 독일군과 함께 싸우겠다고 맹세했다. 하지만 독일군은 그들을 더이상 동맹군으로 대할 생각이 없었다. 무솔리니의 국가공화국군은 독일군에 예속된 괴뢰군대에 불과했다. 남은 전쟁 동안 수십만 명의 이탈리아 병사가 연합군과 추축군 양쪽에서 복무했다. 하지만 어느 쪽이건 최전선에서 직접 활약한 부대는 극소수였고 대부분은 후방에 남아 병참, 치안 유지와 같은 부차적인 임무에 종사했다. 이탈리아 전선의 주인공은 독일군과 연합군이었다. 이탈리아군은 양쪽 모두에게 잉여 취급을 받았다. 무솔리니는 히틀러의 꼭두각시가 된 채 이탈리아를 놓고 남들이 벌이는 싸움을 무력하게 지켜보아야 했다. 그는 "이 나라는 매일 영토를 잃기 시작했다"라고 한탄했지만 일을 이 지경으로 만든 장본인은 자신이었다. 전쟁 말기 연합군이 북부 이탈리아로 진격하자 무솔리니는 달아나려다 게릴라들에게 붙잡혔다. 그는 애인과 함께 참혹하게 처형당하여 그동안의 죗값을 치러야 했다.

허울뿐인 총리였던 바돌리오는 로마가 해방된 직후 1944년 6월 8일 자리에서 물러났다. 그 자리는 명망 있는 반파시스트 지도자이자 바돌리오보다 훨씬 유능한 민간 정치인인 이바노에 보노미(Ivanoe Bonomi)에게 넘어갔다. 바돌리오는 더이상 어떤 직책도 맡지 못했다. 그는 무솔리니의 침략전쟁에 앞장섰고 수많은 전쟁 범죄를 저질렀다는 점에서 전범으로 기소되어야 마땅했다. 그러나 영국과 미국은 전쟁 동안 아무런 위협도 되지 못했던 무솔리니의 장군들을 처벌하기 위해 애쓰지 않았다. 오히려 전쟁이 끝난 뒤 소련과의 긴장이 고조되자 시급한 일은 전범 처벌이 아니라 이탈리아군의 재건이었다.

국왕 비토리오 에마누엘레 3세 역시 연합군에게 아무런 처벌도 받지 않았다. 하지만 일본 천황과 달리 국민들이 직접 응징에 나섰다. 전쟁이 끝난 뒤 이탈리아 국민들은 투표로 왕정 폐지를 결정했다. 국왕 일가는 이탈리아에서 추방당했다. 국왕은 두 번 다시 고국에 발을 들이지 못한 채 1947년 망명지인 이집트에서 쓸쓸하게 죽었다. 반면 바돌리오의 말년은 훨씬 평온했다. 그는 조용히 은거하면서 자신의 회고록을 쓰는 데 남은 시간을 썼다. 수많은 졸장이 그러하듯 그 또한 자신의 잘못을 조금도 인정하지 않았다. 이탈리아를 망친 모든 책임은 무솔리니에게 떠넘겼다. 1956년 11월 1일 고향이자 무솔리니가 그의 이름을 붙인 동네에서 평온하게 눈을 감았다. 그의 나이 여든네 살이었다. 그는 탁월한 처세술 하나로 승승장구했고 무솔리니에게 빌붙어 나라와 군대를 망쳤지만 어떤 책임도 지지 않은 채 마지막까지 천수를 누렸다. 그런 점에서 근대 역사에서 보기 드문 '복장(福將)'이었다.

제7장

군신에게서 물려받은 것은 이름과 성욕뿐

나폴레옹 3세와 스당전투

"헤겔(독일 철학자)은 위대한 세계사적인 사건과 위인은 두 번 나타난다고 어딘가에서 강조했다. 그는 한 가지 사실을 덧붙이는 것을 잊었다. 첫번째는 비극으로, 두번째는 웃음거리로."

—카를 마르크스, 〈루이 나폴레옹의 브뤼메르 18일〉에서

"나는 나폴레옹 1세의 성격은 결코 존경하지 않지만 그가 진정한 천재라는 사실은 인정한다. 그의 업적 또한 유럽에 훌륭한 인상을 남겼다. 나폴레옹 3세는 좋은 일도, 그렇다고 올바른 일을 했다고도 할 수 없다."

—미국 제18대 대통령 율리시스 그랜트가 말년에 쓴 회고록에서

"저 작자가 자살하러 온 것이 아니라면 도대체 여기에 뭐 하러 왔는지 모르겠다. 나는 오전 내내 그가 어떤 명령도 내리는 것을 보지 못했다."

—스당전투에서 한 프랑스인 의사가 수첩에 적은 수기 중에서

(1870년 9월 1일)

독일군의 포탄이 빗발치듯 쏟아지는 가운데 나폴레옹 3세는 허둥거리며 프랑스군의 진지를 배회할 뿐 아무것도 하지 않았다.

프랑스혁명은 섹스혁명?

프랑스혁명사를 보면 혁명이라는 이름 아래 마구잡이식 보복과 피의 살육보다도 더욱 황당한 모습이 있다. 자유분방을 넘어 남녀와 신분을 가리지 않는 성문화다. 도덕규범이나 허례허식에 얽매이지 않는 하층민이나 앞에서는 고고한 군자인 척하면서 뒤로는 호박씨를 까는 지체 높은 사내들이야 그렇다 쳐도 상류층 귀부인까지 욕망의 화신인 양 상대를 가리지 않고 불륜을 즐겼다. 심지어 감옥에 갇혀 당장 내일 기요틴에서 목이 잘릴 판국인데도 섹스에 열을 올렸다.

제아무리 프랑스가 성에 관대하다고 해도 이 정도까지는 아니었을 것이다. 어쩌면 혁명이 족쇄와 가식을 벗어던지게 한 것인지도 모르겠다. 보노보 원숭이를 가리켜 인간이나 침팬지와 달리 갈등을 폭력 대신 섹스로 해결하는 평화 애호의 동물이라 했던가. 그렇다면 혁명 시절 프랑스인들이 차라리 보노보 원숭이처럼 섹스에만 열을 올렸다면 이후의 유혈 사태와 유럽을 잿더미로 만든 전쟁도 없지 않았을까 싶다. 프랑스혁명이 잔혹하기는 했지만 인간의 본능까지 부정하

지는 않았으니 인민의 모든 욕망을 '봉건의 잔재'라며 이단시하고 오직 노동의 의무만 강조했던 소련, 중국의 공산혁명보다는 확실히 높이 평가할 만하다고 본다. 엄지척이다.

프랑스의 유별난 성적 문란함을 보여주는 사례가 나폴레옹으로 대표되는 보나파르트가문이다. 프랑스 역사상 두 명의 황제를 배출했고(둘 다 쫓겨났지만) 한 세기 내내 그 위세가 유럽 전체를 뒤흔들었다. 나폴레옹은 젊은 시절부터 방탕하기 이를 데 없었다. 그는 자신보다 여섯 살이나 많은 조세핀 드 보아르네(Joséphine de Beauharnais)에게 한눈에 반했다. 그녀는 자식이 둘이나 딸린 과부였고 다른 남자의 내연녀이기도 했다. 하지만 나폴레옹은 개의치 않고 노골적이며 민망하기 이를 데 없는 연애편지를 수시로 보냈다. 그렇게 그녀를 '함락'하는 데 성공했지만 금세 싫증이 난 나폴레옹은 이내 다른 여자들에게 눈을 돌리며 공공연히 바람을 피웠다. 영웅은 원래 호색이라는 말이 있지만 한창나이인 40대에 건강이 급격히 악화되고 과거의 천재성이 사라진 이유도 절제 없는 생활로 정기를 지나치게 낭비한 탓이기도 했다. 그는 자신의 마지막 운을 건 워털루전투 내내 골골대다가 웰링턴에게 패배하여 대서양의 유배지로 쫓겨났다.

하지만 조세핀도 바람기로는 나폴레옹에 뒤지지 않았다. 그녀는 프랑스 귀족이자 미국 독립전쟁에서 활약한 전쟁 영웅이었던 알렉상드르 드 보아르네(Alexandre de Beauharnais, Vicomte de Beauharnais) 장군의 아내였다. 남편과 별거한 뒤 나폴레옹의 옛 상관이었던 폴 바라스(Paul Barras)를 비롯하여 수많은 연인과 사귀었다. 루이 16세의 왕비 마리 앙투아네트는 굶주린 백성들에게 빵 대신 케이크를 먹이라는 유명한 말을 남겼다는 이유로(그녀는 그런 말을 한 적이 없다) 성난 민중의 희생양이 되었지만 오히려 진정한 사치와 낭비벽을 보여준 사람은 조세핀이었다. 그녀가 다른 남자들을 제쳐두고 나폴레옹을 선택한 이유는 정말로 사랑했다기보다 자신의 병적인 사치를 뒷받침할 수 있는 유일한 능력자였기 때문이다. 조세핀은 나폴레옹이 자리를 비우고 원정에 나설 때마다 애인들과 공공연히 애정 행각을 즐겼다. 심지어 신혼 초 새신부가 보고 싶다며 전장으로 부르는 나폴레옹의 독촉에 마지못해 떠나면서 몰래 애인을 데리고 가기도 했다. 그녀 없이 죽고 못 산다던 나폴레옹도 결국 정나미가 뚝 떨어져 다른 여자에게 눈을 돌리게 되었다고 하지만 어차피 둘 다 그러하니 누가 누구를 탓할까 싶다.

그토록 부지런히 씨를 뿌린 것치고는 오늘날 나폴레옹의 직계 후손이 없다는 사실이 신기하다. 어떤 의미에서는 너무 과하게 뿌린 부작용일지도 모르겠다. 조세핀과 14년을 함께했는데도 자녀가 없었다. 나중에 조세핀을 버리고 재혼한 오스트리아 공주 마리 루이즈(Marie Louise)에게서 늦둥이 아들을 얻기는 했지만 나폴레옹의 친자식인지를 놓고 끊임없는 추문에 시달렸다. 나폴레옹뿐 아니라 유럽의 인구 대국이었던 프랑스는 19세기 내내 인구 정체와 저출산 문제에 시달리면서 결국 영국과 독일에게 밀려났다. 전쟁의 손실이 너무 컸던 탓도 있겠지만 혁명 시절 지나치게 자유로웠던 성문화가 주된 원인은 아니었을까.

나폴레옹이 몰락한 뒤 37년 만에 두번째 나폴레옹이 제위에 올랐다. 그의 조카 나폴레옹 3세였다. 나폴레옹의 유일한 정실 아들 나폴레옹 2세가 있지만 실제로 옥좌에 앉은 적은 없으니 제외하자. 나폴레옹 3세 역시 말로가 썩 좋았다고 할 수는 없지만 18년 동안 옥좌를 지켰다는 점에서 10년 천하로 끝난 백부보다는 오래 버틴 셈이었다. 그러나 오늘날까지도 한니발 이래 가장 위대한 군신으로 불후의 명성을 누리는 나폴레옹과 달리 나폴레옹 3세는 프랑스인들의 치욕이자 흑역사로 낙인찍혔다. 그는 옥좌에서 쫓겨난 뒤 영국으로 망명했고 두 번 다시 프랑스에는 발을 들일 수조차 없었다. 심지어 그 이후 두 번이나 세기가 바뀌는 동안 보나파르트 출신으로 프랑스 정계에 입문하는 데 성공한 사람은 없었다. 그나마 나폴레옹의 막냇동생 제롬 나폴레옹의 고손자 샤를 나폴레옹이 2001년 나폴레옹의 고향인 코르시카의 작은 어촌 마을 아작시오(Ajaccio)의 부시장에 당선되었지만 몇 년 뒤 파리 인근의 소도시 느무르(Nemours) 시장에 도전했다가 낙선했다. 이만하면 가문 전체가 프랑스인들에게 어지간히 미운털이 박혔나보다.

엄밀히 말해 나폴레옹 3세 입장에서는 그 정도까지 욕먹을 만큼 잘못하지는 않았다. 온 유럽을 쑥대밭으로 만들고 무모한 정복전쟁으로 프랑스 한 세대를 무너뜨린 나폴레옹에 비하면 훨씬 무난하게 통치했다. 크림전쟁에서는 '러시안 증기롤러'라고 불리던 동방의 강자 러시아군을 상대로 승리를 거두었으며 수백 년 동안 견원지간이었던 영국과의 역사적 화해를 실현했다. 덕분에 다음 세기의 양차대전에서 어깨를 나란히 하며 함께 싸우는 전우가 되었다. 또한 '빛의 도시' 파리를 건설하고 만국박람회를 개최하는 등 프랑스를 번영시켰다. 나폴레옹 3세가 몰락한 뒤에도 프랑스가 여전히 강대국으로 군림하면서 '벨 에포크(Belle Epoque, 프랑스어로 좋은 시절)' 시대를 열 수 있었던 것도 그 덕분이었다.

그럼에도 불구하고 프로이센·프랑스 전쟁 초반 한 달 동안 보여준 나약하고 한심스러운 모습은 지난 20여 년 동안 쌓은 모든 치적을 한꺼번에 날려버리기에 충분했다. 나폴레옹 3세는 백부의 군사적 재능과는 거리가 멀었다. 두 사람의 공통점은 나폴레옹이라는 이름과 권력에 대한 무한한 욕망, 무서우리만큼 절제를 모르는 바람기였다. 나폴레옹 3세는 젊은 시절부터 수많은 애인을 거느렸으며, 애인들의 도움으로 권력을 잡았다. 또한 제위 내내 온갖 추문을 뿌렸다. 그는 말년에 성병과 방광염, 류머티즘에 시달렸다. 이 때문에 판단력이 흐려지고 우유부단해지면서 원치 않는 독일과의 싸움에 휘말렸다. 난잡한 성생활 때문에 건강이 악화되어 말년에 모든 것을 잃게 된 것 또한 백부와 판박이였다. 심지어 최근 한 연구에 따르면 나폴레옹 3세는 나폴레옹도 아니라고 한다. 유전자가 일치하지 않았다나.

제2의 나폴레옹을 꿈꾼 청년

샤를 루이 나폴레옹 보나파르트(Charles Louis Napoléon Bonaparte, 1808~1873), 즉 나폴레옹 3세는 1808년 4월 파리에서 태어났다. 아

버지는 나폴레옹의 동생이자 한동안 네덜란드 국왕 자리를 차지했던 루이 보나파르트였다. 어머니는 나폴레옹의 아내 조세핀과 전 남편 사이에서 태어난 오르탕스 드 보아르네였다. 바꾸어 말해 법적으로 나폴레옹은 삼촌이자 의붓외할아버지인 셈이었다. 이런 '콩가루 족보'는 나폴레옹의 자식을 낳지 못한 조세핀이 보나파르트가문에서 자신의 입지를 강화할 욕심으로 나폴레옹의 동생에게 딸을 거의 반강제로 떠넘겼기 때문이다. 하지만 오르탕스는 어머니의 자유분방한 성격과 넘치는 성욕을 고스란히 물려받았다. 조신함과는 거리가 먼 그녀는 유약한 남편에 만족하지 못하고 주변의 수많은 남자와 불륜을 저질렀다. 덕분에 '뻐꾸기 아들' 취급을 받으며 곤혹을 치러야 했던 쪽은 아들 샤를이었다. 그는 루이의 친자식이 아니라 진짜 아버지가 누구인지조차 알 수 없는 사생아라는 구설수에 평생 시달렸다. 심지어 제위에 오른 뒤에도 막내 삼촌 제롬은 조카를 향해 "폐하는 황제(나폴레옹)를 닮은 구석이 전혀 없소"라고 말하기도 했다.

샤를이 태어날 때만 해도 나폴레옹의 위세는 하늘을 찔렀다. 나폴레옹의 가장 완벽한 승리라고 불리는 아우스터리츠전투에서 3년도 되지 않았고 에스파냐에서 나폴레옹을 수렁에 빠뜨리는 '반도전쟁'이 시작되기 전이었다. 그러나 그로부터 10년도 되지 않아 나폴레옹은 완전히 몰락하여 대서양의 유형지인 세인트헬레나섬으로 쫓겨났다. 6년 뒤 쉰두 살이라는 한창나이에 사망했을 때 샤를은 겨우 열세 살이었다. 나폴레옹과 함께 보나파르트가문의 운명도 끝장났다. 나폴레옹이 몰락하기 전에 이미 형과의 갈등으로 옥좌에서 쫓겨났던 아버지 루이 나폴레옹은 오르탕스와 일찌감치 이혼했다. 이후 오스트리아와 이탈리아에서 조용히 은거하다가 1846년 오스트리아령이었던 이탈리아 북부 항구도시 리보르노(Livorno)에서 사망했다.

샤를은 어린 시절을 어머니와 보낸 탓인지 아버지와 달리 남다른 야심과 권력에 대한 끝없는 욕망이 있었다. 그는 보나파르트가문의 혼외자라는 추문에도 불구하고 자신을 언제나 위대한 백부와 동일시했다. 샤를은 나폴레옹과 마찬가지로 군인이 되기로 결심하고 스위스의 포병학교에 들어갔다. 나폴레옹 몰락 후 부르봉왕가가 보나파르트가문 사람들이 프랑스에 들어오는 것을 엄격히 금지했기 때문이다. 그는 가문만 버린다면 프랑스군에 입대해도 좋다는 제안을 받았지만 단호히 거절했다. 언젠가 나폴레옹의 진정한 계승자로서 당당하게 프랑스로 돌아오겠다는 속셈이었다. 보나파르트가문의 남자들을 통틀어 샤를만큼 권력욕과 행동력을 갖춘 사람은 없었다. 나폴레옹의 친아들이자 옛 황태자인 나폴레옹 2세를 비롯하여 다른 일족들은 잃어버린 권좌를 되찾겠다고 무모한 일을 벌이기보다 나폴레옹이 남겨준 유산으로 안락한 생활을 누리기만을 바랐다. 샤를보다 세 살 아래이면서 몹시 병약했던 나폴레옹 2세는 1832년에 스물한 살의 나이로 사망했다. 샤를로서의 입장에서는 앞으로 나폴레옹의 명성을 이용하는 데 가장 큰 걸림돌이 사라진 셈이었다.

샤를은 시대의 풍운아였던 나폴레옹 이상으로 행운이 따르는 것처럼 보였다. 나폴레옹이 워털루전투에서 패배한 뒤 부르봉왕가가 외세를 등에 업고 부활했지만 혼란은 여전했다. 루이 18세와 그의 뒤를 이은 샤를 10세, 그리고 7월혁명 이후 '프랑스인들의 왕'이라고 불리며 옥좌에 앉은 오를레앙 공작 루이 필리프(Louis Philippe)조차 프랑스의 안정을 원하는 국민들을 만족시키기에는 역부족이었다. 과거의 향수에만 젖은 군주들이 구태의연한 복고정치를 고집했기 때문이다. 하지만 보다 근본적으로는 한 세기 뒤 "246종류에 달하는 치즈를 가진 나라를 어떻게 통치할 수 있겠는가?"라고 한탄했던 샤를 드골의 말처럼 프랑스 정치판이 수십 개의 정파로 분열되어 권력 싸움에만 열을 올렸기 때문이다. 이 점이 그토록 많은 피를 흘리고도 프랑스가 미국이나 영국처럼 민주주의를 안정적으로 정착시키지 못하고 정변과 혁명, 퇴보를 반복했던 이유였다. 게다가 부유한 정치인들이 자기들끼리 싸우는 동안 대다수 민중의 삶은 루이 16세 때와 아무런 차이가 없었다. 이들이 진정으로 원하는 것은 겉만 번지르르한 민주주의가 아니라 질서와 안정을 되찾아줄 강력한 지도자였다.

야심만만한 샤를에게는 보나파르트의 시대를 다시 열 수 있는 호기였다. 그 옛날 나폴레옹이 그러했듯이 샤를도 스스로 신에게서 특별한 운명을 부여받았다고 믿었다. 1836년 스물여덟 살이었던 그는 알자스의 프랑스-독일 국경도시인 스트라스부르에서 소수의 추종자와 함께 첫번째 봉기를 시도했다. 샤를은 사람들 앞에서 자신이 위대한 나폴레옹의 조카라고 말하면 엘바섬을 탈출한 나폴레옹처럼 현지 수비대가 자신을 호위하며 파리로 진군하리라 기대했다. 하지만 어림없었다. 샤를은 체포되어 국외로 추방당했다. 4년 뒤 1840년 영불해협의 불로뉴(Boulogne)에서 다시 봉기를 시도했지만 또 한번 참

프레데리크 레가메, 〈1836년 나폴레옹 3세의 스트라스부르 봉기〉, 1911년 그림에는 나폴레옹 3세가 병사들의 엄청난 환호성을 들으며 충성을 맹세받는 양 미화되어 있지만 실제로는 사람들의 웃음거리만 된 채 쫓겨났다.

담한 실패를 겪어야 했다. 이번에는 추방 대신 감옥에 갇혔다. 그는 6년 만에야 겨우 탈출하는 데 성공했다. 그 직후 아버지가 눈을 감았지만 망명 신세였던 샤를은 임종조차 지켜볼 수 없었다.

이때의 샤를은 허황된 꿈만 좇는 보잘것없는 몽상가일 뿐 아무런 정치적 기반이나 지지 세력도 없었다. 그러나 2년도 채 되지 않아 운

명이 바뀌었다. 1848년 루이 필리프 1세가 2월혁명으로 쫓겨났기 때문이다. 그해 말 샤를은 프랑스의 대통령이 되어 그 옛날 나폴레옹이 퇴위를 선언했던 엘리제궁전에 당당히 입성했다. 누구도 예상하지 못한 일이었다. 샤를은 외모에서 나폴레옹을 전혀 닮은 데가 없었을뿐더러 주변을 위압하는 카리스마도, 사람들에게 내세울 만한 치적도 없었다. 샤를의 매력은 남자들보다 주로 여자들에게 통했다. 오랜 망명 탓에 프랑스어는 어눌했고 연설은 형편없었다. 그렇다고 나폴레옹처럼 위대한 승리를 안겨다주어 군대를 자기편으로 만든 것도 아니었다. 원로 정치인들은 그를 변변치 않은 인물로 취급하면서 아예 경쟁 상대에서 제쳐두었다. 하지만 프랑스인들은 말로만 민주주의를 운운할 뿐 민생은 아랑곳하지 않고 서로를 깎아내리기에 급급한 정치인들에게 신물이 나 있었다. 그들은 나폴레옹과 같은 성과 이름을 가졌다는 이유만으로 샤를을 선택했다. 샤를은 전설이나 다름없는 백부의 명성을 무기삼아 총칼이나 음모가 아닌 합법적인 방법으로 정권을 차지했다. 그는 군대를 지휘할 줄 몰랐지만 국민들에게 그것을 드러낼 필요는 없었다. 주변 열강들이 60년 전처럼 부르봉왕조를 부활시키겠다고 간섭전쟁에 나서지 않았기 때문이다.

전제와 민주의 결합 '황제 민주주의'

샤를은 피를 흘리거나 총을 쏠 필요 없이 선거를 통해 꿈에 그리던 권좌에 앉았다. 그러나 허수아비 대통령에 불과했다. 왕당파가 장악한 의회와 기득권 세력의 완강한 저항 때문이었다. 4년의 임기 내내 한 일이라고는 젊은 여성들과 염문을 뿌리고 이탈리아에 출병하여 주세페 마치니(Giuseppe Mazzini)의 로마공화국을 뒤엎은 것이 전부였다. 하지만 이대로 물러나 역사 속으로 사라질 생각이 없었다. 그는 백부인 나폴레옹의 길을 따라가기로 결심했다. 나폴레옹은 쿠데타로 총재 정부를 뒤엎어 제1통령 자리를 차지한 뒤 이름뿐인 공화국을 끝장내고 옥좌에 앉았다. 샤를 역시 쿠데타를 일으켜 의회를 해산했다. 하지만 병사들의 열렬한 지지를 등에 업었던 백부에 비하면 초라했다. 샤를은 군대를 매수하기 위해 어머니가 바람을 피워 낳은 의붓동생이자 권모술수에 뛰어난 샤를 오귀스트 루이스 조제프 드 모르니(Charles Auguste Louis Joseph de Morny)의 수완에 의존하고 여러 애인으로부터 돈을 빌려 자금을 마련해야 했다. 몇몇 반대파 의원이 1000여 명의 지지자와 함께 파리 시내에 바리케이드를 치고 저항했지만 3만 명에 달하는 진압군 앞에서 수백여 명의 사상자를 내고 분쇄되었다. 그중에는 『레미제라블』을 쓴 프랑스의 대문호 빅토르 마리 위고(Victor Marie Hugo)도 있었다. 그는 한때 샤를의 정치적 동맹자였지만 이제는 평생의 원수가 되어 유혈 현장에서 겨우 목숨을 부지하고 벨기에로 망명했다. 황제가 된 샤를이 사면을 제안했지만 끝까지 거부한 채 20년 후 프로이센·프랑스 전쟁에서 패한 샤를이 몰락한 뒤에야 돌아왔다.

그러나 프랑스 국민들은 헌법을 유린하고 공화정의 역사를 무너뜨린 그에게 분노하는 대신 도리어 열광했다. 12월 20일 국민투표에서

980만 명의 유권자 중 75퍼센트에 달하는 744만 명이 쿠데타가 합법이라는 데 찬성했다. 반대자는 7퍼센트도 안 되는 64만 명에 불과했다. 샤를이 가는 곳마다 수많은 군중이 '황제 만세'를 외쳤다. 쿠데타 1주년째인 1852년 12월 2일, 그는 군주제의 부활을 놓고 국민투표를 실시하여 97퍼센트라는 믿을 수 없는 찬성표를 얻었다. 물론 액면 그대로 믿기에는 광범위한 투표 조작이 자행되었을 가능성이 높지만 그렇다고 민심이 전적으로 반영되지 않았다고 말할 수는 없다. 샤를은 무능한 정치인들에게 실망한 프랑스인들의 새로운 기대를 안고 옥좌에 앉았다. 그는 나폴레옹 1세와 실제로는 단 하루도 황제가 아니었던 나폴레옹 2세의 뒤를 이은 나폴레옹 3세라고 선언했다. 나폴레옹이 퇴위한 지 37년 만에 보나파르트 제정이 부활했다. 총칼과 폭력이 아니라 합법적인 절차와 프랑스 민중의 선택이었다. 그 실체는 민주주의의 허점을 악용한 중우정치였지만 말이다.

전제정치와 민주주의라는, 도저히 양립할 수 없어 보이는 두 가지 체제를 결합한 샤를의 '황제 민주주의'는 역사상 전무후무한 독창적인 방식이었다. 그는 실권 없는 영국식 허수아비 군주가 아니라 내각의 인사권부터 군 통수권, 사법, 행정, 외교, 선전포고 등 프랑스의 모든 통치권을 장악한 절대 권력자였다. 의회는 명맥을 유지했지만 권한이 대폭 축소되었다. 모든 의원과 관료들은 지위 고하를 막론하고 황제에게 충성을 맹세해야 했다. 언론과 출판, 집회의 자유도 사라졌다. 그럼에도 불구하고 러시아나 프로이센, 오스트리아, 오스만제국, 청나라와 같은 민주주의의 흔적조차 찾아보기 어려운 여느 전제 국가들과는 달랐다. 공화국 시절의 헌법과 보통선거제도는 존속했으며 정치를 제외한 나머지 영역에서의 자유는 유지되었다. 질서 속의 자유였다. 황제는 의회가 아니라 자신이 국민의 진정한 대표라고 여겼고 자신이 결정한 사안은 투표를 통해 국민들에게 찬반 의견을 물었다. 적어도 형식적으로는 여전히 프랑스의 주인은 나폴레옹 3세가 아닌 일반 국민들이었다.

그러나 나폴레옹 3세의 체제는 절대 권력은커녕 모래성이었다. 권력은 공짜가 아니었다. 정치적 기반과 정통성이 매우 취약했기에 다양한 정파와 느슨한 동맹을 맺고 가톨릭교회를 비롯한 기득 세력과 타협해야 했다. 그는 "짐이 곧 국가다"라고 했던 루이 14세와 같은 권위를 누릴 수 없었다. 그렇다고 에이브러햄 링컨이나 넬슨 만델라처럼 국민의 사랑을 받기에는 탐욕스러웠고, 히틀러나 마오쩌둥, 스탈린처럼 피도 눈물도 없는 철권 통치자가 되기에는 소심했다. 자유 대신 번영이라는 장밋빛 약속을 내세워 옥좌에 앉은 그로서는 그만한 보상을 국민들에게 제공해야 했다. 그러지 못하는 순간 정권은 끝장이었다.

나폴레옹 3세 밑에서 외무장관을 두 번이나 역임했던 에두아르 두르앵 드뤼(Édouard Drouyn de Lhuys)는 자신의 주군이 몰락한 뒤 안면을 바꾸어 "황제는 무한한 욕망과 제한적인 능력을 갖고 있었다. 그는 비범한 일을 원했지만 오직 향락에만 능했다"며 신랄하게 혹평했다. 하지만 적어도 치세 초기 프랑스의 번영을 실현했던 나폴레옹 3세에게는 다소 지나친 평가일지도 모른다. 그는 제국의 영광을 정복

파리 중심가 이탈리앙 대로에서 바라본 번화가 풍경 오랫동안 중세 시절에 머물러 있었던 도시는 나폴레옹 3세에 의해 다시 태어났다. 그는 통치 내내 파리를 현대적으로 개조하는 데 힘썼다. 다른 유럽 도시들을 참고하여 상하수도 시설과 파리 오페라하우스, 공원을 건설했으며 수만 개에 달하는 가스등 보급은 파리를 '빛의 도시'로 만들었다. 또한 낡은 건물을 부수고 새로운 주택을 건설했다. 파리 인구는 1850년 95만 명에서 1870년에는 200만 명으로 두 배나 늘어났다. 파리는 유럽의 수도로 거듭났다.

에서 찾겠다며 설치는 대신 내치에 힘을 썼고 영국이나 다른 경쟁국들보다 한참 뒤처져 있던 프랑스의 현대화에 노력을 기울였다. 대표적인 치적이 파리의 정비였다. 도시 설계 전문가 조르주 외젠 오스만(Georges-Eugène Haussmann) 남작을 시켜 좁고 비위생적이기로 악명 높았던 파리를 한 세대만에 유럽 최고의 도시로 탈바꿈시켰다. 전국에 철도망이 대대적으로 깔리면서 1851년에 3500킬로미터에 불과했던 철도망은 20년 뒤 여섯 배 가까운 2만 킬로미터로 늘어났다. 새로운 제철소와 공장, 항만이 건설되었으며 전신이 보급되고 도로가 정비되었다. 기업가들과 농부들의 격렬한 반발에도 불구하고 자유무역의 도입과 시장 개방, 관세 인하는 오랫동안 프랑스 산업의 고질적인 병폐였던 방만함과 비효율성을 개선했다. 또한 경제를 촉진하고 무역을 크게 늘림으로써 프랑스의 경쟁력을 향상하는 데 일조했다.

외치에서도 나폴레옹 3세는 대단한 성과를 거두었다. 강력한 제국주의 정책으로 프랑스는 영국 다음의 식민 대국이 되었다. 그 영향력은 심지어 지구 반대편 극동에까지 미쳤다. 1860년 영국과 함께 청나라로 출병하여 베이징을 점령했다. 프랑스군은 청나라 황실의 여름 궁전인 원명원을 불 지르고 막대한 보물을 약탈한 뒤 나폴레옹 3세에게 보냈다. 6년 뒤에는 프랑스 극동함대가 프랑스 선교사들이 살해되었다는 빌미로 조선을 침공하여 병인양요가 일어났다. 이탈리아 독립전쟁에서는 피에몬테(Piemonte) 왕국을 편들어 오스트리아의 위신을 깎아내렸다. 그 대가로 피에몬테에게 니스와 사보이아를 얻었다. 가장 큰 성과는 무리한 대외 정복으로 사방을 적으로 만들었던 백부와 달리 프랑스의 오랜 숙적이자 나폴레옹 몰락에 결정적 역할을 했던 영국을 친구로 만들었다는 사실이었다. 1853년 크림전쟁이 발발했을 때 영국과 프랑스는 함께 러시아와 싸워 승리를 거두었다. 그리고 파리평화회담에 당당한 승전국으로 참가했다. 1815년과는 정반대였다. 1860년에 이르면 프랑스의 영광은 1810년 이래 절정이었다. 제국은 굳건한 반석 위에 오른 것처럼 보였다.

만약 나폴레옹 3세가 이 순간 스스로 자리에서 물러났다면 백부조차 능가하는 프랑스의 위대한 지도자로서 이름을 남겼을지도 모른다. 그러나 권력은 마약과 같았다. 처음에는 사소한 일에도 열렬히 갈채를 보내다가도 금세 무덤덤해지고 더 큰 성과를 요구하는 것이 대중의 변덕스러움이었다. 나폴레옹 3세는 백부가 왜 제국을 유지하기 위해 끝없이 무리수를 둘 수밖에 없었는지 비로소 절감했다. 그는 국민들을 만족시키기 위해 뭔가를 계속 보여주어야 했고 극도의 중압감에 시달렸다. 그러나 나폴레옹 3세는 제아무리 발버둥쳐도 본질적으로 이류 정치인이었다. 평화로운 시기에는 그런대로 무난하게 이끌 수 있어도 국난에 직면했을 때는 처칠이나 루스벨트, 드골처럼 위기의 파고를 뛰어넘을 위대한 리더십과 결단력이 없었다. 그는 갈수록 우유부단해졌고 주변 사람들에게 휘둘리기 시작했다. 더욱 불운한 일은 이웃에 새로운 강적이 등장했다는 사실이었다. 프로이센이었다.

철의 재상 비스마르크

제1차세계대전이 일어났을 때 여든두 살의 영국 전(前) 재무차관 레지널드 웰비(Reginald Welby) 남작은 젊은 시절 기억하는 독일이란 "별 볼일 없는 소군주들이 다스리는 별 볼일 없는 소왕국들의 집합체"였다고 회고했다. 하지만 적어도 프로이센을 가리켜 다른 독일 왕국이나 이탈리아의 피에몬테 같은 시시한 군소 국가와 같은 부류

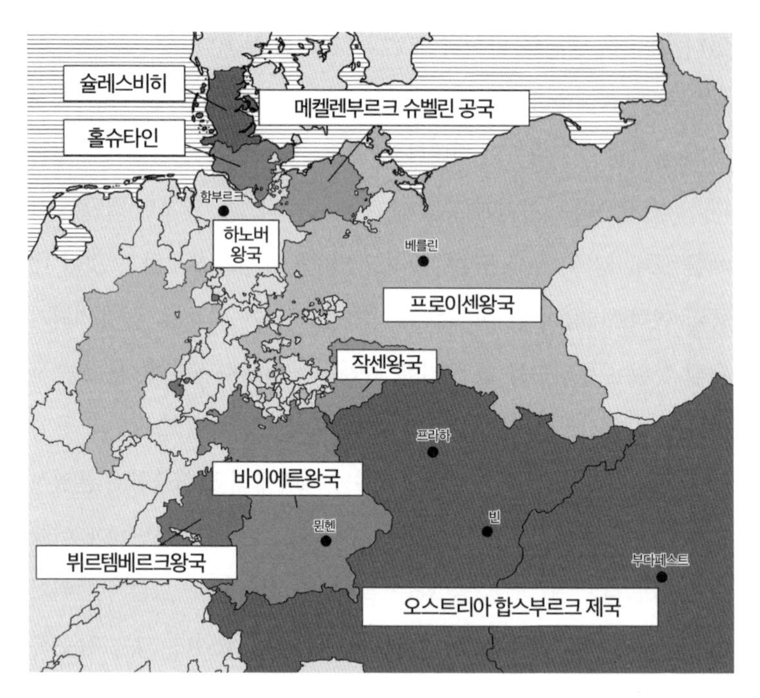

19세기 중엽 프로이센과 독일연방의 주요 왕국들 독일의 분열은 7개 왕국으로 나뉜 이탈리아보다 훨씬 복잡했다. 제국인 오스트리아를 제외하고도 5개 왕국(프로이센, 바이에른, 작센, 하노버, 뷔르템베르크)과 7개 대공국 등 37개 나라와 4개의 자유시가 할거하는 독일판 춘추전국시대였다.

로 취급한다면 오산이다. 18세기 위대한 계몽군주였던 프리드리히대왕은 부국강병책을 추진하여 프로이센을 수없이 난립한 독일의 일개 제후국에서 중부 유럽의 패권국으로서 새로운 시대를 열었다.

프로이센의 특징은 나라는 작지만 군사력만은 열강에 필적하는 군사 국가라는 사실이었다. 심지어 나폴레옹전쟁 시절 프로이센의 총리였던 프리드리히 폰 슈뢰터(Friedrich von Schrötter)는 "프로이센은 군대를 가진 나라가 아니라 국가를 가진 군대다"라고 말하기도 했다. 유럽 중앙에 위치하여 사방이 적이기에 살아남으려면 군사력을 강화할 수밖에 없었다. 7년전쟁에서는 고전을 면치 못하면서도 프랑스, 오스트리아, 러시아, 스웨덴 등 주변 열강을 상대로 최후의 승리를 거두어 프로이센의 놀라운 저력을 보여주었다. 워털루전투에서 나폴레옹 몰락의 한 축을 맡은 쪽도 게프하르트 레베레흐트 폰 블뤼허(Gebhard Leberecht von Blücher) 장군의 프로이센군이었다. 만약 프로이센군이 제때 나타나지 않았다면 한계에 직면한 웰링턴의 영국군은 나폴레옹의 공세를 막아내지 못하고 패주했을 것이다.

나폴레옹이 몰락하고 빈회의가 열렸을 때 프로이센은 당당한 승전국으로서 열강들과 함께 한자리를 차지했다. 작센왕국의 60퍼센트, 단치히(지금의 그단스크), 라인란트, 베스트팔렌 등 독일 서부에서 중부, 동부에 이르는 광대한 영토를 얻으면서 왕국은 두 배나 커졌고 인구는 1000만 명에 달했다. 1834년에는 오스트리아의 독주를 견제한다는 명목으로 독일 내 여러 왕국을 규합하여 관세동맹을 맺었다. 독일의 여러 왕국을 통틀어 프로이센만이 대국 오스트리아에 맞설 수 있는 유일한 실력자였다. 프로이센은 유럽에 산재한 여느 약소국처럼 열강의 틈바구니에서 갈대처럼 흔들리며 근근이 명맥을 유지하는 나라와는 거리가 멀었다.

물론 프로이센이 신흥 강국이라고 한들 프랑스, 러시아, 오스트리아, 영국 등과 어깨를 나란히 하며 유럽 정치를 주도할 정도는 아니었다. 프로이센은 빈회의에서 작센 전체를 원했지만 오스트리아의 강력한 반대에 부딪히자 마지못해 한발 물러서야 했다. 베를린은 늘 자신보다 훨씬 강한 빈의 눈치를 보아야 했고 영국, 프랑스, 러시아의 심기를 건드리지 않기 위해 노심초사했다. 프로이센의 영향력은 독일의 테두리를 넘지 못했다. 심지어 독일 내에서조차 다른 소왕국들을 상대로 맹주 역할을 하면서 뜻대로 주무르기란 거의 불가능했다.

보수 반동적인 정치에 대한 반발이 갈수록 커지면서 정치적으로는 프랑스 제2공화국 이상으로 불안정했다. 1840년대 내내 기근과 빈곤으로 인한 폭동이 프로이센 전역에서 반복되었다. 1844년 7월 26일에는 베를린에서 국왕 프리드리히 빌헬름 4세 부부의 암살 미수가 있었다. 1848년에는 시민들의 손으로 부르봉왕조 통치의 종지부를 찍은 프랑스의 2월혁명에 자극받은 독일 자유주의자들이 베를린에서 '3월혁명'을 일으켰다. 프로이센은 내전 상태나 다름없었다. 그러나 프랑스와 달리 프로이센에서는 시민들의 패배로 끝났다. 처음에는 우유부단한 국왕이 한발 물러나면서 헌법이 제정되고 의회가 열리는 것처럼 보였다. 하지만 1년도 되지 않아 보수파의 무자비한 반격으로 결국 혁명은 좌절되었다. 프로이센에서 산업혁명과 근대 문물의 보급은 막 시작되고 있었고 철도망은 영국, 프랑스에 비하면 초보적인 수준이었다. 유럽 최대의 공업 대국은 아직은 먼 훗날의 이야기였다. 나폴레옹 전쟁 이후 군대는 대폭 축소되었다. 국내 반란의 진압 이외에 실전을 경험할 기회도 없었다. 1850년 이전만 해도 프로이센은 약소국은 아닐지라도 일등국과는 거리가 멀었다. 한물간 제국인 오스트리아를 상대로도 눈치 보기에 급급한 프로이센 지도자들에게 나폴레옹 3세의 통치 아래 위세가 하늘을 찌르는 프랑스란 감히 넘볼 수 없는 존재였다.

이때만 해도 이류 국가 프로이센이 20년도 되지 않아 강적 오스트리아, 프랑스를 연달아 무너뜨리고 온 유럽이 벌벌 떠는 최강자로 새로운 신화를 쓰게 되리라고는 누구도 상상하지 못했을 것이다. 여기에는 19세기가 낳은 위대한 두 인물을 빼놓을 수 없다. 클레멘스 벤첼 로타르 폰 메테르니히(Klemens Wenzel Lothar von Metternich) 이래 가장 탁월한 정치가이자 세 치 혀로 온 유럽을 좌지우지하여 '철의 재상'이라는 별명을 얻는 오토 폰 비스마르크(Otto von Bismarck) 공작, 그리고 '대몰트케'라고 불리면서 프로이센군을 세계 최강으로 거듭나게 한 헬무트 폰 몰트케(Helmuth von Moltke the Elder) 원수였다. 두 사람이 없었다면 프로이센이 독일을 통일하는 일도, 다음 세기에 벌어지는 두 번의 세계대전도 없었을지 모른다.

나폴레옹 3세보다 일곱 살 아래인 비스마르크는 프로이센에서도 수백 년의 역사를 자랑하는 명망 있고 부유한 귀족 집안에서 차남으로 태어났다. 그의 집안은 베를린에서 서쪽으로 약 90킬로미터 떨어진 쇤하우젠(Schönhausen)을 통치했다. 외가 또한 비록 귀족은 아니지만 명문 지식인 집안이었다. 외할아버지는 스웨덴 대사를 지냈다. 그러나 비스마르크는 젊은 시절에만 해도 남들의 손가락질을 받는 방탕아이자 사고뭉치였다. 그는 그 시절 프로이센에서 모든 젊은이가 선망하는 엘리트 코스인 군인 대신 관료가 될 생각으로 베를린

대학 법학부에 진학했다. 하지만 우유부단하고 나약한 아버지와 엄격한 어머니 사이에서 어린 시절을 보낸 탓인지 심한 열등감에 시달렸다. 불확실한 미래에 방황하던 그는 친구에게 자신이 변변치 않은 인생으로 평생을 보낼 것이라고 한탄하는 편지를 보내기도 했다. 농부가 될 생각이 있었는지 짧은 군생활 동안 농업을 공부했고 고향으로 돌아가 농장에서 가축을 키우기도 했다. 하지만 격동의 시대는 희대의 풍운아가 될 그의 운명을 내버려두지 않았다.

1848년 3월혁명으로 프랑크푸르트에서 국민의회가 열렸다. 서른세 살이던 비스마르크는 의원에 당선되어 정계에 뛰어들었다. 그는 보수주의자의 젊은 기수로서 자유주의자에 맞서 국왕을 열렬히 지지하여 프리드리히 빌헬름 4세의 주목을 받았다. 난장판이나 다름없는 의회는 6개월 만에 문을 닫았다. 혁명은 실패했고 승자는 보수주의자였다. 하지만 출세를 향한 날개를 단 비스마르크는 승승장구하면서 권력의 정점을 향해 내달렸다. 10여 년 전만 해도 방황하고 타락한 청년이었던 그는 강력한 카리스마와 두둑한 배짱, 과감한 결단력, 뛰어난 정치적 감각, 유연하고 실용적인 사고, 시대의 흐름을 읽을 줄 아는 현실 정치인으로 거듭났다. 1851년에는 독일연방회의의 프로이센 대사에 임명되었다. 변변한 이력도 없는 애송이였던 그에게는 파격적인 출세였다. 주변에서는 '술고래 학생', '포메른의 돼지치기'를 막중한 자리에 임명했다며 질시가 쏟아졌다.

비스마르크는 독일연방의 맹주인 오스트리아의 눈치 보기에 급급했던 전임자들과 달리 신흥 강국으로서 프로이센의 위신을 세우는 데 앞장섰다. 연방회의 의장이자 오스트리아 대표인 프리드리히 폰 툰 호엔슈타인(Friedrich von Thun und Hohenstein) 백작은 회의 석상에서 오만한 태도로 "프로이센은 100년 전에 내기에 한번 당첨된 사람이나 다름없소. 그리고 지금은 그걸 쌈짓돈처럼 쓰는 것이 유일하게 할 줄 아는 일이지"라면서 거드름을 피웠다. 조금도 기죽지 않고 "만약 빈이 그렇게 생각한다면 프로이센은 또 한번 내기를 하게 될 거요"라면서 쏘아붙였다. 게다가 비스마르크는 그동안 회의실에서 오스트리아 대표만이 담배를 피울 수 있는 관행에 도전하여 호엔슈타인에게 큰 소리로 성냥을 빌려달라고 요구했다. 당황한 호엔슈타인이 마지못해 성냥을 주자 그의 면전에서 당당하게 담배를 피웠다. 오스트리아를 향한 프로이센의 도전이었다.

비스마르크는 국왕과 총리를 향해 독일의 주도권은 반드시 프로이센이 잡아야 하며 언젠가 오스트리아와 맞붙을 때를 대비하여 다른 독일 왕국들과 손을 잡고 오스트리아를 고립시켜야 한다고 주장했다. 하지만 프로이센인들이 보기에 오스트리아는 여전히 넘을 수 없는 벽이었고 독일의 맹주였다. 오스트리아와의 관계에 찬물을 끼얹는 그의 비타협주의는 오스트리아를 자극해서 좋을 것이 없다고 여기는 주변 정치인들을 적으로 만들었다. 병석에 누운 프리드리히 빌헬름 4세를 대신하여 국왕의 동생이자 섭정을 맡은 빌헬름 왕자(훗날 독일제국의 초대 황제가 되는 빌헬름 1세) 역시 비스마르크를 탐탁지 않게 여겼다. 비스마르크는 프로이센 내 친오스트리아 파벌의 눈엣가시였다. 8년 만인 1859년 1월 비스마르크는 프로이센 대사에서 쫓겨나듯 물러난 뒤 러시아 대사를 맡았지만 부임 직후 중병을 앓기도 했다. 그는 심신이 완전히 지친데다 시름에 빠져 1년도 되지 않아 베를린으로 돌아와야 했다.

그러나 시대는 비스마르크의 편이었다. 이탈리아 독립전쟁에서 오스트리아는 나폴레옹 3세의 지원을 받는 피에몬테에게 참패했다. 오스트리아는 프로이센이 맹약을 깨고 자신들을 도와주지 않은 탓으로 돌렸다. 양국관계는 급속도로 냉각되었다. 또한 피에몬테의 승리는 프로이센 민족주의자들을 크게 자극했다. 독일도 이탈리아와 마찬가지로 분열되어 있었다. 주변 열강은 독일 통일을 방해했다. 민족주의자들은 독일 통일이야말로 프로이센의 신성한 의무이며 방해물은 무력으로 분쇄해야 한다고 믿었다. 1861년 프리드리히 빌헬름 4세가 죽고 빌헬름 왕자가 왕위에 올랐다. 유약했던 선대 국왕과 달리 빌헬름 1세는 전형적인 군국주의자로서 군비를 증강했다. 하지만 병사들의 복무기간을 2년에서 3년으로 늘리는 것과 군 통수권의 장악을 놓고 의회와 정면으로 맞붙어야 했다. 빌헬름 1세는 자유주의자가 장악한 의회의 격렬한 반발에 직면했다. 그는 의회를 견제하기 위한 새로운 대항마를 찾았다. 육군 장관 알브레히트 폰 룬(Albrecht von Roon) 백작은 비스마르크를 추천했다. 의회와의 갈등을 풀 수 있는 사람은 그밖에 없다는 이유에서였다. 국왕은 여전히 비스마르크가 마음에 들지 않았지만 그를 받아들이지 않으면 자신이 왕위에서 물러나야 할 판국이었다. 1862년 9월 비스마르크는 프로이센의 새로운 총리가 되었다. 그의 나이 마흔일곱 살이었다.

비스마르크는 군국주의를 반대하는 의원들을 향해 프로이센의 지위는 자유주의가 아닌 힘에 달려 있으며 "오늘날 가장 중요한 문제는 1848년과 1849년에 저질렀던 가장 큰 실수처럼 연설이나 다수결이 아니라 오직 철과 피에 의해 결정될 것이다"라고 선언했다. 군사력에 의한 강한 프로이센을 외치는 비스마르크의 취임 연설은 '철혈 연설'이라고 불렸다. 28년 동안 프로이센을 이끌며 온 유럽을 떨게 할 철혈 재상 비스마르크의 시대가 열리는 순간이었다. 그는 의회가 순순히 굴복하지 않자 왕권이 의회보다 우선한다면서 의회를 무시하고 군비 증액과 군제 개혁을 밀어붙였다. 겁에 질린 빌헬름 1세가 총리와 함께 베를린광장에서 교수형을 당할지 모른다며 안절부절못하자 비스마르크는 피로써 왕권을 끝까지 지키겠다고 단호하게 말하여 국왕에게 용기를 불어넣었다. 하지만 제아무리 결단력과 강철 같은 의지, 무자비함을 갖춘 비스마르크도 몰트케라는 파트너가 없었다면 오래지 않아 몰락했을 것이다.

몰트케, 군사혁명을 일으키다

비스마르크와 몰트케는 모든 면에서 달랐다. 비스마르크가 프로이센 순수 혈통의 '성골'이라면 몰트케는 프로이센 바깥에서 귀화한 '진골'이었다. 그는 프로이센의 동맹국 중 하나인 메클렌부르크슈베린(Mecklenburg-Schwerin)공국 출신이었다. 아버지는 덴마크군에서 장군을 지냈으며 중장으로 퇴역했다. 몰트케 역시 아버지의 영향으로 덴마크에서 군생활의 첫발을 내디뎠지만 비전이 없다고 여기고 프로이센군으로 옮겼다. 젊은 시절 방탕아였던 비스마르크와는 달리 몰트케는 촉망받는 장교였다. 빌헬름 왕자를 비롯하여 상관들은 하나같이 그를 프로이센군을 이끌 지휘관 감이라며 일찌감치 점찍어두었다. 1857년 몰트케는 프로이센군 총사령관인 대장군 참모장에 임명되었다. 그는 섭정 빌헬름 왕자와 육군 장관 룬 백작과 함께 프로이센군 개혁에 착수했다. 그때만 해도 프로이센군은 비효율적이고 시대에 뒤떨어졌으며 다른 열강에 비해 보잘것없었다. 프로이센의 상비군은 15만 명 정도에 불과했던 반면 오스트리아와 프랑스는 두 배, 러시아는 일곱 배 많았다. 심지어 소규모 육군을 고집했던 영국조차 크림전쟁의 여파로 프로이센보다 많은 병력을 보유했다. 룬의 군사 개혁 이후 프로이센군은 두 배 가까이 늘어났지만 여전히 다른 열강에 비하면 열세였다.

몰트케의 대안은 수적 열세를 화력과 기동력으로 극복한다는 것이었다. 그가 비스마르크와 공통점이 있다면 시대의 흐름을 읽을 줄 안다는 사실이었다. 다른 나라 장군들은 여전히 나폴레옹 시절의 케케묵은 전쟁방식을 고수하며 머물러 있었지만 몰트케는 기술의 발달이 앞으로의 전쟁을 어떻게 바꿀지 고민했다. 새로운 소총과 대포의 등장은 전쟁의 파괴력을 대폭 증강했다. "적의 눈동자 흰자위가 보일 때까지 사격하지 말라"는 오랜 격언은 더이상 통용되지 않았다. 실제로 남북전쟁에서 신형 후장식 소총으로 무장한 채 엄폐물 뒤에 숨어 있는 적을 상대로 용기만 앞세운 총검 돌격은 매번 어마어마한 사상자만 내고 격퇴되었다. 남북전쟁 말기에 이르면 개활지에서 밀집대형 대신 참호 속에서 총격전을 벌였다. 반세기 후의 제1차세계대전이 어떤 식으로 진행될지에 대한 예고편이었다. 몰트케에 의해 프로이센 보병들은 최신 소총을 지급받았다. 또한 예전처럼 총알만 낭비하는 마구잡이식 일제 사격과 총검 돌격 대신 고도의 사격 훈련과 엄격한 규율을 통해 유럽 최강의 보병으로 거듭났다.

몰트케는 군대의 규모가 비약적으로 커지고 전장이 확장되었다는 사실에도 주목했다. 더이상 예전처럼 나폴레옹이나 웰링턴처럼 한 사람의 장군이 모든 군대를 지휘할 수 없었다. 군대는 여러 개의 야전군으로 나뉘어 각자 독립적으로 운용될 수 있어야 했다. 총사령부는 전쟁의 목표와 전체적인 전략의 그림을 그렸다. 각 야전군은 그에 따라 분산 기동하되, 한 부대가 적과 만나 전투를 하게 되면 그사이 다른 부대가 적의 측면과 후방으로 우회하여 사방에서 포위 공격하여 섬멸한다는 '분진합격'이 몰트케의 새로운 전략이었다. 그러나 이론은 그럴듯해도 말처럼 간단한 일이 아니었다. 여러 야전군이 제대로 협력하지 못하거나 보조가 흐트러질 경우 도리어 적에게 각개 격파될 수 있었다. 시시각각 변화하는 상황을 전선에서 멀리 떨어져 있는 총사령부가 모든 것을 예측하기란 불가능했다. 그는 이렇게 단언했다. "어떤 작전 계획도 적의 주력군과의 첫 충돌 이후의 상황까지 예측할 수는 없다." 몰트케는 새로운 대안을 제시했다. 지휘의 분권화였다. 일선 지휘관들과 참모들은 돌발 상황에 처했을 때 언제 내려올지 모르는 상급부대의 지시를 기다리며 시간을 허비하는 대신 스스로 판단하고 대처할 수 있도록 권한과 행동의 자유를 부여받았다. 몰트케에게 전투에서 가장 중요한 것은 임기응변을 통한 주도권 장악이었다. 불확실한 상황에서 적의 수를 읽는답시고 손 놓고 있는 것보다 다소 위험이 따르더라도 먼저 움직이는 쪽이 훨씬 유리했다.

또 한 가지 그가 주목한 쪽은 철도였다. 나폴레옹 시절에는 없었던 철도는 유럽 여러 도시의 거리를 단축했고 대규모 병력과 물자의 신속한 이동을 실현했다. 그러나 급박한 전시에 대부대를 체계적으로 전선으로 수송하려면 매우 전문적이고 치밀한 계획이 필요했다. 시간표에 작은 오차만 생겨도 전체 철도망이 마비되고 군대는 오도 가도 못 할 수 있었다. 몰트케는 철도의 군사적 잠재력을 가장 먼저 깨달은 사람 중 한 명으로서 철도를 이용하여 전쟁에서 승리하는 법을 연구했다. 프로이센·프랑스 전쟁 직전인 1869년에는 총참모부에 철도 수송을 전담하는 철도부를 설치하여 전문성을 한층 강화했다. 제1차세계대전에는 철도가 모든 유럽 국가 사이에서 군대 기동과 물자 수송의 핵심이 되었다. 사라예보사건이 일어났을 때만 해도 아무런 전쟁 준비가 되어 있지 않았던 유럽 열강은 수백만 명의 병력을 엄청난 속도로 최전선으로 보냈다. 전쟁이 한 세기 전에는 감히 상상할 수 없던 장기전, 총력전으로 바뀐 이유도 철도 덕분이었다.

몰트케는 육군부의 한 부서에 불과했던 총참모부를 대대적으로 확장하고 전쟁 전체를 지휘하는 전문기관으로 만들었다. 참모들은 전쟁대학에서 체계적으로 이론을 배웠으며 실전을 방불케 하는 워게임으로 경험을 쌓았다. 몰트케의 개혁은 세계 최강 군대로서 독일군의 토대를 마련했다. 물론 그 성과는 하루아침에 드러나지 않았다. 1864년 2월 유틀란트반도 남단의 슐레스비히홀슈타인(Schleswig-Holstein)의 영유권을 놓고 덴마크와 전쟁이 일어났다. 이번에는 오스트리아와 프로이센이 한뜻이 되어 덴마크를 공격했다. 1807년 영국 해군이 코펜하겐을 불바다로 만든 이래 60여 년 동안 덴마크는 전쟁을 한번도 해본 적이 없었다. 군사적으로는 허약했고 외교적으로도 고립되어 있었다. 프로이센에게 앞으로의 거대한 싸움에 대한 예행연습으로는 최적이었다. 하지만 오랜만에 싸워보기는 서로 마찬가지였다. 당장 몰트케부터 실전 경험이라고는 젊은 시절 오스만제국군의 고문으로 복무할 때 이집트인들의 반란 진압에 동참한 것이 전부였고 그조차 참패였다. 전선 사령관을 맡은 여든네 살의 프리드리히 폰 브랑겔(Friedrich von Wrangel) 역시 고루하고 무능한 장군이었다.

전쟁은 6개월에 걸친 혈전 끝에 오스트리아-프로이센 연합군의 승리로 끝났다. 그러나 프로이센군은 오랜 평화를 누린 대가를 톡톡히 치러야 했다. 작전은 실수투성이였고 허약한 덴마크군을 상대로도 고전을 면치 못했다. 하물며 훨씬 강한 적을 상대로 싸워 이긴다는 것은 꿈같은 이야기였다. 그 대신 프로이센군은 싸움을 통해 많은 것을 배웠고 귀중한 경험으로 삼았다. 반면, 오스트리아군은 아무것도 배우지 못했다. 또 한 가지 중요한 점은 이 싸움으로 독일 통일을 향한 첫걸음을 내디뎠다는 사실이었다. 비스마르크는 그 전까지 의회를 무시하고 국왕에게 아첨하여 군국주의를 밀어붙인다는 이유로 비난을 받았지만 이제는 프로이센의 영웅이 되었다. 비로소 진정한 철혈 재상이 된 비스마르크의 다음 목표는 오스트리아였다.

오스트리아를 때려눕히다

덴마크를 상대로 한 데뷔전은 독일의 패권을 노리는 프로이센의 야심에 자신감을 불어넣었다. 프로이센의 칼끝은 유럽 열강 중 하나이자 오랫동안 독일의 맹주를 자처해왔던 오스트리아로 향했다. 어느 쪽이 독일을 이끌 만한 자격이 있는지 승부를 낼 때였다. 갈등의 발단은 덴마크로부터 획득한 유틀란트 남부 슐레스비히홀슈타인의 영유권이었다. 처음에는 사이좋게 각각 절반씩 나누어 갖기로 했다. 북쪽의 슐레스비히는 프로이센이, 킬항—훗날 독일제국을 무너뜨리는 사건으로 유명해진다—을 비롯한 남쪽의 홀슈타인은 오스트리아가 차지했다. 그러나 오스트리아는 현실적으로 본국에서 수백 킬로미터 떨어진 홀슈타인을 다스리기란 매우 어려웠다. 처음부터 무리한 욕심을 부린 결과였다.

비스마르크는 거리의 이점을 이용하여 홀슈타인을 야금야금 잠식하면서 오스트리아를 자극했다. 예상대로 오스트리아도 발끈했다. 전운이 감돌기 시작했다. 하지만 제아무리 한물간 제국이라 해도 오스트리아는 만만치 않은 강적이었다. 독일의 다른 왕국들 역시 대부분 프로이센의 편이 아니었다. 전쟁이 시작된다면 오히려 수세에 몰리는 쪽은 프로이센이 될 것이 뻔했다. 그는 두 가지 비책을 생각해냈다. 하나는 오스트리아의 또다른 숙적인 남쪽의 이탈리아와 손을 잡고 남북으로 오스트리아를 협공하는 방법이었다. 당장 이탈리아는 이참에 베네치아를 수복할 요량으로 총동원을 선언했다. 오스트리아도 총동원령을 선언하고 남쪽으로 대군을 보냈다. 그만큼 프로이센을 상대하는 전력은 약화되었다.

또하나는 프랑스의 중립이었다. 어차피 영국과 러시아가 오스트리아 편을 들 가능성은 없었다. 유일한 변수는 프랑스였다. 만약 프랑스가 오스트리아와 손을 잡고 프랑스-프로이센 국경의 라인란트로 군대를 진군하여 양면 전쟁을 강요한다면 프로이센은 승산이 조금도 없었다. 비스마르크는 탐욕스러우면서 변덕스럽기 짝이 없는 나폴레옹 3세에게 프로이센의 미래가 달려 있다고 여기고 마치 황제가 휴양중이던 프랑스 남부 해안도시 비아리츠(Biarritz)를 방문했다. 이곳은 몇 년 전 총리가 되기 전 그가 프랑스 대사를 맡고 있을 때 어린 애인과 함께 수영을 하다가 빠져 죽을 뻔한 곳이기도 했다. 훗날 프랑스를 패망시키는 원흉은 아이러니하게도 우연히 근처에 있던 프랑스인에게 구소뇌어 목숨을 건졌다.

비스마르크는 나폴레옹 3세에게 오스트리아의 편을 들지 않는 대가로 프랑스가 이전부터 노리고 있었던 벨기에와 룩셈부르크를 집어삼키는 것을 묵인하겠다고 제안했다. 그러지 않아도 나폴레옹 3세는 오스트리아와 프로이센 사이에서 기회만 노리고 있었다. 가만히 있기만 해도 호박이 넝쿨째 굴러들어오는 것을 마다할 이유가 없었다. 그러나 그는 비스마르크에게 그 자리에서 확약을 받지 않았고 자신

역시 어떤 언질도 하지 않았다. 어느 편도 들지 않은 채 두 호랑이가 피 터지게 싸우는 것을 강 건너 불구경하다가 결정적인 순간에 끼어들어 남부 독일 전체를 손에 넣겠다는 심보였다. 그는 허황된 욕심에 눈이 멀어 혼자서 주판알을 이리저리 튕기면서도 정작 프로이센의 전력이 어느 정도인지, 오스트리아의 내부 상황이 어떤지는 관심이 없었다. 허세만 가득한 삼류 전략가의 한계를 보여주는 셈이었다. 비스마르크는 프랑스를 우군으로 끌어들이지는 못했지만 오스트리아의 편에 서서 프로이센을 적으로 돌릴 생각이 없음을 확인했다는 사실만으로도 큰 소득이었다. 그는 일기에서 나폴레옹 3세를 가리켜 세상에 알려지지 않은 무능력자라며 비아냥거렸다. 몇 달 뒤 나폴레옹 3세는 이번에는 오스트리아에 접근했다. 그는 라인란트를 프로이센에서 분리하여 완충지대로 삼는다는 조건으로 프로이센 편을 들지 않기로 밀약을 맺음으로써 자신의 신용을 한층 떨어뜨렸다.

나폴레옹 3세의 속셈은 프로이센과 오스트리아의 전쟁이 길어지면 프랑스가 한몫 잡을 더없이 좋은 기회가 되리라는 것이었다. 하지만 그의 기대와는 달리 싸움은 불과 43일 만에 끝났다. 1866년 6월 9일 프로이센군이 오스트리아령 홀슈타인을 전격 침공하면서 전쟁이 시작되었다. 오스트리아가 독일 연방회의를 소집하고 프로이센을 침략자로 규정하는 결의안을 통과시켰다. 독일 전체가 프로이센과 오스트리아 양편으로 나뉘었다. 프로이센이 유리하다고 말할 수는 없었다. 북부의 몇몇 왕국을 제외한 대부분의 독일 군소 국가는 맹주인 오스트리아 편에 섰고 일부는 중립이었다. 오스트리아군은 강철로 된 후장식 강선 대포로 무장하여 여전히 낡은 청동제 활강포를 사용하는 프로이센 포병대를 압도했다. 프로이센군도 뒤늦게 군수업체인 크루프사를 통해 신형 대포로 교체중이었지만 아직은 수가 너무 적었다.

그 대신 소총은 프로이센군이 확실히 우세했다. 수년 전만 해도 프로이센군은 프랑스군이나 오스트리아군보다 성능이 형편없는 포츠담 머스킷 M1832를 사용했지만 몰트케의 개혁에 의해 신형 후장식 소총인 드라이제 바늘총 M1862로 교체했다. 초기 볼트 액션식 소총인 이 총은 구경이 15.4밀리미터였고 분당 6발에서 12발을 쏠 수 있었다. 또한 몸을 드러내지 않고 엄폐하거나 엎드려서 사격할 수 있다는 장점이 있었다. 반면 오스트리아군은 여전히 낡은 활강식 소총인 로렌츠 머스킷 M1854를 사용하고 있었다. 발사 속도는 분당 1발에서 3발에 불과했다. 하지만 후장식 소총이 반드시 유리하다고만 할 수는 없었다. 사용하기 불편하고 고장이 잦은데다 발사 속도가 빠르다는 것은 총알이 금방 바닥난다는 의미이기도 했다. 제대로 훈련받지 못한 병사들이 사용할 경우 마구잡이로 사격하여 총알만 낭비한 뒤 탄약이 떨어지면 총을 버리고 달아나기 일쑤였다. 오스트리아를 비롯한 대부분의 유럽 군대가 전장식 소총을 고집한 것은 이 때문이었다. "신은 최고의 포병을 가진 쪽을 편든다"라고 했던 나폴레옹의 말처럼 전투의 승패를 좌우하는 것은 소총이 아니라 대포였다. 유럽에서 후장식 소총으로 무장한 나라는 프로이센과 프랑스 정도였다.

비스마르크조차 프로이센의 국운이 걸린 이 싸움에서 승리를 자신하지 못했다. 그는 비장한 각오로 만약 프로이센이 패배한다면 "나는 최후의 돌격에서 쓰러질 것이다"라고 말할 정도였다. 그러나 이탈리아의 참전은 오스트리아의 전략을 흔들어놓았다. 이탈리아 북부에서 벌어진 쿠스토차(Custoza)전투에서 오스트리아군은 수적으로는 훨씬 우세하지만 오합지졸인 이탈리아군을 상대로 대승을 거두고 남쪽으로 쫓아내어 썩어도 준치임을 증명했다. 하지만 그로 인해 전력이 분산되면서 프로이센을 상대로 열세에 놓였다. 만약 이탈리아가 끼어들지 않았다면 오스트리아는 모든 전력을 집중하여 동맹군과 함께 프로이센을 압도하기에 충분한 병력을 모았을 것이며 전쟁 결과는 완전히 달라졌을 것이다.

개전 직전에 마지못해 오스트리아군 총사령관을 맡게 된 루트비히 폰 베네데크(Ludwig von Benedek) 장군은 몰트케보다 네 살 아래였지만 나폴레옹 시절의 케케묵은 방식을 고집하는 구식 장군이었다. 그는 비관주의에 사로잡힌 나머지 황제 프란츠 요제프 1세의 닦달에도 불구하고 전쟁 준비가 되지 않았다는 핑계를 늘어놓으며 소극주의로 일관했다. 반면 몰트케는 재빨리 군대를 집결하여 작센과 하노버, 보헤미아로 진격했다. 중요한 역할을 한 것은 철도였다. 몰트케는 전군을 몇 개로 쪼갠 다음 다섯 개의 철도망을 통해 병력과 물자를 남쪽으로 신속하게 수송했다. 만약 베네데크가 결단력과 민첩함을 갖춘 장군이었다면 내선 작전의 유리함을 이용하여 병력을 집중한 뒤 분산된 프로이센군을 각개 격파할 수도 있었다. 그러나 굼뜨기 짝이 없는 그는 방어에만 급급하여 프로이센군이 공격해오기를 기다리며 시간을 낭비했다. 오스트리아의 다른 동맹국 역시 죽기로 싸울 준비가 되어 있지 않기는 마찬가지였다. 오스트리아에게는 연합군을 일사불란하게 통합 지휘할 수 있는 사령부도, 프로이센과 같은 근대적인 참모제도도 없었다.

오스트리아군은 여기저기서 끌어모은 오합지졸인데다 전술도 구식이었고, 사기도 형편없었다. 철도망은 하나뿐이라 후방에서 병력과 물자를 모으는데도 시간이 오래 걸렸다. 반면 프로이센군은 질적으로나 훈련 상태, 기동성, 사기, 화력 등 모든 면에서 월등히 우세했다. 프로이센군이 실수가 전혀 없었다고 말할 수는 없어도 적어도 오스트리아군보다는 훨씬 나았다. 개전 초반 랑엔잘차전투에서 하노버-바이에른 연합군이 수적으로 절반도 되지 않는 프로이센의 소부대를 상대로 반짝 승리를 거두기는 했지만 프로이센군은 곳곳에서 오스트리아군과 동맹군을 격파했다. 오스트리아군 포병들이 우수한 대포를 가지고도 미숙한 운영으로 거의 힘을 쓰지 못하는 사이 프로이센 보병들은 엄폐물 뒤에 몸을 숨기고 유리한 지형에서 단단히 방어대세를 취했다. 그리고 정면에서 총검 돌격하는 오스트리아군을 향해 집중 사격을 퍼부었다. 오스트리아군 병사들은 폭풍처럼 쏟아지는 프로이센군의 총알 세례 앞에서 문자 그대로 쓸려나갔다. 남북전쟁에서 엄폐물 하나만으로 일방적인 대학살이 벌어졌던 모습이 유럽에서도 그대로 재현된 셈이었다. 소총의 발달은 반세기 전만 해도 용기가 화력을 이길 수 있었던 선형전술을 하루아침에 무색하게 만들었다. 2년 전에 비해 오스트리아군은 달라진 것이 아무것도 없었다

게오르크 블라이프트로이, 〈쾨니히그레츠전투〉, 1869년 이 싸움은 단순히 프로이센이 오스트리아를 격파했다는 사실보다도 유럽의 세력 판도를 하루아침에 바꾸어놓았다.

면 프로이센군은 훨씬 강해졌다.

처음부터 싸울 의지가 없었던 베네데크는 수세에 내몰리자 빈의 황제에게 대재앙이 닥칠 것이라고 경고하면서 프로이센과 화해해야 한다고 건의했지만 거부당했다. 그는 주력부대를 이끌고 남쪽으로 후퇴하던 중 7월 3일 보헤미아 북부 쾨니히그레츠(Königgrätz, 지금의 체코 흐라데츠크랄로베)에서 빌헬름 1세의 조카 프리드리히 카를(Friedrich Karl) 왕자가 지휘하는 프로이센 제1군의 추격을 받아 결전을 벌였다. 양측의 병력은 프로이센군이 22만 명, 오스트리아군이 24만 명으로 거의 백중지세였다. 처음에는 수적으로 우세하고 지리적으로 유리했던 오스트리아군이 우위를 차지했다. 하지만 베네데크의 우유부단한 지휘와 프로이센군의 탄막 사격 앞에 오스트리아군의 돌격은 격퇴되었다. 뒤이어 몰트케와 프리드리히 황태자(훗날 독일제국 2대 황제가 되는 프리드리히 3세)가 지휘하는 증원군이 도착하자 전세는 대번에 역전되었다. 프리드리히 황태자의 프로이센 제2군은 오스트리아군의 중앙을 돌파했다. 승패는 결정났다. 프로이센군의 손실은 9000여 명 정도에 불과한 반면, 오스트리아군은 2만여 명의 포로를 포함하여 4만 명 이상을 잃었다. 베네데크는 간신히 엘베강을 넘어 탈출했다. 그는 황제에게 자신이 그토록 경고했던 재앙이 실제로 일어났다고 보고했다.

남쪽에서는 7월 21일 위대한 혁명가 주세페 가리발디(Giuseppe Garibaldi)가 지휘하는 이탈리아 의용부대인 알피니수렵군단이 베체카전투에서 오스트리아군을 격파하여 쿠스토차의 패배를 설복했다. 다음날 오스트리아는 항복했다. 나폴레옹 3세를 비롯한 모든 사람의 예상을 뒤엎은 프로이센의 완벽한 승리였다. 비스마르크는 빈으로 진격하여 최후의 결정타를 날릴 수 있었지만 그 대신 서둘러 오스트리아와 평화협정을 맺었다. 나폴레옹 3세가 끼어들 여지를 주지 않기 위해서였다. 프로이센은 오스트리아로부터 거액의 배상금을 받아내고 오스트리아 편에 섰던 북부의 소왕국들을 병합하여 영토를 크게 확장했다. 오스트리아는 완전히 몰락하지는 않았지만 더이상 프로이센에 맞설 힘이 없었다.

재미없게 된 쪽은 나폴레옹 3세였다. 하원의원 아돌프 티에르

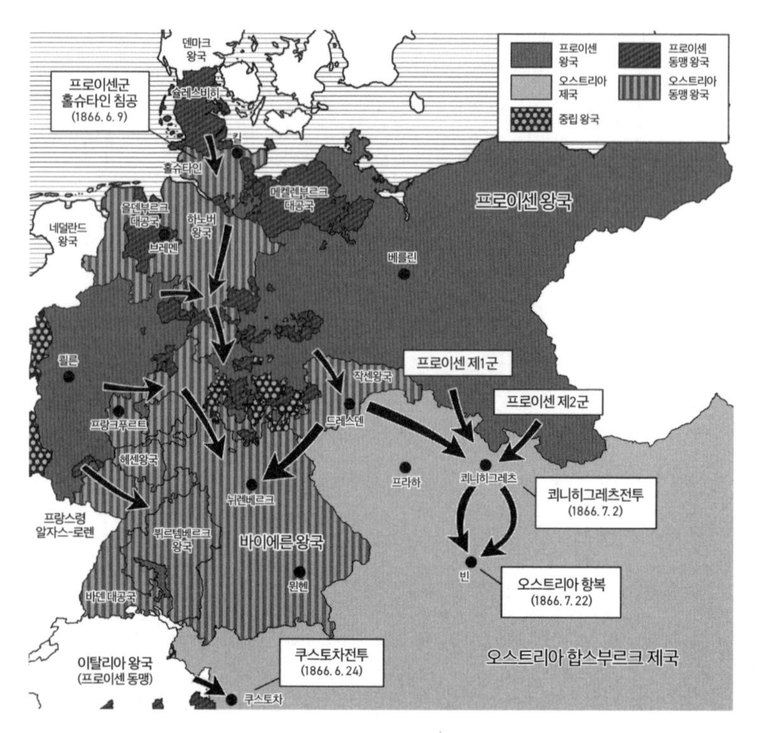

양측 진영과 프로이센군의 진격 상황, 프로이센-오스트리아 전쟁, 1866년 6월 9일~7월 22일 37개 왕국 중 프로이센측에는 14개 왕국이, 오스트리아측에는 11개 왕국이 각각 한편이 되었지만 프로이센 다음으로 큰 바이에른왕국을 비롯한 주요 왕국은 모두 오스트리아 편에 섰으므로 겉으로는 프로이센이 불리했다. 그러나 프로이센과 오스트리아 이외의 다른 왕국들은 마지못해 휘말렸을 뿐 싸울 의지가 별로 없었다.

(Adolphe Thiers, 나폴레옹 3세 몰락 후 프랑스 제3공화국의 초대 대통령이 된다)는 태평스럽게 관망하는 황제에게 경고했다. "만약 프로이센이 이기면 우리는 새로운 독일제국의 탄생을 보게 될 것입니다. 그 제국은 우리 국경을 압박할 것입니다." 그러나 나폴레옹 3세는 끝까

지 우물쭈물하면서 프로이센이 오스트리아를 박살내고 독일의 패권을 장악하는 모습을 지켜보았다. 프로이센을 견제하기 위해 프랑스-프로이센 국경에 대군을 배치해야 한다는 외무장관 드 뤼의 건의도 묵살했다. 그렇게 했다면 프로이센은 오스트리아를 더이상 압박하지 못한 채 물러났을 것이다. 또한 프랑스와 오스트리아, 프로이센 3국 사이에서 힘의 균형이 실현되면서 4년 뒤의 참패도 없었을 것이다. 그는 싸움이 다 끝나고 나서야 평화협정을 맺는 프로이센과 오스트리아 사이를 기웃거리면서 뻔뻔하게도 비스마르크에게 중립을 지킨 대가로 약속을 지키라고 요구했다. 물론 비스마르크는 더이상 프랑스의 눈치를 볼 생각이 없었다. 분위기 파악하지 못하고 뒤늦게 떼를 쓰는 나폴레옹 3세를 향해 '청구서를 내미는 여관 주인'이나 '팁을 요구하는 웨이터'처럼 군다며 코웃음쳤다.

나폴레옹 3세는 비스마르크의 달라진 태도에 분노했지만 그렇다고 당장 프랑스의 힘을 보여주겠다며 보복에 나설 수도 없었다. 자신의 위신을 세울 요량으로 크림전쟁과 멕시코 원정에 실속 없이 개입했다가 막대한 인력과 물자를 낭비했기 때문이다. 프랑스군은 피폐했다. 이때의 프랑스군은 겉으로만 그럴듯할 뿐 내실이 없다는 점에서 70년 뒤 무솔리니의 이탈리아군과 판박이였다. 게다가 방탕하고 문란한 성생활 때문에 건강마저 몹시 나빠져 있었다. 나폴레옹 3세는 프랑스의 운명이 걸린 가장 중요한 순간에 휴양을 명목으로 남부 프랑스 비시로 떠났고 8월 23일 프라하평화협정에서 오스트리아가 프로이센에게 굴복하도록 내버려두었다. 프랑스는 영세 중립국으로 인

정반은 벨기에와 룩셈부르크를 탐낼 명분도 없었다. 티에르는 "프랑스는 더이상 유럽에 동맹국이 없습니다. 오스트리아는 패배했고, 이탈리아는 모험을 할 기회를 엿보고 있으며, 영국은 대륙과 엮이지 않으려 하고, 러시아는 내부 문제에 사로잡혀 있으며, 에스파냐는 피레네산맥을 지금처럼 높게 여겨졌던 적이 없습니다"라고 지적했다. 그의 말처럼 프랑스는 유럽에서 사실상 고립된 신세였다.

언제까지 맹주 행세를 하면서 유럽의 패권을 좌지우지하겠다고 설치기보다 이제는 자중하면서 새로운 강자로 등극한 프로이센과의 관계를 다시 정립할 때였다. 하지만 현실 감각이 결여된 나폴레옹 3세는 여전히 헛된 꿈을 버리지 못했다. 그는 프로이센에 대항하기 위해 대대적인 군비 증강을 명령했다. 하지만 의회의 격렬한 반대에 부딪히면서 무산되었다. 오히려 병역기간만 단축되어 프랑스군은 한층 약화되었다. 나폴레옹 3세의 권력이 내리막길이라는 이야기였다. 오스트리아, 이탈리아와의 반프로이센 연합전선 구축 또한 지지부진했다. 나폴레옹 3세의 강경한 태도는 프랑스에 도움이 되기는커녕 오히려 프로이센을 자극했다. 비스마르크가 지켜볼 리 없었다. 이제는 프랑스를 손봐줄 때였다. 양국의 대결은 오래지 않아 현실로 닥쳤다. 에스파냐 왕위 계승을 둘러싼 비스마르크의 '엠스 전보(Ems Dispatch)' 사건이었다.

가짜 뉴스가 진짜 전쟁을 일으키다

프로이센-오스트리아 전쟁 2년 뒤인 1868년 9월 에스파냐에서 군부 쿠데타가 일어났다. 바람둥이 여왕 이사벨 2세를 왕위에서 끌어내린 장본인은 다름 아닌 그녀와 정사를 즐겼던 장군들이었다. 여왕은 프랑스로 망명하여 나폴레옹 3세에게 의탁했다. 다음 문제는 누가 에스파냐의 새로운 주인이 되느냐였다. 에스파냐인들은 공화정 대신 군주제를 존속하기로 결정하고 왕위 계승자를 국내가 아닌 외부에서 찾았다. 유럽 왕실들은 수백 년 동안 정략결혼으로 인척관계를 맺다보니 혈연을 내세워 그 나라와 생판 관계없는 외국인이 왕위를 계승하는 일이 드물지 않았다. 유력한 후보는 빌헬름 1세의 일가이면서 프로이센 호엔촐레른왕가의 방계에 속하는 슈바벤가문의 상속자 레오폴트 왕자였다. 레오폴트의 동생 카를도 루마니아 왕위를 제안받아 카롤 1세(Carol I)가 되었다. 이후 루마니아를 50년 동안 통치하면서 독일의 든든한 동맹자 노릇을 했다. 하지만 제1차세계대전이 발발한 직후 서거하자 왕위는 조카이자 레오폴트의 둘째 아들인 페르디난드 1세가 계승했다. 그는 영국 공주인 아내의 영향을 받아 영국 편에 서서 독일에게 총부리를 겨누게 된다.

나폴레옹 3세로서는 이웃의 새로운 강자로 등장한 프로이센 왕실 사람이 또다른 이웃 나라를 차지하는 것이 썩 달갑지는 않더라도 온 힘을 다해 훼방을 놓을 일도 아니었다. 레오폴트에게는 에스파냐 왕실을 물려받을 정당한 권리가 있을뿐더러 어머니 마리 앙투아네트 뮈라(Marie Antoinette Murat)는 나폴레옹의 매제였던 나폴리 왕 뮈라의 조카딸이었다. 족보상으로는 나폴레옹 3세와도 친척뻘이 되는 셈이었다. 이때만 해도 나폴레옹 3세의 적은 비스마르크 한 사람이었을 뿐 프로이센은 아니었다. 따라서 이 문제를 놓고 프로이센과 굳이 갈등의 불씨를 만들기보다 묵인할 수도 있었다. 그러나 프랑스 여론은 강경했다. 에스파냐를 프로이센의 동맹국으로 만들어 프랑스를 양면에서 압박하려는 비스마르크의 음모를 방관할 수 없다는 것이었다. 강경파의 선봉에는 에스파냐의 명문 귀족 출신이자 나폴레옹 3세의 야심만만한 황후였던 외제니 드 몽티조(Eugénie de Montijo)가 있었다. 비스마르크를 몹시 미워했던 그녀는 남편을 압박했다.

그렇지 않아도 나폴레옹 3세는 멕시코 원정의 실패와 경제 침체, 개인적인 추문, 반대파의 득세로 위신이 실추되었던 터라 기세등등한 여론을 무시할 수 없었다. 그는 마지못해 베를린 주재 프랑스 대사 뱅상 베네데티(Vincent Benedetti)에게 비스마르크를 만나 프랑스의 입장을 전달하도록 했다. 비스마르크는 대답을 회피하면서도 뒤로는 레오폴트를 에스파냐 왕위에 올리기 위한 물밑 작업에 한창이었다. 시간이 지지부진하게 흘러가는 동안 프랑스의 여론은 갈수록 악화되었다. 긴장은 점점 고조되었다. 1870년 7월 2일 에스파냐 정부는 레오폴트에게 공식적으로 왕위 계승을 제안했다. 4일 뒤 프랑스 외무장관 아게노르 드 그라몽(Agenor de Gramont) 공작은 의회 연설에서 프랑스는 독일인이 에스파냐 왕위를 차지하는 것을 결코 묵과하지 않을 것이라고 엄포를 놓았다. 비스마르크 역시 지지 않고 그라몽의 연설을 가리켜 "칼자루에 손을 얹은 협박"이라고 비난하면서 여론

산책길에서 만난 빌헬름 1세(왼쪽 두번째)**와 프랑스 대사 베네데티**(왼쪽 세번째), **바트 엠스**
베네데티는 30여 년 동안 유럽 외교 무대에서 활약한 유능한 외교관이었다. 하지만 야심만만한 외제니 황후의 압박에 못 이겨 악역을 맡았다. 물론 두 사람 모두 일이 이렇게 커지리라고는 생각하지 않았겠지만 사소한 실수가 비스마르크에 의해 엉뚱하게 불거지면서 자신은 물론이고 나폴레옹 3세와 프랑스마저 끝장냈다.

몰이를 했다. 그는 프랑스를 박살낼 수 있는 절호의 기회라고 여겼지만 상황은 생각처럼 흘러가지 않았다. 우선 당사자인 레오폴트가 전쟁을 불사하면서까지 에스파냐 왕위를 물려받을 생각이 없었다. 빌헬름 1세도 비스마르크가 자신과는 아무런 상의도 없이 호엔촐레른 왕가의 일에 끼어들어 레오폴트를 에스파냐 왕위에 추대하려는 행태를 탐탁지 않게 여기고 있었다.

12일 아침 레오폴트의 아버지 카를 안톤(Karl Anton) 왕자는 빌헬름 1세와 에스파냐 정부를 향해 아들이 왕위를 포기했다는 전보를 보냈다. 비스마르크는 뒤늦게 그 사실을 알고 자신의 음모가 실패한 것에 낙담한 나머지 자리에서 물러날 생각까지 했다. 프로이센에 대한 프랑스의 외교적 승리였다. 여기까지는 좋았다. 하지만 본국의 심한 압박에 시달린 베네데티의 성급한 행동이 도리어 일을 망쳤다. 외제니와 그라몽은 이참에 베네데티에게 프로이센이 두 번 다시 에스파냐 왕위를 탐내지 않겠다는 확고한 약속을 받아오라고 등을 떠밀었다. 다음날 베네데티는 온천으로 유명한 독일 중서부의 전원 마을 바트 엠스(Bad Ems)에서 휴양중이던 빌헬름 1세를 찾아가 집요하게 매달렸다. 빌헬름 1세는 이미 다 끝난 문제로 자신을 귀찮게 군다면서 불쾌감을 드러냈다. 외교적 결례였고 프랑스의 오만함이었다.

비록 빌헬름 1세가 프랑스 대사의 무례함에 짜증을 내기는 했지만 그것이 전부였다. 홧김에 마음을 바꾸어 레오폴트를 에스파냐 왕으로 만들겠다거나 프랑스와 한판 붙을 생각은 아니었다. 원래라면 잠깐의 해프닝으로 끝날 일이었지만 비스마르크는 이 기회를 놓치지 않았다. 그는 앞뒤 상황을 쏙 빼놓은 채 프로이센의 왕이 프랑스 대사로부터 부당한 요구를 강요받았으며 분노한 빌헬름 1세가 두 번 다시 이 문제로 대사를 만나지 않겠다며 엄포를 놓았다는 사실만 강조했다. 비스마르크가 조작한 '엠스 전보'는 프랑스와 프로이센 양쪽 모두 발칵 뒤집어놓았다. 빌헬름 1세와 베네데티조차 신문을 보고 깜짝 놀랐을 정도였다. 양국 국민들은 사실관계도 제대로 확인하지 않은 채 무책임한 언론에 선동되어 펄쩍 뛰었다. 독일인들은 자신들의 군주가 모욕당했다고 여겼고 프랑스인들은 그들대로 프로이센이 벼락출세한 주제에 프랑스 대사를 문전박대했다고 생각했다. 그라몽 외무장관은 "빰을 맞았다"라고 표현했다. 파리에서는 수만 명의 시민이 〈라 마르세예즈〉를 부르고 "베를린으로!"라는 구호를 외치면서 거리를 행진했다. 여론몰이와 집단 광기 속에서 사건의 핵심인 레오폴트가 에스파냐 왕위를 거절했다는 사실은 더이상 중요하지 않았다. 그 자리는 이탈리아 국왕 비토리오 에마누엘레 2세의 둘째 아들이자 아오스타 공작이었던 아마데오 1세에게 돌아갔다. 하지만 불과 2년 만에 쫓겨났다. 이후 에스파냐에는 공화정부가 들어섰다.

비스마르크는 자신의 도발에 넘어가 전쟁의 광란에 휩싸인 프랑스를 보면서 기쁨을 감추지 않았다. 그는 측근들에게 엠스 전보가 "갈리아 황소에게 빨간 깃발을 흔든 셈이다"라고 자신만만하게 말했다. 비스마르크가 보기에 상황은 프로이센에게 불리하지 않았다. 유럽의 여론은 프로이센 편이었다. 독일 왕국들은 프로이센을 지원하겠다고 약속했다. 영국과 러시아, 이탈리아는 중립을 선언했다. 4년 전 프로이센에게 패했던 오스트리아 역시 굳이 복수의 기회를 노리는 대신 가만히 있기로 했다. 프랑스는 완전히 고립되었나.

그러나 프랑스인들이 보기에 이 싸움은 다윗과 골리앗의 대결이었다. 물론 골리앗은 프랑스였다. 프로이센은 그 골리앗에 도전하는 다윗이었다. 프로이센이 조금 강해졌다고 해도 프랑스에 비하면 하잘것없었다. 프랑스는 러시아 다음으로 유럽에서 가장 큰 나라였다. 영토는 프로이센의 1.6배에 달했다. 인구 역시 프랑스가 3600만 명, 프로이센은 2400만 명에 불과했다. 프로이센 편에 선 독일 왕국들을 포함해도 밀리기는 마찬가지였다. 프랑스는 영국 다음으로 광대한 식민대국이었으며 막강한 해군력까지 갖추었다. 철도, 자금력, 제조업 등 모든 면에서 프랑스가 우세했다. 프랑스군은 당시 세계에서 가장 우수한 후장식 볼트 액션 소총인 샤스포 소총 M1866으로 무장했다. 이 총은 단발식 소총이지만 분당 8발에서 15발을 쏠 수 있었고 사격속도, 명중률, 안정성, 유효사거리에서 프로이센군의 드라이제 바늘총보다 한 수 위였다. 또한 프랑스군에게는 프로이센군에게 없는 신무기인 미트라외즈(Mitrailleuse)가 있었다. 프랑스어로 '기관총'이라는 뜻의 이 무기는 당시에는 획기적인 발명품으로 25개의 총구를 통해 분당 150발의 속도로 총알을 발사하여 적에게 가공할 탄막을 만들 수 있었다. 개전 당시 프랑스군은 200문의 미트라외즈를 일선에 배치했다.

오스트리아군의 가장 큰 취약점은 다양한 민족으로 구성되어 의사소통과 지휘체계가 매우 복잡하다는 사실이었다. 결국 프로이센군에게 패배하는 중요한 원인이 되었다. 그러나 프랑스군에게는 그런 문제점이 없었다. 프랑스군은 민족적 동질감을 유지했고 병사들이 서로 다른 언어를 사용하지도 않았다. 크림전쟁과 식민지전쟁에서의 전쟁 경험도 풍부했다. 프랑스인들이 이참에 건방진 프로이센에게 프랑스가 오스트리아와 어떻게 다른지 똑똑히 보여주겠다며 자신만만하게 떠드는 것을 단순한 허세라고만 할 수는 없었다.

여론은 전쟁이 시작되기만 하면 나폴레옹 이래 유럽 최강을 자랑하는 대육군(Grande Armée)의 후예들이 베를린을 또 한번 짓밟

앵발리드박물관에 전시된 미트라외즈, 프랑스, 파리 개틀링과 더불어 현대 기관총의 아버지였다. 그러나 총신이 고정되어 측면 사격이 어려운데다 원거리 명중률이 극히 저조했다. 이 무기의 잠재력을 알아차리지 못한 프랑스군 수뇌부가 보병을 위한 근거리 화력 지원용으로 사용하는 대신 조준기가 없는 상태에서 대포처럼 운용했기 때문이다. 프로이센·프랑스 전쟁에서 큰 활약을 하지 못한 이유는 이 때문이지만 프랑스군 수뇌부는 현대전에서 기관총이 쓸모없다는 잘못된 결론을 내렸다. 프랑스는 기관총 개량을 소홀히 했고 결국 영국의 맥심 기관총에게 주도권을 내주었다. 프랑스군이 얼마나 경직되었는지 보여주는 셈이다.

아 프랑스의 위세를 보여줄 것이라며 기세등등했다. 그러나 나폴레옹 3세는 프랑스군이 싸울 준비가 되어 있지 않다는 것을 잘 알고 있었다. 프랑스군은 42만 6000명에 달하는 상비군을 보유했지만 그 중 상당수는 해외 식민지에 주둔했다. 본국에 배치된 병력은 28만 8000명에 불과했다. 나폴레옹 3세는 크림전쟁과 멕시코 원정에서 형편없는 프랑스군의 실상에 충격을 받고 군사력 확충을 위해 군대를 두 배로 늘리려고 했지만 거센 저항을 받아야 했다. 소규모의 직업

군인제를 선호했던 장군들은 프로이센식 대규모 징집제도를 도입하려는 나폴레옹 3세의 발목을 잡았다. 자신들이 원하는 것은 진짜 군인이지 쓸모없는 신병이 아니라는 것이었다. 전쟁 직전에야 '기동근위대(Garde Mobile)'라는 이름의 예비군제도가 도입되었다. 이론적으로는 전시에 40만 명을 동원할 수 있었다. 하지만 제대로 훈련받지 못했고 무기는 구식이었으며 치안 유지 이외에는 유명무실한 존재였다. 징병제의 가장 큰 걸림돌은 장군들과 정치인들이 프랑스 국민들을 무장시키기를 꺼린다는 사실이었다. 그들이 보기에 민중은 애국자가 아니라 언제라도 혁명을 일으켜 체제를 전복할 수 있는 잠재적인 위협에 지나지 않았다. 크림전쟁에서 드러났던 문제점들은 15년이 지났는데도 여전했다. 늙고 굼뜬 장군들은 출세욕만 가득할 뿐 군대 개혁에는 아무런 관심도 없었다. 나폴레옹 3세의 프랑스군은 나폴레옹 시절의 향수에만 젖어 있었다. 나폴레옹 3세가 프랑스군의 발전에 유일하게 기여한 점을 꼽는다면 병사들의 지방 섭취를 위해 버터의 대용품으로 마가린을 발명하는 데 일조했다는 사실이다. 백부가 통조림의 원조인 병조림을 개발한 것처럼 말이다.

반면 프로이센군은 상비군만 38만 2000명에 달했으며 프랑스처럼 해외 식민지에 분산할 필요도 없었다. 전시에는 현역 병사들 못지않게 잘 훈련되고 경험을 갖춘 예비군을 재빨리 충원하여 100만 명 이상으로 늘어났다. 장비 면에서도 4년 전보다 한층 개선되었다. 오스트리아군의 대포에 비해 열세였던 프로이센 포병들은 훨씬 우수하고 현대적인 크루프 후장식 강철제 대포로 교체했다. 기동력, 명중률,

사격 속도 등 모든 면에서 프랑스군의 전장식 청동 대포를 압도했다. 승패는 인구와 영토의 크기가 아니라 군사력과 동원 능력, 전략에 달려 있었다. 이런 점에서 프로이센은 프랑스보다 한 수 위였다.

프랑스인들은 프로이센을 혼쭐내겠다는 생각만 할 뿐 어떻게 싸우겠다는 구체적인 전쟁 계획은 없었다. 7월 15일 프랑스 총리 에밀 올리비에(Émile Ollivier)는 자신의 막중한 책임을 "가벼운 마음으로" 받아들이겠다면서 총동원령을 선언했다. 그들은 싸우기도 전에 승리에 도취되어 있었고 프랑스의 힘을 터무니없이 과대평가했다. 정작 전쟁에 승산이 없다면서 절망한 쪽은 나폴레옹 3세였다. 그는 측근에게 "과연 우리가 돌아올 수 있을지 누가 알겠소?"라고 말했다. 하지만 병들고 지친 그로서는 전쟁의 광기에 사로잡힌 국민들을 말릴 힘이 없었다. 결국 여론의 압박에 못 이겨 마지못해 선전포고에 동의했다. 나흘 뒤 양국은 전쟁을 선언했다. 프로이센·프랑스 전쟁 발발이었다.

울며 겨자 먹기로 시작한 싸움이지만 나폴레옹 3세는 그 와중에도 허황된 욕심을 품었다. 그는 후방에 앉아 장군들의 승전보를 기다릴 생각이 없었다. 그 옛날 백부가 군대를 이끌고 당당하게 알프스산맥을 넘어 대(對)프랑스 동맹군을 격파하는 기적의 승리를 일으키고 인생 역전의 기회를 잡았던 것처럼 자신도 직접 전장에서 프로이센을 격파하고 승리의 월계관을 쓴다면 정치적 위기를 돌파할 수 있으리라는 계산이었다. 7월 28일 그는 어린 황태자와 함께 파리를 떠나 최전선인 메스(Metz)로 향했다. 하지만 황제의 눈에 들어온 프랑스군은 전쟁의 긴장감과는 거리가 멀었다. 현지 수비대는 한가롭게 낚

시를 즐기고 있었다. 장교들은 휴가라도 온 것처럼 아내나 애인과 즐거운 시간을 보냈다. 기차를 타고 후방에서 도착한 병사들은 자신의 부대조차 찾지 못한 채 우왕좌왕했다. 나폴레옹 3세는 파리의 황후에게 보낸 편지에서 이번 싸움은 질게 불 보듯 뻔하다고 한탄했다.

그 와중에도 10만 명의 프랑스군이 나폴레옹 3세의 진두지휘 아래 자르강(Saar River)을 넘어 프로이센령 라인란트로 진격했다. 프로이센군이 동원되기 전에 속전속결로 승리를 거두겠다는 의도였다. 8월 2일 프랑스군은 국경도시 자르브뤼켄(Saarbrücken)에서 현지 수비를 맡은 프로이센군 1개 연대를 격퇴하고 첫 승리를 거두었다. 사상자가 수십 명에 불과한 작은 싸움이었지만 프랑스인들은 승리의 소식에 열광했고 베를린으로 향하는 길이 열렸다고 생각했다. 그러나 프로이센군은 프랑스군이 예상했던 것보다 훨씬 빠른 속도로 증강되고 있었다. 몰트케는 개전 2주 만에 50만 명에 달하는 병력과 1200문의 대포를 전선에 집결했다. 이제 반격을 시작할 때였다.

프랑스군 난타당하다

나폴레옹 3세는 두 가지 결정적인 오판을 저질렀다. 첫번째는 전쟁이 시작되면 4년 전의 복수를 꿈꾸는 오스트리아가 프랑스에 호응하여 프로이센을 협공하리라는 것이었다. 또한 바이에른을 비롯한 독일 남부의 친오스트리아 왕국들도 가세할 것이라고 판단했다. 그러나 계산은 완전히 빗나갔다. 오스트리아는 참전을 주저했고 독일 남부 왕국들은 프랑스를 편들기는커녕 오히려 프로이센 편에 서서 프랑스를 향해 총부리를 겨누었다. 그들이 생각하기에 잘못한 쪽은 독일 민족의 자존심을 건드린 프랑스였기 때문이다. 오스트리아 역시 프로이센이 얼마나 강한지 절감한데다 군이 위험을 무릅쓰면서 두 나라의 전쟁에 끼어들 만큼 이득이 없었다. 단순히 프로이센의 운이 좋았다기보다 오스트리아가 중립을 지키도록 물밑에서 설득하고 반프랑스 감정을 선동하여 독일 전체를 하나로 결집하는 데 성공한 비스마르크의 능수능란한 외교술 덕분이기도 했다. 나폴레옹 3세는 외교전에서 비스마르크에게 완패했다.

두번째는 프로이센의 동원 능력에 대한 오판이었다. 나폴레옹 3세는 프로이센이 주력부대를 동원하여 서쪽으로 수송하는 데 상당한 시간이 걸릴 것이라 여겼다. 만약 그 전에 프랑스군이 선제공격에 나선다면 승산이 있을지도 몰랐다. 만약 10년 전이었거나 몰트케라는 걸출한 인물이 없었다면 가능했을 것이다. 그러나 프로이센의 동원 속도는 프랑스의 예상을 뛰어넘었다. 프랑스군의 예비군제도가 허울뿐이었다면 프로이센은 훨씬 효율적이었다. 각 지역의 예비군들은 사전에 지정된 소집 장소에 신속히 모인 뒤 무기와 장비를 지급받고 그대로 기차에 올라 전선으로 향했다. 몰트케가 이끄는 참모본부가 지난 수년 동안 얻은 귀중한 경험을 활용하여 전쟁 계획과 병력 동원, 철도 수송에 이르기까지 체계적으로 준비한 성과였다. 프랑스군 역시 그동안 크림전쟁과 이탈리아전쟁, 멕시코 원정 등 많은 전쟁을 경험했다. 하지만 황제를 위한 치적 쌓기에 불과할 뿐 장군들은 그 전쟁들에서 새로운 교훈을 얻거나 상대를 연구하려는 노력에는 아무런 관심도 없었다. 프랑스군은 프로이센처럼 전쟁을 총괄하기 위한 전문 기구로서 참모본부조차 두지 않았기에 작전은 주먹구구식이었다.

나폴레옹 3세가 전선에 나옴으로써 도리어 혼란만 가중했다. "보나파르트 사람은 군대를 진두에서 이끈다"라며 허세를 부렸지만 그는 나폴레옹이 아니었다. 게다가 그간의 방탕한 생활로 인해 체력이 뒤따르지 않았다. 파리를 떠날 때 그는 이미 병색이 짙어 말을 거의 탈 수 없었고 수시로 휴식을 취해야 했다. 프랑스군은 자르브뤼켄에서 승리를 거두고도 황제의 '저질' 체력에 발이 묶이면서 더이상 진격할 수 없었다. 더욱이 프랑스군은 프로이센보다 한발 먼저 움직이는 데는 성공했지만 열악한 병참체계가 뒷받침되지 못했다. 수송부대는 전선으로 대포와 소총을 수송하면서 탄약을 빼놓기도 했다. 병사들은 식량과 물자 부족으로 전투 대신 먹을 것을 찾아 헤맸다. 각 부대는 넓은 지역으로 흩어졌고 적의 공격을 받았을 때 서로를 지원할 수 없었다. 심지어 현지 지도조차 없었다. 정찰도 게을리했다. 제1군단장 파트리스 드 마크마옹(Patrice de MacMahon) 원수가 프로이센군의 공격을 경계하라고 지시했지만 일선 지휘관들은 무시했다. 프랑스군은 총체적인 난맥상이었다.

8월 초 동부 전선에 배치된 프랑스군이 지원부대까지 합하여 25만 명 정도에 불과했던 반면, 몰트케는 두 배에 달하는 50만 명을 투입했다. 준비나 계획도 없이 무턱대고 국경을 넘은데다 병참의 어려움까지 겪고 있었던 프랑스군은 대번에 수세에 몰렸다. 자르브뤼켄

전투 이틀 뒤 프로이센군의 매서운 반격이 시작되었다. 나폴레옹 3세는 프리드리히 황태자가 지휘하는 프로이센군 13만 명이 자르브뤼켄에서 50킬로미터 떨어진 곳에 있다는 보고를 듣고 충격을 받았다. 그는 급히 방어 태세를 갖출 것을 명령했다. 그러나 프랑스군의 사기는 땅에 떨어졌다. 프랑스 제2군단은 겁에 질려 명령도 없이 제멋대로 자르강 서안으로 철수하여 프랑스 영내로 후퇴했다. 전선에 커다란 구멍이 뚫렸다.

8월 4일 프랑스 제1군단 산하 제2사단은 비상부르(Wissembourg)에서 세 배에 달하는 프로이센군에 포위되었다. 프랑스군 병사들은 경험이 풍부한 역전의 용사였고 프로이센군에 비해서도 손색이 없었다. 그들은 위력적인 샤스포 소총으로 맹렬한 사격을 퍼부어 프로이센군의 돌격을 저지했다. 특히 프랑스군의 신무기 미트라외즈는 밀집 대형으로 밀고 들어오는 프로이센군 병사들을 추풍낙엽처럼 쓰러뜨려 가공할 위력을 보여주었다. 그 광경을 본 한 프로이센 장교는 이렇게 썼다. "미트라외즈에 부상을 입은 사람은 극소수다. 왜냐하면 그것에 맞으면 확실히 죽는다." 하지만 용맹함이 무색하게 쉴새없이 쏟아지는 프로이센군의 포격과 압도적인 수적 열세는 극복할 길이 없었다. 제2사단장 아벨 두에(Abel Douay) 장군은 포격으로 전사했다. 수 시간의 격전 끝에 탄약이 떨어진 프랑스군은 항복했다.

다음날에는 자르브뤼켄 남쪽의 자르강 서안의 스피셰르앙(Spicheren)전투에서 카를 프리드리히 폰 슈타인메츠(Karl Friedrich von Steinmetz) 장군의 프로이센 제1군이 프랑스 제2군단을 향해 맹

프로이센·프랑스 전쟁 당시 프랑스군 주력 대포이자 '나폴레옹 대포'라고 불렸던 12파운드 전장식 청동 대포 프랑스군은 오랫동안 유럽 최강의 포병을 자랑했으나 나폴레옹 이후 포병의 혁신을 게을리하여 시대에 뒤처졌다. 반면 프로이센군은 오스트리아군과의 싸움에서는 소총으로 승리했고 이번에는 신형 강철 대포로 프랑스군을 압도했다.

공을 퍼부었다. 유리한 고지를 차지한 프랑스군은 한발도 물러서지 않은 채 용맹하게 싸웠다. 한때 프랑스군이 프로이센군을 밀어낼 것처럼 보였지만 프로이센군이 늘어나고 탄약마저 떨어지자 프랑스군은 후퇴할 수밖에 없었다. 프로이센군의 희생도 적지 않았다. 프로이센군은 수적으로 우세했음에도 더 많은 사상자를 냈다. 제27여단장 부르노 폰 프랑수아(Bruno von François) 준장은 전사했다. 4년 전 프로이센군이 오스트리아군을 상대로 예닐곱 배 이상의 손실을 입혔던 것과는 대조적이었다. 프랑스군은 오스트리아군보다 훨씬 만만치 않은 적수였다. 몰트케는 프로이센 제1군과 제2군으로 거대한 포위망을 형성하여 나폴레옹 3세의 주력부대 전체를 섬멸할 생각이었다. 하지만 슈타인메츠가 프로이센 제2군이 도착하기 전에 성급하게 공격에 나서는 바람에 계획이 틀어졌다. 프랑스 제2군단은 큰 피해를 입었지만 포위되지 않고 재빨리 물러날 수 있었다. 그러나 더 큰 승리를 놓쳤다고는 해도 대세가 바뀐 것은 아니었다. 프로이센군은 또 한번 대승을 거두었다.

8월 6일에는 비상부르에서 남쪽으로 16킬로미터 떨어진 뵈르트(Wörth)에서 프랑스 제1군단이 프로이센 제3군의 공격으로 병력의 반수를 잃었다. 프로이센군 사상자는 1만여 명 정도인 반면, 프랑스군은 두 배인 2만여 명을 잃었다. 프로이센군의 승리는 전적으로 수적 우세와 대포 덕분이었다. 프랑스군 보병들은 우수한 샤스포 소총의 위력을 한껏 발휘했지만 프로이센군의 압도적인 머릿수 앞에서는 무용지물이었다. 특히 프로이센군은 신형 크루프 속사포로 반격하는 프랑스군을 섬멸했다. 프랑스군은 독일 영토에서 완전히 밀려났다. 간신히 빠져나온 패잔병들은 출발 지점이자 나폴레옹 3세의 사령부가 있는 메스로 모여들었다. 이제는 프로이센군이 프랑스로 진격할 차례였다. 프랑스군은 만신창이였다. 패전 소식이 전해지자 파리는 대혼란에 빠졌고 폭동이 일어났다. 내각은 총사퇴했다. 새로운 정부는 나폴레옹 3세에게 지휘권을 포기할 것을 강요했다. 파리에 남아 있던 외제니 황후가 성난 민중을 겨우 달래어 당장 혁명이 폭발하는 것만

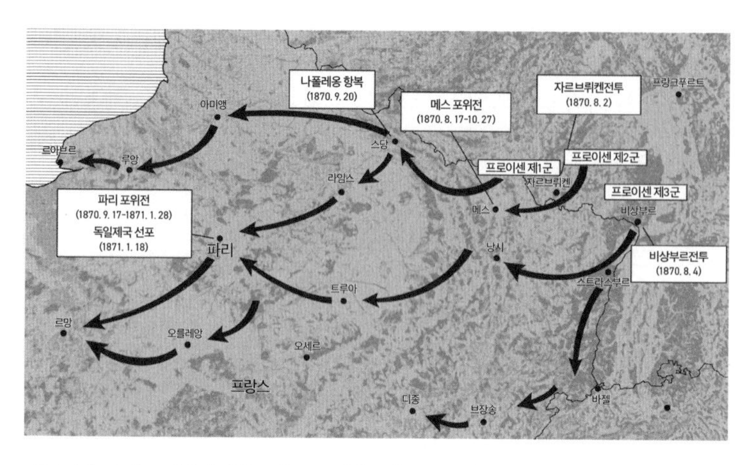

프로이센·프랑스 전쟁의 전황도와 프로이센군의 주요 진격 상황, 1870년 8월 2일~1871년 1월 18일

은 막았지만 그의 제국은 뿌리부터 흔들렸다.

나폴레옹 3세는 2주 전만 해도 시민들의 열렬한 환호를 받으며 장군들과 근위대를 거느리고 당당하게 파리를 나섰으나 이제는 프랑스에서 가장 미움받는 존재였다. 그는 메스를 떠나면서 프랑스 주력 부대인 라인군의 지휘권을 프랑수아 바젠(François Bazaine) 장군에게 넘겼다. 나폴레옹 3세의 우유부단한 지휘는 프랑스군에게 오히려 방해가 되었기에 일선 장군들은 크게 기뻐했다. 그러나 바젠 역시 몰트케의 상대가 되지 못했다. 나폴레옹 3세가 메스를 버리고 베르됭으로 퇴각하라고 권고했지만 바젠이 우물쭈물하는 사이 몰트케가 한발 앞서 움직였다. 8월 16일 마르라투르(Mars-la-Tour)전투에서 프랑스군 18만 명이 3만 명의 프로이센군에게 퇴로가 차단되면서 메스에 갇혔다.

메스에서 프랑스군의 주력부대가 포위된 상황에서 마크마옹의 제1군단은 서쪽으로 후퇴했다. 그러나 제1군단도 뵈르트에서 큰 타격을 입어 남은 병력은 2만 7000명에 불과했다. 병사들 태반은 무기가 없었다. 또한 굶주림에 허덕이며 구걸과 약탈로 연명했다. 프로이센군은 메스 포위를 더욱 강화하는 한편, 일부 병력을 남쪽으로 보내 알자스 전역을 휩쓸었다. 프랑스로서는 이대로 메스가 함락되어 프랑스군이 섬멸한다면 파리 방어조차 장담할 수 없는 형국이었다. 나폴레옹 3세는 신하들에게 지휘권을 박탈당한데다 스스로도 자신이 백부와 같은 재능이 없음을 그제야 깨달았다. 의기소침해진 그는 황태자와 함께 파리로 귀환하기를 바랐지만 외제니 황후의 거센 반대에 부딪혔다. 외제니 황후는 설사 전장에서 죽더라도 황제는 군대와 함께 해야 한다고 고집을 부렸다. 그녀는 나폴레옹 3세에게 보낸 편지에서 "무서운 혁명이 일어나기를 원하지 않는다면 돌아올 생각은 하지 마십시오. 민중은 폐하가 위험에서 도망칠 생각으로 군대를 버렸다고 생각할 것입니다"라고 협박했다. 이대로 나폴레옹 3세가 파리로 돌아오는 날이 곧 보나파르트제국의 마지막이 될 판이었다.

새로운 정부는 전선에서 퇴각한 패잔병들과 파리에 남은 모든 병력을 모아 샬롱군이라는 새로운 부대를 창설하고 마크마옹 장군을 총사령관에 임명했다. 병력은 13만 명에 달했다. 나폴레옹 3세는 마크마옹 장군과 함께 군대를 거느리고 메스로 진군했다. 여기에 메스에 포위된 18만 명과 파리에 모인 40만 명의 예비군을 합하면 도합 70만 명에 이르렀다. 메스를 포위한 30만 명의 프로이센군보다 수적으로 월등히 우세했다. 프랑스로서는 아직 해볼 만했다.

그러나 프랑스군은 연전연패로 사기가 땅에 떨어진데다 한여름 뙤약볕 아래에서 장거리 행군을 하면서 녹초가 되었다. 그들은 프랑스 영토 내에서 싸우고 있는데도 병참이 마비되면서 식량과 보급품조차 지급받을 수 없었다. 그사이 프로이센군은 메스 주변에 참호를 파고 바리케이드를 치는 등 포위망을 한층 강화했다. 프랑스군은 메스에서 굶어죽을 판이었다. 게다가 프랑스군은 프로이센군에 대한 아무런 정보도 얻을 수 없었던 반면 프로이센군은 프랑스군의 실상을 모조리 파악했다. 보안에 무지했던 프랑스 신문들이 독자들의 관심 끌기에 급급하여 실시간으로 프랑스군의 움직임을 알려준 덕분이었다. 몰트케는 애써 노력할 필요 없이 프랑스 신문을 사서 읽는 것만으로도 프랑스군이 언제 어디로 이동하고 있으며, 어디서 공격할지 훤하게 파악했다. 나폴레옹 3세는 뒤늦게 알고 신문에 가짜 뉴스를 퍼뜨리도록 지시했지만 소용없었다. 프랑스군의 움직임은 매우 더뎠고 발빠른 프로이센군에게 따라잡혔다. 몰트케는 나폴레옹 3세가 접근중이라는 사실을 알고 제1군과 제2군으로 메스의 포위를 늦추지 않는 한편, 제3군과 새로이 편성한 제4군을 서쪽으로 진격시켰다.

8월 30일 뫼즈 강변의 보몽(Beaumont)전투에서 프랑스 제5군단은 프로이센군의 측면 기습을 받아 괴멸적인 타격을 입었다. 프랑스 기병들이 퇴로를 열기 위해 프로이센군을 향해 돌격했지만 프로이센군의 포격 앞에서 무참히 학살되었다. 마크마옹은 메스로 진격하여 프로이센군을 역포위한다는 것이 불가능하다는 사실을 절감했다. 이제는 파리로 철수하는 것이 더 큰 재앙을 피할 수 있는 유일한 선택이었다. 그러나 그는 보몽에서 북쪽으로 약 20킬로미터 떨어진 스당으로 퇴각할 것을 명령했다. 스당은 200여 년 전의 오랜 성곽이 있는 작은 도시로 벨기에 국경에서 가까웠다. 주변에는 언덕과 숲이 있어 방어에 용이했다. 마크마옹은 군대를 재편성하고 휴식을 취한 뒤 다시 공격에 나설 생각이었다. 한편, 나폴레옹 3세는 제1군단 일부와 함께 메스에서 50킬로미터 떨어진 몽메디(Montmédy)에 도착했다. 그는 수행원들과 함께 한가롭게 식사하던 중에 보몽에서의 패배 소식과 스당으로 물러난다는 마크마옹의 전보를 받고 크게 당황했다. 그는 우물쭈물하다가는 자신이 프로이센군의 포로가 될 판임을 깨닫고는 허둥지둥 빠져나와 스당행 열차에 올랐다.

순교 대신 포로를 선택하다

프랑스군은 프로이센군의 맹렬한 추격을 받으며 속속 스당으로 모여들었다. 마크마옹은 스당이 병력을 재편하기 위한 잠깐의 휴식처일 뿐 결전의 장소라고는 생각하지 않았다. 따라서 장기전을 대비하지 않았고 방어를 강화하기 위해 참호를 파야 한다는 제7군단장 펠릭스 두에(Félix Douay) 장군의 건의도 묵살했다. 탄약은 풍부했지만 식량은 이틀 치에 불과했다. 몰트케는 스당을 프랑스군의 무덤으로 삼기로 했다. 그는 병력을 셋으로 나누어 전진했다. 프랑스군의 완강한 저항에도 불구하고 20만 명에 달하는 프로이센군은 스당을 물샐 틈없이 포위했다. 프랑스군 13만 명이 포위되었다. 그중에는 나폴레옹 3세와 마크마옹도 있었다. 몰트케는 빌헬름 1세에게 자신만만하게 "우리는 그들을 쥐구멍으로 몰아넣었습니다"라면서 승리를 장담했다. 체크메이트였다.

9월 1일 새벽 6시 빌헬름 1세와 몰트케가 지켜보는 가운데 프로이센군의 총공격이 시작되었다. 궁지에 몰린 프랑스군도 필사적이었다. 프로이센군은 몇 번이나 시가지로 진입하던 중 격퇴되었다. 그러나 수적으로 프로이센군이 훨씬 우세한데다 막강한 크루프 대포가 쉴새 없이 포탄을 퍼부으며 프랑스군 진지를 공격했다. 마크마옹도 부상을 입었다. 나폴레옹 3세는 상황이 급박해지자 스당 탈출을 명령했다. 그러나 빠져나갈 길이 없었다. 서쪽으로 돌파구를 열려던 프랑스 기병들은 프로이센군에게 떼죽음을 당했다. 프랑스군은 완전히 포위된 채 프로이센군의 압박을 받으며 점점 도시 안쪽으로 밀려났다.

오후 2시 장 오귀스트 마르그리트(Jean Auguste Marguerite) 장군이 이끄는 프랑스 기병 1800여 명이 탈출로를 열기 위한 돌격에 나섰다. 사방에서 포탄이 터지는 상황에서 자살행위나 다름없었다. 프로이센군은 집중 사격으로 용맹하지만 무모한 이들을 간단하게 쓸어버렸다. 30분 동안 1000명 이상이 전사했다. 마르그리트도 중상을 입었고 닷새 뒤 죽었다. 서유럽에서 마지막 구식 기병 돌격이었다. 마지막 반격마저 실패하자 프랑스군의 사기는 완전히 꺾였다. 공황 상태

6파운드 크루프 C/67 후장식 강철 속사포, 벨기에왕립군사박물관 프랑스군이 사용한 한 세대 이전의 낡은 전장식 청동 대포가 발사 속도 분당 2발, 최대 사거리는 2.5킬로미터에 불과했던 반면, 프로이센군의 신형 후장식 강철 속사포는 비록 구경은 작지만 분당 6발에서 10발을 쏠 수 있었고 최대 사거리 3.5킬로미터에 달하여 원거리에서 프랑스군을 폭풍처럼 난타할 수 있었다. 나폴레옹의 진정한 후계자는 그의 얼치기 조카가 아니라 몰트케였던 셈이다.

에 빠진 병사들은 서로 먼저 달아나려고 자기들끼리 주먹싸움을 벌였다. 나폴레옹 3세는 절망적인 상황에서 프랑스군 진지를 이리저리 배회할 뿐 아무것도 하지 못했다. 그 와중에 코앞에서 포탄이 떨어져 경호장교가 전사하기도 했다. 그에게는 마렝고(Marengo)전투에서의 나폴레옹처럼 단호한 모습으로 겁에 질린 병사들을 격려할 배짱도 없었고 포위망 밖에서 구원군이 때맞추어 나타나 프로이센군을 격퇴하는 기적도 없었다.

제5군단장 에마뉘엘 펠릭스 드 윙펜(Emmanuel Félix de Wimpffen) 장군이 스당 탈출을 권유했지만 나폴레옹 3세는 거부했다. 그렇다고 병사들과 함께 장렬한 최후를 맞이할 생각도 없었다. 그는 스당의 성벽 위에 백기를 내걸고 프로이센군에게 항복했다. 백부가 최후의 순간에 군신으로서 전장에서 명예롭게 전사하는 대신 구차한 목숨을 연명하는 쪽을 선택했던 것처럼 나폴레옹 3세도 적의 자비에 매달리기로 했다. 그 점만큼은 가문의 전통을 지킨 셈이었다. 전투는 멈추었다.

다음날 새벽 6시 나폴레옹 3세는 장군들과 함께 프로이센군 진지로 향했다. 황제를 기다리고 있었던 사람은 빌헬름 1세가 아니라 비스마르크와 몰트케였다. 그는 자신이 결코 전쟁을 원하지 않았다고 호소하면서 파리로 보내줄 것을 요청했지만 거부당했다. 나폴레옹 3세는 자신의 군대와 함께 포로가 되었고 스당 근처의 샤토 벨뷔(Château Bellevue)로 이송되었다. 그는 황후에게 편지를 보내 자신이 병사들의 목숨을 구하기 위한 유일한 선택을 했다고 변명을 늘어놓았다. 하지만 외제니 황후는 나폴레옹 3세가 순교 대신 항복했다는 소식을 듣고 "아니! 황제는 굴복하지 않소! 왜 그는 자살하지 않은 것이오? 수치스러움을 모른단 말이오?"라고 하며 울부짖었다. 어쨌든 나폴레옹 3세는 죽은 것이나 다름없었다. 제국은 무너졌다. 성난 군중들이 몰려오자 외제니 황후는 궁전을 버리고 변장한 채 달아나야 했다. 스당 패배 이틀 만에 지난 20여 년을 통치했던 나폴레옹 3세의 천하도 끝장났다.

나폴레옹 3세는 패배했지만 전쟁이 끝난 것은 아니었다. 1815년이나 1940년과 달리 프랑스는 항복 대신 끝까지 싸우는 쪽을 선택했다. 하지만 그들에게는 불운하게도 더욱 고통스럽고 치욕스러운 결말로 이어졌다. 기적도, 구세주도 없었다. 9월 19일에는 파리가 포위되었다. 메스는 굶주림에 허덕이며 고양이와 쥐를 잡아먹으면서 버티다가 두 달 만인 10월 29일 항복했다. 프랑스인들은 도처에서 게릴라전을 펼치며 저항했지만 정예부대를 모두 잃었기에 막강한 프로이센군과 대적하기에는 역부족이었다. 1871년 1월 12일 르망(Le Man)전투에서 10만 명의 프랑스 루아르군은 7만 명의 프로이센군에게 패퇴했다. 17일에는 스위스 국경 인근의 에리쿠르(Héricourt)에서 프랑스 동부군이 괴멸했다. 메스와 마찬가지로 파리도 굶주림과 프로이센군의 포격에 시달리다가 4개월 만인 1월 28일에 항복했다. 베르사유궁전에서는 독일제국의 건국을 선포하는 행사가 성대하게 거행되었다.

유럽 최강자의 자리를 놓고 벌어진 결승전은 프로이센의 완승으로 끝났다. 프랑스의 시대는 끝났다. 5월 10일 프랑크푸르트조약이 체결되었다. 항복조건은 관대하지 않았다. 오스트리아 때와 달리 비스마르크는 이참에 프랑스를 철저히 무너뜨림으로써 두 번 다시 프로이센에 도전하지 못하도록 하겠다는 생각이었다. 프랑스는 배상금으로 50억 프랑을 5년 내에 납부하되, 그것을 갚을 때까지 독일군의 주둔을 허용해야 했다. 프랑스인들 입장에서 더욱 치욕적인 일은 라인강 서쪽의 알자스로렌 지역을 빼앗겼다는 점이었다. 면적 1만 4000제곱킬로미터에 프랑스 산업이 집중되어 있는 알짜배기 땅이었다. 독일인 입장에서는 그 옛날 신성한 독일의 일부였으며 2세기 전 루이 14세에게 부당하게 빼앗긴 땅을 230여 년 만에 되찾은 것에 지나지 않았다. 하지만 프랑스인들은 그렇게 생각하지 않았다. 『마지막 수업』의 저자 알퐁스 도데(Alphonse Daudet)를 비롯한 프랑스 민족주의자들은 와신상담하여 언젠가 되갚아야 한다며 프랑스인들의 애국심을 선동했다. 비스마르크는 만신창이가 된 프랑스가 두 번 다시 일어서기 쉽지 않으리라 생각했다. 이번에는 그의 오판이었다. 프랑스는 2년 만에 배상금을 모두 지불함으로써 여전히 만만치 않은 강적임을 증명했다. 알자스로렌의 할양은 양국의 뜨거운 감자가 되어 40년 뒤 제1차세계대전으로 이어졌다.

나폴레옹 3세는 종전과 함께 석방되었지만 증오심에 사로잡힌 민중이 기다리는 파리로 돌아갈 수 없었다. 그는 옥좌에 복귀하지도, 죄수가 되어 바다 건너 머나먼 유형지로 쫓겨나지도 않았다. 프랑스가 항복한 지 두 달 뒤인 3월 20일 그는 가족들과 함께 영국으로 망명했다. 나폴레옹과는 달리 영국과 원만한 관계를 유지했던 나폴레옹 3세는 빅토리아여왕의 환대를 받았고 안락한 생활을 누렸다. 비록 국민들에게 쫓겨났다고는 하지만 퇴위를 인정하지 않았기에 여전히 명목상으로는 프랑스 황제였다. 그는 야심을 버리지 못하고 은근히 권좌로 돌아올 기회를 노렸다. 하지만 보나파르트라는 이름에 두 번이나 속았다고 분노한 프랑스인들은 더이상 참지 않았다. 프랑스에서 보나파르트 제정이 부활하는 일은 두 번 다시 없었다. 나중에 스당의 패장인 마크마옹은 프랑스 제3공화국의 2대 대통령이 되자 군

주제 부활을 시도했지만 옹립하려고 했던 사람은 보나파르트가문이 아니라 부르봉왕가의 정통 후계자이자 루이 16세의 손자뻘인 샹보르 백작(Count of Chambord)이었다. 낙담한 나폴레옹 3세는 회한과 번민의 나날을 보내다가 2년 만인 1873년 1월 9일 런던 교외 치즐허스트(Chislehurst)에서 쓸쓸히 사망했다. 숨을 거두기 전 그는 이렇게 말했다. "우리가 스당에서 겁쟁이는 아니었잖소?" 스당의 악몽은 죽는 순간까지 따라다녔던 셈이다.

제8장

흑인들에게는 희망을, 백인들에게는 조롱을

오레스테 바라티에리와 아두와전투

"이탈리아군은 지도가 부족했고, 총기는 구식이었으며, 통신 장비도 열악했고, 험난한 지형에서 신을 군화도 형편없었다. 신형 카르카노 M91 총기는 재정난에 허덕이던 바라티에리가 구형 탄약을 다 써야 한다는 이유로 사용하지 않았다. 고참병들은 고향을 그리워하느라 싸울 의지가 없었고 신병들은 경험이 부족하여 단결력을 찾아볼 수 없었다. 짐을 실어나를 노새와 안장도 부족했다."

—크리스 프라우티(Chris Prouty), 『타이투 황후와 메넬리크 2세』(1883~1910년)

"신문을 통해 당신이 위독하다는 사실을 알았소. 기쁘지만 나는 당신이 죽기를 원하지 않소. 그건 당신에게 너무 가벼운 처벌이기 때문이오. 나는 당신이 가능한 한 오랫동안 천 번의 고통을 받기를 바라오."

—중병에 걸려 죽음을 목전에 두고 있던 바라티에리 앞으로 보내진 익명

의 편지에서(1901년)

적의로 가득찬 편지를 보낸 사람의 바람과는 달리 편지를 받은 지 얼마 되지 않아 바라티에리는 숨을 거두었다.

위대한 조상의 못난 자손?

무솔리니의 군대가 사자의 탈을 쓴 양의 군대라면 그 전에는 어떠했을까. 이탈리아인들에게는 절망스럽게도 그 시절 역시 패가망신의 역사였다. 무솔리니 때문에 멀쩡한 군대가 막장이 되었다기보다는 원래부터 썩 신통치 않았지만 파시즘이라는 뽕이 주입되는 바람에 한층 정신줄을 놓게 되었다고 할까. 제1차세계대전 당시 연합군 최악의 참패 중 하나이자 이탈리아가 전열에서 거의 나가떨어질 뻔했던 카포레토전투의 패장인 카도르나 장군은 이런 명언을 남기며 자신의 군대를 깎아내렸다. "나는 쿠스토차와 아두와에서 패배한 군대의 수장이었다." 즉 자기가 무능해서 싸움에 진 것이 아니라 이런 구제 불능 군대는 누가 맡았어도 마찬가지라는 이야기였다. 심지어 회고록에서 독일 장군들은 늘 이기는 군대를 이끌었고 자신은 언제나 지는 군대를 거느렸기에 독일군에게 이길 수 없는 것은 당연하다고 주장했다. 그런 카도르나조차 20년 뒤 후배들이 이탈리아군을 갈 데까지 가게 만드는 꼴을 보았더라면 절망했을 성싶다.

물론 그의 말은 치졸한 핑계에 지나지 않는다. 이탈리아군을 매번

'반푼이'로 만든 장본인은 병사들이 아니라 장군들이었기 때문이다. 1866년 프로이센-오스트리아 전쟁에 호응한 이탈리아군은 '미수복 영토'인 오스트리아령 베네치아를 차지할 속셈으로 국왕의 진두지휘 아래 공격에 나섰다. 이탈리아군은 베네치아를 지키는 오스트리아군의 두 배에 이르렀다. 베네치아에서 서쪽으로 약 120킬로미터 떨어진 작은 마을 쿠스토차에서 알폰소 라 마르모라(Alfonso La Marmora) 장군이 지휘하는 12만 명의 이탈리아군과 합스부르크 대공 알브레히트(Archduke Albrecht of Habsburg)의 오스트리아군 7만 명이 맞붙었다. 일진일퇴의 치열한 혼전이 벌어지는 가운데 수적으로 우세한 이탈리아군이 오스트리아군을 조금씩 밀어붙였다. 그러나 겁 많고 소심한 마르모라는 지레 겁을 먹고 후퇴 명령을 내렸다. 수세에 몰려 있던 오스트리아군은 기회를 놓치지 않고 반격하여 이탈리아군을 남쪽으로 몰아냈다.

불과 한 달 뒤에는 이탈리아 해군이 망신을 당했다. 아드리아해에서 벌어진 리사(Lissa) 해전에서 카를로 디 페르사노(Carlo di Persano) 제독이 이끄는 이탈리아 해군은 더 많은 군함과 대포를 보유하고 있었음에도 불구하고 오스트리아군의 포격과 충각 전술(뱃머리로 상대 군함의 측면을 들이박는 전술)에 대패했다. 이탈리아군은 아홉 척의 철갑함 중 두 척이 침몰한 반면, 오스트리아군의 손실은 거의 없었다. 심지어 페르사노 제독은 본국에 승리했다고 허위로 보고했다가 들통나는 바람에 군대에서 쫓겨났다. 육지와 해상에서 잇따라 패배하면서 이탈리아는 궁지에 내몰렸다. 그나마 오스트리아가 프로이센군에게 패한 덕분에 이탈리아는 운 좋게 싸움에서 지고도 승리했고 베네치아를 병합하여 통일을 실현할 수 있었다.

19세기 이래 이탈리아군의 역사는 오욕과 실패의 반복이었다. 1899년에는 소규모 함대를 중국으로 파견했다. 청일전쟁의 패배로 궁지에 몰린 청나라를 상대로 다른 열강처럼 뭔가 뜯어낼 속셈이었다. 그리고 무력 시위를 하면서 저장(浙江)성의 요충지인 싼먼만(三門灣)의 조차를 요구하는 '생떼'를 부렸다. 하지만 제아무리 무력한 청조라도 이탈리아에게는 "이런 소국에까지 업신여김을 당할 수는 없다"면서 한 발도 물러서지 않았다. 결국 이탈리아는 몇 달 만에 빈손으로 물러나야 했다. 한낱 해프닝이었지만 뜻밖의 결과를 가져왔다. 청조로서는 백인을 상대로 처음으로 거둔 승리였고 청일전쟁 이후 의기소침했던 분위기에서 자신감을 되찾았다. 서태후가 갑자기 굴욕외교에서 '부청멸양(扶淸滅洋)'을 외치는 의화단과 손을 잡고 강경책으로 전환하게 된 배경은 이런 알려지지 않은 이유도 있었다. 하지만 불행히도 중국인들에게 서구 열강은 이탈리아와는 차원이 다른 상대였다. 그렇지 않아도 청조를 손봐주겠다고 벼르던 서구 열강은 연합군을 결성한 뒤 중국을 침공하여 베이징을 약탈했다. 그중에는 이탈리아군도 있었다. 이탈리아로서는 뜻하지 않게 남의 동네에 엉뚱한 민폐를 끼친 셈이었지만 정작 자신들은 다른 열강에 편승하여 재미를 보았으니 역사에서 보기 드문 아이러니가 아닐까 싶다.

물론 이탈리아가 승리한 예도 있었다. 1911년 쇠락하는 오스만제국에게서 리비아를 빼앗았다. 하지만 이탈리아가 순수하게 혼자 힘으로 이겼다기보다는 이집트의 지배자인 영국이 이탈리아를 편들어 오스만제국이 리비아로 증원 병력을 보낼 수 없었기 때문이다. 이탈리아 정치인들은 영토 확장에는 그토록 광분하면서도 과학이나 새로운 발견에는 아무런 관심도 없었다. 이탈리아의 에디슨이자 이탈리아에서 처음으로 노벨 물리학상을 수상한 굴리엘모 마르코니(Guglielmo Marconi)는 1895년에 세계 최초의 장거리 무선 전송 시스템을 발명하고 정부에 자금 지원을 요청했다. 하지만 돌아온 것은 정신병원에 처넣어야 한다는 모멸적인 대답이었다. 덕분에 오늘날 우리가 라디오와 휴대전화, TV를 즐길 수 있게 만든 혁신적인 발명품은 영국의 차지가 되었다. 2000여 년 전 유럽 대륙을 제패했던 로마제국은 둘째치고라도 중세와 근세에 걸쳐 지중해에서 거대한 해상제국을 건설하고 오스만제국의 침략에서 유럽을 지키는 방패 역할을 하면서 르네상스의 황금기를 꽃피웠던 베네치아의 정신은 찾아볼 수 없었다. 이를 두고 '호부견자(虎父犬子)'라고 하는 것일까. 이탈리아군이 형편없다는 사실보다도 힘도 없는 주제에 제국을 부활하겠다며 주제넘는 정복전쟁에 뛰어들었다는 사실이 더 놀라울 따름이다. 탐욕만은 세계 제일인데, 능력이 따라주지 않아서 안타깝다.

쿠스토차, 리사의 참패와 더불어 이탈리아군의 또다른 악몽은 꼭 30년 뒤에 벌어진 1896년의 아두와전투였다. 에리트레아와 에티오피아 국경의 작은 마을 아두와에서 오레스테 바라티에리 장군이 지휘하는 이탈리아군 4개 여단 1만 4000여 명은 10만 명의 에티오피아군에게 포위 섬멸되었다. 그것도 같은 유럽인과의 싸움이 아니라 유럽인들이 미개하다며 깔보던 아프리카인들에게 패했으니 변명할 여지조차 없었다. 물론 다른 열강 또한 유색인종에게 패배를 겪은 적이 없지는 않았다. 1879년 1월 남아프리카 이산들와나(Isandlwana)전투에서 2000여 명의 영국군은 열 배에 달하는 줄루군대에게 참패했다. 그러나 아두와와 다른 점은 그런 승리조차 영국을 잠시 놀라게 해도 대세를 바꿀 수는 없었다는 사실이었다. 영국은 재빨리 패배의 원인을 분석한 뒤 대군을 증파했다. 두 번의 기적은 없었다. 6개월도 되지 않아 수도 울룬디(Ulundi)는 파괴되고 줄루의 군주이자 위대한 전사였던 케취와요 캄판데(Cetshwayo kaMpande)는 영국군의 포로가 되어 끌려갔다. 줄루왕국은 멸망했다.

반면 이탈리아인들에게는 자신들의 불명예를 씻기 위한 복수전에 나설 능력이 없었다. 오히려 에티오피아군이 승리의 여세를 몰아 이탈리아령 에리트레아로 밀고 들어올까 겁에 질렸다. 그나마 에티오피아 황제 메네리크 2세는 이탈리아를 아프리카에서 몰아내어 완전한 승리를 거두는 대신 병참 문제를 우려하여 군대를 아디스아바바로 돌렸다. 하지만 이탈리아인들에게 패전의 충격은 컸다. 그때까지 유럽 여느 나라들, 심지어 벨기에나 포르투갈 같은 약소국조차 아프리카인들에게 그 같은 참패를 당한 경우는 없었다. 국회의장 도메니코 파리니(Domenico Farini)는 일기에 “이탈리아는 끝났다”라고 썼다. 프란체스코 크리스피(Francesco Crispi) 내각은 총사퇴했다. 국왕 움베르토 1세는 3월 14일에 자신의 52번째 생일을 기념하는 대신 ‘애도의 날’로 정했다. 이탈리아는 온 유럽의 조롱거리가 되었다. 로마를 비

줄루 왕 케취와요 캄판데(가운데)**와 서양식 소총으로 무장한 줄루 전사들** 케취와요 캄판데는 줄루의 전설적인 군주 샤카 이래 가장 강력한 임금이었다. 거구였던 그는 냉혹함과 결단력, 카리스마를 겸비했으며 형제들과의 피비린내나는 투쟁 끝에 승리하여 왕위에 올랐다. 캄판데는 아프리카 근대 역사상 처음으로 유럽 열강을 격파하여 명성을 떨쳤지만 결국 영국의 더 큰 보복을 불러왔다. 시대를 잘못 만난 것이 그의 불행이었다.

롯한 주요 도시에서는 눈앞의 욕심에 눈이 멀어 무모한 원정을 강행한 정부를 비난하는 폭력 시위가 벌어졌다. 아두와전투가 이탈리아인들에게 절망을 주었다면 유럽의 침략과 압제에 시달리던 아프리카인들에게는 유럽인들이 무적이 아니라는 자신감을 주었다. 2년 뒤 1898년 수단 옴두르만(Omdurman)에서 두번째 도전이 있었다. 잘 훈련되고 대포와 기관총으로 무장한 2만 5000여 명의 영국군은 두 배나 더 많은 수단 군대를 쓸어버렸다. 이탈리아인들은 본의 아니게 헛된 희망만 심어준 셈이었다.

붉은셔츠단 출신의 전쟁 영웅

비극의 주인공이 될 오레스테 바라티에리(Oreste Baratieri, 1841~1901)는 1841년 오스트리아가 지배하던 이탈리아 북부 콘티노(Condino)에서 태어났다. 그는 이탈리아군에서 눈부신 경력을 쌓아 올렸다. 열일곱 살 때 이탈리아의 위대한 혁명가 가리발디가 이끄는 의용부대인 붉은셔츠단에 참가했다. 1860년 5월 가리발디의 의용군 1000여 명은 시칠리아를 거쳐 이탈리아 남부로 진군했다. 북쪽에서는 피에몬테왕국의 군대가 남하중이었다. 양군은 이탈리아의 지배권을 놓고 충돌할 수 있었다. 하지만 가리발디는 동포들끼리 총부리를 겨눌 수 없다면서 피에몬테와 협상하여 이탈리아의 통일을 실현했다. 바라티에리는 신생 이탈리아 육군 대위에 임명되었다.

1866년 이탈리아군은 오스트리아가 프로이센과 싸우는 틈을 이용하여 이탈리아 북부로 진격했다. 바라티에리는 오스트리아군과 싸웠고 이탈리아군에게 치욕적인 패배로 끝난 쿠스토차전투에서는 중상을 입기도 했다. 젊은 나이에 전쟁 영웅이 된 그는 소령으로 승진했다. 1876년에는 국회의원에 당선되어 20년 동안 이탈리아 의회에서 활동하는 등 승승장구했다. 1891년 장군으로 승진하여 에리트레아 주둔 이탈리아군 사령관을 맡았다. 다음해에는 이탈리아령 에리트레아의 세번째 총독으로 부임했다. 그는 이탈리아에서 대표적인 제국주의자이자 식민지 옹호론자였고 아마추어 아프리카 연구가이기도 했다.

이른바 '빅토리아시대'라고 불리던 그 시절 유럽 열강은 너도나도 아시아, 아프리카를 경쟁적으로 침략하면서 식민지를 확장해 나갔다. 유럽인들에게는 황금기였다. 잘 훈련된 유럽 군대와 현대적인 무기, 강철 군함의 함포 앞에서 중국이나 인도처럼 가장 오랜 역사와 거대한 영토를 자랑하는 비(非)유럽권 국가들조차 상대가 되지 못했다. 이탈리아 역시 뒤늦게 식민지 쟁탈전에 뛰어들었다. 이탈리아는 비록 통일은 했지만 열강의 반열에 들기에는 여전히 약하고 가난했다. 하지만 식민지를 얻지 못할 이유는 없었다. 영국과 프랑스는 물론이고 포르투갈, 벨기에처럼 유럽에서는 변변찮은 약소국도 자국보다 훨씬 넓은 땅을 식민지로 경영했다. 이탈리아인들의 시선이 제일 먼저 향한 곳은 동아프리카였다. 지형적으로 툭 튀어나온 모습이 마치 코뿔소의 뿔을 닮아 '아프리카의 뿔'이라고도 불렸다. 그때까지 다른 유럽 국가들의 손길이 아직 뻗치지 않은 아프리카의 몇 안 남은 지역이었다.

동아프리카는 매우 빈곤하고 땅이 척박하며 문명의 이기가 거의 미치지 않았다. 경제적으로 가치가 있다고 말하기는 어려웠다. 하지만 하루아침에 위상을 바꾸어놓는 사건이 있었다. 1869년 수에즈운하의 개통이었다. 수많은 선박이 수에즈운하를 통해 아시아로 향했다. 곧 홍해를 지배하는 자가 유럽과 아시아의 물류 태반을 통제한다는 의미였다. 영국의 최대 경쟁 상대는 프랑스였다. 1883년 소말리아 북부의 지부티항을 차지하고 해군 기지를 건설하여 영국의 목에 비수를 겨누었다. 이에 질세라 영국도 오스만제국으로부터 이집트를 빼앗아 보호국으로 만드는 한편, 아덴(Aden)만에 진출하여 영국령 소말릴란드를 건설했다. 또한 프랑스를 견제하기 위해 새로운 동맹국을 끌어들였다. 이탈리아였다. 이탈리아는 나폴레옹 3세 때만 해도 프랑스의 동맹국이었지만 자신들이 넘보던 튀니지를 프랑스가 선수를 쳐서 차지하자 반(反)프랑스로 돌아섰다. 그리고 독일, 오스트리아와 손을 잡고 3국동맹을 결성하고 프랑스를 포위했다. 그러면서도 20여 년 뒤 제1차세계대전이 일어나자 이번에는 프랑스 편에 서서 오스트리아에게 총부리를 돌렸다. 이탈리아가 얼마나 변덕스러운지 보여주는 셈이다.

아덴만의 각축전에 뛰어든 것은 유럽 국가들만이 아니었다. 인류의 발상지이자 아프리카에서 가장 오랜 역사를 자랑하는 나라 중 하나인 에티오피아였다. 에티오피아의 강력한 개혁 군주인 요하네스 4세(Johannes IV)는 오랜 내전의 혼란에 빠져 있던 에티오피아를 통일했다. 북쪽의 이집트가 영국과 오스만제국의 지원을 등에 업고 두 번이나 침공했지만 격퇴당했다. 이집트가 수에즈 운하의 권리를 영국에게 넘긴 이유도 에티오피아 원정 실패로 재정이 압박당했기 때문이었다. 요하네스 4세는 승리의 여세를 몰아서 이집트의 세력권인 수단과 에리트레아로 진군할 준비를 했다. 그에게는 현대 무기로 무장하고 잘 훈련된 아프리카 최강의 군대가 있었다. 에티오피아군을 막을 능력이 없었던 이집트는 에리트레아에서 발을 뺐다. 영국은 이탈리아더러 무주공산이 된 에리트레아를 먹으라고 부추겼다. 1885년 2월 5일 에리트레아의 항구도시 마사와(Massawa)에 800명의 이탈리아군이 상륙하면서 처음으로 아프리카에 발을 디뎠다. 이탈리아가 손에 넣은 첫 식민지였다. 지난 수백 년 동안 주변 열강에게 짓밟히는 신세였던 이탈리아인들은 열광했다. 한 언론은 "1885년은 이탈리아가 강대국이라는 운명을 결정짓는 해가 될 것이다"라는 자아도취 가득한 칼럼을 썼다.

그러나 이탈리아인들은 식민지 경영이 생각처럼 결코 만만한 사업이 아님을 금방 절감하게 되었다. 에티오피아군은 줄루족이나 다른 아프리카 부족군대와는 달랐다. 1887년 1월 18일 사티(Saati)라는 작은 국경마을에서 첫번째 충돌이 있었다. 1000여 명의 이탈리아군이 에티오피아의 경고를 무시한 채 깊숙이 전진하다가 포위되었다. 그들을 구하기 위해 1개 대대가 급히 출동했다. 하지만 도갈리(Dogali)에서 매복중이던 에티오피아군의 기습을 받았다. 에티오피아군은 탄약이 떨어진 이탈리아군을 향해 창을 들고 돌격하여 마구 학살했다. 이탈리아군은 전사자가 400여 명이 넘었다. 동아프리카 잔지바르(Zanzibar)의 영국 영사였던 제럴드 포털(Gerald Portal)은 이탈리아인들이 에티오피아인들의 피부색이 초콜릿색이라는 이유만으로 현대전에 무지할 것이라고 여긴다면 용감한 적을 무시하는 처사라며 경고했다.

이탈리아는 에리트레아에 발을 들이자마자 쫓겨날 판이었다. 위기에서 구한 것은 뜻밖에도 압둘라 이븐 무하마드(Abdallahi ibn Mu-

미켈레 캄마라노, 〈도갈리전투〉, 1896년 이탈리아군 500여 명과 에리트레아 보조병 50명은 마사와에서 서쪽으로 약 15킬로미터 떨어진 산길에서 1만 5000명의 에티오피아군에게 포위되어 전멸했다. 80여 명만이 탈출했고 나머지는 몰살당했다. 이탈리아판 '리틀 빅혼 전투'였다. 이탈리아는 이 패배를 통해 에티오피아가 여느 아프리카 부족국가와는 다르다는 사실을 깨달아야 했다. 그러나 이탈리아 정치인들은 여전히 인종적 편견을 버리지 못하고 불충분한 준비 상태로 에티오피아 침공을 강행했다가 더 큰 재앙을 맞이했다.

hammad)가 이끄는 수단의 마흐디군대였다. 아랍어로 '안내자' 또는 '구세자'라는 뜻의 마흐디(Mahdi)는 이슬람의 한 분파였다. 19세기 말 수단에서 마흐디운동이 일어나 종교국가를 세웠다. 원래 이슬람 학자였던 무하마드는 뛰어난 장군이었고 영국-이집트군을 여러 차례 무찔렀다. 하르툼(Khartoum) 포위전에서는 5만 명에 달하는 마흐디군대가 7000여 명의 영국군을 포위하여 몰살했다. 중국에서 태평천국의 난을 진압한 찰스 조지 고든(Charles George Gordon) 장군도 붙잡혀 목이 잘렸다. 영국군에게는 이산들와나전투 이래 최악의 패배였다. 1885년 마흐디의 지도자가 된 무하마드는 영토 확장에 나섰다. 요하네스 4세는 에티오피아를 침공한 무하마드의 군대를 격파하여 쫓아냈다. 하지만 그는 1889년 3월 10일 수단-에티오피아 국경에서 벌어진 갈라바트(Gallabat)전투에서 승리를 눈앞에 두고 직접 돌격하던 중 가슴에 유탄을 맞고 장렬하게 전사했다. 위대한 군주의 어이없는 최후였다. 에티오피아군은 다 이긴 싸움에서 역전패를 당했다.

요하네스 4세의 뒤를 이은 사람은 에티오피아의 여러 지방 왕국 중 하나인 셰와(Shewa)의 지배자 네구스 메네리크(Negus Menelik)였다. 그는 에티오피아의 유력한 제후 중 한 명이자 정치적 경쟁 상대이면서 사돈이기도 했다. 메네리크는 이탈리아의 지원을 받아 자신의 군대를 무장했다. 병력은 10만 명에 달했다. 그의 위세는 요하네스 4세를 능가할 정도였다. 선대 황제가 죽은 지 15일 만에 옥좌를 차지한 메네리크 2세는 엔토토(Entoto) 대신 아디스아바바를 새로운 수도로 삼았다. 그리고 수많은 토호부족으로 분열된 에티오피아의 통합에 나섰다. 그는 복종하는 자에게는 관용을 베풀되, 적들에게는 어떤 용서도 없는 무자비한 군주였다. 그러나 황제를 직접 만나본 영국인들은 그가 매우 유쾌하고 품위가 있으며 뛰어난 식견을 갖추었다고 입을 모았다. 수단의 영국군 지휘관이었던 에드워드 글레이천(Edward Gleichen) 장군은 "그의 목표는 인기 있는 군주가 되는 것이다…… 그런 점에서 그는 제법 성공을 거두었다. 그의 모든 신하가 진정한 존경심을 갖고 있는 것처럼 보이기 때문이다"라고 썼다.

국제 사기였던 우찰레조약

메네리크 2세가 다른 부족들을 복속시키면서 에티오피아를 통일하는 동안 이탈리아도 마사와를 발판삼아 식민지를 차근차근 넓혀나갔다. 1889년 12월에는 에리트레아의 내륙도시이자 지금의 수도인 아스마라(Asmara)를 점령했다. 다음해 1월 1일 이탈리아령 에리트레아의 탄생을 선언했다. 이탈리아는 자국의 3분의 1 정도 크기인 11만 7000제곱킬로미터의 땅을 얻었다. 이탈리아로서는 다행스럽게도 이미 식민지를 충분히 손에 넣은 영국과 프랑스는 홍해에서의 제해권 다툼에만 관심이 있을 뿐 해안 지역을 넘어 내륙으로 전진할 생각은 없었다. 동아프리카의 패권은 이탈리아와 에티오피아의 대결이 되었다. 요하네스 4세의 전사와 급작스러운 정권 교체는 이탈리아에게는 그야말로 하늘이 내린 기회였다. 강력한 구심점이 사라진 에티오피아는 다시 분열되어 기나긴 내전에 시달릴 것처럼 보였다. 그러나 예상은 빗나갔다. 메네리크 2세는 요하네스 4세 이상으로 뛰어나고 걸출한 인물이었다. 그는 이탈리아가 에티오피아 내정에 개입할 여지를 주지 않았다.

메네리크 2세의 경쟁자는 요하네스 4세의 장남이자 사생아였던 라스 멩게샤 요하네스(Ras Mengesha Johannes)였다. 아버지가 죽었을 때 스물한 살에 불과했던 그는 나이가 어리다는 이유로 왕국의 권리를 메네리크 2세에게 넘겨주어야 했다. 하지만 순순히 굴복할 수 없었던 황태자는 자신의 옥좌를 부당하게 빼앗겼다며 추종 세력을 규합했다. 그중에는 도갈리전투의 영웅이자 아프리카 최고의 군사전략가라는 명성을 얻은 라스 아룰라 응그다(Ras Alula Engida) 장군도 있었다. 그는 이탈리아에게도 은밀히 손을 내밀었다. 이탈리아는 멩게샤의 요청에 호응하여 소총 1만 정과 탄약 40만 발을 제공했다.

메네리크 2세 역시 손 놓고 있지 않았다. 그는 즉위하자마자 제일 먼저 이탈리아가 멩게샤와 결탁하지 못하도록 우찰레조약을 맺었다. 에티오피아는 에리트레아를 이탈리아의 영토로 인정하되, 이탈리아는 에티오피아의 영토와 주권을 존중한다는 내용이었다. 또한 내륙국가인 에티오피아는 에리트레아를 통해 외부세계와 무역할 권리를 얻었다. 로마를 방문한 메네리크 2세 사절단은 이탈리아인들의 열렬한 환영을 받았고 움베르트국왕을 접견했다. 아프리카인들을 아예 동등한 대화 상대로 취급조차 하지 않았던 당시 유럽 외교 관행에서는 파격적인 대우였다. 문제는 그 정도로는 만족할 수 없는 이탈리아의 야심이었다.

갈등의 발단은 20개 항목으로 구성된 우찰레조약문 중에서 제17조의 해석이었다. 암하라어로 쓰인 에티오피아측 문서에는 "에티오피아 황제는 다른 나라들과 외교와 무역을 할 때 이탈리아 국왕을 통할 수 있다"라는 느슨한 내용인 반면 이탈리아측 문서에는 "에티오피아의 모든 외교는 반드시 이탈리아를 거쳐야 한다"라며 훨씬 구속력이 있게 못박혀 있었다.

이탈리아는 유럽 국가들에게 이제부터 에티오피아는 이탈리아의 보호국이라며 일방적으로 선언했다. 한마디로 이탈리아는 에티오피아인들에게 국제 사기를 쳤고 이 때문에 전쟁이 일어나게 되었다는 것이 오랜 정설이다. 하지만 미국 하버드대학 역사 교수 레이먼드 조너스(Raymond Jonas)는 『아두와전투 : 제국주의 시대 아프리카의 승리*The Battle of Adwa: African Victory in the Age of Empire*』에서 과연 에티오피아가 그런 사실을 몰랐을까 의문을 제기한다. 우찰레조약을 맺을 당시만 해도 권력이 취약했던 메네리크 2세는 이탈리아의 도움을 받기 위해 모르는 척했고 이후 정권이 안정되자 태도가 돌변했다는 것이다.

메네리크 2세는 영국과 독일에 편지를 보내 자신의 황제대관식에 참석해줄 것을 요청했지만 묵살당했다. 우찰레조약에 따라 에티오피아의 종주국은 이탈리아이므로 외교권이 없다는 이유였다. 심지어 이탈리아의 동맹국인 독일 황제 빌헬름 2세는 "이탈리아 움베르토국왕은 짐의 친구이며 메네리크 2세의 서신은 그에 대한 모욕이므로 두 번 다시 이따위 편지를 보내지 말라"며 윽박질렀다. 게다가 이탈리아는 경제적 어려움에 허덕이는 에티오피아에 200만 리라의 차관을 제공하기로 약속하면서 만약 에티오피아가 채무를 갚지 못할 경우 하라르(Harar)를 비롯한 동부의 광대한 영토를 넘겨받기로 했다. 야심만만한 제국주의자인 이탈리아 총리 크리스피는 '제2의 로마제국' 건설을 꿈꾸면서 아프리카의 뿔이야말로 그 야심을 실현할 수 있는 최적의 장소라고 주장했다. 이탈리아는 독일, 오스트리아와 비밀

협정을 맺어 에티오피아를 자국의 세력권으로 인정받았다. 영국도 점점 강력해지고 있는 메네리크 2세를 위협적인 존재로 여기고 그를 견제할 요량으로 이탈리아를 지지했다.

메네리크 2세는 이탈리아가 자신을 속였다며 4년 만인 1893년 조약 파기를 선언했다. 에티오피아와 이탈리아의 밀월관계는 끝났다. 이탈리아는 메네리크 2세가 순순히 굴복하지 않자 본격적으로 행동에 나섰다. 멩게샤는 에티오피아 북부의 티그라이왕국을 기반으로 지난 수년 동안 메네리크 2세와 옥좌를 놓고 대립중이었다. 이탈리아는 그를 메네리크 2세의 대항마로 여기고 무기와 자금을 지원하는 조건으로 반란을 종용했다. 그러나 멩게샤는 이탈리아가 자신을 황제로 복귀시키는 것이 아니라 에티오피아를 집어삼키려는 속셈임을 깨달았다. 그는 고민 끝에 이탈리아인들의 꼭두각시로 전락하느니 메네리크 2세와 화해하고 이탈리아에 함께 맞서 싸우기로 결심했다. 1894년 6월 2일 그는 자신의 장군들과 함께 아디스아바바를 방문했다. 그들은 큰 돌을 메네리크 2세 앞에 놓았다. 복종을 맹세한다는 에티오피아의 전통 관습이었다. 메네리크 2세는 그 대가로 멩게샤에게 티그라이의 통치를 인정했다. 에티오피아인들 사이에서는 "검은 뱀에게 물리면 나을 수 있지만 흰 뱀에게 물리면 낫지 않는다"라는 격언이 나돌았다. 같은 흑인들끼리 싸울 것이 아니라 힘을 모아 백인의 침략에 맞서야 한다는 의미였다.

메네리크 2세는 에티오피아를 하나로 묶는 한편, 이탈리아의 경쟁국인 프랑스와 러시아에 접근하여 군사 원조를 받는 데 성공했다. 그중 가장 열성적인 나라는 러시아였다. 니콜라이 2세는 이탈리아를 엿 먹이는 것이 곧 독일을 엿 먹이는 일이라 여기고 에티오피아에 대량의 무기와 탄약을 아낌없이 지원했다. 에티오피아를 고립시키려던 이탈리아의 음모는 메네리크 2세의 능수능란한 정치적 수완으로 실패했다. 이제는 무력으로 승부를 지을 때였다.

"나폴레옹은 패배자의 돈으로 싸웠다"

역전의 장군 바라티에리는 에리트레아에 부임하고 나서 몇 번이나 승리를 거두어 명성을 떨쳤다. 1893년 12월 21일 1만 2000명에 달하는 수단의 아랍군대가 에리트레아 중부의 아코르다트(Akordat)를 침공했지만 격퇴되었다. 다음해 7월 바라티에리는 직접 군대를 이끌고 국경을 넘어 남수단의 카살라(Kassala)에서 아랍군을 대파했다. 이탈리아 장교와 부사관 100여 명과 에리트레아인 식민지병 2500여 명, 산포 2문으로 구성된 그의 군대는 3000여 명의 아랍군이 선제공격에 나서도록 유인한 뒤 집중사격을 퍼부어 쓸어버렸다. 이탈리아군의 사상자는 60여 명에 불과한 반면, 아랍측은 1400여 명을 잃었다. 도갈리전투와는 정반대였고 이탈리아판 옴두르만의 승리였다. 수단인들은 두 번 다시 에리트레아를 넘보지 못했다.

당시 에리트레아에서 이탈리아군 대부분은 현지에서 고용된 식민지병이었다. 도갈리의 패배는 오랫동안 이탈리아인에게 지울 수 없는 악몽이었다. 단 한번의 전투에서 수백여 명을 잃은 이탈리아군 수뇌

에리트레아인 병사, 아스카리 이탈리아군은 도갈리전투 직후인 1888년부터 현지인들을 고용하여 식민지 방위의 핵심 전력으로 활용했다. 1940년 여름 25만 명에 달하는 이탈리아 동아프리카 주둔군 중에서 절반이 넘는 18만 명이 에리트레아 출신이었다. 영국군이 이탈리아령 동아프리카를 정복했을 때도 많은 에리트레아 병사는 마지막까지 항전했고 본토의 징집병들보다도 훨씬 끈질기고 용맹했다. 비록 피부가 검다는 이유만으로 이탈리아인들에게 온갖 차별을 받아야 했지만 무솔리니가 그토록 꿈꾸었던 로마제국의 진정한 수호자들이었던 셈이다.

부는 앞으로 아프리카인들과의 싸움에서는 이탈리아 젊은이들이 아닌 현지인들을 쓰는 편이 낫다고 판단했다. 에리트레아 전역에서 모병된 용병과 이탈리아인 장교들로 구성된 새로운 식민지 군대가 창설되었다. '아스카리(askari, 암하라어로 병사)'라고도 불리는 에리트레아인 병사들은 하루에 1.5리라를 봉급으로 받았다. 이탈리아인보다는 박봉이었지만 가난한 현지 농민들에게는 괜찮은 보수였다. 또한 아시아와 달리 동아프리카 부족사회에서 전사는 전통적으로 우대받는 직업이었다. 에리트레아인들은 이탈리아인들을 위해 기꺼이 복무하는 길을 선택했다. 계약은 1년 단위였지만 대개는 기한을 연장했다.

그러나 이탈리아의 식민지 건설이 투자 대비 그만한 실익이 있다고는 말할 수 없었다. 우파 정치인들은 민족적 자부심을 내세워 정부를 향해 이탈리아인들의 에리트레아 정착을 장려해야 한다고 압박했다. 이탈리아 남부의 가난한 소작농들은 에리트레아 고원지대에서 40에이커(약 16만 2000제곱미터)의 땅과 오두막, 가축, 종자, 농기구 등을 제공받는 조건으로 신천지를 찾아 떠났다. 이탈리아 정부는 그들에게 후한 보조금을 지급했지만 원래 살던 곳과 전혀 다른 환경에서 정착하기란 쉬운 일이 아니었다. 경작에 실패하여 많은 농경지가 버려졌다. 외부에서 데려온 가축들은 전염병에 걸려 태반이 쓰러졌다. 영국이나 프랑스 같은 부유한 나라라면 몰라도 가난하기 짝이 없는 이탈리아의 무리한 식민 개척은 재정적 부담만 초래할 뿐이었다. 게다가 끊임없이 몰려오는 이탈리아 이민자들이 총칼을 앞세워 토착민들의 땅을 빼앗자 반감과 저항도 커졌다.

1894년 12월 에리트레아 남부 아켈레 구자이(Akkele Guzay)에서 이탈리아에 대항하는 첫번째 반란이 일어났다. 반란의 주동자는 에리트레아의 토착 지도자 중 한 명인 바타 하고스(Bahta Hagos)였다. 그는 이탈리아의 횡포가 날로 심해지자 아디스아바바를 방문하여 황제에게 충성을 맹세했다. 그리고 "이탈리아인들에게 짓밟힌 권리의 복수자"라고 칭하며 이탈리아로부터 자유를 되찾겠다면서 1600명의 병력으로 이탈리아 정착촌을 습격하고 행정관을 사로잡았다. 바라티에리는 즉각 진압을 명령했다. 대부분 에리트레아인들로 구성된 1500여 명의 이탈리아군과 대포 2문이 출동했다. 하고스의 군대는 200여 명의 이탈리아군이 지키고 있는 작은 요새를 포위하여 거의 점령할 뻔했지만 바라티에리가 보낸 이탈리아군 증원부대가 나타나자 패퇴했다. 하고스는 전사했다. 그러나 많은 반란군이 탈출했고 남쪽으로 내려가 메네리크 2세의 군대에 합류했다.

하고스의 반란은 이탈리아와 에티오피아의 전면 전쟁을 알리는 신호탄이었다. 멩게샤는 하고스에 호응하여 에리트레아로 진군할 준비를 했다. 병력은 1만 9000명에 달했다. 그중 1만 2000명이 현대식 소총을 가지고 있었다. 나머지는 창과 칼로 무장했다. 바라티에리도 9000여 명의 이탈리아군을 출동시켰다. 그러나 그는 멩게샤의 군대와 정면 대결 대신 방비가 허술해진 티그라이왕국의 수도 아두와를 공격하여 허를 찔렀다. 이탈리아군은 12월 28일 아두와를 힘들이지 않고 점령했다. 멩게샤에게는 치명타였다.

1895년 1월 13일 에리트레아 남부 산악지대에서 코아티트(Coatit) 전투가 벌어졌다. 바라티에리가 지휘하는 이탈리아군은 4개 대대 4000여 명에 불과한 반면 멩게샤 군대는 다섯 배에 달했다. 멩게샤는 압도적인 머릿수로 이탈리아군을 밀어붙였고 한때 바라티에리를 위기에 빠뜨리기도 했다. 하지만 멩게샤는 끝까지 이탈리아군의 전선을 돌파하지 못한 채 반격을 받고 결국 물러나야 했다. 이탈리아군은 95명이 전사하고 230여 명이 부상을 당한 반면, 멩게샤 군대는

5000여 명이 죽거나 다쳤다. 바라티에리는 유럽 군대의 우위를 증명했다. 연전연패를 거듭한 멩게샤는 자신의 왕국을 버리고 메네리크 2세에게 달아났다.

바라티에리는 국민 영웅이 되었다. 이탈리아 식민주의자들은 그를 2000년 전 한니발을 격파하고 카르타고를 정복하여 로마의 황금시대를 연 푸블리우스 코르넬리우스 스키피오 아프리카누스(Publius Cornelius Scipio Africanus)에 비견했다. 승리에 고무된 이탈리아는 이참에 에티오피아 전체를 정복하고 광대한 식민제국을 건설하려는 야심에 부풀었다. 그러나 허황된 욕심과는 별개로 그것을 감당할 능력이 있는지는 의문이었다. 바라티에리는 새롭게 확보한 영토의 통치와 식민지 군대 강화를 위해 본국 정부에 1300만 리라(약 260만 달러)를 요구했다. 참고로 남북전쟁 당시 북군은 하루에만 200만 달러가 넘는 전비를 썼다. 여기에 비하면 쥐꼬리 같은 돈이었지만 그조차 가난뱅이 이탈리아에게는 버거웠다. 크리스피 총리는 겨우 400만 리라를 보내주며 "나폴레옹은 패배자의 돈으로 전쟁을 했다"라고 말했다. 나머지 900만 리라는 현지에서 알아서 마련하라는 말이었다.

그러나 나폴레옹은 유럽에서 가장 부유한 지역을 약탈할 수 있었지만 에티오피아는 세상에서 가장 가난하고 낙후한 나라 중 하나였다. 게다가 오랜 내전과 흉작으로 기근에 시달리고 있었기에 얻어낼 것이 거의 없었다. 바라티에리는 본국의 무책임함에 분노하고 좌절하여 자신을 해임하라고 요구했지만 거절당했다. 크리스피 총리는 그를 달랠 요량으로 로마로 초청했다. 바라티에리는 자신을 열렬히 환영하는 식민주의자들 앞에서 "나한테 1000만 리라만 준다면 메네리크를 잡아 로마로 끌고 오겠다"라고 장담했다. 그러나 크리스피 총리가 위대한 로마제국의 부흥에 매달리는 것과 달리 야당과 대중은 그의 분수 넘치는 정복전쟁에 관심이 없었다. 더욱이 19세기 말의 이탈리아는 외세의 지배와 오랜 분열에서 겨우 벗어난 허약한 나라였다. 바라티에리는 내각과 협상을 벌인 끝에 겨우 500만 리라를 더 얻어낼 수 있었다. 여전히 원래 요구에 미치지 못했지만 바라티에리는 자리에서 물러나는 대신 일단 만족하기로 했다.

메네리크의 반격

멩게샤를 상대로 거둔 손쉬운 승리는 이탈리아인들을 자만심에 빠지게 했다. 그러나 메네리크 2세는 멩게샤보다 훨씬 강했다. 그동안 출병을 주저했던 메네리크 2세는 이탈리아의 침공을 더이상 묵과하지 않기로 했다. 1895년 9월 17일 메네리크 2세는 여름 장마가 끝나자마자 전국에 총동원령을 선포하고 이탈리아와 맞서 싸울 것을 명령했다. 각지의 부족들이 아디스아바바로 모여들었다. 병력은 19만 6000명에 달했고 대부분 현대식 소총으로 무장했다. 10월 11일 메네리크 2세는 황후와 함께 군대를 이끌고 수도를 출발했다. 그의 군대는 북소리를 울리며 위풍당당하게 북쪽으로 진군했다.

12월 7일 양군은 에티오피아 북부 암바 알라기(Amba Alagi)에서 충돌했다. 현지 수비를 맡은 피에트로 토셀리(Pietro Toselli) 소령은 에티오피아군이 접근중이라는 사실을 경고받았다. 하지만 기껏해야 멩게샤의 잔당 수천여 명 정도일 것이라 여기고 방심했다. 하지만 3만 명이 넘는 에티오피아군이 암바 알라기의 계곡을 가득 메운 모습을 보고 경악했다. 메네리크 2세의 선봉부대였다. 그는 후방으로 급히 전령을 보내 상관인 제1보병여단장 주세페 아리몬디(Giuseppe Arimondi) 장군에게 원군을 요청했다. 아리몬디는 6개 보병중대와 2개 포병중대를 보냈다고 답했다. 서신을 받은 토셀리는 용기백배하여 끝까지 싸우기로 결심했다. 하지만 그 병력은 에티오피아군을 격파하려는 것이 아니라 후퇴하는 토셀리의 부대를 엄호하기 위한 것이었다. 아리몬디는 상황이 불리하다고 판단하고 토셀리에게 철수를 명령했다. 문제는 그 명령이 제대로 전달되지 않았다는 점이었다.

황제의 사촌이자 훗날 하일레 셀라시에 1세의 아버지인 마코넨 월데 미카엘(Makonnen Wolde Mikael)은 10분의 1에 불과한 이탈리아군을 완전히 포위했다. 에티오피아군에게는 대포가 없었고 이탈리아군에게는 4문의 대포가 있었다. 토셀리는 포병의 지원과 험준한 지형지물을 이용하여 거세게 저항했다. 하지만 수적으로 열세한데다 에티오피아군의 끈질긴 공격을 막아내기에는 역부족이었다. 새벽부터 시작하여 반나절 동안 벌어진 전투 끝에 토셀리는 뒤늦게 후퇴에 나섰지만 좁은 산길에서 퇴각하기도 쉽지 않았다. 이탈리아군의 전열이 무너지자 대학살이 벌어졌다. 일부 에리트레아인 병사는 포로가 되지 않으려고 절벽에서 뛰어내렸다. 인근 마을의 주민들은 패잔병들을 약탈하고 시체에서 옷을 벗겼다. 이탈리아군은 2300명

프랑스 우파 신문 〈르 프티 주르날〉에 실린 암바 알라기 전투와 마코넨 장군을 묘사한 삽화, 1895년 12월 29일 프랑스인들은 자신들의 적인 이탈리아인들의 패배를 조롱했고 메네리크 2세의 승리를 찬양했다.

중 1300여 명을 잃었다. 도갈리전투 이후 8년 만의 참패였다.

이 전투는 에티오피아군의 사기를 크게 높였다. 아프리카인도 유럽인을 상대로 이길 수 있다는 증거였다. 메네리크 2세의 본대에 선봉부대의 승리 소식이 전해지자 기세등등한 에티오피아 병사들은 그 전투에 참여하지 못한 것에 실망감을 감추지 않으며 울부짖었다. 그동안 이탈리아와의 전쟁을 두려워하던 많은 호족이 군대를 이끌고 메네리크 2세에게 달려왔다. 메네리크 2세의 군대는 점점 불어났다.

반면 이탈리아인들은 충격에 빠졌다. 그동안 바라티에리의 요구에도 꿈쩍하지 않았던 이탈리아 의회는 그제야 2000만 리라의 추가 예산을 승인했다. 하지만 크리스피 내각의 무모한 식민정책에 대한 반발도 만만치 않았다. 로마대학 학생들은 메네리크 2세 만세를 외치면서 군국주의를 반대하는 시위를 했다. 일부 비판자는 이탈리아군의 괴멸을 예측하지 못한 바라티에리에게 책임을 물어야 한다고 주장했다.

메네리크 2세의 군대는 암바 알라기에서 북쪽으로 55킬로미터 떨어진 에티오피아의 옛 수도 메켈레로 진군했다. 수비대는 주세페 갈리노(Guiseppe Galliano) 소령이 지휘하는 1200명에 불과했다. 그중 200여 명만이 이탈리아 본토 출신이고 나머지는 에리트레아인이었다. 암바 알라기에서 겨우 목숨을 부지하여 탈출한 소수의 에리트레아인 패잔병들이 피투성이가 된 채 메켈레로 몰려왔다. 심지어 포로가 되었다가 거세되어 풀려난 자도 있었다. 그는 아직 손은 멀쩡하다면서 "내가 낫는다면 에티오피아 놈들을 모조리 도륙할 것이다"라고 외쳤다. 하지만 참혹한 모습에 큰 충격을 받은 이탈리아 병사들의 사기는 한층 떨어졌다. 보고를 받은 아리몬디는 잔뜩 위축되어 싸우지 않고 메켈레를 포기할까 고민했다. 하지만 여기서 물러난다면 이탈리아의 위신은 더욱 떨어질 판국이었다. 수비대는 메켈레의 방비를 강화하고 적의 공격에 대비했다. 에티오피아군의 낡은 대포로는 두꺼운 성벽을 무너뜨리기란 거의 불가능했다. 미카엘은 갈리노에게 편지를 보내 메켈레를 버리고 떠나라고 권고했다. 갈리노는 거부했다. 3만 명의 에티오피아군이 메켈레를 물샐틈없이 포위했다.

1월 3일 마코넨은 또 한번 항복을 권고했지만 거부당하자 나흘 뒤 공격을 시작했다. 에티오피아군은 12문의 대포를 갖고 있었다. 그중 일부는 암바 알라기에서 노획했다. 에티오피아 포병들의 사격은 너무나 정교하여 이탈리아인들은 에티오피아인들이 대포를 다루고 있다는 사실을 믿으려고 하지 않을 정도였다. "그들이 유럽인이 아니라면 불가능한 일이다." 에티오피아군의 공격은 맹렬했지만 이탈리아군도 단단히 대비하고 있었고 성벽은 견고했다. 11일 밤 메네리크 2세가 지켜보는 가운데 에티오피아군은 야습을 시도했다가 이탈리아군의 맹렬한 사격 앞에 격퇴되었다. 에티오피아군은 성벽 아래에 600여 명이 넘는 시체를 남기고 물러났다. 메네리크 2세는 이탈리아군이 만만치 않다고 여기고 정면 공격을 포기했다. 그 대신 전통적인 방법을 썼다. 물과 식량을 차단하여 수비대를 말려 죽이는 것이었다.

에티오피아군은 참호를 파고 성벽 가까이 접근하는 한편, 성벽을 지키고 있는 에리트레아인 병사들을 향해 성이 함락되면 보복을 하겠다고 위협하여 사기를 떨어뜨렸다. 물 공급이 차단되면서 수비대는 지독한 갈증에 시달렸다. 이탈리아군 병사들은 하루에 고작 두 컵 분량의 물을 배급받았다. 그마저도 벌레와 이끼가 섞여 있는 오염된 물이었다. 갈리노는 버티다보면 구원군이 오리라 기대했지만 실현 불가능한 희망이었다. 바라티에리가 움직일 수 있는 병력은 불과 1만 명 정도였고 메켈레를 구원하기 위해 군대를 분리할 수 없었다. 메네리크 2세의 사정도 유리하지만은 않았다. 10만 명이 넘는 그의 군대는 엄청난 병참의 압박을 받았다. 메켈레의 공략에만 장기간 묶여 있다가는 에티오피아군 전체가 굶어죽을 판이었다.

결국 협상이 시작되었다. 메네리크 2세가 안전한 철수를 약속하자 절망적인 상황에 놓여 있었던 갈리노는 받아들였다. 또한 메네리크 2세는 이탈리아군이 부상병과 물자를 수송하는 데 필요한 수백 마리의 노새도 제공했다. 공짜는 아니었다. 갈리노는 그 대가로 2만 5000마리의 노새를 구입할 수 있는 막대한 돈을 지불했다. 결국 몸값을 내고 풀려난 셈이었다. 1월 20일 메켈레의 성벽에 백기가 내걸렸다. 비록 갈리노는 성을 빼앗겼지만 1000여 명 남짓한 병력으로 수십 배나 많은 에티오피아군을 20여 일 동안 저지한 것도 사실이었다. 덕분에 바라티에리가 메네리크 2세에 대적할 수 있도록 병력을 집결하는 시간을 벌었다. 그 공으로 갈리노는 중령으로 진급했다. 이탈리아 언론들은 그를 전쟁 영웅으로 선전했다. 빌헬름 2세는 진정한 고대 로마인의 후예라면서 훈장을 수여했다.

바라티에리는 메네리크 2세의 북상을 막기 위해 메켈레에서 북쪽으로 50킬로미터 떨어진 아디그라트(Adigrat)에 병력을 집결했다. 그곳은 해발 2500미터의 산악도시로 에리트레아로 통하는 길목이기도 했다. 그러나 메켈레에서 호된 경험을 한 메네리크 2세는 요새도시인 아디그라트에서 어리석은 공성전을 또 한번 벌일 생각은 없었다. 그는 서쪽으로 방향을 바꾸었다. 아디그라트에서 60킬로미터 정도 떨어진 아두와였다. 또한 자신의 위치를 의도적으로 노출하면서 바라티에리에게 평화회담을 제안했다. 이탈리아가 에티오피아의 외교권을 가진다는 우찰레조약을 개정하는 조건으로 에티오피아가 티그라이왕국을 이탈리아의 영토로 인정하겠다는 것이었다. 바꾸어 말하면 이탈리아에게 에티오피아에 대한 야심을 포기하라는 뜻이기도 했다. 암바 알라기와 메켈레의 승리로 메네리크 2세의 명성은 어느 때보다도 높았다. 이제 불리한 쪽은 바라티에리였다. 바라티에리는 압도적으로 우세한 메네리크 2세와 승산 없는 결전을 벌일지, 아니면 굴욕적인 후퇴를 할지 양자택일에 놓이게 되었다.

에티오피아군은 줄루군대와 어떻게 달랐나

19세기 아프리카 식민지전쟁에서 유럽 군대는 언제나 현지 토착군대보다 수적으로 훨씬 불리했다. 그럼에도 불구하고 그 열세를 극복하고 승리를 거둘 수 있었던 비결은 무엇일까. 피부색 차이나 인종적으로 우월해서가 아니라 월등히 우수한 최신 무기, 그리고 그것을 효율적으로 이용하기 위한 현대적인 군사 훈련 덕이었다. 대부분의 아프리카인이 가진 소총은 유럽인들의 소총에 비해 한 세대 이전의 구식이었다. 수량과 탄약도 턱없이 부족했다. 하물며 대포와 기관총 같은 중화기는 구경조차 어려웠다. 그러나 바라티에리는 에티오피아군을 상대로 그 같은 이점을 제대로 활용할 수 없었다. 그 이유는 아이러니하게도 전쟁의 발단이 된 우찰레조약 때문이었다.

이탈리아는 마사와항을 개방하여 메네리크 2세가 외국과 무역을 할 수 있도록 허용했다. 덕분에 메네리크 2세는 해외에서 대량의 최신 무기를 도입할 수 있었다. 그의 군대는 도갈리전투에서 이탈리

프랑스제 호치키스 회전식 속사포 미국인 발명가 벤저민 호치키스가 프랑스군의 요청으로 1874년 개발했다. 37밀리미터 구경의 총열 다섯 개가 회전하면서 1초에 한 발꼴로 발사될 수 있었다. 당시에는 개틀링 기관총과 더불어 획기적인 무기였다.

아군을 무찌른 요하네스 4세의 군대보다도 한층 강해졌다. 메네리크 2세의 병사들은 낡은 머스킷 소총 대신 영국제 스나이더-엔필드 M1866 소총, 마티니-헨리 M1871 소총, 프랑스제 샤스포 M1866 소총, 마우저 M1871 소총, 미제 윈체스트 소총, 레밍턴 소총 등 유럽 군대와 똑같은 후장식 소총으로 무장했다. 현대적인 금속제 탄피를 사용했고, 연발 사격이 가능했으며, 사거리와 발사 속도에서 이전과는 비교가 되지 않았다.

이탈리아는 뒤늦게 실수를 깨달았다. 수만 정에 이르는 러시아제 베르단 소총과 보다 신형의 볼트 액션 소총인 모신나강 소총이 에티오피아군에 넘어가지 않도록 항구에 억류했다. 하지만 에티오피아군은 후장식 소총이 넘쳐났다. 황제 직속의 정예부대뿐 아니라 지역 부족장들도 유럽의 무기상들에게서 대량의 후장식 소총을 손에 넣어 자신의 사병들에게 지급했다. 이탈리아와 싸우기 위해 출정한 메네리크 2세의 병력은 10만 명에서 12만 명에 달했다. 그중 8만 명 정도가 후장식 소총으로 무장했다. 그 밖에도 42문에 달하는 대포도 있었다. 대부분 20여 년 전 이집트군에게서 노획한 낡은 대포였지만 프랑스에서 수입한 6문의 37밀리미터 호치키스 회전식 속사포는 최신형이었다. 분당 68발을 쏠 수 있었고 사거리는 1.8킬로미터에 달했다. 러시아에서 초빙한 수십여 명의 군사 고문단은 에티오피아군에게 현대적으로 싸우는 법을 가르쳤다. 이들은 메네리크 2세 곁에서 종군하면서 조언하거나 직접 에티오피아군을 지휘했다. 그중에는 차르의 특사이면서 명망 있는 탐험가이자 제정 러시아군에서 사납기로 이름난 카자크군 소속의 기병 장교인 니콜라이 레온티에브(Nikolay Leontiev)도 있었다. 에티오피아군은 줄루족이나 다른 아프리카 군대보다 한 수 위였다.

에리트레아에서 이탈리아군의 주력 소총은 단발식 베테를리 M1870 소총이었다. 이미 시대에 뒤떨어진 이 소총은 에티오피아군의 소총보다 나을 것이 없었다. 에리트레아 병사들은 모두 이 소총을 사용했다. 이탈리아 본토에서는 최신형인 6.5밀리미터 구경의 카르카노 M1891 6연발 소총으로 교체중이었다. 하지만 이탈리아의 고질적인 재정난 때문에 식민지에는 얼마 안 되는 양만 보내졌고 이탈리아 본토 출신 병사들에게 우선적으로 지급했다. 그마저도 병사들은 다루기 쉽지 않기로 악명 높은 이 신형 소총에 쉽게 적응하지 못하여 도리어 사격 속도만 떨어졌다. 포병은 75밀리미터 청동제 산포로 무장했다. 산악지대에 걸맞게 가벼우면서 사거리는 4킬로미터에 달했다. 하지만 발사 속도가 매우 느리고 조작이 불편했으며 정확도가 떨어졌다. 탄약도 불충분했다. 하물며 가공할 신무기였던 기관총은 단 한 정도 없었다. 조선군만 해도 아두와전투보다 2년 앞선 우금치전투에서 여러 정의 미국산 개틀링 기관총으로 무장하여 동학 농민군을 일방적으로 도륙했는데 말이다.

이탈리아군은 무기와 화력 면에서 에티오피아군보다 기술적 우위랄 게 없었다. 물론 그렇다고 해서 양쪽 군대의 전투력이 동등하거나 같은 수의 에티오피아군이 이탈리아군을 상대로 이길 수 있다는 이야기는 아니다. 10만 명에 달하는 에티오피아군 중에서 전문화된 상비군은 극소수였다. 대부분은 전쟁의 북소리를 듣고 급히 몰려든 농민들이었다. 인내심이 강하고 명령에 복종했으며 총은 쏠 줄 알았지만 전술을 몰랐고 조직적이기보다는 개인의 용맹함에 의존하여 싸웠다. 그들은 현대적인 개념의 군인이 아니라 봉건시대의 전사였다. 지휘관들도 현대 전술에 무지했고 부하들을 제대로 통솔하지 못했다. 전술이라고 해보아야 단순히 적의 정면을 향해 집단 돌격하는 식이었다. 사격은 적군에게 아주 가까이 접근한 뒤에야 시작했기에 매번 많은 사상자를 내기 일쑤였다.

행군을 할 때는 지휘관들과 병사들뿐 아니라 그들의 가족과 하인들까지 함께했다. 전투 요원보다 훨씬 많은 수의 비전투 요원을 동반하면서 속도는 굼뜨기 짝이 없었다. 가장 큰 문제는 병참이었다. 현대적인 수송체계가 없다보니 군대는 약탈과 사냥감을 구할 수 있는 곳을 찾아 부지런히 움직여야 했다. 만약 적이 접근하기를 기다리거나 한곳에 장기간 머무른다면 대번에 식량이 바닥나서 기아에 직면할 판이었다. 기동전이나 장기전은 불가능했다. 메네리크 2세의 거대한 군대는 적에게 두려운 존재인 동시에 그 자체로 약점이기도 했다. 에티오피아군은 현대화된 무기를 사용할 뿐 알맹이는 수백 년 전의 구식 군대였다. 반면 이탈리아군은 모두 직업군인이었다. 현대적으로 조직되었고 잘 훈련되고 경험이 풍부한 장교들이 군대를 일사불란하게 통솔했다. 제아무리 메네리크 2세가 뛰어난 전략가라고 해도 똑같은 조건으로 정면 대결했을 때 유리한 쪽은 이탈리아군이었다.

하지만 이탈리아군은 수적으로 너무 열세했다. 에리트레아의 이탈리아군은 암바 알라기 전투 이후 본국에서 증파한 병력까지 합해도 1만 8000여 명 정도였다. 그마저도 후방의 방어와 병참선 확보를 위해 분산되어 있었다. 1896년 1월 말 여섯 척의 수송선이 마사와에 도착했고 수천여 명의 이탈리아군이 하선했다. 그러나 재정이 빈약한 이탈리아는 다른 열강처럼 대부대를 식민지로 파병할 능력이 없었다. 암바 알라기와 메켈레 전투의 충격적인 패배 이후 이탈리아 정부는 왜 선제공격을 하지 않았는지 바라티에리를 질책했고 그는 이렇게 대답했다. "그들은 우리 군대와는 수적으로 엄청난 차이가 있습니다. 적은 기민하고 1888년보다 한층 향상되었습니다." 병참도 메네리크 2세보다 그리 나을 것이 없었다. 마사와에서 아스마라까지는 철도를 이용하여 보급품을 옮길 수 있었지만 그 이후에는 최전선인 아디그라트까지 약 200킬로미터의 험준한 산길을 노새와 가축을 이용하여 조금씩 실어날라야 했다. 최적의 조건에서도 일주일 이상 소요되었고 수시로 도적떼의 습격을 받았다.

바라티에리가 원하는 상황은 에티오피아군 스스로 이탈리아군이 철통같이 방어하는 아디그라트로 진군해오는 것이었다. 그러나 메네리크 2세도 어리석지 않았다. 메네리크 2세는 견고한 성벽으로 둘러싼 도시를 공격하는 것이 얼마나 무모한지 절감했다. 그는 이탈리아군이 원하는 곳에서 싸워 그들의 성벽 아래에 수천여 명의 에티오피아인의 시체를 쌓아올릴 생각이 없었다. 바라티에리는 메네리크 2세가 방향을 바꾸자 허를 찔린 꼴이었다. 내버려둔다면 아디그라트를 우회한 에티오피아군은 빈집이나 다름없는 에리트레아를 직접 침공할 수도 있었다. 이탈리아군에게 최선책은 아디그라트를 버리고 에리트레아로 물러나는 일이었다. 그렇게 되면 에티오피아군의 병참선은 늘어나고 이탈리아군의 병참선은 짧아져서 훨씬 유리한 위치에서 싸울 수 있었다. 하지만 바라티에리가 지난 1년 동안 얻은 에티오피아 북부의 모든 점령지를 포기한다는 의미였고 이탈리아가 에티오피아에게 패배했음을 인정하는 셈이었다. 문제는 자존심이었다. 바라티에리는 아프리카인들에게 굴복했다는 오명을 감수할 생각이 없었다.

로마, 인내심이 바닥나다

2월 1일 바라티에리는 아디그라트에 소수의 수비대만 남기고 메네리크 2세의 추격에 나섰다. 나흘 뒤 아디그라트와 아두와 중간 지점인 엔티초(Enticho)에서 양군은 대치했다. 메네리크 2세는 넓은 평야에 진을 치고 이탈리아군이 오기를 기다렸다. 하지만 바라티에리는 깊숙이 전진하는 대신 방어에 유리한 지점에 캠프를 설치했다. 그리고 참호를 파고 주변 고지에 병력을 배치하여 에티오피아군의 공격을 기다렸다. 좁고 험준한 지형은 에티오피아군이 대부대를 투입하여 이탈리아군을 포위하는 것을 방해하기에 충분했다. 에티오피아군이 공격해오기만 하면 이탈리아군은 모든 화력을 집중하여 그들을 격퇴하고 승리를 거둘 수 있었다.

메네리크 2세는 바라티에리에게 평화협상을 제안했지만 어느 쪽도 양보하지 않아 일주일 만에 결렬되었다. 그렇다고 두 사람 모두 섣불리 움직여 상대의 함정에 빠질 생각이 없었다. 이런 상황에서는 먼저 움직이는 쪽이 지는 셈이었다. 쌍방은 대치한 채 시간을 보냈다.

로마에서는 현지 상황에 대해서 아무것도 모르면서 덮어놓고 공격만을 주문했다. 바라티에리는 "적은 우리 캠프와 5시간 거리에 있는 엔티초와 군답타 사이의 유리한 위치를 차지하고 있습니다…… 우리 진지는 견고합니다. 하지만 지형이 너무 복잡하여 측면을 노출시키지 않고 전진하기란 매우 어렵습니다"라면서 어려움을 토로했다.

바라티에리는 시간이 자기편이라고 믿었다. 병참에서 불리한 메네리크 2세는 장기간 이탈리아군과 야전에서 대치할 수 없었다. 나폴리에서는 증원 병력을 태운 수송선이 연일 출발했다. 시간이 흐르면 이탈리아군은 점점 강해지고 메네리크 2세는 물러날 수밖에 없을 터였다. 그런데 뜻밖의 사건이 있었다. 2월 13일 이탈리아군 진영에서 현지 출신 병사 500여 명이 집단 탈영하여 에티오피아군 진영으로 넘어갔다. 그들은 그동안 메네리크 2세에게 복종을 거부하고 이탈리아에 협력했으나 이제는 메네리크 2세가 더 우세하다고 믿었다. 이 사건으로 인해 그동안 이탈리아와 에티오피아 사이에서 관망하고 있던 현지 민심이 흔들렸다. 이탈리아군의 병참선은 메네리크 2세에게 충성하는 에티오피아인 게릴라들에게 끊임없이 습격받은 반면, 메네리크 2세는 현지인들에게 식량을 얻었다. 병참선이 끊어진 이탈리아군은 더이상 와인과 소금을 얻을 수 없었고 보급품 부족으로 굶주림에 허덕이기 시작했다. 병사들의 사기도 땅에 떨어졌다. 입장이 역전되어 이탈리아군이 먼저 무너질 판국이었다.

시간은 바라티에리의 편이 아니었다. 메네리크 2세와의 장기 대치는 비용이 많이 들었다. 가뜩이나 재정이 열악한 이탈리아로서는 싸우기도 전에 경제적인 파국에 직면할 수 있었다. 로마의 정치인들은 1년 전 바라티에리가 멩게샤를 격파하고 에티오피아 북부의 광대한 영토를 점령했을 때만 해도 열광했지만 이제는 불만에 가득했다. 재무장관 시드네이 손니노(Sidney Sonnino)는 전쟁이 한 달만 더 길어진다면 예산이 파탄날 것이라며 경고했다. 국내외 여론도 불리했다. 스위스 출신 기술자이자 메네리크 2세의 고문인 알프레트 일그(Alfred Ilg)는 이탈리아의 에티오피아 침략을 비난하면서 이렇게 말했다. "어떤 유럽 국가도 에티오피아의 통치에 복종하지는 않을 것이다. 에티오피아 또한 결코 유럽의 통치에 복종하지 않을 것이다." 제아무리 제국주의 시대라고 해도 남의 나라를 정복하는 것이 항상 정당화되지는 않았다. 침략자는 이탈리아였고 대중은 그 침략자에 맞서 싸우는 에티오피아를 동정했다. 만약 이탈리아가 에티오피아를 정복하거나 이미 점령한 땅을 계속 유지하기를 바랐다면 신속히 승리할 필요가 있었다. 그렇지 않으면 에티오피아에서 완전히 손을 떼고 물러나야 했다.

바라티에리는 갈수록 로마의 심한 압박에 시달렸다. 그를 핍박하는 존재는 본국만이 아니었다. 그에게는 네 명의 여단장이 있었다. 자부심 넘치고 야심만만한 그들은 충성스러운 부하가 아니라 경쟁자였고 서로를 질시했다. 바라티에리가 정치적인 곤경에 처하자 그를 끌어내릴 수 있는 기회라고 여겼다. 장군들과 바라티에리의 갈등은 이탈리아 통일의 후유증이 만든 산물이기도 했다. 네 명의 장군은 피에몬테의 지체 높은 귀족 출신 장교인 반면, 바라티에리는 평민인데다 가리발디의 의용군 출신이었다. 한때 서로에게 총부리를 겨누었던 두 파벌은 30년 넘게 시간이 흘렀음에도 불구하고 여전히 반목했다. 이것이 이탈리아군을 약체화하는 고질적인 원인 중 하나였다. 장군들은 메네리크 2세의 군대를 오합지졸이라며 얕보면서 바라티에리의 소극적인 태도를 비웃었다. 귀족이라는 권위의식으로 가득한 그들에게 평민 출신인 바라티에리의 권위가 제대로 먹힐 리 없었다. 하급 장교들과 병사들도 둘로 나뉘었다. 에티오피아군과 직접 싸운 경험이 있는 고참병들은 상대가 얼마나 끈질기고 잔혹한지 잘 알고 있었다. 반면 국민들의 열렬한 환영을 받으며 나폴리에서 출발하여 에리트레아에 갓 도착한 신병들은 의기양양하게 전쟁 영웅이 될 기회만 노렸다.

결국 인내심이 먼저 바닥난 쪽은 로마였다. 2월 21일 크리스피 내각은 바라티에리가 아프리카의 미개인들을 상대로 우물쭈물한다면서 해임을 결정했다. 후임자는 바라티에리의 전임자였던 안토니오 발디세라(Antonio Baldissera) 중장이었다. 그는 유능한 군인이자 행정관이었고 1880년대 말에는 2년 동안 에리트레아에서 근무하면서 식민지 확장에 크게 기여했다. 에리트레아인들을 고용하여 아스카리군대를 처음 조직한 것도 그였다. 발디세라는 이틀 뒤 이탈리아를 떠나 에리트레아로 향했다. 그러나 크리스피는 바라티에리에게 해임을 정식으로 통보하는 대신 "이것은 전쟁이 아니라 군사적 낭비입니다"라면서 짜증과 분노가 가득 섞인 전보를 보냈다. 바라티에리는 자신이 이미 쫓겨났음을 알지 못했지만 진퇴양난에 빠졌다. 식량은 바닥나기 직전이었다. 이제는 물러서든가 아니면 싸워야 했다. 그는 물러서기로 했다.

성미 급한 부하들이 일을 망치다

2월 23일 바라티에리는 여단장들에게 북쪽의 산악지대로 이동하라고 명령했다. 후퇴라기보다 아디그라트에 좀더 가깝고 이탈리아군이 싸우기 유리한 곳으로 적을 유인하기 위해서였다. 그러나 기세등등한 장군들이 들고일어났다. 멋진 콧수염의 소유자이면서 거만하기 짝이 없는 비토리오 다보르미다(Vittorio Dabormida) 준장은 "적들이 후퇴하고 있는데, 우리도 똑같은 짓을 하고 있다니!"라며 분통을 터뜨렸다. 한 달 전 에리트레아에 부임한 그는 오만하고 독선적인 성격으로 유명했다. 선대 국왕이었던 비토리오 에마누엘레 2세와 똑같은 이름을 가졌다는 점에서 볼 수 있듯이 왕실과도 뗄 수 없는 이탈리아 최고의 명문 귀족 출신이라는 자긍심으로 가득했다. 다른 장군들도 마찬가지였다. 바라티에리는 마지못해 명령을 취소했다. 그는 신경과민과 스트레스로 고열에 시달렸다. 그렇다고 이대로 주저앉아 하릴없이 시간만 낭비할 수도 없는 처지였다.

닷새 뒤인 28일 바라티에리는 장군들을 자신의 천막으로 불러모았다. 그리고 솔직한 의견을 물었다. 상황은 진퇴양난이었다. 남은 식량은 사흘 치에 불과했고 새로운 보급품은 제시간에 도착할 가능성이 거의 없었다. 굶주리지 않으려면 당장 공격에 나서거나 후퇴해야 했다. 바라티에리는 아스마라로 후퇴하기를 원했다. 아스마라는 이탈리아가 동아프리카에 건설한 대표적인 계획도시였다. 방어에 용이했고 철도로 마사와항과 연결되어 있어 병참에도 유리했다.

"후퇴는 절대 안 됩니다!" 이번에도 제일 먼저 반발한 사람은 다보르미다였다. 그는 군대의 사기가 최고조이며 적을 눈앞에 둔 채 고작 3개월도 싸우지 않고 물러선다면 누구도 납득하지 못할 것이라고 주장했다. 심지어 "이탈리아는 수치스러운 후퇴보다 2, 3000명의 전사

아스마라의 모습, 19세기 말 원래는 흙집과 오두막이 드문드문 있는 작은 마을이었지만 1889년 8월 3일 이탈리아군이 점령한 뒤 내륙 진출의 전초 기지이자 근대화된 계획도시로 재탄생했다. 아두와전투 다음해인 1897년에는 이탈리아 식민정부가 마사와에서 아스마라로 옮겨가면서 에리트레아의 새로운 수도가 되었다.

자를 원할 것입니다"라고 하기도 했다. 아스카리 4개 대대를 지휘하는 마테오 알베르토네(Matteo Albertone)도 공격해야 한다는 입장이었다. 아스카리 병사들이 정찰을 통해 얻은 정보에 따르면 메네리크 2세의 군대도 물자가 바닥났으며, 부대를 둘로 나누어 한쪽은 이미 남쪽으로 후퇴하기 시작했고, 나머지 한쪽은 식량을 찾기 위해 사방으로 흩어지거나 3월 1일에 열리는 종교의식을 준비하느라 여념이 없다는 것이었다. 그 정보가 정확하다면 지금이야말로 메네리크 2세를 격파할 절호의 기회였다.

공격에 가장 열성적인 사람은 불같은 성격의 아리몬디였다. 암바 알라기와 메켈레의 상실로 명예 회복의 기회만 노리고 있던 그는 증원을 기다릴 것이 아니라 당장 행동에 나서야 할 때라고 주장했다. 수적 열세는 이탈리아군의 더 우수한 무기와 더 많은 탄약, 더 뛰어난 사격술, 더 나은 지휘 능력, 더 뛰어난 용기, 더 우수한 훈련 수준으로 극복할 수 있다는 것이었다. 네 명의 장군 중 주페세 엘레나(Giuseppe Ellena)만이 애매한 태도였다. 그는 에리트레아에 도착한 지 2주도 채 되지 않았고 현지 사정을 잘 모른다는 이유로 다른 사람들의 의견에 따르겠다고 말했다. 현실적으로 후퇴도 쉽지 않았다. 섣불리 후퇴하다가 현지 지형에 익숙한 에티오피아군의 습격을 받는다면 정면에서 싸우는 것보다 더 큰 손실을 입을 수도 있었다.

바라티에리는 여전히 신중했고 좀더 정보가 필요하다고 주장했다. 그는 "적은 용맹스럽고 죽음을 하찮게 여기오"라면서 적을 얕보아서는 안 된다는 말로 회의를 끝냈다. 하지만 다른 선택의 여지가 없었다. 장군들은 싸우기를 원했다. 만약 장군들의 의견을 무시하고 후퇴를 강행한다면 엄청난 반발에 부딪힐 테고 그동안 쌓아올린 자신의 모든 경력이 끝장날 판이었다. 게다가 에티오피아군의 전력을 과소평가했다. 에티오피아군은 많아야 6만 명을 넘지 않을 것으로 판단했다. 그러나 실제로는 그 두 배였고 이탈리아군의 일곱 배가 넘었다. 다음날 저녁 바라티에리는 장군들에게 아두와로 진군하여 메네리크 2세와 결전할 것이라는 새로운 명령을 전달했다. 그리고 지도를 나누어주고 진군할 경로를 알려주었다. 군대는 밤새도록 행군한 뒤 다음 날 오전 9시에 총공격을 시작할 예정이었다. 그는 쉽지 않은 싸움이 될 것임을 각인시키기 위해 "승리 아니면 죽음의 문제"라고 강조했다.

같은 시간 메네리크 2세도 장군들에게 다음날 진군을 재개할 것이라고 선언했다. 이탈리아군만큼이나 그도 상황이 여의치 않았다. 군대의 보급품은 거의 바닥났고 더이상 시간을 허비할 수 없었다. 메네리크 2세의 목표는 아스마라였다. 만약 바라티에리가 아스마라로 후퇴했다면 병참에 허덕이는 메네리크 2세는 그곳에서 치명적인 패배를 당했을 것이었다. 그러나 바라티에리에게는 여전히 승리의 가능성이 남아 있었다. 그날 밤 9시 그는 자신들이 움직였다는 사실이 메네리크 2세의 귀에 들어가기 전에 재빨리 진군을 시작했다. 한 달이 넘도록 황량한 고원지대에서 무료한 시간을 보냈던 병사들은 드디어 움직인다는 말에 고무되었다. 이탈리아군은 1만 4000명 정도였다. 그중 이탈리아인은 11개 보병대대 1만여 명, 에리트레아 원주민은 7개 대대 4000여 명이었다. 또한 11개 포병중대와 56문의 산포가 있었다. 바라티에리의 계획은 단순했다. 4개 여단 중 3개 여단이 3로로 나뉘어 진군하고 나머지 1개 여단은 예비부대로서 바라티에리의 사령부와 함께 뒤따랐다. 이탈리아군은 에디오피아군이 잠들어 있는 동안 밤새 행군한 뒤 동이 틀 무렵에 아두와 동쪽에 있는 몇 개의 고지를 재빨리 선점하고 메네리크 2세의 진영을 내려다볼 참이었다. 그렇게 되면 메네리크 2세가 할 수 있는 선택은 두 가지밖에 없었다. 지형적인 불리함을 감수하고 정면 공격하여 엄청난 손실을 입거나 아니면 아디스아바바로 물러나는 것이었다. 어느 쪽이건 이탈리아군의 승리였다.

그러나 바라티에리의 계획은 생각대로 흘러가지 않았다. 그가 예상했던 것 이상으로 지형이 좁고 험준했다. 길은 구불구불했고 어두컴컴한 어둠 속에서의 행군은 혼란에 빠졌다. 가장 큰 문제는 이탈리아군이 현지 지리를 모른다는 점이었다. 바라티에리의 참모 중 한 명인 톰마소 살사(Tommaso Salsa) 소령은 아두와로 진격하기 전 직접 현지를 정찰한 다음 지도를 그렸다. 대략적인 지형은 표시했지만 아마추어다보니 정확성이 떨어졌다. 이탈리아군이 고용한 원주민 길잡이 역시 길을 제대로 알지 못했다. 심지어 메네리크 2세가 보낸 염탐꾼도 섞여 있었다. 일부 부대는 서로 뒤엉키거나 정해진 경로에서 벗어나 미아가 되기도 했다. 남쪽으로 향해야 할 알베르토네의 좌익부대는 길을 잘못 드는 바람에 한때 중앙을 맡은 아리몬디의 부대와 뒤엉켰다. 아리몬디는 다시 길이 열릴 때까지 1시간이나 진군을 멈추고 기다려야 했다.

알베르토네는 원래 벨라산 남쪽 언덕에서 멈추고 진지를 구축해야 했다. 알베르토네의 선봉대를 맡은 도메니코 투리토(Domenico Turitto) 소령은 벨라산 근처에서 정지했다. 뒤따라 도착한 알베르토네가 왜 멈추었냐고 따졌다. 투리토가 이곳이 명령받은 곳이라고 주장했지만 알베르토네는 그를 겁쟁이라고 몰아붙이면서 "계속 전진하시오. 나는 우물쭈물하는 것을 원치 않소"라고 윽박질렀다. 투리토는 어쩔 수 없이 진군을 재개했다. 그의 부대는 원래 목적지보다 훨씬 깊숙이 전진하여 키다네 메레트(Kidane Meret) 언덕까지 진출하게 되었다.

혼선이 빚어진 이유는 바라티에리가 엉터리 지도를 보고 지명을 착각하는 바람에 알베르토네에게 잘못 전달한 탓도 있었지만 명령을 정확하게 확인하지 않은 알베르토네의 실수도 있었다. 그보다도 바라티에리와 장군들은 서로 대화 자체를 거부했다. 장군들은 자신이 어디로 가야 한다는 사실만 두루뭉술하게 알고 있었을 뿐 전체적인 작전 의도와 계획은 관심 밖이었다. 바라티에리는 장군들에게 어둠 속에서 서로 너무 멀리 떨어지지 않도록 거리를 적절히 유지하라고 지시했지만 무시되었다. 알베르토네의 좌익부대는 너무 빨리 진격한 반면, 아리몬디의 중앙부대와 다보르미다의 우익부대는 너무 천천히 움직였다. 세 부대는 완전히 분리되었고 수 킬로미터씩 떨어진 탓에 서로를 지원할 수 없었다.

비록 혼선을 빚었지만 이탈리아군은 날이 밝기 전까지 에티오피아군에게 들키지 않고 무사히 전진했다. 만약 알베르토네가 제 위치를 정확히 찾아갔다면 이탈리아군은 강력한 진지를 구축했을 테고 에티오피아군의 공격은 실패로 돌아갔을 것이다. 이탈리아군 최정예 부대로 이름난 베르사글리에리 출신 장교인 그는 충동적이면서 절제력이 부족했고 감정 기복이 심했다. 그러면서도 자신이 비범한 인물이라고 착각했다. 바라티에리에는 그에게 너무 앞서서 나가지 말 것과 다른 부대들과 보조를 맞추라고 엄중히 경고했지만 한 귀로 흘려버렸다. 결국 그날의 싸움을 망치는 데 가장 큰 주역이었다.

이탈리아군의 붕괴

메네리크 2세가 이탈리아군이 접근하고 있다는 사실을 안 때는 동이 틀 즈음인 새벽 6시가 거의 다 되어서였다. 알베르토네의 질책에 못 이긴 투리토의 이탈리아군 제1원주민 대대 950명은 아두와 마을이 육안으로 보이는 곳까지 진출했다. 하지만 도갈리전투의 명장 응그다 휘하의 에티오피아 정찰병들에게 대번에 발각되었다. 황후와 함께 새벽 기도를 올리고 있었던 메네리크 2세는 보고를 받자마자 전군에게 출동을 명령했다. 에티오피아군은 놀랄 만큼 신속하게 움직였다. 10만 명에 달하는 거대한 군대가 한 줌에 불과한 이탈리아군을 포위하기 위해 이동했다. 불운한 투리토의 부대는 압도적인 적에게 둘러싸였다. 그 와중에도 에리트레아 병사들은 당황하지 않고 대오를 갖춘 뒤 사격을 퍼부으며 본대의 도착을 기다렸다.

알베르토네는 멀리서 요란한 총성을 듣고서도 거리가 너무 멀고 상황을 알 수 없다는 이유로 진격을 서두르는 대신, 주변 고지에 병력을 배치하고 방어를 준비했다. 그에게는 14문의 대포가 있었지만 대포를 조립하는 데만도 상당한 시간이 필요했다. 4000여 명의 에리트레아인으로 구성된 알베르토네 여단은 바라티에리 휘하 이탈리아군 중에서 최강의 전력을 자랑했고 하나같이 숙련된 병사들이었다. 그들은 비탈길을 따라 재빨리 고지로 올라가 자리를 잡았다. 그러나 알베르토네가 어영부영하는 사이 선봉부대는 전멸했다. 투리토 소령도 전사했다. 뒤이어 에티오피아군이 알베르토네의 본대를 향해 물밀듯이 밀려왔다.

알베르토네는 집중 사격과 포격을 퍼부어 첫번째 공격을 격퇴했지만 2만 명에 달하는 에티오피아군에게 첩첩이 포위되었다. 메네리크 2세는 이탈리아군이 포진한 고지 맞은편에 자신의 포병들을 배치하고 일제히 포문을 열었다. 프랑스제 호치키스 속사포는 이탈리아군 포병들을 단숨에 제압했다. 이탈리아군의 완강한 방어 앞에서 에티오피아군이 주춤하자 여걸로 이름난 황후 타이투 베툴(Taytu Betul)은 얼굴을 가리는 베일을 벗고 병사들을 향해 "무엇을 하고 있나? 용기를 내라! 승리는 우리의 것이다!"라고 외쳤다. 용기백배한 에티오피아군은 사방에서 밀고 들어가며 알베르토네의 양 측면을 공격했다. 특히 이탈리아군 장교들을 집중적으로 저격하여 지휘체계를 무너뜨렸다. 전장은 이탈리아군의 도살장이나 다름없었다. 에리트레아인 병사들은 더이상 버티지 못하고 달아나기 시작했다. 오전 10시가 되자 알베르토네 여단은 완전히 괴멸했다. 알베르토네도 부상을 입고 포로가 되었다.

이탈리아군의 한 축이 무너지는 동안 바라티에리의 사령부와 엘레나 여단은 한발 늦게 벨라산 동쪽 맞은편 라이오산에 당도했다. 그때까지도 바라티에리는 알베르토네가 혼자서 적진 깊숙이 전진했으리라고는 생각하지 못했다. 오전 9시경 그는 알베르토네가 보낸 지원 요청을 받고서야 일이 완전히 틀어졌음을 깨달았다. 원래 계획은 벨라산과 주변 고지에 강력한 방어선을 구축한 뒤 메네리크 2세로 하여금 불리한 공격에 나서도록 강요한다는 것이었다. 하지만 이제는 알베르토네를 구하기 위해 자신들이 불리함을 무릅쓰고 공격에 나

바라티에리와 참모들의 지휘소가 있던 라이오산에서 바라본 주변 지형 길이 좁고 험준하여 방어에 유리한 반면, 대부대를 투입하여 공격하기에는 몹시 불리했다. 바라티에리의 계획대로만 진행되었다면 승자는 이탈리아군이었지만 공명심에 들뜬 장군들이 모든 것을 망쳐버렸다.

서야 할 판이었다. 바라티에리는 다보르미다에게 전령을 보내 알베르토네 구출을 명령했다. 또한 아리몬디와 엘레나 여단을 벨라산과 라이오산 양쪽에 배치하여 에티오피아군의 공격에 대비했다. 이탈리아군 병사들은 자신들 앞에서 벌어지고 있는 재앙을 알지 못한 채 "놈들은 빠져나가지 못할 것이다!"라고 자신만만하게 소리쳤다. 그러나 여기저기 병력을 분산하면서 방어선은 허술해졌고 경사가 너무 가팔라서 포병들은 대포를 제대로 설치할 수 없었다.

1시간도 되지 않아 겁에 질려 무질서하게 달아나는 에리트레아 병사들이 나타났다. 알베르토네 여단이 무너졌다는 뜻이었다. 장교들이

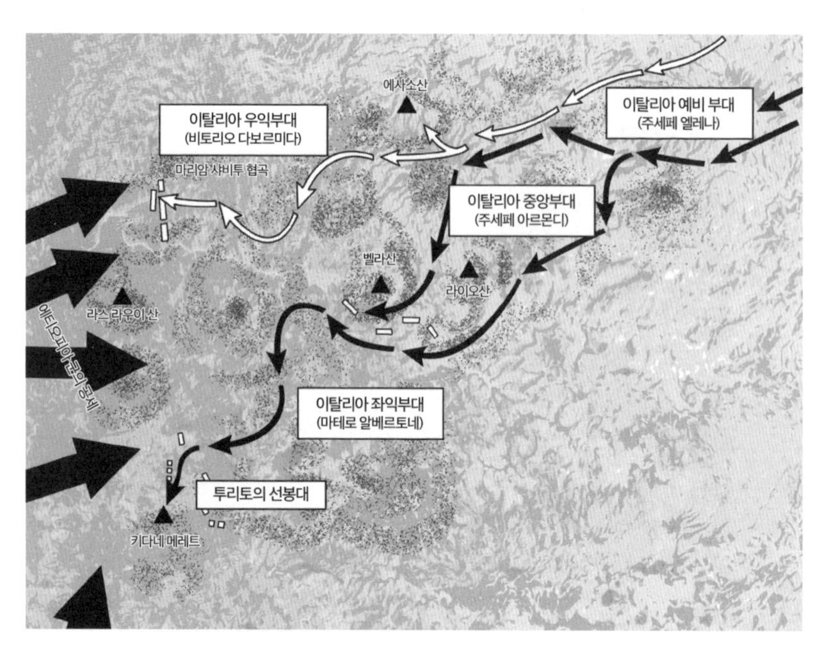

1896년 2월 28일 밤부터 3월 1일 새벽까지 이탈리아군의 진군과 에티오피아군의 역습 정보 수집을 게을리하고 상대를 얕보다가 압도적인 적에게 포위된 채 하나씩 각개격파 당했다는 점에서 이탈리아판 '노몬한전투'라고도 할 수 있다.

권총을 뽑아 그들을 세우려 했지만 소용없었다. 그 뒤를 바짝 쫓아 어마어마한 수의 에티오피아군이 밀려왔다. 이탈리아군 병사들은 사격을 시작하려고 했지만 혹시나 아군이 맞을까봐 주저했다. 그 사이 에티오피아군은 라이오산 맞은편 고지를 점령하고 폭풍 같은 사격을 시작했다. 방어선이 줄줄이 돌파되고 총탄이 사방에서 날아오자 이탈리아군은 대혼란에 빠졌다. 제1베르사글리에리 연대장 프란체스코 스테반(Francesco Stevan) 대령은 절망하여 "오늘이 제2의 도갈리다!"라고 외쳤다.

정오가 되기 전 이탈리아군은 무너졌다. 바라티에리는 칼을 뽑아 들고 "이탈리아 만세!"를 외친 뒤 살아남은 부하들에게 후퇴 명령을 내렸다. 그와 엘레나 장군은 간신히 북쪽으로 빠져나올 수 있었지만 아리몬디 장군은 전사했다. 후방을 맡고 있던 제16원주민대대와 2개 알피니중대가 이탈리아군을 엄호하기 위해 필사적으로 저항했다. 하지만 에티오피아군의 거대한 물결 앞에서는 속수무책이었다. 에티오피아 기병들은 달아나는 이탈리아군을 무자비하게 도륙했다. 일부 장교와 병사들은 포로가 되지 않으려고 자살하기도 했다.

남은 것은 북쪽의 다보르미다 여단뿐이었다. 그는 알베르토네의 우익을 맡아야 했지만 도중에 길을 잘못 드는 바람에 알베르토네가 있는 곳과는 정반대인 북쪽으로 진군했다. 알베르토네와 5킬로미터나 떨어지면서 그를 제때 도울 방법이 없었다. 게다가 명문 귀족 출신으로 거만하기 짝이 없는 다보르미다는 부하들에게 작전을 전혀 알려주지 않은 채 자신의 명령에 따라 진군하라고만 지시했다. 오전 9시 30분 그의 부대가 마리암 샤비투(Mariam Shavitu) 협곡에 도착했을 때 에티오피아군의 공격이 시작되었다. 메네리크 2세는 알베르토네와 다보르미다가 서로 합류하지 못하도록 응그다가 지휘하는 1만 2000명의 병력으로 재빨리 길을 차단한 뒤 다보르미다 여단을 포위 공격했다. 다보르미다 여단의 선두부대는 20분 만에 제압되었다.

다보르미다는 필사적으로 저항하여 에티오피아군의 공격을 격퇴했다. 그는 에티오피아군을 물리쳤다면서 우쭐했지만 착각이었다. 메네리크 2세는 이탈리아군의 주력부대를 격멸하는 동안 다보르미다를 잠시 내버려두었을 뿐이다. 오후 2시 4만 명에 달하는 에티오피아군은 다보르미다 여단을 격파하기 위해 총공격에 나섰다. 아군과의 연락이 끊어지고 사방에서 총알이 날아오자 다보르미다는 뒤늦게 뭔가 잘못되었음을 깨달았지만 때는 이미 늦었다. 이탈리아군은 탄약과 포탄마저 바닥났다. 그는 지원군을 기다리며 마지막까지 싸웠지만 결국 전사했다. 새벽 6시부터 시작된 전투는 오후 4시가 되어서 총성이 완전히 멈추었다.

에티오피아군은 달아나는 이탈리아군을 끈질기게 추격하면서 그들을 철저히 섬멸했다. 살육전에서 간신히 빠져나온 이탈리아군 병사들은 사방으로 흩어진 채 에리트레아를 향해 도망쳤지만 태반이 도중에 쓰러졌다. 일부 생존자는 물과 식량을 얻기 위해 전날까지 자신들이 머물렀던 캠프로 향했다. 그곳은 한발 먼저 온 에티오피아군에 의해 폐허가 되어 있었다. 본대보다 뒤늦게 출발했던 병참부대도 에티오피아군의 습격을 받아 전멸했다.

아두와전투는 근대 이탈리아 역사상 최악의 참패이자 전략적 패배였으며 유럽인들이 아시아와 아프리카로 본격적으로 진출하기 시작한 19세기를 통틀어 가장 큰 패배였다. 손실은 이산들와나전투나 리틀 빅혼 전투에 비할 바가 아니었다. 이탈리아군은 1만 4500여 명 중 6000여 명이 죽거나 행방불명되었으며 1400여 명이 부상을 입었고 3000여 명이 포로가 되었다. 특히 장교들의 손실이 컸다. 바라티

아두와에서 에티오피아군에게 붙들린 이탈리아군 포로들 에티오피아인들은 이탈리아 백인 포로들이 보는 앞에서 같은 흑인인 티그라이 포로들을 본보기로 삼아 손목을 자르거나 거세했다. 잔혹하지만 효과는 확실했다. 이탈리아는 복수는커녕 40여 년 동안 에티오피아를 넘볼 엄두조차 내지 못했다.

에리는 병력의 70퍼센트를 잃었다. 네 명의 여단장 중 두 명이 전사하고 한 명이 포로가 되었다. 56문의 대포 역시 모조리 빼앗겼다. 에티오피아군에게 잡힌 포로들의 운명은 가혹했다. 800여 명의 티그라이 출신 포로들은 황제에 대한 반역자로 규정되어 손발이 잘리거나 고환이 잘린 뒤 풀려났다. 잔인하기로 이름난 오로모족 기병들은 포로의 음낭으로 목걸이를 만들어 목에 자랑스럽게 걸고 다니기도 했다. 흔히 알려진 것과 달리 이탈리아인들은 거세되지 않았지만 아디스아바바까지 길고 고통스러운 행군을 해야 했고 200여 명이 도중에 죽었다.

에티오피아군의 사상자도 적지 않았다. 5000여 명이 죽고 8000여 명이 부상을 입었다. 그러나 10만 명에 달하는 전체 병력에 비하면 대수롭지 않았다. 반면 이탈리아는 동아프리카에 배치된 거의 모든 병력을 잃었다. 반격은커녕 메네리크 2세가 밀고 들어오면 에리트레아의 방어조차 장담할 수 없었다. 이탈리아군의 패배 소식이 알려지면서 이탈리아가 점령한 티그라이 전역에서 반란의 불길이 치솟았다. 이탈리아는 자신들이 정복하려고 했던 상대에게 도리어 에리트레아를 정복당하지 않을까 전전긍긍했다. 그러나 메네리크 2세는 결정타를 날리는 대신 군대를 돌렸다. 훗날 웅그다는 "나는 왕에게 기병을 달라고 요청했다…… 그가 허락만 했다면 나는 이탈리아인들을 바다에 처넣었을 것이다"라면서 불만을 토로했다. 하지만 메네리크 2세는 자신의 군대에 식량이 부족하다는 점을 우려했다. 에리트레아의 이탈리아 거점들은 요새화되어 있었기에 중포가 없는 에티오피아군으로서는 쉽게 점령할 수 없었다. 그사이 이탈리아는 증원 병력을 보내 반격에 나설 것이 분명했다. 더욱이 에티오피아의 에리트레아 진군은 국제사회에서 정치적인 문제로 확대될 수 있었다. 우찰레조약에서 에티오피아는 에리트레아를 이탈리아 영토로 인정했다. 만약 그것을 깨뜨린다면 이번에는 유럽 열강이 에티오피아를 침략자로 몰아 이탈리아를 지원할 것이 분명했다. 메네리크 2세는 이미 충분히 명예를 얻었다고 여기고 이탈리아와의 전쟁을 여기서 끝내기로 했다. 그 대신 아직 손에 넣지 못한 에티오피아 서쪽과 남쪽, 동쪽의 풍요로운 땅으로 눈을 돌릴 참이었다.

유럽 열강은 아두와전투를 통해 에티오피아를 다시 보게 되었고 아프리카의 새로운 강자로 인정했다. 유럽 언론들은 에티오피아인을 '검은 아프리카인'이라는 모멸적인 표현 대신 '구릿빛 새족'이라고 불렀다. 반대로 이탈리아는 초상집이었다. 크리스피 내각은 패전의 책임을 지고 총사퇴했다. 앞서 바라티에리의 후임자로 임명된 발디세라는 아두와전투가 끝난 뒤에야 에리트레아에 도착했다. 그는 현지 상황이 얼마나 심각한지 절감했다. 급히 패잔병들을 재편하고 증원 병력을 받아 반란을 진압하여 식민지의 붕괴를 겨우 막았다. 하지만 발디세라도 패전을 설복하겠다며 에티오피아로 다시 진군할 수 없었다. 7개월 뒤인 10월 26일 메네리크 2세와 발디세라는 새로운 평화조약을 체결했다. 문제의 우찰레조약 제17조는 폐지되었다. 다시는 문구 해석을 놓고 '불필요한 오해'가 있어서는 안 된다는 에티오피아측의 요구에 따라 조약문은 암하라어와 프랑스어로 작성되었다. 이탈리아는 외교 문서에 장난을 치려다가 망신만 톡톡히 당한 꼴이었다. 에티오피아는 아두와전투에서 승리한 3월 1일을 국경일로 정하고 오늘날까지도 매년 위대한 승리를 성대하게 기념하고 있다.

성난 여론을 잠재우기 위한 희생은 전적으로 바라티에리의 몫이었다. 아두와전투 이전만 하더라도 국민 영웅이었던 그는 '용납할 수 없는' 엉터리 계획을 세운 것으로도 모자라 군대를 버리고 달아난 죄목으로 아스마라에서 열린 군사재판에 회부되었다. 바라티에리는 모든 죄를 뒤집어쓰고 처형될 수도 있었다. 하지만 재판관들은 그에게 무죄를 선언했다. 패전은 바라티에리의 무능함이 아니라 쥐꼬리만한 병력과 자원을 지원하고 기적을 일으키라며 억지로 몰아붙였던 크리스피 총리, 그리고 에티오피아군을 얕보고 제멋대로 행동했던 네 명의 장군에게 있다는 사실을 인정하지 않을 수 없었기 때문이다. 하지만 바라티에리에게 면죄부를 주거나 명예 회복의 기회가 주어진 것은 아니었다. 그는 지휘권을 박탈당했고 군대에서 쫓겨났다.

무죄 판결을 받은 바라티에리는 아두와전투가 일어난 지 1년이 더 지난 뒤에야 이탈리아로 슬그머니 돌아왔다. 하지만 스스로 패전에 대한 죄책감에서 벗어나지 못했다. 그는 수많은 부하를 죽게 만든 자신을 책망하면서 우울과 번민의 나날을 보냈다. 심지어 죽는 날까지 이탈리아 여기저기를 떠돌며 사람들의 눈에 띄지 않으려고 노력했다. 한 친구는 예전에 그가 베네치아에서 자살하려던 한 여성을 구한 일을 떠올리며 격려했지만 바라티에리는 "내 잘못으로 그렇게 많은 병사가 죽었는데, 한 사람을 구한 사실이 무슨 의미가 있겠는가?"라고 고개를 저었다. 아두와전투 5년 뒤인 1901년 이탈리아 북부의 국경 도시 비피테노(Vipiteno)에서 홀로 쓸쓸히 사망했다. 비록 그는 패장이었지만 졸장이라기보다 비운의 장군이었다. 적어도 40여 년 뒤 무솔리니와 결탁하여 이탈리아를 파멸로 몰아넣는 파시스트 장군들에 비한다면 그나마 양심은 남아 있었던 셈이다.

양심이 없는 인간은 따로 있었다. 참패를 가져온 장본인이자 에티오피아군의 포로가 되었던 알베르토네는 14개월에 걸친 치욕스러운 포로생활 끝에 평화협정이 체결된 뒤인 1897년 7월에 석방되어 이탈리아로 돌아왔다. 하지만 그로서는 포로가 된 것이 전화위복이었다. 모든 비난을 받아야 했던 바라티에리와 달리 전쟁 영웅으로 대중의 환영을 받았다. 대중은 더이상 패배의 원인 따위에는 관심이 없었다. 알베르토네는 이미 전사한 다른 장군들에게 모든 잘못을 떠넘기는 데 성공했고 어떤 문책도 받지 않았다. 군대에 잠시 복귀했던 그는 두 달 뒤 명예롭게 퇴역했다. 게다가 아두와에서 영웅적으로 싸웠다는 공로로 은성 용맹 훈장까지 받았고 1919년 로마에서 평온하게 숨을 거두었다. 역시 세상에 정의는 없다.

제9장

미군, 1라운드에서 KO패 당할 뻔하다

로이드 프레덴들과 횃불작전

"명령 하달. 땅개 소년들, 장난감 총, 베이커의 팀과 베이커의 팀을 제외한 나머지 팀은 현재 귀관의 위치에서 북쪽에 있는 M으로 갈 것. 가능한 한 당장. 귀관의 상관은 M에서 왼쪽으로 다섯번째 사각형 격자 판에 있는 D로 시작하는 장소에서 J로 시작하는 이름의 프랑스 신사에게 보고할 것."

—오후 5시 프레덴들이 제1기갑사단 B전투단 폴 로비넷 준장에게 내린 명령문 중에서(1943년 1월 19일)

로비넷은 일분일초가 급박한 상황에서 뜻 모를 소리를 늘어놓는 프레덴들의 메시지를 해석하는 일이 독일군에 맞서 싸우는 것만큼이나 시간을 잡아먹었다고 회고했다.

"하먼(제2기갑사단장)에 따르면 프레덴들은 육체적으로나 도덕적으로 겁쟁이다. 하먼은 잘했다⋯⋯ 프레덴들은 단 한번도 전선으로 나오지 않는 대신 하먼을 최고로 만들었다. 하먼은 전투에서 승리했다."

—조지 패튼의 일기에서(1943년 3월 2일)

"키는 작고 목소리는 컸다. 말투는 거칠고 직설적이었으며 계급 고하를 막론하고 상대를 비판했다. 그는 성급하게 결론을 내리는 경향이 있었지만 언제나 근거가 뒷받침된 것은 아니었다. 프레덴들은 전선 시찰을 위해 자신의 사령부를 떠나는 일이 거의 없었다. 그럼에도 불구하고 자신보다 현지 지형과 상황을 더 잘 아는 부하들의 권고를 받아들이려고 하지 않았다."

—조지 패튼 휘하의 장군 중 한 명인 루시안 트러스콧 중장이 바라본 프레덴들

스티븐 오사드의 『지휘 실패 : 로이드 프레덴들에게 배우는 수업*Command Failures: Lessons Learned from Lloyd R. Fredendall*』에 언급되어 있다.

미국 역사상 최악의 장군

미국은 역사가 짧다. 전쟁사도 마찬가지다. 지금처럼 '전쟁 비즈니스로 먹고사는 나라'라는 이미지가 생긴 것은 그리 오래된 일이 아니다. 오히려 제2차세계대전 이전만 해도 고립주의를 고집하면서 타국의 전쟁에 끼어들지 않으려고 했던 나라가 미국이었다. 미국이 다른 나라보다 덜 탐욕적이라는 뜻은 결코 아니지만 남북 아메리카 대륙

전체를 제 발밑에 두겠다며 정복전쟁에 나서지도 않았고(비록 멕시코로부터 텍사스를 빼앗기는 했지만) 대영제국과 프랑스처럼 지구 방방곡곡에 식민지를 개척하여 해가 지지 않는 나라도 아니었다. 그렇다보니 유능한 장군은 있어도 역사에 길이 남을 만한 불세출의 군사적 영웅이나 카이사르, 칭기즈칸, 나폴레옹 같은 위대한 정복왕은 없다. 다른 나라의 침략을 받은 적도 없다보니 이순신, 잔 다르크처럼 풍전등화의 국난을 극복한 구세주도 찾아보기 어렵다. 반대로 원균이나 무다구치 렌야와 같이 나라를 말아먹은 막장 장군 또한 없었다는 사실은 미국인들에게 행운이라고 할까. 너무 잘나지도, 너무 못나지도 않았다는 것이 어쩌면 오늘날 세계 최강이 될 수 있었던 가장 큰 비결인지도 모른다. 미군은 한 명의 걸출한 명장이 아닌 조직의 힘으로 싸우는 군대니까 말이다.

그럼에도 불구하고 미국인들이 손꼽는 '최악의 장군'은 있다. 대표적인 인물이 '리틀 빅혼 전투'의 주인공인 조지 암스트롱 커스터(George Armstrong Custer) 준장이다. 그는 용맹스러운 기병 장교로 남북전쟁에서 크게 활약했다. 그러나 자신의 용맹함을 과신한 나머지 인디언들을 얕보고 정찰도 없이 돈키호테처럼 무모한 공격에 나섰다가 역습을 받아 몰살당함으로써 역사의 웃음거리가 되었다.

우리에게는 '인천 상륙작전의 영웅'으로 추앙받는 더글러스 맥아더(Douglas MacArthur) 원수도 미국에서는 혹평을 받는 장군 중 한 명이다. 그는 아이젠하워도 인정할 만큼 뛰어난 언변과 카리스마를 갖추었지만 그 장점을 무색하게 만드는 수많은 단점을 가지고 있었기 때문이다. 독선적이고 거만했으며 주목받기 좋아하고 영웅 심리에 사로잡혀 있었다. 공사 구분이 불분명하여 주변에는 아첨꾼들이 들끓었다. 인천 상륙작전처럼 자신이 상황을 주도할 때는 누구보다도 과감했지만 예상하지 못한 위기에 직면했을 때는 한없이 우유부단하고 무능했다. 심지어 상관이자 문민 대통령인 트루먼과 최악의 충돌을 빚었던 그를 가리켜 로마 공화정을 위협했던 카이사르에 비견하여 '미국의 시저(American Caesar)'라고 부르며 미국이 가장 중요하게 여기는 민주주의 정신을 훼손한 악당으로 취급하기도 한다. 남북전쟁 초반 북군 총사령관인 조지 매클렐런(George McClellan) 장군은 위대한 적장인 로버트 에드워드 리(Robert Edward Lee)에게 연전연패하다가 해임당한 졸장으로 오랫동안 오명을 써야 했다. 하지만 근래에는 군사적 경험이 전혀 없었던 링컨이 그의 신중함을 간파하지 못했기 때문이라는 평가도 있다.

미군의 '똥별' 중에서 빠질 수 없는 인물이 있다. 로이드 프레덴들 중장이다. 그는 제2차세계대전 당시 북아프리카에서 로멜에게 완전히 박살나면서 미군의 데뷔전을 거의 망칠 뻔했다. 더욱 놀라운 사실은 그전까지만 해도 그는 미 육군에서 가장 촉망받는 장군이었다는 점이다. 냉철한 판단력과 탁월한 리더십을 갖추었고 미군의 보수적인 문화 속에서 소외당하던 수많은 인재를 찾아내어 제2차세계대전을 승리로 이끌었던 조지 마셜(George Marshall) 원수조차 프레덴들을 가리켜 "최고 중의 한 사람"이라고 극찬했을 정도였다. 무서운 적수인 로멜의 첫번째 상대가 조지 패튼(George Patton)이 아니라 프레덴들

카세린협곡전투 당시 프랑스군 장교들의 브리핑을 받는 프레덴들(왼쪽 두번째), **1943년 2월**
프레덴들은 융통성이 없고 독선적이며 부하들을 달달 볶아서 훈련시키는 데에는 능숙하여 상관들의 총애를 받았지만 부하들의 인망을 잃었다. 막상 실전에 직면하자 형편없는 책상물림 군인이었음이 드러나면서 화려했던 커리어도 하루아침에 끝나고 말았다. 그런 점에서 미국 전쟁 드라마 〈밴드 오브 브라더스〉에 나오는 갑질 장교 허버트 소블 대위와 비교되기도 한다.

이 된 이유도 이 때문이었다.

마셜이 무엇을 보고 그토록 높이 평가했는지는 모르겠지만 전선에 나오자 프레덴들의 실체가 드러났다. 그는 남을 비판할 수는 있어도 다른 사람이 자신을 비판하는 것을 허용하는 법이 없는 독선적인 사고의 소유자였다. 또한 자제력이 부족했으며, 자신의 임무조차 제대로 이해하지 못했다. 더욱이 프랑스와 영국에 대한 편협한 반감은 동맹군과의 협력을 가로막아 일을 망치는 데 일조했다. 자칫 프레덴들 때문에 미군은 전쟁에 참전하자마자 KO패하는 망신을 당하고 북아프리카에서 쫓겨날 뻔했다. 물론 그렇다고 해서 독일이 패망하는 역사가 바뀌지는 않겠지만 적어도 노르망디 상륙작전은 훨씬 늦어졌을 것이다. 어쩌면 유럽 전체가 소련의 발밑으로 들어갔을지도 모른다. 마셜의 보기 드문 인사 실패였다. 하지만 마셜이 맥아더와 가장 큰 차이점이 있다면 자신의 실수를 솔직하게 인정하고 바로잡을 줄 안다는 사실이었다. 프레덴들은 쫓겨났다. 그는 '제2차세계대전을 통틀어 최악의 고위 지휘관 중 한 명'으로 남았다. 그나마 프레덴들의 유일한 공로는 히틀러조차 "그 미친 카우보이 장군"이라며 두려워했던 맹장 패튼이 등장할 길을 열어준 것이라고 할까.

한때는 미 육군의 유망주

패튼보다는 두 살, 아이젠하워보다는 일곱 살 많은 로이드 프레덴들(Lloyd Fredendall, 1883~1963)은 와이오밍주의 포트 D. A. 러셀(Fort D. A. Russell)에서 태어났다. 아버지는 미국-에스파냐 전쟁과 제1차세계대전에서 복무한 퇴역 대령이었기에 고향에서는 상당한 영향력이 있었다. 스물두 살이었던 1905년 프레덴들은 아버지의 연줄을 이용하여 지역 상원의원의 추천서를 받아 웨스트포인트(West Point, 미육군사관학교)에 들어갔다. 같은 해에 입교한 생도 중에는 패튼도 있었다. 그러나 프레덴들의 학업 성적은 몹시 좋지 않았다. 특히 수학에서 낙제를 받는 바람에 한 학기 만에 쫓겨났다. 어머니는 아들을 다음해에 다시 웨스트포인트에 보내려고 백방으로 애를 썼지만 결국 거부당했다. 프레덴들은 매사추세츠 공과대학에 진학한 뒤 학사장교로 임관하여 군생활의 첫걸음을 내디뎠다.

비록 웨스트포인트의 문턱을 넘지 못했다고는 해도 그것이 부럽지 않을 만큼 프레덴들의 초기 경력은 승승장구했다. 그는 보병 장교가 되어 본토와 해외 근무를 번갈아했다. 제1차세계대전이 발발하고 미국이 참전을 선언한 지 4개월 뒤인 1917년 8월 미 제1사단 제28보병연대의 일원으로 유럽에 파견되었다. 그는 한번도 최전선에 나설 기회가 없었지만 후방에서 병사들의 훈련을 맡았고 뛰어난 교관이자 조직 관리자로서 명성을 얻었다. 전쟁이 끝났을 때 프레덴들은 중령이었다. 패튼이 웨스트포인트 출신이자 미 육군 최초의 기갑여단을 이끌고 최일선에서 활약하다가 하마터면 전사할 뻔했던 것과 비교해도 프레덴들의 경력은 밀리지 않았다. 전시 특진은 종전과 함께 끝났지만, 그뒤에도 그는 미 육군 보병학교와 참모대학, 육군대학을 우수한 성적으로 졸업했고 워싱턴의 육군부에 근무하는 등 요직을 두루 거쳤다. 아이젠하워가 10년이나 맥아더 밑에서 헌신했음에도 불구하고 아무런 보상도 받지 못한 채 마셜이 발탁하기 전까지 한직을 떠돈 것이나 패튼이 음주와 폭력, 온갖 추문으로 사회 부적응자로 낙인찍히는 바람에 군대에서도 추방당할 위기에 직면하는 등 평화로운 시기에 인생의 암흑기를 보냈다면, 프레덴들은 미 육군의 엘리트로서 순탄하게 승진을 거듭했다. 1939년 12월에는 장군의 반열에 들어섰다. 패튼보다 10개월 빨랐고 아이젠하워보다 거의 2년이나 앞섰다.

루이지애나 기동훈련, 1941년 9월 당시 미군의 수준은 오랜 평화 탓에 장제스의 중국군보다도 형편없었다. 독일이 폴란드를 침공한 날 미 육군 참모총장이 된 마셜은 오합지졸 미군이 독일군에 맞설 수 있도록 현대화하기 위해 실전을 방불케 하는 대규모 훈련에 착수했다. 특히 1941년 9월에 실시한 훈련에는 연인원 35만 명과 5만 대의 차량이 동원되었다. 마셜의 눈에는 결과가 썩 만족스럽지 않았지만 이 훈련에 참여하여 높은 평가를 받은 장교들이 제2차세계대전에서 미군을 이끌었다.

이렇다 할 스캔들도 없었다. 1940년 10월에는 소장으로 승진하여 제4사단장에 임명되었다. 미 육군 참모총장 마셜은 물론이고 미 지상군 사령관 레슬리 맥네어(Lesley J. McNair) 중장 또한 프레덴들이 미 육군에서 세 손가락 안에 들어가는 뛰어난 지휘관이라고 평가했다. 마셜은 주변 사람들에게 "나는 그를 좋아한다. 그의 얼굴 전체에서 단호함을 엿볼 수 있다"라고 공공연히 칭찬했다.

독일이 폴란드를 침공하면서 제2차세계대전이 일어났다. 극동에서는 일본이 중국을 침략하고 프랑스령 인도차이나로 진격했다. 전쟁의 불길이 미국 주변으로 빠르게 번지고 있었다. 마셜은 지난 20여 년 동안 전쟁 준비를 전혀 하지 않은 미군을 단련하기 위해 1940년부터 대대적인 합동기동훈련을 여러 차례 실시했다. 그중에서도 미 육군 최대의 빅 이벤트는 1941년 9월 15일부터 28일까지의 루이지애나 기동훈련, 뒤이어 11월 16일부터 29일까지 실시된 캐롤라이나 기동훈련이었다. 언론의 주목을 한 몸에 받은 슈퍼스타는 제2기갑사단장이었던 패튼이었다. 그는 전차부대를 이끌고 사흘에 걸쳐 650킬로미터를 질주한 뒤 상대편 등뒤에서 불쑥 나타나 대혼란에 빠뜨렸다. 구태의연한 정면 공격에만 신경쓰다가 허를 찔린 대항군 사령관 벤 리어(Ben Lear) 중장은 분통을 터뜨리면서 패튼의 기동이 규칙 위반이라며 항의했다. 하지만 패튼은 "나는 전쟁에 규칙이라는 것이 존재하는지 모릅니다"라는 한마디로 일축했다. 그동안 육군의 사고뭉치였던 패튼은 비로소 존재감을 드러냈다.

프레덴들은 루이지애나 기동훈련에는 참여하지 못했지만 두 달 뒤 캐롤라이나 기동훈련에는 참가했다. 훈련의 가장 큰 목적은 기갑부대의 공격을 보병부대가 수적 우세와 대전차 무기로 막을 수 있는가였다. 홍군은 패튼의 제2기갑사단을 포함하여 2개 기갑사단, 1개 차량화 사단 등 기계화 부대를 중심으로 구성된 오스카 그리스월드(Oscar Griswold) 소장의 제4군단 10만 명이었다. 청군은 휴 앨로이시어스 드럼(Hugh Aloysius Drum) 중장의 제1군이었다. 병력은 홍군의 두 배인 3개 군단 8개 보병사단 20만 명에 달했다. 프레덴들은 제

1군 산하 제2군단의 지휘를 맡았다. 이번 무대에서도 주역은 패튼이었다. 그는 경이로운 속도로 청군의 틈을 재빨리 돌파하고 옛 상관이기도 했던 드럼과 그의 참모들을 포로로 잡아 승리를 거두었다. 리어와 마찬가지로 제1차세계대전식 전술을 고집했던 드럼은 맥네어의 호된 질책을 받고 한직으로 쫓겨났다. 프레덴들은 패튼처럼 화려하거나 언론의 이목을 끌지는 못했지만 보병사단들로 홍군의 공세를 대부분 저지했다. 또한 반격에 나서 홍군을 패배 직전까지 밀어붙였다. 패튼의 놀라운 솜씨가 아니었다면 싸움에 진 쪽은 홍군이었다.

마셜은 기동훈련을 통해 앞으로 누가 독일군과 싸울 자격이 있는지를 선별했다. 나이만 많을 뿐 무능하고 게으른 장군들은 쫓겨났다. 15명의 군단장 중 11명이, 27명의 사단장 중 20명이 군복을 벗었다. 빈자리는 앞으로 유럽 전선에서 중핵을 맡게 될 새로운 유망주들을 발탁하여 맡겼다. 대부분의 경우 그의 눈은 정확했다.

'횃불작전'의 선봉을 맡다

1941년 12월 7일 아침 일본이 진주만을 기습했다. 미국 전체가 분노와 충격으로 들끓었다. 루스벨트는 '치욕의 날'이라고 부르면서 전쟁을 선언했다. 하지만 그 치욕을 돌려줄 대상은 일본이 아니라 독일이었다. 만만한 일본보다는 독일이 미국의 진정한 적수라는 이유였다. 20년 만에 미국 유럽 원정군이 다시 편성되었다. 아이젠하워와 마크 웨인 클라크(Mark Wayne Clark) 소장이 원정군의 총사령관과 부사령관에 각각 임명되었다. 쟁쟁한 고참 장군들을 뛰어넘은 파격적인 인사였다. 두 사람 모두 나이가 젊고 경력은 부족했지만 루이지애나 기동훈련의 활약으로 마셜의 주목을 끌었기 때문이다.

마셜이 발탁한 사람 중에는 패튼과 프레덴들도 있었다. 두 사람은 미군의 데뷔전이 될 '횃불작전'에서 미군 부대의 지휘를 맡게 되었다. 프레덴들은 아이젠하워가 고참이자 상관이었던 자신을 껄끄럽게 여겨 원정군 명단에서 제외할지도 모른다고 걱정했지만 마셜이 적극적으로 추천한 덕분이었다. 마셜은 그들이 미 육군 최고의 장군이라고 보았다. 상륙 목표는 로멜의 추축군대와 영국군이 2년째 일진일퇴를 거듭하고 있던 북아프리카였다. 약 10만 명에 달하는 영미 연합군은 3개 부대로 나뉘어 프랑스령 북아프리카의 해안가를 침공할 계획이었다. 로멜의 본진인 리비아나 그 옆의 튀니지를 직접 치지 않은 이유는 추축군의 제공권 아래에 있어 위험 부담이 너무 컸기 때문이다. 그 대신 교두보를 마련한 뒤 동쪽으로 진격하여 서진중인 몽고메리의 영국군 제8군과 함께 로멜을 양면 협공할 참이었다.

프레덴들이 맡은 중부임무부대는 미 육군에서 손꼽히는 정예부대인 제2군단이 중심이었고 미 제1기갑사단, 제1보병사단, 1개 공수대대 등으로 구성되었다. 병력은 3만 9000명에 달하여 3개 부대 중 가장 규모가 컸다. 중부임무부대의 임무는 프랑스 해군의 주요 군항이기도 한 알제리 오랑(Oran)의 공략이었다. 패튼의 서부임무부대(제1기갑군단) 3만 5000명이 모로코 카사블랑카(Casablanca)를, 영국군의 케네스 앤더슨(Kenneth Anderson) 중장 휘하 동부임무부대 3만

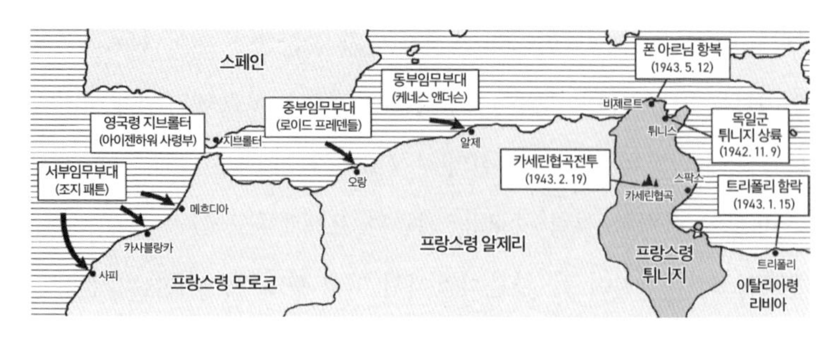

연합군의 토치작전과 주요 전황도, 1942년 11월 8일~1943년 5월 12일

3000명이 알제(Algiers)를 각각 맡았다. 아이젠하워는 영국령 지브롤터(Gibraltar)에 총사령부를 설치하고 침공작전의 총 지휘봉을 들었다. 10월 말 침공군을 실은 상륙함대는 각각 영국과 미국 동부를 출발했다.

11월 8일 새벽 연합군의 침공이 시작되었다. 연합군 수뇌부는 비시 프랑스군이 저항하지 않을 것으로 여기고 사전 포격조차 하지 않았다. 하지만 연합군이 해안가로 접근하자 당장 해안포에서 일제히 포문을 열면서 격전이 벌어졌다. 하마터면 패튼은 싸워보지도 못하고 전사할 뻔했다. 그는 상륙용 주정에 막 옮겨 타려다가 애장품인 콜드 권총을 깜빡했음을 깨닫고 당번병에게 가져오라고 지시한 사이 프랑스 군함의 포격을 받아 주정이 박살났다. 간발의 차로 패튼은 운좋게 목숨을 건진 셈이었다. 그 대신 초급 장교 시절 멕시코 원정 때부터 애지중지했던 권총을 비롯하여 소지품을 모두 바닷속에 빠뜨린 채 쓰린 속을 달래야 했다. 반면 오랑을 맡은 프레덴들 역시 현지 수비대의 완강한 저항에 부딪히기는 했지만 그런대로 무난하게 작전을 수행했다. 그는 상륙 개시 만 이틀 만인 11월 10일 정오에 오랑을 완전히 점령하고 프랑스군의 항복을 받아냈다. 그때까지도 카사블랑카 해안가에 묶인 채 고전을 면치 못하던 패튼보다 하루 빨랐다. 경쟁의 승자는 프레덴들이었다.

프레덴들을 썩 미더워하지 않았던 아이젠하워조차 그의 승리에 고무되어 11월 12일 마셜에게 이런 전문을 보내면서 중장 승진을 추천했다. "장군께서 제게 프레덴들을 강력히 권유했을 때를 축복으로 여깁니다. 그에 대한 저의 의심이 아무런 근거가 없었음을 기쁜 마음으로 인정합니다." 연합군과 비시 프랑스군 사이에 협상이 타결되면서 전투는 멈추었다. 다음은 튀니지로 진격하여 로멜의 등뒤를 칠 차례였다. 아이젠하워는 그 임무를 프레덴들에게 맡겼다. 로멜의 첫 상대로 패튼보다 프레덴들이 더 적합하다고 여겼기 때문이다. 부군단장은 아이젠하워의 사관학교 동기인 오마 넬슨 브래들리(Omar Nelson Bradley) 준장이었다. 연합군은 영국 제1군으로 재편되었고 앤더슨이 제1군 사령관을 맡았다. 패튼의 큰사위였던 존 워터스(John K. Waters) 중령도 프레덴들 휘하에서 튀니지로 향했다.

정작 패튼은 누구보다도 싸움터로 나가고 싶어 안달이 나 있었음에도 그토록 기다렸던 독일군과의 싸움 대신 후방에 남아 모로코의 술탄이나 접대하는 신세가 되었다. 그는 아내에게 보내는 편지에 "불행히도 나는 나 자신을 드러낼 기회를 얻지 못한 것 같소"라면서 실망감을 감추지 못했다. 마셜과 아이젠하워는 패튼의 능력을 인정하면서도 그 이상으로 성급하고 충동적인 성격을 불안하게 여겼기 때문이었다.

실체를 드러내다

아침꾼을 싫어하는 마셜은 프레덴들이 계급에 구애받지 않고 누구한테나 자신의 생각을 거침없이 말한다는 이유로 총애했다. 그러나 오산이었다. 프레덴들은 허세 부리기를 좋아하는 전형적인 소인배에 지나지 않았다. 자신과 생각이 다르면 부하들의 조언을 덮어놓고 묵살했다. 전선을 직접 방문하고 병사들과 동고동락하기보다는 후방의 안락한 사령부에 앉아 있기를 좋아했다. 패튼과는 정반대였다.

마셜과 아이젠하워가 그를 명장이라고 여기는 것과 달리 직속상관이 된 앤더슨은 프레덴들이 큰소리만 칠 뿐 실전을 전혀 모르는 무능한 인간임을 금방 간파했다. 최일선의 가혹한 환경에서 생활했던 장병들 역시 프레덴들이 오랑의 최고급 호텔에 사령부를 설치하고 총독처럼 행세하면서 입으로만 떠든다고 조롱했다. 프레덴들은 부하들에게 하루빨리 튀니지를 향해 진격하라며 끝없이 닦달했다. 그러면서도 자신은 최전선에서 130킬로미터나 떨어진 테베사(Tébessa) 남쪽 스피디 밸리(Speedy Valley)에 자리잡은 채 나올 생각을 하지 않았다. 독일군의 기습과 폭격을 잔뜩 겁낸 그는 공병부대를 동원하여 단단한 바위를 뚫고 땅굴을 파서 요새나 다름없는 사령부를 만들었다. 주변에는 대공포대대를 배치하여 엄중하게 감시했다. 브래들리는 이곳을 가리켜 "모든 미군 병사의 골칫거리"라고 비아냥거렸다.

프레덴들은 사령부를 설치하는 데 한 달이라는 귀중한 시간을 허비하면서도 독일군의 공격에 대한 대비에는 아무런 관심도 없었다. 병력은 여기저기 흩어져 있었고 서로를 지원할 수 있는 방법이 없었다. 방어 진지는 거의 구축되지 않았으며 병사들은 지뢰조차 매설하지 않았다. 이런 와중에도 프레덴들의 유일한 관심사는 자신이 주문한 방탄차가 언제 도착하는지였다. 그는 수시로 오랑에 연락하여 그 사실을 문의하면서도 전선을 방문하거나 일선 병사들을 만나는 일은 게을리했다. 그러나 독일군은 만만한 상대가 아니었다. 12월 8일 동부 전선에서 소련군을 상대로 맹활약한 한스위르겐 폰 아르님(Hans-Jürgen von Arnim) 상급대장이 제5기갑군 사령관으로 부임하여 튀니지로 왔다. 그동안 무관심으로 일관했던 히틀러는 미군이 상륙하자 뒤늦게 북아프리카에서 쫓겨날 수 없다고 고집하면서 병력과 물자를 대대적으로 증파했다. 1943년 1월까지 튀니지에 24만 3000명의 병력과 86만 톤에 달하는 장비와 물자가 수송되었다.

남쪽에서는 엘 알라메인에서 몽고메리에게 완패한 로멜의 북아프리카 기갑군이 리비아를 버리고 빠르게 올라오고 있었다. 이들이 아르님의 제5기갑군과 합류한다면 연합군과 또 한번 붙어볼 만했다. 로멜과 아르님 모두 신출내기 미군에게 진정한 싸움이 어떤 것인지 한 수 가르쳐주겠다면서 단단히 벼렸다. 이런 와중에도 앵글로포브

(Anglophobe, 영국인 혐오주의자)이기도 했던 프레덴들은 영국군에 대한 개인적인 반감을 내세워 상관인 앤더슨을 무시하고 명령받기를 거부했다. 그런 프레덴들에게 불쾌함을 감추지 않는 것은 앤더슨도 마찬가지였다. 영국군만이 아니라 부하 장군들과의 관계도 최악이었다. 프레덴들은 휘하 3개 사단 중 유일한 기동부대인 제1기갑사단장 올랜드 워드(Orlando Ward) 소장을 몹시 싫어한 나머지 지휘계통을 건너뛰어 제1기갑사단에 직접 명령을 내림으로써 한층 혼란을 가중했다. 일선 지휘관들은 서로 상반된 지시를 받고 과연 누구의 명령을 따라야 할지 매번 골머리를 썩어야 했다. 싸움이 제대로 될 리 없었다.

1943년 1월 아르님 휘하의 독일 제10기갑사단과 제334보병사단, 이탈리아 제1보병사단 '수페르가(Superga)'는 로멜과의 통신선을 확보하기 위해 공세에 나섰다. 추축군은 영국 제5군단을 밀어내지는 못했지만 훈련과 장비가 빈약한 자유 프랑스 제19군단(대부분 비시 프랑스군 출신)을 격파했다. 프랑스군 7개 대대가 산속에 고립된 채 전멸할 판이었다. 상황이 급박하자 앤더슨은 영국군 제36여단을 증파했다. 프레덴들에게도 미 제1기갑사단 산하 B전투단을 프랑스군이 고립되어 있는 오셀티아(Ousseltia)로 출동시킬 것과 부대가 현지에 도착하는 대로 프랑스군 사령관 알퐁스 쥐앵(Alphonse Juin) 장군의 지휘를 받으라고 지시했다. 프레덴들은 이번에도 워드가 아닌 B전투단에 직접 전화를 걸어 출동 명령을 내렸다. 하지만 그가 내린 명령은 도대체 알아들을 수 없는 생뚱맞은 소리였다. 그는 미 육군의 표준

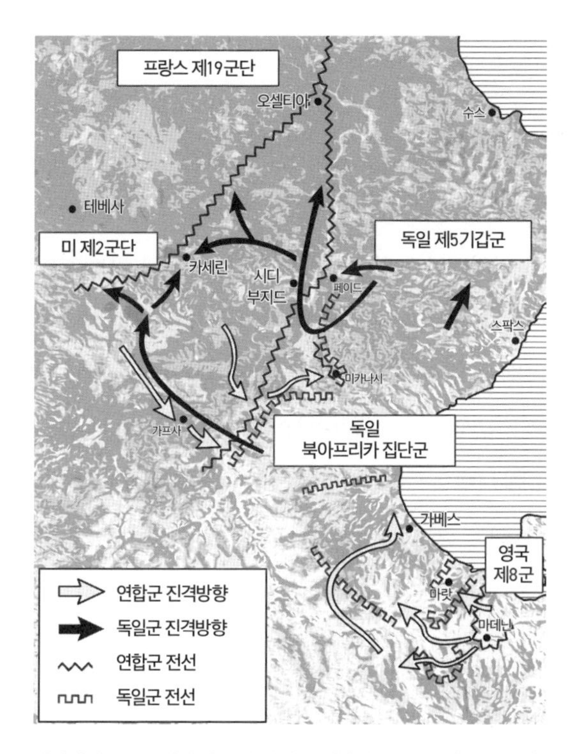

카세린협곡전투 당시 양군의 배치와 진격 상황, 1943년 1월 30일~4월 10일

명령 규약을 무시하고 자신이 만든 기묘한 은어로 명령을 내렸다. 보병대는 '워킹 보이(walking boy)', 포병대는 '팝건(popgun)'이라고 불렀다. 인명과 지명에 대해서는 "~로 시작하는"이라는 식으로 제멋대로 붙였다. 일분일초가 급박한 상황에서 프레덴들의 해괴한 행태는 부하들을 혼란에 빠뜨리고 알쏭달쏭한 명령을 해석하느라 시간을 낭비하게 만들었다.

B전투단의 출동이 늦어지는 사이, 프랑스군은 신형 티거 중전차를 앞세운 독일군의 공격에 괴멸했다. 포로만 3500명에 달했다. 뒤늦게 B전투단이 현장에 도착했지만 프랑스군을 구원하기는커녕 이미 강력한 방어진지를 구축한 채 기다리고 있던 독일군에게 여지없이 박살났다. B전투단이 섬멸되면서 미 제1기갑사단의 전력은 흩어졌고 독일군의 공격에 한층 취약해졌다. 백전연마의 독일군이 이 기회를 놓칠 리 없었다. 그럼에도 불구하고 프레덴들은 여전히 의기양양하면서 상황을 낙관했다. 보다 못한 아이젠하워가 직접 달려와 최일선을 돌아보고 미군의 방어태세가 매우 형편없다는 사실을 비로소 깨달았다. 그는 프레덴들에게 당장 방어태세를 다시 정비하라고 명령할 참이었지만 그 전에 독일군의 공격이 시작되었다.

2월 14일 미 제1기갑사단 A전투단과 제34사단 제168연대 보병들이 지키고 있는 시디부지드(Sidi Bou Zid)를 향해 독일군의 공격이 시작되었다. 북쪽에서는 아르님 휘하의 독일 제21기갑사단이, 남쪽에서는 로멜 휘하의 독일 제10기갑사단이 협공했다. 독일군은 평야와 언덕 여기저기에 분산 배치된 미군을 손쉽게 포위했다. 프레덴들이 현장에 와보지도 않고 지도만 보고 배치한 결과였다. 제168연대장 토머스 드레이크(Thomas Drake) 대령이 프레덴들에게 당장 철수해야 한다고 했지만 프레덴들은 구원부대를 곧 보낼 테니 진지를 굳건히 지키라고 엄명했다. 그러면서도 여전히 꾸물대며 시간을 낭비했다. 다음날에야 제1기갑사단 C전투단이 출동했다. 미군 전차부대는 마치 열병식을 하듯 대오를 이루고 행군을 하던 중 독일 공군의 폭격과 매복에 당해 전차 46대와 차량 130대, 자주포 9문을 잃었다. 전차 4대만이 간신히 빠져나올 수 있었다. 단 한번의 전투로 사단 전력의 3분의 1이 전멸한 셈이었다.

프레덴들은 그제야 상황이 얼마나 심각한지 깨달았다. 하지만 그가 시드부지드에서 포위된 미군 병사들에게 내린 명령은 그냥 알아서 탈출하라는 것이었다. 드레이크는 야음을 틈타 탈출을 시도했지만 실패했다. 극소수만 도망쳐나왔을 뿐 대부분 전사하거나 포로가 되었다. 그중에는 패튼의 사위 워터스 중령도 있었다. 그는 독일로 끌려가 전쟁이 끝날 때까지 함멜부르크(Hammelburg)의 포로수용소에서 길고도 험난한 시간을 보내야 했다. 아이젠하워는 미 제2군단과 프랑스 제19군단의 후퇴를 명령했다. 문제는 독일군의 추격을 어떻게 따돌릴지였다. 프레덴들은 여전히 책상 위의 지도만 보면서 작전을 지시했다. 그는 독일군이 어느 방향에서 공격할지 모른다는 이유로 병력을 사방에 분산 배치했다. 방어선은 엉성하기 짝이 없었다.

2월 19인 독일군은 알제리로 통하는 보급로인 카세린협곡으로 밀고 들어왔다. 지휘봉을 잡은 사람은 다름 아닌 로멜이었다. 만약 이곳이 돌파된다면 독일군은 알제리로 진격할 것이고 북아프리카에서의 전세는 하루아침에 역전될 판국이었다. 독일군은 2개 기갑사단인 반면, 카세린협곡을 지키는 병력은 알렉산더 스타크(Alexander Stark) 대령이 지휘하는 제19전투공병연대와 제26보병연대, 제1기갑사단 B전투단, 그 밖에 몇 개 대대로 구성된 혼성부대가 전부였다. 프레덴들이 병력을 멋대로 흩어놓은 탓이었다. 스타크는 노련한 지휘

카세린협곡전투에서 독일군의 포로가 되어 끌려가는 미군 병사들 데뷔전치고는 혹독한 대가였고 몇 달 전 필리핀에서 맥아더의 극동군이 일본군에게 항복한 이래 미군에게는 최악의 패배였다.

관이었지만 로멜의 압도적인 공격을 막아내기에는 역부족이었다. 일부 부대는 독일군의 강습을 받자 공황 상태에 빠진 나머지 섬멸되었다. 제19전투공병연대는 괴멸했다. 다음날 정오가 되자 미군 방어선에 구멍이 뚫렸다. 연합군에게는 최악의 위기였다. 그나마 로멜이 병참의 한계에 부딪혀 진격을 일시 중단한 사이 연합군의 증원부대가 속속 도착하면서 위기를 넘겼다. 로멜은 테베사로의 진격을 포기했다. 그는 미군에게서 막대한 물자를 노획했지만 오히려 의욕이 꺾였다. 이번에는 운 좋게 이겼지만 언제까지 행운이 따를 수 없으며 미국의 압도적인 물량 앞에서는 결국 밀릴 수밖에 없음을 절감했던 것이다.

그러나 시디부지드와 카세린협곡 전투의 참패는 미군의 위신을 완전히 땅에 떨어뜨렸다. 미 제2군단 전체는 만신창이가 되었다. 독일군은 1000여 명의 사상자와 전차 20대를 잃은 반면, 미군은 전사자와 부상자, 행방불명자를 포함하여 3000여 명이 넘었고 3700여 명이 포로로 끌려갔다. 또한 전차 183대, 600여 대의 차량도 격파되었다. 굴욕적인 패배 소식에 워싱턴이 들끓었다. 충격을 받은 루스벨트는 "우리 병사들이 싸움을 할 줄은 아는가?"라고 물었다. 영국군은 경멸감을 드러내며 미군을 가리켜 "우리의 이탈리아군"이라고 비아냥거렸다. 프레덴들은 비겁하게 모든 책임을 워드에게 떠넘겼지만 아이젠하워는 직접 제2군단을 방문했다. 그로서도 자신의 앞날이 걸린 문제였고 자칫하면 목이 달아날 수도 있었기 때문이다. 아이젠하워는 부사령관 브래들리를 비롯하여 일선 지휘관들을 일일이 만났다. 그리고 실패의 가장 큰 책임이 프레덴들에 있음을 깨달았다. 프레덴들은 해임되었다. 워드도 함께 쫓겨났다. 워드로서는 억울한 일이었지만 군대식 연대 책임을 져야 한다는 것이 그의 불행이었다.

패튼 나서다

이제는 새로운 구세주를 찾을 차례였다. 아이젠하워는 처음에는 제2기갑사단장 어니스트 하먼(Ernest Harmon) 소장에게 그 역할을 맡기려고 했다. 하지만 하먼이 거절하자 그제야 패튼에게 눈을 돌렸다. 3월 6일 중장으로 승진한 패튼은 프레덴들을 대신하여 제2군단장에 임명되었다. 패튼은 비로소 그토록 꿈꾸던 영웅이 될 기회를 잡자 당장 행동에 나섰다. 그는 오합지졸 미군을 진정한 전사로 바꾸려면 겉모습부터 군인답게 만들어야 한다고 생각했다. 패튼은 부대를 쉴새없이 돌아다니며 계급 고하를 막론하고 모든 장병에게 단정한 복장과 엄격한 규율에 따를 것을 요구했다. 조금만 흐트러지거나 사소한 위반조차 사정없이 질책했다. 하지만 패튼이 여느 장군들과 다른 점은 쓸데없는 간섭과 복종을 강요하는 대신, 병사들의 말에 귀를 기울이고 그들을 격려하여 자신감을 불어넣었으며 복지에 신경썼다는 것이었다. 처음에는 불만이 가득했던 사람들도 금세 패튼을 신뢰하게 되었다. 패배주의에 빠져 의기소침해하던 미 제2군단은 얼마 지나지 않아 미 육군 최강의 부대가 되었다. 단지 지휘관 한 명만 바뀌었을 뿐 똑같은 부대, 똑같은 병사였는데도 분위기가 완전히 달라졌다는 점에서 리더십이 얼마나 중요한지 보여주는 셈이다.

3월 17일 미 제2군단은 카세린협곡 남쪽의 엘게타르(El Guettar) 전투에서 독일 제10기갑사단과 이탈리아 센타우로 기갑사단을 격파하여 명예를 회복했다. 카세린협곡전투에서 치욕적인 패배를 당한지 한 달도 채 지나지 않았을 때였다. 그동안 독일군에게 패주를 거듭했던 미군의 첫 승리였다. 패튼은 열흘 만에 전임자와 전혀 다르다는 사실을 증명했다. 그는 멀리 떨어진 사령부에서 부하들이 올리는 보고서를 타성적으로 읽는 대신 현장에서 직접 상황을 파악했다. 또한 꾸물대거나 자기 역할을 다하지 못하는 지휘관들을 마구 질타하여 그들이 사력을 다해 싸우도록 채찍질했다. 패튼은 미군이 싸울 수 있는 군대임을 증명했다.

전세는 완전히 역전되었다. 패튼은 자신이 호적수로 여기는 로멜과 직접 맞붙어보기를 바랐지만 그 기회는 끝내 오지 않았다. 패튼이 제2군단장에 임명된 날 로멜은 튀니지 남부의 메데닌전투에서 몽고메리와 또 한번 승부를 겨루었다가 참패했다. 로멜은 600여 명의 사상자와 함께 52대의 전차를 잃었다. 로멜에게는 한니발의 '자마전투'이자 나폴레옹의 '워털루전투'였다. 단순히 싸움에 졌다는 사실보다도 로멜 스스로 전쟁에 대한 자신감을 잃었기 때문이다. 절망한 그는 독일로 날아가 총통 앞에서 당장 북아프리카에서 손을 뗄 것과 연합군과의 협상을 주장했다가 심기를 건드렸다. 히틀러는 자신의 권위에 도전했다며 분노하여 로멜을 그 자리에서 해임했다. 로멜의 위대한 신화는 끝났다. 추축군은 패튼과 몽고메리가 양면에서 포위하면서 궁지에 몰렸다. 이탈리아군 최고의 명장으로 일컫는 메세 원수는 로멜의 아프리카 기갑군을 재편한 이탈리아 제1군을 이끌고 마지막 공세에 나섰지만 영국군을 돌파하는 데 실패했다. 추축군은 튀니지 동부 해안가의 좁은 지역으로 밀려났다. 포위망은 빠르게 좁혀졌다. 5월 12일 북아프리카에서 추축군 전체가 항복했다. 뒤이어 패튼은 시칠리아 침공의 선봉을 맡았다. 그는 몽고메리와 경쟁을 벌이며 새로운 신화를 쌓아올렸다.

패튼이 떠오르는 해라면 프레덴들은 지는 해였다. 패튼은 처음에는 프레덴들이 패전의 희생양이라며 동정했지만 얼마 지나지 않아

“그가 자신의 존재감을 증명하기 위해 도대체 무엇을 했는지 모르겠다”라고 하면서 비판했다. 프레덴들은 미국이 참전하고 본국으로 쫓겨난 첫번째 지휘관이 되었다. 그는 평화로운 시기에는 마셜조차 극찬했던 유능한 조직가로 손꼽혔지만 야전에서는 가장 무능한 지휘관으로 낙인찍혔다. 후방에서 병사들을 훈련하는 일과 현장에서 전투를 지휘하는 일은 전혀 다른 문제였다. 마셜과 아이젠하워에게도 훌륭한 경험이 되었음이 틀림없다.

프레덴들은 두 번 다시 기회를 얻지 못했지만 그나마 군대에서 쫓겨나는 일만은 피했다. 아군에게 엄청난 손실을 안겨주었음에도 불구하고 아이젠하워는 자신보다 한참 선배인 그를 덮어주었다. 공식적인 문책은 없었다. 프레덴들은 작전에 실패한 다른 장군들과 마찬가지로 본국에서 훈련 임무를 담당했다. 1943년 6월에는 중장으로 승진했고 전쟁이 끝난 뒤인 1946년 3월 31일 퇴역했다.

그와 함께 해임된 워드는 영원히 전쟁터에 발을 붙일 수 없었던 프레덴들과 달리 뒤늦게나마 활약의 기회를 얻었다. 그는 전차학교 교장을 역임한 뒤 제20기갑사단장에 임명되어 독일이 항복하기 직전 유럽 전선에 투입되었다. 제20기갑사단은 알렉산더 패치(Alexander Patch) 장군의 제7군에 편입되어 남부 독일로 진격했고 히틀러가 나치운동을 시작한 본거지인 뮌헨을 점령했다. 종전 후 제6사단장이 되어 한국에서 잠시 근무하기도 했다. 상관을 잘못 만난 탓에 군생활이 재수 없게 꼬이기는 했지만 나름대로 명예는 회복한 셈이었다.

제10장

식초 조, 중국을 망치다

조지프 워런 스틸웰과 버마작전

나는 오랫동안 복수를 기다려왔네
드디어 때가 되었지
나는 땅콩(장제스)의 눈을 똑바로 쳐다보면서
그 녀석의 거시기를 냅다 걷어차버렸지

낡은 작살은 준비되었어
목표를 정확하게 조준하면서
나는 그것의 손잡이를 잡고 깊숙이 내질렀어
그리고 그를 향해 찌르고 또 찔렀지

그 조그만 자식은 부들부들 떨었고
목소리는 힘을 잃었어
녀석의 얼굴은 파랗게 질렸지

비명을 지르지 않으려고 안간힘을 쓰더군

나의 이 모든 힘든 싸움에서
내 슬픔의 모든 시간에서
마침내 나는 내 차례를 끝냈지
그리고 땅콩을 쓰러뜨렸어

나는 내가 아직 고생길이 끝나지 않았고
지루한 경주를 해야 한다는 것을 알고 있어
하지만 오! 이 행복한 기분!
나는 땅콩의 낯짝을 뭉개버렸어

—스틸웰이 아내에게 보낸 자작시에서(1944년 9월 21일)

루스벨트는 장제스에게 중국군의 모든 지휘권을 조지프 워런 스틸웰에게 넘기라는 최후통첩을 보냈다. 스틸웰은 드디어 땅콩에게 한 방 먹이고 이 기나긴 대결에서 승리했다며 희희낙락하며 아내에게 자신이 얼마나 행복한지 보여주는 엉터리 시를 보냈다. 그러나 기쁨은 오래가지 못했다. 장제스는 미국이 마지막 선을 넘었다고 여기고 루스벨트에게 강력하게 항의하면서 그의 해임을 정식으로 요구했다. 중국의 사정에 무지했던 루스벨트는 스틸웰의 일방적인 주장만 믿고 있다가 미중관계가 최악으로 치닫자 몹시 당황했다. 그는 눈앞에 닥친 대선에 악영향을 미칠까 우려하여 스틸웰을 버리기로 결심했다. 결국 쫓겨난 쪽은 스틸웰이었다.

잘못된 장소에서 잘못된 임무를 맡은 장군

미 육군 참모총장 마셜 원수는 루스벨트 대통령을 보좌하여 제2차세계대전의 승리를 이끈 장본인으로 잘 알려져 있다. 맥아더처럼 성적이 우수한 엘리트 출신은 아니었지만 풍부한 경험과 지식을 갖추고 깐깐하면서도 겸손하여 주변의 조언에 귀 기울일 줄 알았다. 군인답지 않은 정치적 감각과 외교적 수완, 유연한 사고를 겸비하여 서로 이질적인 연합국의 복잡한 갈등과 이해타산을 조절하고 전략적인 협력관계를 유지했으며, 유럽과 아시아, 태평양에 이르는 광대한 전선을 일사불란하게 지휘했다. 처칠은 마셜을 가리켜 "그는 진정한 승리의 설계자다"라고 격찬했다. 마셜의 또다른 업적 중 하나는 수많은 명장을 발굴하여 적재적소에 배치하고 최고의 역량을 발휘할 수 있도록 뒷받침했다는 사실이다. 제2차세계대전 이전만 해도 유능한 참모지만 기회를 얻지 못하여 한직을 떠돌았던 아이젠하워의 진가를 알아보고 연합군 총사령관이라는 중책을 맡긴 것도 마셜만이 할 수 있는 일이었다.

그런 마셜도 인사 실패를 한 적이 있다. 첫번째가 미군의 데뷔전을 망칠 뻔한 프레덴들이었다. 하지만 더 치명적인 사례는 따로 있었다. 중국에서 장제스의 참모장을 맡았던 조지프 워런 스틸웰(Joseph Warren Stilwell, 1883~1946)이었다. 프레덴들이 로멜의 무서움을 모르고 안락한 후방에 앉아 옛날 방식으로 태평하게 지휘했던 것이 잘못이라면 스틸웰은 가장 걸맞지 않은 시간에 가장 걸맞지 않은 장소에서 가장 걸맞지 않은 임무를 맡았다는 점이 문제였다. 그는 처음부터 자신의 임무를 탐탁지 않게 여겼다. 그림자 뒤에서 동맹국의 승리를 돕는다는 폼 나지 않는 역할 대신 스스로 역사의 판면에 나와 전쟁 영웅이 되기를 꿈꾸었다. 스틸웰은 개인적인 야심에 눈이 먼 나머지, 마셜의 전략과 중국의 상황은 무시한 채 무리한 작전을 강행했다. 이로 인해 장제스와 심각한 마찰을 일으켰고 중국을 결딴냄으로써 대일 전선의 한 축을 무너뜨릴 뻔했다.

스틸웰은 전선에 직접 나오기보다 사령부에서 군림하는 쪽을 선호했던 프레덴들과는 정반대로 '병사들 중의 병사'였다. 그는 고위 장성에 걸맞지 않게 항상 허름한 군복을 입고 야전에서 병사들과 함께 생활했으며 직접 소총을 메기도 했다. 그런 탈권위적인 모습은 권위의식에 사로잡힌 귀족적인 군인보다 서민적인 군인을 선호했던 미국의 젊은 좌파 언론인들에게 찬사를 받았다. 만약 유럽이나 태평양 전선에서 군단장을 맡았다면 프레덴들과는 달리 큰 활약을 했을 것이다.

그러나 스틸웰이 향한 곳은 중국이었다. 그는 일개 사단장이나 연대장이 아니라 장제스의 참모장이자 연합군 전선의 한 축을 책임지는 역할을 맡았다. 전술적인 역량보다는 외교관의 유연성과 전략가의 시야, 조직가의 수완이 더 요구되는 자리였다. 그러나 불행히도 그에게는 그런 능력이 전혀 없었다. 외교관으로서 빵점이라면 전략가로서는 최악이었다. 그렇다고 패튼이나 로멜, 구데리안과 같은 특출한 재능을 지닌 위대한 야전군인도 아니었다. 그는 버마 전선에서 정글전에 대해 아무런 이해가 없었다. 현대전에서 전차와 항공기가 차

버마 전선 유일의 미군 부대이자 '메릴의 약탈자'라고 알려진 제5307혼성부대의 연대장 대리 찰스 헌터(가운데) **대령과 스틸웰**(왼쪽) 제5307혼성부대는 미군 최초의 장거리 특수전 경보병부대였다. 헌터는 매우 유능한 정글전 전문가였지만 정글의 특수성을 무시한 채 보병 중심의 정규전을 고집한 스틸웰과 심한 갈등을 빚었고, 결국 버마 탈환전이 한창이던 1944년 8월 해임되어 미국으로 송환되었다.

지하는 중요성도 알지 못했다. 전설적인 플라잉 타이거스의 사령관이자 제10공군 사령관이었던 클레어 L. 셔놀트(Claire L. Chennault) 장군, 스틸웰 휘하에서 특수부대를 지휘한 윙게이트 장군, 찰스 N. 헌터(Charles N. Hunter) 대령은 전쟁 내내 그와 극심한 마찰을 빚어야 했다. 원래 스틸웰의 전문 분야는 야전에서 적과 싸우는 일이 아니라 후방에서 병사들을 훈련하고 조직하는 일이었다. 뛰어난 행정 장교로서 병참 지원에서는 경험이 풍부했다.

따라서 스틸웰은 군이 전선에 나와 익숙지 않은 전투를 지휘하기보다 차라리 충칭(重慶)에 남아 중국군을 돕고 자신과 미국에 대한 중국인들의 신뢰를 쌓는 데 노력하는 편이 최선책이었다. 하지만 그는 다른 사람을 영웅으로 만드는 것이 아니라 스스로 영웅이 되어 역사에 이름을 남기겠다는 쪽이었다. 스틸웰은 중국에 오자마자 장제스를 압박하여 최정예부대를 얻어낸 뒤 버마에서 무리한 작전을 펼쳤고 재앙적인 패배를 초래했다. 그럼에도 불구하고 필리핀에서 쫓겨난 맥아더가 "나는 돌아올 것이다"라고 했던 것처럼 스틸웰 역시 명예를 회복하겠다면서 버마 탈환에 매달렸다. 그에 따르는 희생과 대가는 미국이 아니라 중국이 치러야 할 몫이었다. 스틸웰은 자신의 권한을 악용하여 원조 물자의 대부분을 중국에 제공하는 대신 버마 탈환작전에 사용하기 위해 인도에 쌓아두었다. 이 때문에 스틸웰이 직접 지휘하는 인도 주둔 중국군 부대 이외에 중국 본토에 남은 대다수 중국군은 전쟁 내내 미군의 원조 물자를 구경조차 할 수 없었다.

키 175센티미터에 호리호리한 체격이었던 스틸웰은 왜소한 장제스를 '땅콩'이라고 부르면서 경멸감을 감추지 않았다. 나중에는 '작은 방울뱀'이라고 부르기도 했다. 그가 장제스를 싫어하는 이유는 부패한 독재자라서가 아니라 미개한 중국인 주제에 자신에게 고분고분 복종하지 않는다는 이유였다. 전형적인 백인우월주의자였던 스틸웰은 중국군이 오랫동안 일본군과 싸운 베테랑이라는 점을 인정하려

1943년 11월 27일 카이로회담 당시 장제스(맨 앞줄 왼쪽 첫번째)**와 스틸웰**(맨 뒷줄 오른쪽 두 번째) 스틸웰은 장제스가 일본과 싸울 생각이 없다고 비방했지만 장제스가 카이로회담에 참석했다는 사실 자체가 승리를 향한 강한 의지를 보여주는 증거였다. 그가 넘어온 히말라야산맥은 세계에서 가장 위험한 비행 코스였기 때문이다. 장제스는 전쟁 내내 동맹국 지도자들을 만나고 인도 주둔 중국군을 격려하기 위해 몇 번이나 목숨 걸고 히말라야산맥을 넘어야 했다. 반면 스틸웰이 높이 평가했던 마오쩌둥은 전쟁 내내 최전선을 방문하기는커녕 옌안에서 권력투쟁과 일인 독재체제 구축에만 열을 올렸다.

하지 않았고 중국 장군들의 조언도 무시했다. 신편 제38사단장 쑨리런(孫立人) 장군만은 예외였다. 스틸웰은 중국인으로서는 드물게 미국 명문의 버지니아군사학교를 졸업한 그만이 자신의 존중을 받을 자격이 있다고 여겼다.

스틸웰은 중국인들이 자신의 계획에 찬성하지 않는 이유가 너무나 멍청하고 무지하여 전략과 전술을 모르기 때문이며, 일본군에게 이기기 위해서는 자신이 장제스를 대신하여 중국군의 모든 지휘권을 장악해야 한다고 굳게 믿었다. 스틸웰은 장제스를 자신의 야망을 방해하는 걸림돌로 여기고 장제스의 정적들과 비밀리에 접촉하여 쿠데타를 선동했고 심지어 장제스 암살 음모까지 꾸미기도 했다.

스틸웰의 적은 중국인만이 아니었다. 영국인에 대해서도 미국인들이 오래전부터 경멸적인 표현으로 사용했던 '라이미(limey)'라고 부르면서 혐오감을 감추지 않았다. 그는 자신의 또다른 상관인 동남아 전구 총사령관 프랜시스 앨버트 빅터 니컬러스 마운트배튼(Francis Albert Victor Nicholas Mountbatten) 제독과도 충돌했다. 미국인 특유의 영국 혐오증이 스틸웰 한 사람에만 국한된 모습은 아니었지만 영국의 도움이 절실한 상황에서 스틸웰의 분별없는 행동은 연합군의 전쟁 수행에 심각한 악영향을 끼쳤다. 만약 그가 영국이나 소련으로 보내졌다면 그곳에서도 말썽을 일으켰을 것이 틀림없다. 굳이 차이가 있다면 스틸웰 입장에서 소련인과 영국인은 함부로 대할 수 없지만 중국인은 만만했다는 사실이었다.

스틸웰과 장제스의 갈등은 시간이 지날수록 극단적으로 치달으면서 양국 관계는 파국 직전에 이르렀다. 결국 루스벨트는 1944년 10월 대선에 악영향을 미칠까 우려하여 스틸웰을 본국으로 강제 송환하여 두 사람의 기나긴 싸움에 종지부를 찍었다. 하지만 장제스도 승자는 아니었다. 중국의 실상을 전혀 알지 못했던 루스벨트는 스틸웰의 악선전만 믿고 "왜 장제스의 군대는 전혀 싸우지 않는가!"라고 분통을 터뜨렸다. 그는 그 이유가 국공 문제 때문이며 장제스가 스스로 해결할 능력이 없다면 미국이 대신 나서야 한다고 결론을 내렸다.

덕분에 생각지 못한 수혜를 얻은 쪽은 중국 공산당이었다.

몇 년 뒤 매카시즘(McCarthyism, 반공주의) 광풍이 불어닥치는 냉전 시절이라면 상상할 수 없는 일이지만 소련과의 전시 동맹이라는 특수한 분위기 속에서 미국인들은 공산주의자들에 대해 짝사랑에 빠졌다고 할 만큼 환상에 젖어 있었다. 미국인들 사이에서 '조 아저씨(Uncle Joe)'라고 불렸던 스탈린은 루스벨트나 처칠 이상으로 친근한 존재였다. 스탈린은 처칠처럼 미국을 방문하기는커녕 그를 가까이에서 볼 수 있었던 미국인조차 거의 없었는데도 말이다. 이런 미국인들이 보기에 장제스가 자국 공산주의자들을 품지 못하는 이유는 그의 옹졸함 탓이지 공산주의자들의 잘못이 아니었다.

루스벨트의 지시에 따라 미국 군인들과 국무부 관료들로 구성된 '딕시 사절단(Dixie Mission)'은 옌안(延安)을 방문하여 공산주의자들과 친분을 쌓았다. 중공의 교묘한 심리 전술에 넘어간 이들은 장제스보다 마오쩌둥이 더 다루기 쉽고 대화가 통하는 상대라고 착각했다. 따라서 장제스 대신 마오쩌둥과 손을 잡는 것이 미국과 중국 모두를 위하는 일이라고 주장했다. 루스벨트의 뒤를 이은 트루먼은 공산주의에 덜 유화적이었지만 그 역시 중국에서 누가 진짜 친구이고, 누가 진짜 적인지 혼란에 빠졌다. 자신이 평화 중재자 노릇을 하겠다며 국공의 싸움에 어설프게 끼어들었다가 장제스가 수세에 몰리자 모든 책임을 떠넘기고 손을 떼었다. 1년 뒤 한반도에서 맥아더가 마오쩌둥 군대에게 여지없이 패한 뒤에야 비로소 중국 공산당이 미국의 친구가 아님을 깨달았다.

20년 뒤 '수정주의(revisionism)' 좌파 학자들은 또다시 중국 공산당에 환상을 품었고 민심을 등에 업어 천하를 얻었다는 마오쩌둥식 건국 신화에 매료되었다. 그들은 프랑스 68혁명, 베트남전쟁 실패, 닉슨 대통령의 방중, 미중의 데탕트 분위기 속에서 서구 자본주의 사회의 모순을 비판했다. 타이완과 남한을 비롯한 아시아의 친미 반공국가들은 총칼을 앞세워 민주주의를 억압하는 반동정권이요, 마오쩌둥·호치민 등 반미 공산주의 지도자들은 민족의 독립과 민중의 해방을 위해 외세와 투쟁하는 '아시아의 체 게바라'라고 여겼다. 마오쩌둥에게 패배하여 대륙을 잃고 타이완으로 쫓겨난 장제스는 역사에 보기 드문 멍청이로 낙인찍혔다. 그의 항일 공적은 모두 무시되었고 연합군의 승리에 가만히 앉아서 편승하려고 했던 비열한 존재로 매도되었다.

반대로 스틸웰은 부패하고 탐욕스러운 중국인들과 식민 대국의 지위를 회복하기에 급급한 영국인들 사이에서 유일하게 일본과 싸워 이기기를 갈구했던 참군인으로 미화되었다. 그의 모든 행동은 타락한 중국을 구하려는 도덕적 사명감에서 비롯되었지만 루스벨트의 정치적인 이해타산 앞에서 부당하게 희생되었다는 것이다. 바바라 W. 터크먼(Barbara W. Tuchman) 여사는 자신의 저서 『스틸웰과 중국에서 미국인들의 경험*Stilwell and the American Experience in China*』에서 장제스가 스틸웰의 조언에 귀를 기울였다면 국공내전에서 패배하지 않았을 것이라고 주장했다.

하지만 비판론자들은 스틸웰을 일방적으로 옹호하고 그의 말을 뒷받침하기 위해 중국군의 소극성과 태만함을 보여주는 사례만 강조할 뿐 후임자인 앨버트 코디 웨드마이어(Albert Coady Wedemeyer) 장군이나 셔놀트 그리고 스틸웰 이전에 장제스와 함께했던 독일과 소련인 고문들이 장제스와 훨씬 원만한 관계를 유지했으며 그의 역량을 높이 평가했다는 사실은 쏙 빼버렸다. 문제는 스틸웰의 편협한 성격적 결함이었고 잘못 걸린 쪽은 장제스였다.

2000년대 이후 서구사회에서 장제스에 대한 부정적인 견해는 조금씩 누그러지고 있다. 30년 전과 달리 중국의 급성장에 따른 미국인들의 경계심과 반중 감정이 고조되었기 때문이다. 이는 아이러니하게도 중국의 개혁·개방 덕분이기도 했다. 미국 학자들은 시어도어 H. 화이트(Theodore H. White), 에드거 스노(Edgar Snow) 등 중국 공산당을 대신하여 선전의 나팔수 역할에 열을 올렸던 좌파 언론인들의 편파적인 증언에서 벗어나 중국 쪽 자료에 접근할 수 있게 되었다. 최근 외부에 공개된 장제스 일기 또한 그의 재평가에 일조했다. 인도 출신 영국 역사학자 래나 미터(Rana Mitter) 교수는 상처투성이가 된 자신의 군대를 유지하려는 장제스의 선택은 합리적이었으며 스틸웰이 자신의 목적을 위해 원조 물자를 전용하지 않았다면 중국은 훨씬 많은 성과를 달성했을 것이라고 주장한다. 심지어 중국 대륙에서도 실사구시 분위기에 따라 과거의 적이었던 장제스의 항일 노력을 더 이상 부정하지 않는다. 중국의 저명한 근대사 연구가 양톈스(楊天石) 교수는 장제스가 일본과 싸우기를 거부했다는 공산당 혁명 사관의 낡은 통념을 부정하고 항일을 끝까지 견지한 민족주의자이자 진정한 애국자였다고 결론을 내린다. 역사는 정치와 무관해야 하지만 정치와 무관할 수 없는 것이 역사이기도 하다.

'식초 조'의 등장

마셜보다 세 살 아래인 스틸웰은 미국 남부 플로리다의 부유하지만 엄격한 청교도 가정에서 태어났다. 그의 집안은 17세기 영국 초기 개척민의 후손이었다. 이런 가정 분위기에서 자란 스틸웰이 미국의 이상에 대해 대단한 자부심을 가진 것은 당연한지도 모른다. 그는 원래 예일대에 진학하기를 바랐지만 권위적이었던 아버지의 뜻에 못 이겨 웨스트포인트에 들어갔다. 124명 중 32등이라는 비교적 우수한 성적으로 졸업한 뒤 웨스트포인트에서 에스파냐어 교관으로 군 생활을 시작했다. 젊은 시절 그는 언어를 배우는 것 외에도 미국 바깥 사정에 관심이 많았다. 스틸웰은 여름휴가 때 남아메리카를 여행하면서 현지 사람들의 비참한 삶을 목격하고 자신의 청교도적 신념을 내세워 그 책임이 미국 기업들과 결탁한 부패하고 무능한 정권에게 있다며 맹렬히 비판했다. 훗날 중국의 병폐를 모두 장제스 탓으로 돌리는 그의 외골수적 기질은 이때부터 드러났던 셈이다. 신혼 초인 1911년에는 필리핀과 일본을 거쳐 상하이와 광저우, 홍콩을 여행하여 악연으로 끝나게 될 중국과 처음으로 인연을 맺었다.

1914년 8월 유럽 대륙에서 전쟁이 일어났다. 유럽의 모든 열강이 말려들면서 지금까지 본 적 없는 거대한 대전이 되었다. 대서양 너머의 미국은 처음에는 중립을 선언했다. 하지만 전쟁이 장기화되고 불똥이 튀면서 점차 발을 들여놓지 않을 수 없는 분위기가 되었다. 참전 여론과 반전 여론이 첨예하게 대립하는 가운데 1917년 1월 16일 독일이 멕시코에게 미국을 침공하라고 비밀리에 사주한 '치머만 전보(Zimmermann Telegram)' 사건은 사실상 독일이 미국에 선전포고한 것이나 다름없었다. 미국의 여론은 대번에 참전 쪽으로 기울어졌다. 3개월 뒤인 4월 6일 토머스 우드로 윌슨(Thomas Woodrow Wilson) 대통령은 참전을 결정했다. 미국-에스파냐 전쟁과 판초 비야(Pancho Villa, 본명은 Doroteo Arango) 토벌에서 명성을 떨쳤던 존 조지프 퍼싱(John Joseph Pershing) 소장을 총사령관으로 하는 유럽 원정군이 편성되었고 6월에 선발대인 제1보병사단이 프랑스에 상륙했다.

스틸웰이 유럽 전선에 파견된 것은 그보다 조금 뒤인 1917년 말이었다. 프랑스어에도 능했던 그는 야전에서 근무를 원했지만 제4군단에서 정보 참모로 복무했다. 1918년 9월 미군의 첫번째 대규모 공세였던 생미이엘(St. Mihiel)작전의 입안에도 참여했다. 이 싸움은 스틸웰 외에도 마셜, 패튼, 맥아더 등 미래의 전쟁 영웅이 모두 참여한 전투이기도 했다. 그는 공적을 인정받아 불과 2년 만에 대위에서 대령까지 진급했다. 그러나 그 공적은 후방에서 쌓은 것일 뿐 실전을 직접 경험할 기회는 없었다. 야심만만한 그에게 더욱 아쉬운 점은 평화가 오면서 출세의 기회가 사라졌다는 사실이었다. 종전과 함께 전시 특진도 끝났다. 전시와 평시 계급을 구분하는 미 육군의 오랜 관행 때문이었다. 그는 원래 계급으로 강등되었다.

1920년 스틸웰은 중국으로 향했고 베이징 주재 미국공사관의 무관이 되었다. 그는 무료함을 이기지 못하고 자청하여 산시(山西)성과 산시(陝西)성을 연결하는 도로 건설 작업의 고문으로 참여했다. 그는 중국인 노동자들과 함께 어울리며 거친 생활을 했고 청나라가 망한 뒤 군벌이 패권 싸움에만 열을 올리는 중국의 현실에 분노했다. 그는 2년 뒤에 귀국했지만 중국과의 인연은 여기서 끝이 아니었다. 4년 후 1926년에는 톈진에 주둔한 미 제15보병연대 대대장에 임명되어 두번째 중국 근무를 시작했다. 이때 연대장이 마셜이었다. 성실한 장교였던 그는 마셜의 눈에 들었다. 마셜은 1년 뒤에 귀국했지만 스틸웰은 한동안 남아 북벌에 나선 장제스가 북방 군벌들을 격파하고 중국을 통일하는 광경을 지켜보았다.

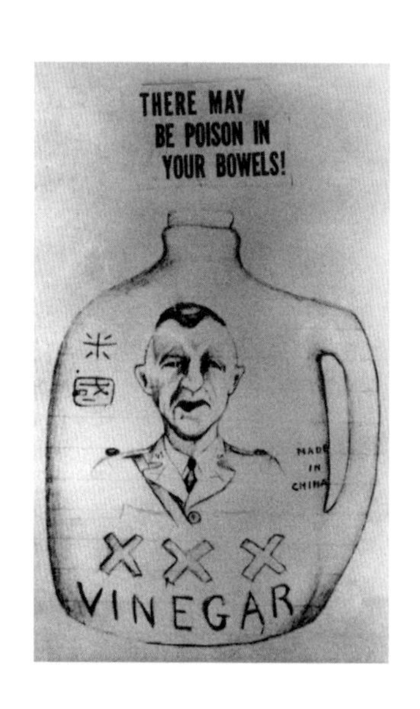

식초병에 그려진 스틸웰의 캐리커처 스틸웰의 끝없는 잔소리와 질책에 신물이 난 한 병사가 캔버스에 식초병에서 나오는 스틸웰의 모습을 그렸다. 이를 우연히 본 스틸웰은 주변 사람들에게도 보여주었다. 그는 이때 얻은 '식초 조'라는 별명을 평생 소중하게 여겼다.

중령으로 승진한 스틸웰은 1929년 두번째 중국 근무를 마치고 귀국한 뒤 조지아주 포트베닝(Fort Benning)의 보병학교에서 근무했다. 그는 미군에 만연한 형식주의를 비판하면서 열성적으로 병사들을 훈련했고 성실하고 유능한 교관이라는 평가를 받았다. 하지만 매사 신경질적이고 변덕스러우며 융통성 없고 심술궂다는 원성도 자자했다. 사소한 실수에도 좀스러울 만큼 지독한 독설을 퍼붓다보니 병사들 사이에서는 악명이 높았다. 한 병사는 그가 식초병에 담겨 있는 캐리커처를 그렸다. 우연히 그것을 본 스틸웰은 화를 내는 대신 꽤 마음에 들었는지 사무실로 가져가서 액자에 넣어 벽에 걸어놓았고 친구들에게도 자랑스레 보여주었다. 하지만 그는 남을 비판하는 데는 익숙해도 남이 자신을 비판하는 것은 참지 못하는 편협한 성격이었다. 그의 사무실 책상 위에는 "개새끼들이 너를 깎아내리도록 내버려두지 마라"라는 문구가 적혀 있었다. 이 점이 똑같이 다혈질이지만 칭찬에 결코 인색하지 않았던 패튼과 달리 스틸웰이 부하들로부터 사랑을 받지 못했던 이유였다.

포트베닝에서의 생활은 5년 만에 끝났지만 스틸웰은 자신의 앞날에 희망이 보이지 않는다고 여겼다. 당시 미 육군은 오랜 평화와 대공황에 따른 극심한 재정난으로 상비군은 18만 명 정도에 불과했다. 인사 적체는 극심했고 사실상 껍데기만 남은 군대는 훈련 대신 국내 시위 진압에 투입되었다. 공적과 노력에 대한 보상은 없었다. 스틸웰은 많은 동료 장교와 마찬가지로 군복을 벗고 군대를 떠날 것을 고민하기도 했다. 하지만 그는 극심한 경제 불황 속에서 새로운 직업을 찾는 일이 쉽지 않다고 결론을 내리고 그대로 남는 쪽을 선택했다.

1935년 스틸웰은 대령 승진과 함께 중국에 세번째로 파견되었다. 이번에는 중국의 새로운 수도였던 난징(南京) 주재 미국대사관에서의 근무였다. 중국의 상황은 6년 전보다 훨씬 심각했다. 만주사변을 시작으로 일본이 중국 북부를 야금야금 집어삼키고 있었다. 그러나 장제스는 일본과의 정면 대결을 미루고 '선안내후양외(先安內後攘外, 먼저 내부를 안정시킨 후 외부를 물리친다)'를 구호로 내세워 국내 통일에 힘을 쏟았다. 그로서는 상하이사변과 러허사변을 통해 일본이 얼마나 강하고 중국이 얼마나 무력한지 절감한 결과였다. 하지만 정적들과 재야 지식인들은 그가 외세에 굴복했다고 비난을 퍼부었다.

1936년 12월 12일 시안사건이 일어났다. 장쉐량은 내전 반대와 항일을 내세워 쿠데타를 일으키고 시안(西安)에 체류중이던 장제스를 구금했다. 난징 정부는 대규모 토벌군을 출동시켰다. 중국은 또 한 번 내전의 소용돌이에 직면했다. 일촉즉발의 상황 속에서 협상이 시작되었다. 2주 만에 극적으로 타협되었고 장제스는 풀려났다. 위기는 지나갔다. 중국 현대사에서 시안사건은 오랫동안 역사의 전환점으로 여겨졌다. 친일 반동 지도자였던 장제스가 민족의 대의를 앞세운 장쉐량의 호소에 굴복했다는 것이다. 또한 그가 재야에 들끓는 항일 여론을 더이상 무시할 수 없어 비로소 일본과 싸우기로 결심했으며 제2차 국공합작이 실현되었다고 말한다. 그러나 전후의 복잡한 사정은 쏙 빼놓은 채 단편적인 사실만 내세운 것이자 냉전 시절 마오쩌둥 우상숭배를 위한 혁명 사관의 무비판적인 답습이다.

장제스의 항일 전환과 국공합작은 단순히 시안사건으로 정치적으로 궁지에 몰린 나머지 마지못해 결정한 피동적인 선택이 아니라 1930년대 내내 항전을 치밀하게 준비한 결과였다. 또한 그는 일본과의 전쟁이 불가피하다는 판단 아래 대일 원조를 받기 위해 모스크바와의 관계 개선에 나서고 있었다. 시안사건이 일어났을 때 스탈린이 철천지원수였던 장제스를 제거할 기회를 삼는 대신 장쉐량이나 옌안의 중국 공산당에게 그의 석방을 강력하게 종용했던 것도 이 때문이었다. 시안사건은 이런 물밑 사정을 몰랐던 장쉐량이 충동적으로 저지른 해프닝에 지나지 않았다. 게다가 스탈린의 지령을 받은 공산당은 물론이고 다른 정치 세력들 역시 자신에게 등을 돌리면서 고립무원이 되자 사실상 백기 투항할 수밖에 없었다. 이 사건은 장쉐량을 파멸시킨 반면, 장제스의 토벌로 파국을 눈앞에 두고 있었던 공산당에게는 구사일생이나 다름없었다. 당시 상황에서는 시안사건이 아니었어도 국공합작은 실현되었을 것이다. 하지만 공산당은 훨씬 불리한 조건을 받아들여야 했을 것이며 훗날 장제스와의 천하 쟁탈전이나 지금의 중화인민공화국은 없었을지도 모른다. 공산당이 시안사건에 그토록 의미를 부여하는 진짜 이유는 여기에 있다.

1937년 7월 7일 베이징 교외에서 현지 중국군과 일본군이 충돌하면서 중일전쟁이 발발했다. 장제스는 전에 없이 강경한 태도였다. 사건 10일째인 7월 16일 장시(江西)성 루산(廬山)에서 장제스의 주재 아래 국민정부의 주요 각료들과 주요 군 지휘관, 국민당 고위 간부들, 각계각층의 대표들이 한자리에 모였다. 그들은 일본을 성토하면서 전면 항전을 결의했다. 다음날 장제스는 루산 성명(聲明)을 발표했다. 그리고 일본이 스스로 물러나지 않는 한 중국도 결코 물러서지 않을 것이며 "오직 최후의 희생이 있을 뿐"이라고 선언했다. 각계각층의 국민들에게도 하나로 뭉쳐줄 것을 호소했다. 그의 대일 전면 항전 선언은 3년 뒤 1940년 5월 13일 영국 의회에서 "승리 없이는 생존도 없습니다"라고 말했던 처칠의 유명한 승리 담화의 중국판이자 중국 현대사의 진정한 전환점이었다.

중국군의 항전은 1893년의 청일전쟁이나 수년 전의 모습과는 달랐다. 상하이에서는 장제스 비장의 독일식 부대를 비롯하여 70만 명에 달하는 중국군이 투입되어 3개월 동안 일진일퇴의 치열한 전투가 벌어졌다. 일본은 세 번이나 병력을 증파하고 독가스를 무차별적으로 사용한 끝에야 중국군의 방어선을 겨우 돌파할 수 있었다. 북쪽에서는 군벌 군대를 상대로 좀더 손쉬운 승리를 거두었다. 베이징과 톈진 등 주요 도시가 줄줄이 함락되고 한 달도 되지 않아 황허(黃河)까지 밀렸다. 개전 5개월 만에 난징이 함락되었다. 일본군은 중국의 심장부를 무자비하게 도륙하여 전 세계를 충격에 빠뜨렸다. 중국군의 경이로운 분투는 상하이의 서양 관찰자들과 일본군을 놀라게 했지만 일본의 군사력은 가장 비관적인 중국인의 예측조차 뛰어넘었을 정도였다. 현대전은 용기나 의지만으로 이길 수 없었다. 만약 장제스가 여론에 밀려 마지못해 항전에 나선 것이었다면 난징이 함락되었을 때 1918년의 레닌이 그러했듯 더이상 승산이 없다면서 일본과 굴욕적인 조약을 맺고 전쟁을 끝내는 쪽을 선택했을 것이다. 그리고 흔들리는 정권을 강화하기 위해 국내의 적들에게 다시 총부리를 돌렸을 것이다.

그러나 그는 끝까지 싸우는 쪽을 선택했다. 난징에서 서쪽으로 450킬로미터 떨어진 한커우(漢口)가 항전의 새로운 중심이 되었다. 스틸웰과 미국 외교관들도 한커우로 이동했다. 몇 달 뒤 한커우마저 점령되자 내륙의 산악도시 충칭으로 향했다. 길어야 반년이면 장제스가 백기를 들 것이라고 여겼던 일본의 예상은 완전히 빗나갔다. 소련의 원조 덕분이었다. 소련은 중국의 항전을 돕기 위해 300여 명의 군사 고문단과 1000여 명의 조종사를 파견했다. 그중 장군만 15명이었고 스탈린그라드전투의 영웅이 되는 바실리 추이코프(Vasily Chuikov) 중장도 있었다. 또한 2억 5000만 달러의 차관과 항공기 985대, 야포 1317문, 경전차 82대, 차량 1550대, 탄약 1억 6450만 발, 포탄 190만 발, 45밀리미터 M1932 대전차포 50문, 대량의 항공유 등을 제공했다. 스탈린치고는 통 큰 선심이었다. 에스파냐 내전에서 친소 공화정부에게 무기 제공의 대가로 5억 달러의 금괴를 챙기고 한국전쟁에서는 마오쩌둥을 상대로 총알 한 발 값까지 받아냈을 만큼 절대로 손해 보는 법이 없는 그로서는 말이다. 덕분에 중국군은 상하이와 난징에서 입은 손실을 빠르게 회복하고 장기 항전을 준비했다.

반면 모든 분쟁을 평화적으로 해결한다는 이상을 내걸고 탄생한 국제연맹은 막상 시험대에 오르자 무력하기 짝이 없었다. 미국을 비롯한 서구 열강은 제 발등에만 불이 떨어지지 않으면 그만이었다. 난징에서 일본 폭격기가 미군 군함을 오폭하여 여러 명의 미군 수

병이 죽거나 다쳤음에도 루스벨트 행정부는 일본과의 마찰을 우려하여 모르는 척했다. 1937년 10월 5일 국제연맹 회의에서 소련은 일본을 침략국으로 규정할 것과 국제연맹 회원국들이 공동으로 중국을 원조할 것을 주장했다. 하지만 영국과 미국의 소극적 태도 때문에 무산되었다. 장제스는 서구 열강의 이기적이고 근시안적인 태도에 실망했다.

대타로 중국에 가다

스틸웰은 1939년 5월 충칭을 떠났고 준장으로 진급했다. 그가 귀국했을 때 세계정세는 완전히 바뀌어 있었다. 독일의 폴란드 침공으로 유럽전쟁이 시작되었다. 뒤이어 프랑스도 패망했다. 일본은 프랑스의 몰락을 기회삼아 인도차이나를 침공했다. 본격적인 남방 침공의 야심을 드러낸 것이었다. 태평양 전체가 위협받자 루스벨트 행정부도 뒤늦게 전쟁 준비에 나섰다. 평시 징병제가 실시되면서 군대가 폭발적으로 늘어나기 시작했다. 마셜에게 더 중요한 일은 이들을 훈련하고 지휘하여 '싸울 수 있는 군대'로 만들 새로운 인재의 발굴이었다. 점찍은 사람 중에는 15년 전 톈진 시절 옛 부하였던 스틸웰도 있었다. 마셜은 그의 성실함에 주목했다. 스틸웰은 제2보병사단 부사단장을 거쳐 1940년 10월 소장으로 승진하여 제7보병사단을 맡았다. 태평양전쟁 발발 직전에는 미 서부 지역 방위사령관을 맡는 등 미 육군에서 가장 잘나가는 장군 중 한 명이었다. 스티븐 스필버그 감독의 고전 코미디 영화 〈1941〉에서는 진주만 기습 직후 로스앤젤레스 해변에 출몰한 일본 잠수함으로 완전히 아수라장이 된 할리우드를 무대로 영화 마지막 부분에 잠시 등장하기도 한다.

이대로였다면 스틸웰은 아이젠하워, 패튼, 브래들리 등 쟁쟁한 장군들과 함께 미국 유럽 원정군의 일원이 되어 로멜을 상대로 싸우러 갔을 것이 분명했다. 그러나 진주만 기습이라는 돌발적인 사건이 그의 운명을 완전히 바꾸어놓았다. 루스벨트와 마셜은 모든 역량을 일본이 아니라 유럽에 집중할 생각이었다. 하지만 미국 국민들에게 아시아에서도 미국이 싸우고 있음을 보여줄 필요가 있었다. 그곳에서는 5년째 일본과 항전중인 중국이 있었다. 미국은 새로운 동맹국이 된 중국에 아무런 유대감이 없었지만 마냥 방치해둘 수는 없었다. 중국군은 21개 사단 70만 명이 넘는 일본군을 붙잡아두고 있었다. 반면, 남방 전선에 투입된 병력은 11개 사단 36만 명 정도였다. 만약 중국이 굴복한다면 그 병력은 고스란히 미군과의 싸움에 투입될 것이 뻔했다. 그보다 훨씬 적은 일본군을 상대로도 고전을 면치 못하는 미군은 한층 어려운 싸움이 될 판국이었다. 그렇다고 해서 전쟁 준비가 부족한 미국이 당장 중국 전선에 군대를 보내거나 대규모 원조를 제공할 처지도 아니었다.

두 사람이 생각해낸 방법은 중국에 군대와 물자 대신 베테랑 장군 한 명을 보내어 '땜빵'하는 것이었다. 명목은 미군의 노하우를 전수하여 중국인들이 미국의 도움 없이도 스스로 싸울 수 있도록 만든다는 것이었다. 또한 중국에 목줄을 달아 제멋대로 연합군의 전열에서 벗어나지 않도록 붙잡아둘 수 있다는 이점도 있었다. 미국으로서는 생색은 내되, 실질적인 부담이 없다는 점에서 묘책이었다. 장제스는 중국의 항전에 미국의 도움을 바랐지만 루스벨트의 고민은 미국의 전쟁에 중국을 어떻게 이용할까였다. 미국인들 입장에서는 중국이 미국의 전략에 얼마나 도움이 될지가 중요할 뿐, 중국의 사정이 어떠한지 그들이 무엇을 필요로 하는지 따위는 알 바 아니었다. 이 점이 결코 좁혀질 수 없는 양측의 딜레마였다.

마셜이 처음에 중국으로 보낼 사람으로 점찍어둔 사람은 따로 있었다. 휴 앨로이시어스 드럼 중장이었다. 맥아더, 마셜보다 한 살 위, 스틸웰보다 네 살 많은 그는 미 육군 최고참 장군으로 미국-에스파냐 전쟁(미서전쟁)과 판초 비야 토벌에 참전했다. 제1차세계대전 중에는 미 원정군 총사령관 퍼싱의 참모장을 역임하면서 뫼즈-아르곤(Meuse-Argonne) 공세에서 활약하여 명성을 떨쳤다. 그는 육군 참모총장을 놓고 마셜과 경합했으며 미 본토 동부 방위사령관과 제1군 사령관을 역임한 역전의 장군이었다. 경력만 본다면 스틸웰과 비할 바가 아니었다. 그러나 스틸웰 못지않게 제1차세계대전의 낡은 교리에 묶여 있었던 구식 군인이기도 했다. 드럼은 의회에 로비하여 육군에 종속된 항공대를 공군이라는 독립된 병종으로 독립시키려는 빌리 미첼(Billy Mitchell) 장군의 노력을 방해했다. 미첼은 결국 군대에서 쫓겨났다. 이 때문에 미 육군 항공대는 제2차세계대전이 끝난 뒤에야 독립할 수 있었다. 또한 과거의 참호전과는 완전히 달라진 현대적인 기동전에 대한 이해가 없었다. 진주만 기습 직전에 실시된 캐롤라이나 기동훈련에서 드럼의 대항군은 패튼의 기동전에 허를 찔렸다. 드럼과 참모들은 패튼의 포로가 되는 망신을 당했다. 드럼은 결코 막강한 독일군의 상대가 될 만한 인물이 아니었다.

헨리 L. 스팀슨(Henry L. Stimson) 전쟁부 장관과 마셜은 드럼을 불러 장제스의 참모장 자리를 제안했다. 드럼이 그 제안을 받아들였다면 중국인들은 스틸웰보다 훨씬 영향력 있고 사교 능력과 전략적 식견을 갖추었으며 동맹국 군대와 함께 일해본 경험과 더불어 전쟁에서 대부대를 지휘하여 승리로 이끌었던 장군을 얻었을 것이다. 장제스에게 필요한 사람은 1급 전술가가 아니라 양국 간에 신뢰를 쌓으면서 미국이 더 많은 원조를 제공하도록 미국 정계와 군부에 영향력을 행사할 수 있는 사람이었다.

장제스는 수년 전 그런 사람을 얻은 적이 있었다. 제1차세계대전의 영웅이자 뛰어난 조직가로 독일군을 재건하여 '독일 공화국군의 아버지'라고 불렸던 한스 폰 제크트(Hans von Seeckt) 상급대장이었다. 군을 전역한 제크트는 그때까지 중국을 전혀 알지 못했지만 장제스의 요청을 받아들여 그의 고문을 맡았다. 그는 약 2년 동안 중국에 체류하면서 중국의 문화를 열성적으로 배우고 중국인들과 깊은 우정을 쌓았다. 또한 장제스와 중국 장군들에게 현대전이 어떤 것인지 가르치는 일 뿐만 아니라 당시 국제사회에서 똑같이 고립된 신세였던 중국과 독일이 처음으로 인종과 거리의 벽을 넘어 협력하게 만들었다. 장제스가 항일을 결심할 수 있었던 이유도 시안사건이 아니라 독일의 도움으로 군수산업을 정비하고 군대를 현대화한

우한 한커우에서 열린 중국군 열병식, 1938년 독일제 M35 철모를 쓴 모습이 얼핏 보면 독일군을 연상케 한다. 장제스는 1930년대 중반부터 독일 군사 고문단의 도움을 받아 육군 현대화에 착수했다. '독일식 사단'은 이전의 군벌군대나 북벌 시절 러시아식 훈련을 받은 북벌군과는 차원이 달랐고 중국이 자랑하는 최정예부대였다. 중국군을 오합지졸이라며 멸시하던 일본군도 이들만큼은 무서운 적수라고 인정하고 두려워했을 정도였다.

덕분이었다.

어쩌면 드럼은 제크트와 같은 역할을 맡을 수도 있었다. 하지만 그는 퇴물이 된 자신을 중국이라는 시궁창에 처넣으려는 속셈이라고 여겼다. 마셜에게 중국으로 가는 조건으로 미 지상군부대의 파견과 대규모 군수품 제공을 요구했다. 마셜로서는 받아들일 수 없는 조건이었다. 드럼은 본국에 남았고 전쟁에 발을 들일 기회를 얻지 못한 채 1943년 조용히 퇴역했다. 다음 순위가 스틸웰이었다. 1942년 1월

12일 스틸웰은 워싱턴으로 불려왔다. 스팀슨과 마셜은 그와 함께 식사하면서 중국으로 가줄 것을 요구했다. 유럽 전장에서 명예를 얻을 기회만 노리는 다른 동료들처럼 스틸웰 역시 누구의 주목도 받지 못하는 머나먼 오지에서 현지인들을 상대로 변변찮은 조언이나 늘어놓는 시시한 역할을 원하지 않았다. 더욱이 바로 2년 전까지 자신이 근무했던 소란스럽고 지저분한 나라로 되돌아가서 그곳 사람들을 다시 만나는 것은 결코 탐탁지 않은 일이었다. 그는 일기에 "그들은 나를 자신들이 내쫓은 이류 대령쯤으로 기억할 것이다"라고 썼다.

그러나 드럼과 달리 스틸웰은 요령껏 거절하지 못했다. "당신은 24시간 동안 더 나은 후보를 생각해내지 못하면 당신이 가야 할 것이오." 최후통첩이나 다름없는 마셜의 말에 스틸웰은 꼬리를 내렸다. "나를 보내는 곳이라면 어디든 갈 것입니다." 하지만 그 역시 조건을 내세웠다. 30개 사단을 무장할 보급품과 야전부대의 지휘권을 달라는 것이었다. 마셜은 보급품은 보내주겠지만 미군 대신 중국군을 훈련시켜 싸워야 한다고 못박았다. 스틸웰은 수락했다. 그는 일기에 자신이 중국인들에게 진정한 '지휘'가 무엇인지 가르쳐준다면 일본군과 충분히 맞서 싸울 수 있을 것이라고 자신만만해했다. 하지만 실책은 두 사람 모두 그곳에서 정확히 무엇을 해야 하는지 진지하게 따져보지 않았다는 점이었다. 스틸웰은 영웅이 되기를 원한 반면, 마셜의 관심사는 오직 유럽이었을 뿐 중국은 애초에 논외 대상이었다. 2월 14일 그는 워싱턴을 출발하여 아프리카를 거쳐 충칭으로 향했다.

마셜이 스틸웰에게 부여한 임무는 크게 세 가지였다. 장제스의 참모장과 중국-인도-버마 전구(戰區)의 미군 사령관, 대중 원조 물자 감독관이었다. 사실상 한 개의 독립된 전구전체를 책임진다는 점에서 아이젠하워와 맥아더에 비견될 만한 위치였다. 그러나 스틸웰에게는 몇몇 보좌관과 셔놀트 장군이 지휘하는 '플라잉 타이거스'라는 보잘것없는 항공부대 이외에 단 한 개의 미군 부대도 없었다. 스틸웰의 권한은 일개 야전군인이 맡기에는 너무 컸지만 그의 야심을 충족시키기 위해 실제로 할 수 있는 일은 별로 없었다. 장제스와의 관계도 불분명했다. 스틸웰은 참모장으로서는 장제스에게 복종해야 했지만 미군 사령관으로서는 그렇지 않았다. 이런 권한의 모호함이 앞으로 벌어질 갈등의 여지를 만든 셈이었다. 군생활 대부분을 해외 무관 업무와 병사들을 훈련시키는 일 이외에 실전 경험이 전혀 없을뿐더러 아이젠하워처럼 고도의 정치적 수완을 갖추지도 못했다. 범용한 장군에 불과한 스틸웰에게 모조리 떠넘겼다는 사실 자체가 루스벨트와 마셜이 중국 전선의 가치를 하찮게 여겼다는 증거였다.

최악의 데뷔전

장제스는 미국이 일본에 선전포고했다는 소식에 "항전 전략의 성과가 이제 정점에 도달했다"라고 하며 기쁨을 감추지 않았다. 그는 미국이 알아서 일본을 꺾어줄 때까지 가만히 앉아서 기다리는 대신 추축 진영을 향해 선전포고하고 미국에 먼저 대일동맹을 제안하는 등 발 빠르게 움직였다. 1942년 3월 6일 충칭에 도착한 스틸웰은 중

버마 메이묘에서 장제스 부부와 스틸웰의 화기애애했던 한때, 1942년 4월 19일
그로부터 한 달도 되지 않아 그들은 서로를 철천지원수처럼 대하게 된다.

국인들의 열렬한 환영을 받으며 장제스 부부와 처음 만났다. 그때만 해도 스틸웰은 자신감 가득했지만 현실이 만만치 않음을 금세 절감했다. 동남아를 파죽지세로 휩쓴 일본군은 버마를 침공했다. 스틸웰이 도착한 지 이틀 뒤 랑군이 함락되었다. 버마마저 무너진다면 중국은 고립무원이었다. 스틸웰의 처지는 1941년 2월 북아프리카에서 이탈리아군의 파국을 막아야 했던 로멜과 비슷했다. 그러나 그에게는 자신이 직접 지휘할 수 있는 미군 부대가 없었다. 싸움은 중국과 영국이 맡아야 했지만 영국은 버마에서 중국의 도움이 필요 없다는 쪽이었다. 중국 역시 영국에게 불신감을 감추지 않았다. 더욱이 랑군에

도착한 미국의 대중 원조 물자를 영국군이 제멋대로 압류하면서 양측의 갈등은 최악으로 치달았다.

몇 달 전 북아프리카에서 로멜에게 참담하게 패배한 뒤 인도 주둔 영국군 총사령관으로 부임한 웨이벌은 버마로 원군을 보내겠다는 장제스의 제안을 거부했다. 대영제국의 위신이 실추된다는 이유에서였다. 중국을 동맹국으로 보지 않겠다는 의미였다. 이런 불협화음을 제3자로서 설득하고 슬기롭게 중재하는 것이 스틸웰의 가장 중요한 역할 중 하나였다. 하지만 그는 아이젠하워가 아니었다. 영국은 버마 남부를 일본군에게 빼앗긴 뒤에야 마지못해 중국군의 진입을 허락했다. 싸움터에 가고 싶어 안달이었던 스틸웰은 장제스의 곁에 남아 중국인들이 싸우는 모습을 멀찍이 지켜보는 대신 장제스에게 자신이 기꺼이 일본군과 싸울 것이며 중국 원정군 전체의 지휘권을 달라고 요구했다. 중국군을 제대로 알지도 못하고 현지 사정도 모르면서 중국에 오자마자 공부터 세우겠다고 호들갑을 떤다는 것은 전쟁에 무지하다는 이야기였다. 장제스는 모처럼의 동맹관계가 시작되자마자 미국 장군과 부딪혀서 좋을 것이 없다고 여기고 흔쾌히 받아들였다. 그는 자신이 미국에 대해 존중심을 보이는 것만큼 스틸웰 또한 동맹국의 지도자이자 중국-인도-버마 전구의 총사령관인 자신을 존중하리라 기대했다. 하지만 엄청난 착오였음을 깨닫는 데는 그리 오래 걸리지 않았다.

며칠 지나지 않아 두 사람은 버마에서의 전략을 놓고 충돌했다. 장제스는 버마에 깊숙이 들어가기보다는 일본군의 윈난성 침공을 막는 선에서 제한적인 작전을 수행할 것을 제안했다. 영국이 미적거린 탓에 중국군은 버마에서 싸울 준비가 되어 있지 않았다. 병참 준비도, 영국군과의 협력관계도 없었다. 이런 상황에서 연전연승을 거두며 사기충천한 일본군을 상대로 무작정 낯선 땅에 군대를 보내겠다는 것은 집단자살이나 다름없었다. 그러나 스틸웰에게 장제스의 신중함은 싸울 의지가 없다는 증거에 지나지 않았다. 그는 단순히 일본군을 저지하는 것뿐 아니라 랑군을 탈환하고 버마에서 쫓아내겠다고 큰소리쳤다. 장제스는 일본군을 얕보아서는 안 된다고 충고했지만 스틸웰에게는 쇠귀에 경 읽기였다. 그는 일기에 "장제스와 그의 변화무쌍한 마음은 나를 걱정스럽게 만든다"라고 하면서 "내 직감으로 쪽발이 놈들은 별 볼일 없다는 것이다"라고 자신만만하게 썼다.

스틸웰은 장제스에게 중국이 열성적으로 싸우는 모습을 보여줄수록 미국의 관심도 커질 것이라고 장담했지만 혼자만의 착각일 뿐이었다. 워싱턴의 입장은 달랐다. 마셜에게 중요한 일은 중국이 얼마나 활약하는가가 아니라 미국이 독일을 무너뜨릴 때까지 일본군을 얼마나 오랫동안 붙잡아둘 수 있는가였다. 스틸웰의 역할은 반격의 때를 기다리며 중국의 역량을 최대한 보존하면서 시간을 버는 것이지, 불필요한 모험으로 자원을 낭비하는 일이 아니었다. 그럼에도 불구하고 그는 마셜이 자신에게 부여한 임무를 거꾸로 받아들였다. 장제스는 장제스대로 우유부단했다. 그는 스틸웰의 무리한 요구를 단호하게 거부하거나 워싱턴에 항의할 수도 있었다. 하지만 미중동맹이 시작되자마자 파국으로 치닫는다면 일본군만 이득이라는 이유로 굴복하여 스스로 입지를 좁혔다. 그만큼 중국은 궁지에 몰려 있었다.

장제스는 큰소리만 칠 뿐 일본군과 싸워본 적조차 없는 미국 장군의 자신감에 불안감을 감추지 않으면서도 일단 그를 믿고 자신의 최정예부대를 내주었다. 중국 원정군은 3개 군(제5군, 제6군, 제66군) 10개 사단 10만 3000명에 달했다. 그중에서도 제5군은 소련 군사 고문단의 조언을 받아 편성한 중국군 유일의 기동부대이자 전략 예비대였다. 소련식 기계화 군단의 편제를 흉내내어 3개 보병사단을 주축으로 중포연대, 수송여단, 기갑여단 등으로 구성되었다. 1939년 12월 광시(廣西)성(광시광족자치구) 난닝(南寧) 북쪽에서 벌어진 쿤룬관(昆侖關)전투에서는 일본 최강부대 중 하나인 일본 제5사단을 파멸 직전까지 몰아넣기도 했다. 지휘관들도 지난 5년여 동안 일본군과의 싸움을 통해 풍부한 경험을 쌓은 중국 최고의 장군들이었다.

미국의 원조 물자가 중국에 들어오려면 항구가 있는 랑군을 반드시 되찾아야 한다는 스틸웰의 주장은 원론적으로는 타당했지만 연합군에게 그만한 힘이 있는지는 엄연히 별개의 이야기였다. 장제스가 보기에 공격은 시기상조였다. 그보다는 먼저 영국군과의 지휘권을 통일할 것과 병참에 대한 영국군의 협력을 얻을 것, 버마 중북부에서 강력한 종심 방어로 일본군의 윈난성 침공을 저지하는 데 주력해야 한다고 충고했다. 그러나 스틸웰은 귓등으로 흘려버렸다.

재앙은 금방 닥쳤다. 영국은 버마를 지배한 지 한 세기가 넘었음에도 불구하고 방비 태세는 형편없었다. 일본군의 침공이 시작된 뒤에야 부랴부랴 병력을 증원하여 6만 명으로 늘어났다. 하지만 대부분 사기가 낮은 식민지 출신이었다. 북아프리카에서 로멜과 싸우다 온 영국군 병사들은 사막전에는 능숙해도 정글에 대해서는 아무것도 몰랐다. 영국군 지도부는 연전연패로 일본군에 대한 패배주의에 사로잡혀 있을뿐더러 버마를 애써 지키려는 의지도 없었다. 그들은 중국과의 협의도 없이 버마를 내주고 인도로 물러나는 쪽을 택했다. 중국군은 이역만리를 넘어 남의 땅에 들어오자마자 내팽개쳐진 셈이었다. 그럼에도 불구하고 성미 급한 스틸웰은 병력이 제대로 집결하기도 전에 성급하게 공격을 명령하여 상황을 더욱 악화시켰다.

남쪽으로 진격한 중국군 제200사단은 랑군에서 북쪽으로 240킬로미터 떨어진 옛 도시 타웅우(Taungoo)에서 포위되었다. 돌아가는 사정을 몰랐던 스틸웰은 철수를 거부했다. 보다 못한 제5군 사령관 두위밍(杜聿明)이 장제스의 허락을 받아 철수 명령을 내림으로써 겨우 빠져나올 수 있었다. 스틸웰은 장제스 때문에 영웅이 될 기회를 놓쳤다고 격분한 나머지 당장 충칭으로 날아가 격렬하게 항의했다. 이번에도 한발 물러선 쪽은 장제스였다. 자신이 틀렸다고 여겨서가 아니라 손님의 체면을 깎는 것은 예의가 아니라는 생각이 직설적인 서구인들과 다른 동양인들의 오랜 관념이었다. 하지만 장제스의 배려는 도리어 역효과만 났다. 스틸웰은 '땅콩'에게 한 방 먹였다면서 더욱 기세등등했다. 그가 돌아왔을 때는 영국군의 방어선이 무너지면서 상황은 돌이킬 수 없을 만큼 악화되어 있었다. 랑군 탈환은 고사하고 중국군 전체가 버마에서 뼈를 묻어야 할 판이었다. 최선책은 신속하게 철수하여 전력을 보존하는 것이었다. 그러나 스틸웰은 미련

버마의 정글을 걷고 있는 스틸웰 일행, 1942년 5월 스틸웰은 일본군에게 퇴로가 막히자 중국군을 버려둔 채 인도로 달아났다. 그 와중에도 그는 여성 간호사까지 포함한 일행의 선두에 서서 걷는 모습을 의도적으로 연출하여 관심을 끌었다. 유럽이나 태평양이었다면 여론의 혹독한 비난은 물론이고 경력 자체가 끝장날 일이었지만 어차피 피해자는 미국인이 아니라 중국인이었다. 〈라이프〉를 비롯한 미국 언론들은 국민들의 사기를 위해 그를 깎아내리는 대신 전쟁 영웅으로 둔갑시켰다.

을 버리지 못하고 우물쭈물했다. 그사이 일본군은 전차와 항공기를 이용하여 중국군의 퇴로를 차단했다. 스틸웰은 속수무책이었다. 그는 일기에 "당장이라도 파괴와 붕괴의 위기가 닥칠 판이다"라고 썼다. 4월 29일에는 버마 북부 최대 도시이자 중국 국경에서 100킬로미터 떨어진 라시오(Lashio)가 함락되었다. 중국군은 곳곳에서 포위되었다.

그제야 스틸웰은 중국군에게 철수하되, 중국이 아니라 인도로 탈출하라고 명령했다. 그러고는 소수의 사령부 요원들만 데리고 정글 속으로 숨어버렸다. 대혼란에 빠진 중국군은 탈출과정에서 엄청난 손실을 입었다. 제200사단장 다이안란(戴安瀾) 장군과 부사단장 한 명, 연대장 두 명이 전사한 것을 비롯하여 5만 6000여 명이 죽거나 다쳤다. 사상 비율로만 본다면 난징 방어전을 제외하고 중일전쟁을 통틀어 가장 참혹한 패배였다. 대부분 일본군과의 전투가 아닌 후퇴 과정에서 병참선이 끊어지면서 전염병과 굶주림 때문이었다. 중국군의 철수로에는 수많은 시신이 끝없이 늘어서 있었다. 충칭에서 장제스는 그가 중국군을 버려둔 채 사라진 것에 경악하고 배신감에 분노를 터뜨렸다. 버마를 장악한 일본군은 여세를 몰아 패주하는 중국군을 추격하여 중국-버마 국경의 살윈강까지 진격했다. 1938년 10월 우한 함락 이래 중국 최악의 위기였다. 그나마 셔놀트의 플라잉 타이거스가 출격하고 일본군도 병참의 한계에 직면하면서 격퇴되었다. 일본군이 살윈강을 넘는 일은 끝까지 없었다.

장제스 앞에서 한 호언장담이 무색할 만큼 스틸웰의 모험은 재난으로 끝났다. 하지만 스틸웰이 아니라 로멜이 있었다고 해도 기적을 일으킬 수는 없었을 것이다. 로멜에게는 잘 훈련되고 프랑스에서 영국군을 상대로 승리를 거둔 경험이 있는 2개 독일 기갑사단이 있었다. 그는 패배주의에 사로잡혀 의기소침한 이탈리아군에게 발목을 잡힐 필요가 없었다. 하늘도 로멜의 편이었다. 로멜이 리비아에 도착했을 때는 타이밍 좋게 처칠이 그리스 전역에 개입하기 위해 북아프리카에서 상당한 병력을 빼낸 뒤였다. 덕분에 로멜은 공세로 전환하여 영국군을 리비아에서 몰아낼 수 있었다.

버마의 상황은 정반대였다. 스틸웰은 마셜에게 단 한 미군 부대도 지원받을 수 없었다. 설사 전투 경험이 없는 1, 2개의 미군 사단이 있다고 한들 사기충천하고 정글에 익숙한 일본군을 상대로 이길 수 있다고 장담할 수는 없었을 것이다. 무엇보다 일본군은 버마를 정복하려는 의지가 있었던 반면, 영국군은 버마를 지키기에 충분한 전력이 없었기에 처음부터 인도 방어에 집중할 참이었다. 이런 상황에서 아무런 준비도 없이 낯선 땅에서 싸우겠다고 섣불리 덤벼든 것 자체가 스틸웰이 실전에 어둡다는 증거였다. 그러나 경솔함의 대가는 전적으로 중국군이 책임져야 했다. 어떤 의미에서는 스틸웰에게 미군 부대가 없었다는 점이 오히려 모든 책임을 회피할 수 있는 훌륭한 면죄부가 된 셈이었다.

스틸웰은 패배가 자신의 미숙함 때문이라고 인정하지 않았다. 승산은 충분히 있었지만 동맹국들이 싸울 의지가 없었기 때문이라는 것이 그의 결론이었다. 특히 장제스가 마구잡이로 간섭하는 바람에 작전을 완전히 망쳤다고 여겼다. "그는 내가 아무것도 하지 못하게 만들었다. 나는 이제 그 사실을 분명하게 깨달아야 한다." 정작 자신이 일본군의 전력을 터무니없이 과소평가했으며 중국인들의 경고를 귓등으로 흘려버렸다는 사실은 망각했다. 장제스가 스틸웰의 반발에도 불구하고 중국군 부대에 직접 명령을 내려야 했던 이유는 그가 큰소리치는 것만큼 능력 있는 장군이 아님을 간파했기 때문이었다. 스틸웰은 후방인 라시오를 향해 일본군 전차부대가 진군중이라는 정보를 '허황된 소문'이라며 묵살했다. 하지만 라시오가 함락되자 그는 그제야 발등에 불이 떨어졌음을 깨닫고 철수 명령을 내렸다. 하지만 구체적인 계획이나 준비는 아무것도 하지 않은 채 중국군을 적진 한가운데에 내팽개쳤다.

스틸웰은 보름 동안 정글을 헤맨 끝에 5월 20일 인도 동북부 임팔에 무사히 도착했다. 세상에 다시 모습을 드러낸 그는 제일 먼저 기자들을 불러모은 뒤 이렇게 선언했다. "나는 (우리가 진) 원인을 찾아내고, 그곳으로 돌아가서 되찾을 것이오." 언론은 그가 중국군을 버리고 달아났다는 사실은 쏙 빼놓은 채 일본군의 추격과 독충, 더위와 싸우면서 버마의 정글을 뚫고 단 한 명의 낙오자나 희생자 없이 대탈주에 성공했다는 점만 대서특필했다. 스틸웰은 원하는 대로 전쟁 영웅이 되었다. 하지만 로멜처럼 위대한 승리의 영웅은 아니었다. 스틸웰은 승리를 통해 명예를 되찾기를 원했다. 그러려면 누군가에게 책임을 떠넘겨야 했다. 그는 버마에서의 패배는 자신의 졸렬한 지휘 탓이 아니라 영국군의 비협조와 장제스의 부당한 간섭, 중국군 장군들의 소극성 때문이라고 확신했다. 그는 아내에게 보내는 편지에 이렇게 썼다. "나는 대원수(장제스)에게 돌아가서 한바탕 혼낼 것이오."

스틸웰은 기세등등하게 충칭으로 돌아왔다. 그리고 장제스 앞에서 온갖 불평을 늘어놓았다. 나중에 그는 아내에게 이렇게 썼다. "나는 그에게 모든 진실을 말했소. 마치 노파의 배를 걷어차는 것처럼 말이오." 그는 자신이 느낀 중국군의 문제점과 병폐를 토로하고 비효율적이며 방만한 구조를 근본적으로 뜯어고칠 것을 요구했다. 장제스는 스틸웰의 비열함과 무책임함에 만약 중국 장군이었다면 당장 총살시켰을 것이라고 분노하면서도 막상 충칭으로 돌아오자 아무 일 없었다는 양 환대했다. 또한 스틸웰의 무례하기 짝이 없는 태도를 참아내며 버마 탈환에 중국의 모든 역량을 집중해야 한다는 요구를 받아들였다. 장제스 입장에서는 굴복이 아니라 타협이었지만 스틸웰에 대한 몰이해였다. 그는 장제스가 지난 수년 동안 상대했던 외국인 고문들과 전혀 달랐다. 오만함과 인종적 편견으로 가득찬 스틸웰은 장제스의 모든 충고를 '허튼소리'라고 일축했다. 장제스의 선의는 스틸웰을 한층 기고만장하게 만들었을 뿐 돌아온 것은 적의였다. 장제스가 일을 망치고 있는 스틸웰을 과감하게 끊어내지 못한 것은 결과적으로 가장 큰 실책이었다. 그리고 그 대가는 두고두고 치르게 될 터였다.

장제스는 미국이 유럽전쟁에만 매달려 중국의 희생만 요구할 뿐 충분한 무기와 보급품을 주지 않는다며 불만을 토로했다. 반면 스틸웰은 손수레보다 더 복잡한 전차나 신형 대포를 다루어본 적이 없는 무지한 농민들에게 준다고 한들 '돼지 목에 진주'일 뿐이기에 무턱대고 대중 원조를 늘려보아야 소용없다는 입장이었다. 즉 미국이 중국에게 뭔가 더 내놓기를 기대하기 전에 중국이 먼저 미국에게 그만한 성의를 보이라는 것이었다. 닭이 먼저냐, 달걀이 먼저냐 같은 두 사람의 싸움은 앞으로 전쟁 내내 계속될 논쟁이자 미국과 중국 양국 사이에 깔려 있는 근본적인 불신감이기도 했다. 그러나 스틸웰이 편견어린 시선으로 중국군을 업신여긴 것과는 반대로, 영국 버마 군단

사령관이자 나중에 임팔에서 무다구치 렌야를 격파하는 윌리엄 슬림 장군은 중국군의 역량을 높이 평가했다. 그는 버마에서 철수하던 중 한때 일본군에게 포위되었다. 하지만 중국군 신편 제38사단의 도움으로 무사히 빠져나올 수 있었다. 그는 자신의 회고록 『패배에서 승리로*Defeat Into Victory*』에서 중국군이 비록 무기와 장비는 서구 기준에서 볼 때 몹시 빈약했지만 훌륭한 병사들이었다면서 격찬했다. "중국군 병사들은 강인하고 용감하며 경험이 풍부했다. 무엇보다도 그들은 아무런 도움 없이 수년 동안 싸우고 있었다. 그들은 연합군 중에서 최고의 베테랑들이었다. 그때까지 다른 어떤 군대보다도 성공적으로 일본군과 맞서 싸웠다고 단언할 수 있다."

식초 조와 장제스가 대립하다

스틸웰에 이어 버마를 탈출한 쑨리런의 신편 제38사단과 랴오야오샹(廖耀湘)의 신편 제22사단 잔여부대가 인도에 속속 도착했다. 이들을 위한 보충 병력 또한 히말라야를 넘어왔다. 'X군'이라는 별칭이 붙은 두 사단은 미국식으로 재편되었다. 스틸웰은 인도 동부 람가르(Ramgarh)에 대규모 훈련장을 건설하고 중국군 훈련에 착수했다. 미 수송기들은 쿤밍에서 매일 500여 명에 달하는 중국군 병사들을 태우고 람가르로 부지런히 실어날랐다. 종전까지 람가르에서 미군 교관에게 훈련받은 중국군은 6만 명에 달했다. 죽음을 무릅쓰고 히말라야산맥을 넘어온 중국군 병사들은 람가르에 도착한 뒤 스틸웰의 보살핌 아래 그 어느 때보다도 잘 먹고 좋은 대우를 받았으며 머리부터 발끝까지 우수한 미제 무기와 장비로 무장했다. 중국 본토에 남아 비참한 삶을 영위하는 대다수 중국군 병사들과는 하늘과 땅만큼 차이가 났다. 자기 휘하의 부대만 우대함으로써 의도적으로 위화감을 조장하는 스틸웰의 차별 대우가 전체 중국군의 사기에 긍정적으로 작용하지 않았을 것이다. 게다가 이 병력은 약화될 대로 약화된 중국의 동부 전선을 보강하기 위해서가 아니었다. 스틸웰의 목적은 화려한 복수전이었다. 그는 이와 별도로 장제스에게 쿤밍에 30개 사단을 집결해줄 것을 요구했다. 양면에서 버마를 협공하여 일본군을 쫓아내고 보급 루트를 확보한다는 계획이었다.

장제스는 스틸웰에게 버마 탈환을 위한 준비를 승인하되, 어디까지나 영국과 미국이 참가할 때 중국도 참전할 것이라고 못박았다. 또한 동부 전선을 강화하기 위한 대중 원조를 더욱 늘려달라고 요구했다. 장제스는 스틸웰의 버마 탈환작전을 원칙적으로 반대하지는 않았지만 영국의 식민지인 버마를 되찾겠다고 중국 혼자서 모든 희생을 감내할 이유는 없었다. 물론 대중 원조 물자를 늘리기 위해서는 버마를 탈환하여 육로를 열어야 한다는 스틸웰의 주장 자체는 일리가 있었다. 중국의 동부와 남부는 일본군에게 완전히 봉쇄되었다. 서부는 세계의 지붕이라고 불리는 히말라야산맥이 가로막고 있었다. 북쪽은 사막이었다.

중국과 외부를 연결하는 유일한 통로는 '험프(hump)'라고 불리는 하늘길이었다. 험프란 낙타 등에 달린 혹이라는 뜻이다. 인도 북동부

미국인 교관에게 훈련받는 중국군 병사들, 인도, 람가르 스틸웰은 인도에 중국군이 들어오는 것을 탐탁지 않게 여기는 영국 관료들을 설득하여 훈련장을 설치하고 강도 높은 훈련을 실시했다. 그의 노력은 슬림 장군조차 격찬했다. 그러나 스틸웰의 시야는 지엽적인 수준을 넘지 못했다. 그저 버마만 되찾으면 만사가 해결된다는 식이었다. 자신의 전략을 이해하지 못하는 중국인들에 대해서는 싸울 의지가 없는 것으로 단정했다.

에서 해발 6000미터가 넘는 히말라야산맥을 넘어 윈난성 쿤밍 또는 쓰촨(四川)성 청두(成都)까지 직선거리로 장장 900킬로미터에 달했다. 이 항공 루트를 처음 연 사람은 플라잉 타이거스의 중국군 지휘관 마오방추(毛邦初) 장군이었다. 그러나 일본 전투기의 습격은 물론이고 고산지대 특유의 급격한 기류 변화, 폭풍우, 돌풍 등으로 세계 최악의 비행경로로 손꼽혔고 '지옥으로 가는 하늘길'이라는 별명을 얻었다. 산 아래에는 추락한 수송기의 잔해가 즐비했다. 험프에 배치된 수송기는 손에 꼽을 정도밖에 되지 않았다. 1942년 내내 험프를 통해 전달된 물자는 매월 적게는 수십 톤에서 가장 많을 때에도 2000톤을 넘기지 못했다. 그나마도 대부분 셔놀트의 항공부대에 전달할 연료였다. 장제스는 적어도 월평균 5000톤은 되어야 한다고 주장했지만 스틸웰은 험프의 끔찍한 비행 조건을 모르는 터무니없는 소리라고 일축했다. 따라서 중국이 살길은 버마를 되찾는 것뿐이었다.

문제는 그러기 위해서 어느 정도의 대가를 치러야 하는가였다. 영국과 미국은 시큰둥했다. 중국에게는 그만한 힘이 없었다. 반면 버마에 주둔한 일본군의 전력은 만만치 않았다. 게다가 지형적으로 지키기는 쉽지만 공격하기에는 어려웠다. 중국으로서는 총력을 기울여야 할 판이었다. 하지만 일본군이 중국군의 반격을 손 놓고 있을 리도 없을뿐더러 견제를 위해 중국 동부 전선에서 새로운 공세에 나설 수도 있었다. 스틸웰이 버마 탈환에 매달린 사이 중국이 무너진다면 그야말로 본말전도였다. 중국은 5년에 걸친 싸움으로 만신창이였다. 무기와 탄약도 바닥나 있었다. 더욱 심각한 일은 기근의 만연이었다. 원래부터 식량 자급이 불가능했던 중국은 그동안 동남아를 통해 대량의 식량을 수입하여 부족분을 충당했다. 하지만 진주만 기습 이후 일본이 이 지역을 장악하면서 더이상 식량을 수입할 수 없었다. 게다가 곡창지대의 상실과 1억 명에 달하는 난민 유입, 일본의 경제 봉쇄는 중국을 파국으로 몰아넣었다. 400만 명에 달하는 중국군은 전투는 커녕 당장 생존하는 데도 급급했다. 그중에서도 가장 큰 타격을 받은 곳은 허난(河南)성이었다. 1942년 대기근이 닥치면서 300만 명이 아사했다. 〈타임〉의 프리랜서 기자였던 화이트는 직접 현지를 돌면서 참상을 취재한 뒤 그 원인을 모조리 장제스 정권의 무능함과 현지 담당자들의 부패, 태만함 탓으로 돌렸다. 하지만 중국의 전략적 상황에 대한 몰이해였다. 중국은 총체적인 한계였다. 이런 와중에 중국 바깥에서 공세를 시작하겠다는 것은 국가적 자살을 강요하는 셈이었다.

설령 버마 탈환에 성공한들 상황이 나아진다는 보장은 없었다. 미국의 원조 물자는 1만 9000킬로미터—거의 지구 반바퀴에 해당한다—를 항해하고 나서 인도 서부의 카라치(Karachi) 봄베이(Bombay, 뭄바이)항에 하역된 뒤 다시 열차로 2400킬로미터에 달하는 거리를 횡단하여 인도 아삼(Assam)주의 차부아(Chabua) 비행장에 당도했다. 그런 다음 험프 루트를 넘어 쿤밍에 도착하면 비로소 기나긴 여정이 끝나는 셈이었다. 하지만 난관은 험프에만 있지 않았다. 인도의 철도와 도로 시스템은 매우 낙후되어 인도 대륙 서쪽에서 동쪽까지 횡단하려면 미국에서 인도까지 오는 시간만큼 걸렸다. 스틸웰이 무슨 수를 써서라도 통과하려는 버마의 산길 또한 몹시 험준했다. 무엇보다 철도가 없다보니 트럭만으로 대량의 물자와 중화기를 수송하는데 한계가 있었다. 중국은 버마가 아니라 인도차이나와 홍콩, 광저우를 탈환하고 동남아의 제해권을 되찾을 때 비로소 숨통을 틔울 수 있었다. 그러기 위해서는 중국의 사정에 맞추어 미국이 전략을 근본적으로 바꾸어야 한다는 결론이었다. 로멜이 북아프리카에 매달렸던 이유는 이탈리아의 운명이 북아프리카에 달려 있음을 간파했기 때문이었다. 하지만 스틸웰의 버마 원정은 개인적인 집착일 뿐이었다. 장제스가 그의 정신 나간 도박에 국운을 걸지 않으려는 것은 당연했다.

그러나 두 사람의 갈등은 단순히 이 때문만은 아니었다. 스틸웰이 버마에서 일본군에게 패퇴하던 순간 북아프리카에서는 요충지인 투브루크(Tubruq)가 로멜의 손에 넘어갔다. 그 충격은 버마의 패배 따위와 비할 바가 아니었다. 이제 '사막의 여우'는 국경을 넘어 카이로를 향해 파죽지세로 진군중이었다. 루스벨트는 중국에게 전달하기 위해 인도로 수송중이던 B-24 리버레이터 폭격기 23대를 급히 중동으로 보냈다. 해리 할버슨(Harry Halverson) 대령이 지휘하는 할버슨 분견대(Halverson Detachment) 소속의 이 폭격기들은 원래 중국에서 발진하여 도쿄를 폭격할 참이었다. 하지만 마셜은 독일을 막는 것이 우선이라고 판단했다. 폭격기들은 도쿄 대신 로멜의 병참선에 피해를 입히기 위해 추축국 최대의 유전지대인 루마니아의 플로에스티(Ploesti) 유전을 폭격했지만 전과는 거의 없었다. 장제스는 뒤늦게 그 사실을 알고 격분했다. 이집트를 구하겠다고 몇 안 되는 폭격기마저 중국에게서 빼앗아 수천 대의 비행기를 가진 영국을 위해 사용한다는 것은 도저히 이해할 수 없는 처사였고 미국이 중국을 동맹국으로 여기지 않는다는 증거였다. 분노의 화살은 대중 원조를 책임진 스틸웰에게 향했다. 장제스는 그가 자신을 속였다고 생각했다. 결정을 내린 쪽은 루스벨트와 마셜이었지만 불벼락을 맞는 사람은 스틸웰이었다. 하루빨리 중국군을 재편하여 버마 탈환에 나서기를 원했던 스틸웰로서도 이런 상황은 무척 곤혹스러운 일이었다. 그도 장제스가 화를 내는 이유를 모를 리 없었다.

스틸웰은 6월 25일 자 일기에 이렇게 한탄했다. "이제 대원수에게 뭐라고 말해야 하는가? 우리는 약속을 지키지 못하면서 그에게 그저 하던 일을 계속해야 한다고 말할 뿐이다. 미국인 의용항공대(플라잉 타이거스)는 괴멸당할 처지다. 우리측 인원의 교체 속도는 느리기 짝이 없다. 무전수들도 아직 도착하지 않았다. 우리 병사들은 게임판에 막 뛰어들었다." 이런 상황에서는 새로운 일을 벌이기보다 장제스를 달래고 양국의 불신을 해소하는 데 노력하는 것이 우선이었다. 그러나 스틸웰은 그런 일에 최악이었다.

다음날 장제스는 스틸웰에게 '세 가지 요구'를 내놓았다. 첫째, 버마 탈환을 위해 미군 3개 사단을 파견할 것, 둘째, 500대의 비행기를 중국에 배치할 것, 셋째, 험프 루트를 통한 원조 물자를 매월 5000톤으로 늘려줄 것이었다. 진주만 기습 이후 반년 만에 미중 동맹은 심각한 위기에 직면했다. 그러나 사교적인 성격과는 거리가 먼 스틸웰은 장제스를 무뚝뚝하고 고압적으로 대하여 분노를 더욱 부채질했다. 게다가 장제스의 요구를 워싱턴으로 전달하면서 중국의 곤란한 처지를 설명하기는커녕 "그의 진짜 속셈은 공산주의자와 국내의 적을 제거하려는 것"이므로 절대 받아들여서는 안 된다고 덧붙였다.

이제 장제스는 스틸웰이야말로 대중 원조를 방해하는 악당이라고 믿게 되었다. 그의 증오심은 미국이 아니라 스틸웰 한 사람에게 향했다. 스틸웰은 루스벨트와 마셜을 대신하여 중국에서 악역을 맡은 셈이지만 인간적인 동정심 대신 오히려 장제스를 무능하고 고집스러운 독재자라며 혐오감을 품었다. 두 사람의 관계가 심상치 않음은 오래지 않아 워싱턴에까지 알려졌다. 루스벨트는 경제 고문인 로클린 커리(Lauchlin Currie)를 충칭으로 보냈다. 협상 경험이 풍부한 커리는 문제의 원인을 금방 파악했고 스틸웰을 다른 사람으로 교체할 것을 건의했다. 그러나 마셜은 스틸웰을 대신하여 보낼 사람이 없다며 반대했다. 중국에 발목을 잡히기 원치 않았던 그는 본국에 손을 벌리는 대신 중국군을 채찍질하여 싸우겠다는 스틸웰의 구상을 마다할 이유가 없었다. 마셜은 나중에서야 스틸웰을 중국에 그대로 머무르게 한 것이 자신의 중대한 실책이었음을 인정했다.

루스벨트의 선택은 절충이었다. 장제스에게는 다음해부터 원조를 3500톤으로 늘릴 것과 265대의 비행기를 보내주기로 약속했다. 미군의 파견은 없었다. 스틸웰은 유임되었다. 하지만 마셜을 통해 경고 메시지를 보내는 것만은 잊지 않았다. "그(스틸웰)는 대원수 장제스를 대하는 방법이 잘못되었소. ……그런 상황에서는 나나 장군이라도 (장제스와) 똑같이 행동할 거요. 대원수는 총사령관이자 일국의 수장이며, 우리가 모로코 술탄을 대하는 것처럼 그를 몰아붙이거나 일을 똑바로 하라고 말해서는 안 되오."

그러나 실제로 달라진 것은 없었다. 원조는 여전히 늘어나지 않았다. 스틸웰은 루스벨트의 경고에도 불구하고 자중은커녕 장제스를 더욱 노골적으로 비방하고 무시했다. 그는 장제스를 '땅콩'이라고 불렀으며 나중에는 경멸감을 노골적으로 드러내며 "탐욕스럽고 편협하며 배은망덕한 작은 방울뱀"이라고도 했다. 그는 오직 버마에서 화려한 승리로 자신의 명예를 회복하겠다는 생각에만 눈이 멀어 있었고 나머지는 알 바 아니라는 식이었다. 오히려 자신의 권한을 이용하여 대중 원조를 쿤밍으로 보내는 대신 인도에 묶어둔 채 람가르의 중국군을 무장하고 훈련하는 데만 사용하여 장제스의 분노를 샀다. 심지어 스틸웰은 장제스에게 보고할 때도 무성의하기 짝이 없었다. 두 사람의 혐오는 나날이 커졌다.

일기와 편지에서 경박하리만큼 반감을 드러냈던 스틸웰과 달리 장제스는 그를 공공연히 비난하지 않았다. 하지만 장제스는 스틸웰이 자신을 대하는 것만큼이나 스틸웰을 불쾌하게 여겼다. 미국이 중국을 방치하는 가운데 두 사람의 갈등은 시간이 지날수록 더욱 악화되었다. 이제는 일본군보다 서로를 적으로 여길 정도였다. 스틸웰은 버마 탈환을 넘어 아예 '만악(萬惡)의 근원'이나 다름없는 장제스를 권좌에서 축출하고 중국을 개조할 숭고한 의무가 자신에게 있다고 굳게 믿게 되었다.

장제스 암살을 꾀하다

1943년 5월 워싱턴에서 연합국 정상회담인 '트라이던트회의'가 열렸다. 미국 참전 이래 세번째 정상회담이었다. 주요 의제는 시칠리아 침공과 노르망디 상륙작전이었지만 대일 전선의 한 축인 중국에 대한 것도 있었다. 스틸웰과 셔놀트도 중국-인도-버마 전구의 책임자로서 현지 상황을 설명하기 위해 워싱턴으로 불려왔다. 스틸웰은 버마 탈환을 주장했지만 처칠의 강력한 반대에 부딪혔다. 처칠에게는 하루라도 빨리 지중해를 되찾고 유럽 대륙으로 돌아오는 일이 중요했다. 극동은 부차적인 문제일뿐더러 하물며 버마 따위는 안중에도 없었다. 루스벨트와 마셜, 아이젠하워 등 다른 사람들 역시 스틸웰의 계획에 시큰둥했다.

몇 달 전 소장 진급과 함께 미 제14항공대 사령관이 된 셔놀트 또한 스틸웰에게는 강력한 경쟁자이자 방해꾼이었다. 셔놀트는 버마 탈환에 매달리지 않아도 자신에게 150대의 비행기만 준다면 중국 전선의 상황을 바꾸어놓겠다고 장담했다. 반면 언변이 어눌했던 스틸웰은 루스벨트 앞에서 우물쭈물했다. 스틸웰은 장제스가 어떤 인물인지 묻는 루스벨트의 질문에 "그는 약속을 절대 지키지 않으며 우유부단하고 교활하면서 신뢰할 수 없는 늙은 악당입니다"라며 개인적인 감정을 쏟아내었다. 그러나 스틸웰보다 훨씬 오랫동안 장제스를 상대했던 셔놀트는 "그는 나에게 어떤 책무나 약속도 깨뜨린 적이 없습니다"라고 반박하면서 장제스를 편들었다.

루스벨트의 관심을 끄는 데 성공한 이는 셔놀트였다. 그는 중국으로 돌아가기 전 백악관으로 불려가 루스벨트와 세 번이나 만남을 가졌고 전폭적인 지원을 약속받았다. 공군력만으로 전쟁의 승패를 바꿀 수 있다는 그의 말에 다소 허풍이 섞였다고는 해도 아예 아무것도 하지 않는 쪽보다는 나았을 것이다. 그러나 스틸웰은 자신에게 루스벨트와 처칠의 마음을 바꾸어놓을 재주가 없음을 탓하는 대신 부하가 자신을 제쳐둔 채 대통령의 마음을 사로잡았다는 사실에 질투심과 경쟁심을 불태웠다. 그는 셔놀트가 일본 비행기 몇 대를 격추하는 것 이상 할 수 있는 일은 없다면서 "이 전쟁을 승리로 이끄는 이들은 참호 안에 있는 사람들이다"라고 비아냥거렸다. 셔놀트도 현대전에서 공군력의 가치를 이해하지 못하는 스틸웰을 향해 "빌어먹을 스틸웰, 참호 속에는 아무도 없어!"라고 하며 분노를 감추지 않았다.

스틸웰의 혐오감은 장제스와 셔놀트에 국한되지 않았다. 그는 장제스 이상으로 비협조적이었던 인도 총독 웨이벌 장군을 향해서도 분노를 쏟아냈다. "그가 가장 잘 하는 말은 '안 돼!'이다. 나머지는 빌어먹을 '어렵다'이다." 스틸웰은 상황을 제대로 이해하는 사람은 오직 자신밖에 없으며 여기에 따르지 않는 자는 모두 적이라는 식이었다. 1943년 8월 연합군의 작전 구역이 조정되면서 중국-인도-버마 전구는 둘로 나뉘었다. 새로 설치된 동남아 전구는 영국의 세력권인 인도와 버마를 포함한 동남아 지역을 맡았다. 동남아 전구 총사령관에는 빅토리아여왕의 증손자이자 디에프 상륙전을 지휘했던 루이스 마운트배튼(Louis Mountbatten) 해군 대장이 임명되었다. 스틸웰은 중국 전구 부사령관과 동남아 전구 부사령관을 겸했다. 새로운 상관인 마흔세 살의 마운트배튼은 웨이벌보다는 좀더 협조적이었지만 스틸웰에게 영국군의 지휘권을 주지는 않았다. 그는 중국군이 북부 버마로 진격한다면 인도 주둔 영국군 제14군이 버마 중부와 남부에서 제한적인 공세에 나서겠다고 약속했다. 한마디로 작전에 반대하지는 않되, 주된 역할은 중국이 맡아야 하며 영국이 도와줄 수는 있다는 말이었다. 마운트배튼은 스틸웰의 열의를 높이 평가하면서도 북부 버마를 탈환하고 중국과의 통로를 열겠다는 그의 계획에는 실익이 없다고 생각했다. 마셜도 노르망디 상륙작전에 총력을 기울이고 있었다. 따라서 스틸웰을 위해 병력과 물자를 할애할 생각이 없었다.

스틸웰은 그대로 주저앉을 생각이 없었다. 그에게 그나마 만만한 쪽은 장제스였다. 무슨 수를 써서라도 중국군의 지휘권을 빼앗아 작전을 밀어붙일 속셈이었다. 때마침 장제스는 카이로에서 열릴 정상회담에 처음으로 참석을 요청받았다. 루스벨트의 속내는 아시아 유일의 주요 동맹국이면서도 그동안의 찬밥 신세로 불만이 가득한 장제스를 환대하여 달래기 위해서였다. 아편전쟁 이래 한 세기 동안 국제사회에서 제대로 된 취급을 받은 적이 없었던 중국에게는 외교사에서 한 획을 그을 사건이자 한껏 고무할 일이었다. 하지만 곧이곧대로 받아들이고 기뻐하기에는 연합국 진영에서 중국의 처지는 복잡했다. 심지어 장제스는 자신이 3대국의 들러리에 불과할 것이라며 참석을 거부할까 고민하기도 했다.

그는 루스벨트의 간곡한 설득과 주변의 권유로 마음을 돌렸지만 또다른 고민거리가 남아 있었다. 중국의 전쟁에 도움이 되기보다 갈수록 골칫거리가 되어가는 스틸웰의 축출이었다. 물론 스틸웰은 확실한 공적을 쌓기 전에는 불명예스럽게 쫓겨날 생각이 없었다. 결론은 그전에 장제스를 암살한다는 것이었다. 스틸웰의 참모장이었던 프랭크 돈(Frank Dorn) 장군은 훗날 자신의 회고록에서 스틸웰이 적어도 두 번 이상 장제스 암살을 계획했다고 주장했다. 첫번째는 카이로 회담을 앞둔 1943년 10월이었다. 스틸웰은 돈에게 여차하면 장제스를 암살할 것이라며 "실행 가능한 계획을 세우고 명령을 기다리시오"라고 지시했다. 미국 전략사무국(Office of Strategic Services : OSS, 중앙정보국 CIA의 전신) 소속 중국 주재 정보부대인 제101파견대 지휘관 칼 F. 에이플러(Carl F. Eifler) 중령에게도 전쟁에서 이기려면 "장제스를 제거하는 길밖에 없다"라고 하면서 독극물로 암살할 방안을 찾으라는 밀령을 내렸다. 에이플러는 모든 준비를 마친 채 스틸웰이 명령을 내리기만 기다렸다. 그가 준비한 독극물은 보톨리눔 독(botulinum toxin)이었다. '보톡스'라는 이름으로 더 알려진 이 맹독은 음식을 통해 몸에 들어오면 인체의 신경을 급성 마비시켜 죽음으로 이르게 만들 수 있었다. 게다가 나중에 부검을 하더라도 흔적이 남지 않았다.

두번째는 카이로회담 중에 루스벨트를 비공개로 만난 자리였다. 그는 루스벨트에게 장제스 제거를 건의했다. 장제스가 인도의 중국군을 사열하기 위해 히말라야산맥을 비행할 때 비행기를 고의로 추락시키겠다는 것이었다. 루스벨트가 정말로 스틸웰의 건의에 동의했는지는 불분명하지만 돈의 증언에 따르면 그는 루스벨트가 자신에게 이렇게 말했다고 주장했다. "만약 장군이 장제스와 함께할 수 없고 그를 다른 사람으로 바꿀 수도 없다면 제거하시오. 장군은 내 말뜻을 알 것이오." 그러나 얼마 뒤 루스벨트는 태도를 바꾸어 장제스 제거를 반대했고 결국 실행되지 못했다는 것이다.

돈의 증언만으로는 스틸웰이 그저 홧김에 말한 것인지, 정말로 장제스를 없앨 생각이었는지는 알 수 없다. 그러나 그 같은 발언을 했다는 것만으로도 심각한 외교적 물의를 빚을 일이었다. 만약 외부로 흘러나갔다면 루스벨트 행정부에 도덕적 치명타가 되었을 것이며 미중 동맹을 파국으로 몰아넣었을 것이다. 제아무리 상대가 마음에 들지 않는다고 해서 자신의 목적을 위해서라면 권모술수조차 마다하지 않는 스틸웰을 과연 순수한 야전군인으로 볼 수 있는지 의문을 던지지 않을 수 없다. 버마에 대한 과도한 집착이 정상적인 사고 능력을 빼앗았는지도 모른다. 다행스럽게도 스틸웰은 음모를 실행에 옮길 필요가 없었다. 장제스는 미중관계를 고려하여 참아야 한다는 아내 쑹메이링(宋美齡)의 충고를 받아들였다. 그리고 스틸웰을 불러 다시 대화를 시도했다. 스틸웰은 순순히 장제스에게 복종하겠다고 약속했다. 갈등은 봉합된 것처럼 보였다. 그러나 장제스의 기대와 달리 스틸웰은 자신이 땅콩에게 졌다고 생각하지 않았다. 두 사람의 대결은 잠시 미루어졌을 뿐이었다.

중국을 위기에 빠뜨리다

영국과 미국의 소극적인 태도에도 불구하고 1943년 10월 스틸웰은 드디어 자신의 숙원인 버마 탈환전을 강행했다. 주력부대는 인도 주둔 중국군(통칭 X군) 2개 사단(신편 제22사단, 신편 제38사단)이었다. 또한 '메릴(Merrill)의 약탈자'라고 불리는 제5307혼성부대가 배속되

지휘관 프랭크 메릴 준장(가운데)**과 미국계 일본인 대원들** 징집이 아니라 지원병이었던 이들은 매우 용맹하게 싸웠고 일본군에게 훨씬 많은 사상자를 안겼다. 그러나 1944년 8월 10일 메릴 연대가 해체되었을 때 남은 병력은 200여 명에 불과했다. 대부분 굶주림과 질병 때문이었다. 메릴도 말라리아에 걸려 부지휘관인 찰스 헌터 대령이 지휘를 맡았다. 정글전에 대한 아무런 이해가 없었던 스틸웰이 성급하게 작전을 밀어붙인 결과였다. 스틸웰과 심하게 부딪혔던 헌터는 그를 비난하는 보고서를 워싱턴에 보냈다.

었다. 이 부대는 버마 전선에서 유일한 미군 부대로 정글전이 전문이었다. 병력은 3개 대대 2200명 정도였다. 대부분 과달카날(Guadal-canal)과 뉴기니, 솔로몬제도 등 남태평양에서 일본군을 상대로 지옥 같은 정글을 경험한 베테랑이었고 일본계 미국인도 있었다. 여기에 중국인과 버마 지원자들이 추가되면서 전체 인원은 3000여 명으로

버마 북부 바모로 진격중인 중국군 M3A3 스튜어트 경전차 미국이 중국에 제공한 전차는 M3A3 100대에 불과했다. 그중 실전에 투입된 부대는 미-중 제1임시 전차군 산하 전차 제1대대(M3A3 경전차 40대, 영국군에서 임대한 M4A4 셔먼 14대)가 중국 신편 제1군에 배속된 것이 전부였다. 게다가 여기저기에 몇 대씩 분산 투입되는 등 제1차세계대전과 다를 바 없는 교리로 운용되었기에 이렇다 할 전차전도 없었다. 영국군만 해도 버마 전역에서 일본군과 전차전을 벌인 사례가 있었던 것과는 대조적이었다.

늘어났다.

버마를 향한 스틸웰의 작전은 이미 1942년 말부터 시작되었다. 인도 레도(Ledo)에서는 버마로 향하는 도로 건설이 한창이었다. 공사 책임자는 맥아더 휘하에서 파나마운하 건설에도 참여했던 유능한 건설 전문가 레이먼드 앨버트 휠러(Raymond Albert Wheeler) 소장이었다. 미군 공병들은 좁고 가파른 산길을 지나 울창한 정글을 헤치고 열대우림과 깎아지른 듯한 절벽과 협곡을 넘으며 길을 만들어야 했다. 레도에서 출발하여 인도-버마 국경의 싱브위양(Shingbwiyang)까지 166킬로미터를 건설하는 데만 거의 1년이 걸렸다.

하지만 진정한 난관은 지금부터였다. 우기가 끝남과 함께 신편 제38사단은 국경을 넘어 버마에 진입했다. 문제는 스틸웰이 자신의 작전을 장제스, 마운트배튼과 충분히 논의하지 않았다는 사실이었다. 또한 버마에서 일본군의 전력을 지나치게 과소평가했다. 스틸웰은 북부 버마에 일본군이 1개 사단밖에 없다고 생각했지만 장제스는 적어도 2개 군 5개 사단에 이른다고 주장했다. 게다가 일본군은 철도를 통해 남부 버마와 인도차이나에서 증원 병력과 물자를 신속하게 수송할 수 있었다. 영미군의 협력 없이 중국군 2개 사단만으로 승리를 낙관했다는 것은 스틸웰이 얼마나 안이했는지 보여주는 셈이었다.

두 중국군 사단은 미국식으로 무장한 정예부대였지만 보병이 주축이었고 포병과 기갑 전력이 빈약했다. 전차는 다른 전선에서는 이미 구식으로 취급받아 도태중이던 M3 경전차였다. 미얀마 작전이 시작된 뒤에야 전차의 필요성이 제기되면서 인도 주둔 영국군으로부터 급히 M4 셔먼 중(中)전차 1개 대대 분을 빌려야 했다. 스틸웰이 기갑 전력 강화에 신경쓰지 않은 것은 그가 보병 중심의 낡은 사고에서 벗어나지 못했다는 증거였다. 스틸웰은 정글에서 벌어지는 게릴라전의 이점이나 전차와 항공기가 불러온 현대 기동전의 변화를 이해하지 못했다. 그가 아는 전쟁이란 오직 포병의 엄호 아래 보병이 진군하는 것이 전부였다.

카이로회담에서 루스벨트와 처칠은 장제스에게 중국군의 버마 탈환을 돕기 위해 '해적작전'을 발동하고 벵골(Bengal)만에서의 공세를 약속했다. 하지만 불과 며칠 뒤에 열린 테헤란회담에서는 스탈린의 요구에 따라 없었던 일이 되었다. 독일을 하루라도 빨리 패망시키기 위해 노르망디 상륙작전에 '올인'하기 위함이었다. 카이로회담이 열리기 전에 버마에 발부터 들여놓았던 스틸웰은 연합군의 전략이 바뀐 이상 마땅히 진격을 중단하고 물러나야 했다. 하지만 그는 이대로 포기할 수 없었다. 중국군만으로 작전을 강행하겠다는 것이었다. 그의 진격은 대번에 다나카 신이치(田中新一) 중장이 지휘하는 일본군 제18사단의 완강한 저항에 부딪혔다. 신편 제38사단이 후캉(Hukawng)계곡에서 벗어나지 못하자 신편 제22사단을 투입했지만 상황은 조금도 나아지지 않았다. 태평양에서와 마찬가지로 일본군은 여기서도 죽을 때까지 싸울 준비가 되어 있었다. 중국군은 M3 경전차를 앞세워 공격에 나섰고 4개월에 걸친 치열한 전투 끝에 3월 9일 일본군 제18사단을 격퇴하고 후캉계곡을 점령했다. 1년 6개월 전 처참하게 끝났던 제1차 버마 원정 이래 첫 승리였다. 그러나 정면 공격으로 밀어붙이는 스틸웰의 우직한 방식은 많은 희생이 따랐다. 또한 일본군을 섬멸하는 데도 실패했다.

어떤 의미에서 스틸웰의 승리는 일본군의 '삽질' 덕분이기도 했다. 버마 방면군 사령관 가와베 마사카즈는 북부 버마로 증원 병력을 보내는 대신 인도 정복의 발판을 마련하겠다는 제15군 사령관 무다구치 렌야의 제안을 받아들여 임팔로 진격했다. 만약 제15군이 정말로 임팔을 점령했거나 스틸웰을 막는 데 총력을 기울였다면 야심차지만 불장난이나 다름없었던 스틸웰의 두번째 원정은 첫번째 이상의 재앙을 초래했을 것이다. 그를 비롯한 중국 원정군은 퇴로가 차단되어 단 한 명도 살아서 돌아가지 못했을 것이다. 운 좋게도 임팔작전은 슬림 장군이 지휘하는 영국군의 반격에 부딪혀 일본군 역사상 최악의 졸전으로 끝났다. 하지만 영국군의 버마 공세도 늦추어졌다. 영국군이 랑군을 향해 진격에 나선 때는 1944년 말이었다. 랑군은 일본 패망 직전인 1945년 4월 30일에야 해방되었다.

스틸웰은 일본군이 임팔로 진격했다는 이야기를 듣고 인도에 남아 있던 중국군 3개 사단을 추가로 출동시켰다. 스틸웰 휘하의 X군은 2개 군(신 1군, 신 6군) 5개 사단으로 늘어났다. 그러나 그는 여기에 만족하지 못하고 장제스에게도 윈난성에 배치된 중국군을 버마로 진격시켜 협공을 요구했다. 윈난성에는 'Y군(Y Force)'이라고 불리는 2개 집단군(제11집단군, 제20집단군) 6개 군 16개 사단 20만 명이 있었다. Y군은 스틸웰의 버마 탈환전에 호응하기 위해 중국 각 전구에서 차출되어 쿤밍의 훈련장에서 미국인 교관들에게 훈련받은 부대였다. 원래라면 Y군은 X군과 마찬가지로 미제 장비로 완전 무장할 예정이었다. 하지만 스틸웰이 자기 휘하의 X군에 우선적으로 물자를 공급하면서 뒷전으로 밀려나 미제 장비와 구식 중국제 장비로 혼성 무장한 반(半)미식 부대였다. 사단 직속 포병은 1개 대대(75밀리미터 산포 12문)에 불과했고 단 한 대의 탱크도 없었기에 X군에 비하면 훨씬 열악했다. 그럼에도 불구하고 중국군에서는 가장 쓸 만한 전력이자 유일한 전략 예비대였다. 게다가 대중 원조 물자의 감독권을 가진 스틸웰이 자신이 주도하는 버마 탈환전에만 모든 원조 물자를 할애하는 바람에 나머지 중국군은 미제 장비를 구경조차 할 수 없었다. 심지어 버마 탈환작전이 시작된 뒤에는 X군에만 배정하는 등 스틸웰은 권한을 남용하는 횡포를 부렸다. 1942년 5월부터 1944년 9월까지 2년 4개월 동안 본토의 중국군이 넘겨받은 무기는 기관총 351정, 75밀리미터 산포 96문, 대전차 소총 618정, 대전차포 28문, 소총탄 5000만 발이 전부였다.

스틸웰이 직접 지휘하는 X군과 달리 Y군의 지휘권은 중국군에게 있었다. 사령관은 나중에 타이완의 부총통이 되는 천청(陳誠)이 맡았지만 1943년 11월 23일 제1차 버마 원정군 사령관이었던 웨이리황(衛立煌)으로 교체되었다. 장제스와 스틸웰 사이에 합의된 내용은 중국군 단독이 아니라 영미군과 함께 버마를 침공한다는 것이었다. 그러나 하루라도 빨리 버마에 입성하고 싶었던 스틸웰은 동맹군 수뇌부와 충분한 사전 논의 없이 무작정 자신의 계획을 밀어붙였다. 장제스는 스틸웰의 반발을 우려하여 작전의 전면 중지를 명령하지는 않았지만 외국 장군의 무모한 욕심을 위해 자신과 중국의 국운을 걸 수는 없는 노릇이었다. 게다가 더욱 심각한 문제가 있었다. 일본 대본영이 중국 전선에서 대대적인 공세에 나서기로 했다는 사실이었다. '이치고(一號)작전'은 일본이 마지막 총력을 기울인 작전이자 중일전쟁과 태평양전쟁을 통틀어 최대의 지상작전이었다. 그 규모는 수 개월 뒤에 벌어질 히틀러 최후의 도박인 아르덴 대공세(벌지전투)의 몇 배에 달했다. 그러나 시기적으로 본다면 미군의 북상을 막기에도 급급한 판에 엉뚱한 곳에 힘을 낭비하는 셈이었고 전략적으로도 별 의미가 없었다. 어찌 되었건 날벼락을 맞게 된 쪽은 중국이었다.

스틸웰은 장제스가 일본군이 공세를 준비하고 있다는 이유로 자신의 요구를 거부하자 분통을 터뜨렸다. 그리고 워싱턴을 향해 장제스는 항일의 의지가 없으며 오직 옌안의 공산주의자들과 싸울 생각만 하고 있다고 비난하는 보고서를 보내면서 루스벨트가 직접 장제스를 압박해줄 것을 요구했다. Y군은 일부나마 미국의 원조를 받았고 미군 교관에게 훈련받았기에 이들을 활용할 권리가 미국에게도 있다는 것이었다. 일본군의 임팔 공격으로 위기에 처한 마운트배튼도 영국군의 부담을 줄이기 위해 장제스가 공세에 나서야 한다고 주장했다. 이들이 보기에 태평양에서 완전히 수세에 몰린 일본이 전략적으로 중요하지 않은 중국에서 장제스의 주장처럼 대규모 공세에 나선다는 것은 상식적으로 납득할 수 없는 일이었다. 일을 저지른 쪽은 스틸웰이었지만 결국 뒷감당을 해야 하는 쪽은 장제스였다.

코앞에 닥친 노르망디 상륙작전에 집중하고 있었던 루스벨트는 1944년 4월 3일 점점 성가신 존재가 되어가는 장제스를 향해 최후통첩을 보냈다. "당장 Y군이 살윈강을 넘어 버마로 진격하지 않는다면 더이상 미국의 원조는 '정당화'되지 않을 것입니다." 장제스는 굴복했다. 5월 11일 제20집단군 산하 5개 사단이 살윈강을 넘었다. 다음 달에는 제11집단군 8개 사단이 뒤따랐다. 그 직후 장제스의 경고가 현실로 닥쳤다. 총공세에 나선 일본군은 허난성을 휩쓸었다. 지난 수 년간의 교착 상태가 하루아침에 무너져내렸다. 중국군을 공격한 것은 일본군만이 아니었다. 중국인 농민들은 자신들을 착취했던 중국군 병사들을 향해 그동안의 분노를 쏟아냈다. 시어도어 H. 화이트는 현지 중국 장군들의 부패상을 부각하면서 장제스 정권의 무능함이 민심을 이반하게 만든 가장 큰 이유라고 비난했다. 그러나 한쪽 면만을 부각하는 것이기도 했다. 중국군은 일본군에게 모든 철도를 빼앗겨 후방에서 충분한 식량을 수송할 수단이 없다보니 현실적으로 현지 조달에 의존할 수밖에 없는 처지였다. 반면 소련은 미국을 통해 대량의 식량과 수송 수단을 원조받았다. 이 점이 장제스보다 훨씬 비인간적이었던 스탈린체제가 무너지지 않았던 가장 큰 이유였다. 중국은 아무런 도움의 손길도 받지 못했을뿐더러 스스로 감당하기에는 전쟁의 규모가 너무 커지고 장기화되었다.

장제스는 허난성을 위기에서 구하기 위해 Y군을 되돌리기를 원했다. 하지만 중국-버마 국경에서 멀지 않은 미치나(Myitkyina)에서 일본군에게 포위되어 악전고투중이던 스틸웰에게는 어림없는 소리였다. 버마 깊숙이 진격하면서 X군의 병참선은 한계에 직면했다. 그는 완전히 수렁에 빠진 꼴이었다. Y군 역시 버마의 험준한 산악지대에서 일본군 제56사단의 완강한 저항에 부딪혀 한 발짝도 전진할 수 없었다. 그사이 일본군은 허난성을 휩쓸고 창사(長沙)로 진격했다. 지난 6년 동안 세 번이나 일본군을 막아냈던 중국 제9전구도 이번에는 버티지 못했다. 제9전구의 병력 상당수가 재편성과 훈련을 위해 윈난성으로 이동했기 때문이다.

다음은 후난(湖南)성 남부의 헝양(衡陽)이었다. 헝양의 수비를 맡은 사람은 장제스 직계부대인 제10군 사령관 팡셴줴(方先覺) 장군이었다. 황푸군관학교 3기생으로 북벌전쟁 시절부터 장제스 휘하에서 싸운 역전의 장군이었다. 그는 일본군을 상대로 경이로운 수비전을 펼쳤다. 고전을 면치 못한 일본군은 성내에 미군 부대가 있다고 여겼을 정도였다. 장제스 역시 헝양을 구원하기 위해 주변 전구에서 급히 병력을 빼냈고 기계화 부대를 포함하여 7개 군 10만 명을 증파했다. 장제스가 지원할 수 있는 최상의 전력이었지만 일본군의 포위망을 뚫기에는 역부족이었다. 헝양은 46일 만에 함락되었다. 일본군은 멈추지 않았다. 구이린(桂林)을 점령한 뒤 12월 말 중불 국경까지 진격하여 중국 대륙을 남북으로 관통했다.

서구 관찰자들은 중국군이 일방적으로 붕괴된 사실에만 주목했지만 일본군 역시 사력을 다해야 하는 싸움이었다. 일본군의 병참선은 한계였고 미 공군의 폭격에 시달렸다. 만약 그 순간 Y군이 버마가 아니라 창사나 헝양으로 진격하여 일본군의 측면을 강타했다면 전세는 일거에 뒤집혔을 것이다. 그러나 스틸웰은 요지부동이었다. 중국 본토의 사정 따위는 알 바 아니라는 식이었다. 심지어 셔놀트가 헝양을 구원하기 위해 비행기를 출동시키겠다고 하자 스틸웰은 심술궂은 한마디로 묵살했다. "그냥 내버려두시오." 훗날 셔놀트는 스틸웰이 장제스를 의도적으로 궁지에 빠뜨릴 요량으로 중국 남부 최대의 미 공군 기지가 있는 구이린의 함락을 묵인했다고 주장했다. 실제로 스틸웰은 자신의 일기에 "배를 완전히 난파하지 않고 땅콩을 제거하기에 충분한 위기라면 해볼 만한 가치가 있다"라고 하면서 장제스를 쫓아내기 위해서는 국민당 체제를 끝장내야 한다고 썼다.

불명예스러운 해임

스틸웰은 그토록 혐오했던 동맹국 수장의 위기를 즐기고 있었다. 그는 오직 버마의 승리가 전부였다. 설사 일본군이 충칭으로 진격하여 중국 전토를 정복했다고 해도 그는 눈 하나 깜짝하지 않았을 것이다. 심지어 중국 내정에도 공공연히 간섭했다. 그는 장제스보다 차라리 옌안에 있는 공산주의자들이 더 믿음직하다면서 여차하면 그들을 대안으로 삼아 장제스 정권의 교체를 검토해야 한다고 주장했다. 스틸웰이 루스벨트의 대소유화주의를 반대하는 공화당 지지자이자 골수 반공주의자라는 점에서 정말로 옌안의 공산주의자들을 친구로 여겼다기보다 장제스의 가장 민감한 아킬레스건을 건드려 위신을 떨어뜨리겠다는 속셈이었다.

두 사람의 감정싸움 덕분에 어부지리를 얻은 쪽은 옌안의 산골에 갇혀 그때까지 미국과 아무런 접점도 없었던 마오쩌둥이었다. 공산주의자들은 제2차 국공합작 결성 당시에만 해도 장제스를 중국 유일의 영도자로 인정하기로 약속했다. 그러나 중일전쟁으로 장제스가 피폐해지고 자신들은 강해지자 안면을 바꾸어 중국의 주인이 되려는 야심을 감추지 않았다. 말로는 중국 내 일본군의 56퍼센트와 친

마오쩌둥과 주더의 환대를 받는 미국 사절단 대표 데이비드 D. 배럿 대령, 중국, 옌안, 1944년 10월 충칭 주재 무관이자 스틸웰의 부하였던 배럿은 중국 공산당에 접근하라는 상관의 명령에 따라 옌안을 방문했다. 그는 드디어 만년 대령 신세에서 벗어날 기회라고 여겼지만 얼마 지나지 않아 스틸웰은 쫓겨났고 배럿도 미운털이 박히면서 1953년에 퇴역할 때까지 장군을 달 수 없었다. 국공내전 이후에는 미국 내 반공주의자들과 중국 공산당 양쪽에서 배신자라며 비난을 받아야 했다. 심지어 중국 공산당은 배럿이 마오쩌둥 암살을 계획했다고 주장했지만 미중 데탕트가 실현되자 손바닥 뒤집듯 태도를 바꾸어 사과하고 중국에 초청했다.

일 괴뢰군 95퍼센트를 상대하고 있다고 주장했지만 상투적인 허세일 뿐 뒷받침할 근거는 없었다. 정말로 공산군이 일본군의 심각한 위협이 되었다면 이치고작전의 목표는 국민정부군이 아니라 공산군이 되었을 것이다. 그러나 공산군은 일본군의 주공을 받아내기는커녕 공격을 분산하지도 못했고 버마 탈환작전에도 아무런 기여를 하지 않았다. 전쟁 내내 일본군과 피 터지게 싸운 쪽은 국민정부군이었다. 홍색 수도 옌안은 전쟁 내내 몇 차례 폭격을 받은 것이 전부였다. 피해 또한 끊임없이 폭격에 시달려야 했던 장제스의 수도 충칭의 참상에 비할 바가 아니었다. 마오쩌둥이 제아무리 팔로군의 활약상을 떠들어댄다고 해도 연합군 입장에서 보면 공산군의 실질적인 기여는 없었다. 한마디로 없어도 전쟁에 상관없는 존재였다.

하지만 미국 좌파 언론인들은 공산당에 열광했다. 『중국의 붉은 별*Red Star Over China*』을 써서 빅히트를 친 스노를 비롯한 젊은 언론인들은 옌안을 잠시 방문하여 그들의 허상을 보고 중국에서 가장 자유롭고 민주화된 도시라고 나팔을 불었다. 하지만 옌안에서 수년 동안 체류하면서 중국 공산당의 진짜 모습을 몸소 체험했던 소련인들의 시각은 정반대였다. 한때 자유 지식인의 피난처였던 옌안은 마오쩌둥이 정권을 잡은 뒤 외부와 완전히 차단되었다. 누구도 함부로 나가거나 들어올 수 없는 장막 속의 도시였다. 그 안에서는 마오쩌둥의 충실한 심복인 캉성(康生)에 의해 잔혹한 자아비판과 고문, 숙청, 마녀사냥이 진행되었다. 마오쩌둥이 앞으로 중국 전체의 지도자가 되었을 때 중국에서 어떤 일이 벌어질지 보여주는 서막이기도 했다. 옌안을 찬양했던 미국 언론인들이 정말 이런 모습을 보지 못했는지, 아니면 일부러 모르는 척했는지는 알 수 없다. 그보다 중요한 점은 마오쩌둥에게 농민들을 장악하는 일만큼이나 대외 선전이 얼마나 큰 이익이 되는지 깨닫게 했다는 사실이었다. 그는 그동안 타도의 대상으로만 여겼던 서양인들을 제 편으로 끌어들여 선전 전략에 이용하기로 결심했다. 장제스와 스틸웰의 대립은 절호의 기회였다.

형양전투가 한창이던 7월 22일 미국 대표단이 처음으로 옌안에 도착하여 공산주의자들의 열렬한 환대를 받았다. 이들은 국공내전까지 옌안에 체류하면서 공산당 간부들과 개인적인 친분을 쌓았고 루스벨트와 트루먼 행정부 초반의 대중정책에 커다란 영향력을 행사했다. 그때까지 중국의 오지에서 할거하는 일개 지방 정권 중 하나에 불과했던 공산당은 단숨에 장제스와 어깨를 나란히 하는 강력한 정치 세력으로 떠올랐다. 나중에 유엔 창설식에서는 중국 대표단 일원으로 유엔 헌장에 서명하는 영광을 누렸다. 하지만 마오쩌둥의 속셈은 정치적 고립에서 벗어나 국내외 여론을 유리하게 이끌기 위해 잠시 미국을 이용하는 것일 뿐 본질이 바뀐 것은 아니었다. 몇 년 뒤 그는 국공내전에서 승리하자 대번에 편협한 쇼비니즘(chauvinism, 광적인 애국주의)을 드러내면서 중국의 빗장을 단단히 걸어 잠갔다. 중국에 남아 있던 서양인들은 죄다 간첩으로 몰려 쫓겨나거나 살해되었다. 중국은 덩샤오핑(鄧小平)이 개혁개방을 채택할 때까지 광기와 혼란 속에서 역사의 시곗바늘을 거꾸로 돌려야 했다.

스틸웰이 공산당에게 추파를 던지는 동안 장제스는 형양 함락 소식에 충격에 빠졌다. 형양 함락 사흘 뒤인 8월 11일 일기에 그는 이렇게 썼다. "만약 내가 세상을 비관하여 국가에 보답한다는 생각으로 죽는다면 국가 인민은 반드시 망할 것이며 공산주의자들과 왜구의 음모는 실현될 것이다. 어찌 자신을 격려하지 않을 수 있겠는가!" 절망감에 사로잡힌 그가 자살을 고려했다는 간접적인 암시였다. 장제스는 "참고 견디며 때를 기다릴 수밖에 없다"라면서 스스로를 위로

했지만 더 큰 치욕이 기다리고 있었다. 스틸웰은 그동안 자신의 버마 탈환작전 때문에 미국의 원조 물자는 물론이고 중국의 자원과 인력을 무한정 낭비했다는 사실은 빼놓은 채 중국이 처한 위기는 전적으로 장제스 탓이라며 모든 책임을 떠넘겼다. 이제 그의 목표는 중국군 전체의 지휘권이었다. 스틸웰에게 선동당한 루스벨트는 장제스에게 9월 16일 더욱 강력한 경고를 보냈다. "스틸웰 장군은 어떤 구속도 받지 않고 당신의 군대를 지휘해야 합니다." 이 요구를 받아들이지 않으면 더이상의 원조도 없다는 것이었다.

루스벨트의 편지는 스틸웰의 손에 쥐어졌다. 대통령이 자신의 편을 들었다는 데 신이 난 스틸웰은 장제스에게 편지를 직접 전해주었다. 주중 미국 대사 패트릭 제이 헐리(Patrick Jay Hurley)는 후버 시절 전쟁부 장관을 지냈으며 탁월한 분쟁 조정자로 정평이 난 인물이었다. 그는 그 편지가 어느 정도의 정치적 충격을 초래할지 대번에 간파하고 스틸웰에게 자중을 권고했다. 하지만 소용없었다. 편지를 건네받은 장제스는 무표정하게 읽었지만 스틸웰이 방을 나가자 울음을 터뜨렸다. 장제스의 인내심은 바닥났다. 분노의 화살은 루스벨트가 아니라 스틸웰에게 향했다. 그는 루스벨트의 요구를 정면으로 거부하는 대신 대안을 찾았다. 스틸웰의 해임이었다. 중국군의 지휘권을 내주되, 스틸웰이 아니라 자신이 보다 신뢰할 수 있고 협력할 수 있는 사람에게 주겠다는 것이었다. 루스벨트도 뜻밖의 반격에 깜짝 놀랐다. 네번째 대선을 코앞에 둔 루스벨트는 장제스를 무리하게 몰아붙였다가 미중 동맹이 깨진다면 선거에 좋을 리 없다고 판단하고 한발 물러섰다. 10월 19일 스틸웰에게 소환 명령이 떨어졌다. 청천벽력 같은 명령에 그는 일기에 "도끼날이 떨어졌다"라고 썼다.

닷새 뒤인 24일 스틸웰은 충칭을 떠났다. 잔뜩 골이 난 그는 장제스가 중국 최고 훈장인 청천백일장을 수여하는 것조차 거부했다. 후임자는 스틸웰보다 열네 살 아래이면서 마운트배튼의 참모장이었던 웨드마이어 중장이었다. 충칭에 도착한 웨드마이어는 스틸웰이 아무것도 인수인계하지 않은 채 도망치듯 떠나버렸다는 사실에 당혹감을 감추지 못했다. 심지어 스틸웰의 참모들조차 모든 계획은 언제나 그의 '엉덩이 주머니' 속에 감추어져 있었기 때문에 자신들은 아는 것이 없다고 대꾸했다. 스틸웰은 마지막까지도 옹졸하게 심술을 부렸다.

1945년 1월 12일 113대의 GMC 트럭이 물자를 가득 싣고 레도를 출발했다. 그들은 1726킬로미터의 비포장도로를 달린 끝에 한 달 뒤인 2월 4일 쿤밍에 도착하여 보급품을 전달했다. 스틸웰의 야망은 실현되었다. 그러나 엄청난 희생이 뒤따른 일이기도 했다. 중국군의 사상자는 5만 7000명에 달했다. 게다가 험준하고 꼬불꼬불한 산길을 통해 트럭으로 물자를 실어나르는 것은 비행기로 험프 루트를 넘어 수송하는 것보다 훨씬 비효율적이었다. 1945년 1월부터 일본이 항복하는 8월까지 레도 공도를 통해 전달된 물자는 3만 4000여 톤에 불과했다. 송유파이프를 통해 수송된 연료를 합해도 14만 7000톤 정도였다.

반면 1942년 5월만 해도 100톤도 수송하지 못했던 험프 루트는 전쟁 말기에 이르면 최대 650대의 수송기가 배치되어 하루에도 몇 번씩 히말라야를 넘으면서 물자를 수송했다. 유럽전쟁이 끝나가면서 마셜이 중국에 본격적인 원조를 시작했기 때문이다. 숙련된 조종사와 신형 수송기 배치, 근무 여건 개선으로 사고율도 급격하게 낮아졌다. 1942년부터 1945년까지 험프 루트를 통해 3년 동안 실어나른 물자는 65만 톤에 달했다. 험프의 수송기는 1945년 7월 한 달만 해도 7만 1000톤의 물자를 수송했지만 같은 기간 레도 공도가 실어나른 물자는 겨우 6000톤에 불과했다. 스틸웰이 약속했던 양의 10분의 1도 되지 않았다. 처음부터 예상된 일이었다는 점에서 결국 무엇을 위한 희생이며 노력이었는가라는 의문이 들 수밖에 없었다. 헐리의 전임자이자 스틸웰에 우호적이었던 클래런스 에드워드 가우스(Clarence Edward Gauss)조차 레도 공도에 투입한 인력과 물자, 자재를 차라리 중국 전선에서 일본군의 공세에 대비하는 데 활용하는 편이 나았을 것이라는 주장에 동의했다.

웨드마이어는 성격이 온화하고 참모 경험이 풍부했다. 그는 전임자와 반대로 장제스와 원만한 관계를 유지하면서 그동안 인도에 묶여 있었던 대량의 원조 물자를 중국군에게 전달했다. 중국군은 비로소 숨통이 트였다. 1945년 3월 일본군은 충칭을 향한 최후 공세에 나섰다. 하지만 전황은 수 개월 전과는 완전히 달라졌다. 라오허커우(老河口)와 즈장(枝江)에서 일본군은 전차와 항공기를 앞세운 중국군의 거센 저항에 부딪혔고 '중국판 과달카날'이라고 불릴 만큼 대패했다. 드디어 중국군에게 전쟁의 주도권이 넘어왔다. 중국군은 반격에 나서

7월 한 달 동안 광시성을 탈환했다. 전면 공세는 다음해 1월부터 시작될 참이었다. 장제스에게는 불행히도 그 기회가 오지 않았다. 일본이 항복했기 때문이다. 만약 스틸웰의 욕심만 아니었다면 중국군의 반격은 보다 빨랐을 것이며 이후의 역사는 완전히 달라졌을지 모른다.

스틸웰은 중국을 떠났지만 어떤 식으로든 그와 엮여 인생이 잘 풀린 경우는 없었다. 셔놀트는 중국에서의 활약에도 불구하고 스틸웰이 떠난 지 몇 달 뒤 본국으로 송환되었고 아무런 보상 없이 군복을 벗어야 했다. 무려 12년이나 지난 뒤인 1958년에야 예비역 중장이 될 수 있었다. '메릴의 약탈자' 부지휘관이자 스틸웰과 대립했던 헌터 대령도 한직으로 밀려나 끝까지 별을 달지 못한 채 1959년에 퇴역했다. 스틸웰 저주의 가장 큰 희생양은 장제스였다. 스틸웰이 다리를 놓아준 덕에 중국 내부 문제에 관여하게 된 미국은 장제스더러 공산당과 타협하라고 위협했다. 장제스의 정치적 위상은 심각한 타격을 받은 반면, 공산당의 위상은 한껏 올라갔다. 8년 전만 해도 장제스에게 충성을 맹세했던 공산당은 이제 자신들이 그를 대신하여 중국의 새로운 지배자가 되겠다는 야심을 노골적으로 드러냈다. 마셜의 중재에도 불구하고 협상은 결렬되었다. 1946년 6월 국공내전이 폭발했다. 기나긴 항전으로 만신창이가 되었던 장제스의 군대는 공산당의 맹렬한 공격에 완패했고 타이완으로 쫓겨났다.

스틸웰은 장제스의 몰락을 즐길 기회가 없었다. 그는 본토에서 한동안 한직을 떠돌다 1945년 6월 18일 오키나와에서 전사한 사이먼

볼리버 버크너(Simon Bolivar Buckner Jr) 중장을 대신하여 제10군 사령관을 맡았다. 마셜이 스틸웰을 야전으로 다시 불러들였다는 사실은 그의 지휘 능력만큼은 높이 평가했다는 뜻이었다. 그러나 맥아더가 유럽에서 대활약한 패튼을 거부하면서도(맥아더의 이기적인 성격을 잘 아는 패튼은 "한 무대에는 한 명의 스타만 나올 수 있는 법이지"라고 씁쓸하게 대꾸했다) 스틸웰을 순순히 받아들인 것은 바꾸어 말해 패튼만한 거물은 아니라는 의미이기도 했다. 스틸웰이 오키나와에 도착했을 때는 사실상 전투가 끝나 있었다. 그가 한 일이라고는 일본군의 항복을 받은 것이 전부였다. 일본이 패망한 뒤 스틸웰은 미국의 세력권이 된 남한으로 출동할 예정이었지만 혹시라도 그가 중국으로 돌아오지 않을까 우려한 장제스가 제동을 걸면서 오키나와에 남아야 했다. 그 대신 존 리드 하지(John Reed Hodge) 장군이 지휘하는 제24군단이 인천에 상륙했다. 이후 스틸웰은 워싱턴의 전쟁부에서 신무기의 개발을 맡았다. 1946년에는 제6군 사령관이 되어 미 서부 지역의 방어를 책임졌지만 10월 16일 급성 위암으로 사망했다. 그의 나이 예순세 살이었다.

제11장

가벼운 주둥이가 프랑스군을 결딴내다

로베르 니벨과 니벨 공세

"기관총 중대장은 나에게 전장의 당혹스러운 광경을 이렇게 설명했다. 프랑스 최고의 연대들이 희망 없는 공격을 거듭하면서 줄줄이 괴멸되고 있다고 말이다."

—독일 빌헬름 황태자가 니벨 공세 당시 프랑스군을 회고하면서

"전투는 새벽 6시에 시작되었다. 7시가 되자 밀리고 있었다. 공격 물결이 광활한 엔 고원을 가로지른 지 15분 만에 간헐적인 기관총 소리와 수많은 애절한 비명 이외에는 아무것도 들리지 않았다—기관총은 파괴되지 않았다. 우리가 붙잡았다고 여긴 승리는 피비린내와 함께 역전되었다."

—장 이바르네가레의 회고 중에서

장 이바르네가레는 1940년 프랑스 전역 당시 폴 레노 내각에서 국무장관을 지냈다. 그

는 제1차세계대전 당시 명망 있는 하원의원이었지만 노블레스 오블리주를 실천하기 위해 최일선에서 자원 복무했고 베르됭전투에서는 중상을 입었다. 그는 니벨 공세에도 참전하여 니벨의 무모한 작전을 호되게 질타했다.

정보가 전쟁의 승패를 좌우한다

군대에서 그토록 중요하다고 강조하면서도 잘 지켜지지 않는 것 중의 하나가 군사 보안이다. 그리 아는 것도 별로 없는 졸병들에게는 "작은 정보 한 조각조차 전쟁의 흐름을 바꿀 수 있다"라면서 보안 교육, 보안 점검이라면서 1년 내내 호들갑을 떨고, 신세대에게는 필수품인 스마트폰의 병영 내 사용조차 오랜 논란 끝에 최근에야 허용되었다. 정작 보안의 사각지대는 언제나 가장 많이 아는 '높으신 분들'인데도 말이다. 하지만 작은 사고에는 엄벌백계하고 모두가 마땅히 반면교사로 삼아야 할 사례로 여기는 반면, 정작 큰 사고에는 군의 위신이 실추된다는 이유로 쉬쉬한다. 조선시대 사대부들이 애지중지하던 유가 경전 중 하나인 『예기禮記』에는 "예법은 백성에게 내려가지 않고 형벌은 귀족에게 오르지 않는다(禮不下庶人, 刑不上大夫)"라는 말이 있지만, 그때그때 편의에 따라 달라지는 고무줄 잣대야말로 군에 대한 국민의 신뢰를 실추시키는 가장 큰 원인이 아닐까.

인류 전쟁사는 첩보전의 역사이기도 하다. 현실의 전쟁은 장기나 바둑판처럼 서로의 움직임을 드러내지 않기 때문이다. 지휘관들은 자신의 군대가 얼마나 되는지, 언제 어디에서 어떻게 움직이는지 철저히 숨기면서 상대에게는 거짓 정보를 퍼뜨려 기만하려고 한다. 적의 허를 찌르고 적은 희생으로 승리를 거두기 위해서다. 19세기 프로이센의 위대한 군사 사상가 카를 폰 클라우제비츠(Carl von Clausewitz)는 적이 마치 안개 속에 있는 것과 같다면서 '전쟁의 안개'라는 표현을 쓰기도 했다. 바꾸어 말해 적의 정확한 정보만 알아낼 수 있다면 싸우기도 전에 90퍼센트는 이기고 들어가는 셈이다. 비유하자면 스타크래프트에서 '맵핵'을 켜고 싸우는 것과 같다. 게임에서는 반칙이어도 전쟁에서는 능력이다.

모든 군대는 상대의 정보를 알아내고 내 정보를 숨기기 위한 숨막히는 암투를 벌인다. 정보전 승리의 대표적인 예는 태평양전쟁의 전환점으로 손꼽히는 미드웨이해전이다. 일본 해군을 지휘하는 야마모토 이소로쿠(山本五十六) 제독은 아직 일본이 유리할 때 미 해군을 결전장에 끌어들여 섬멸함으로써 승리를 거두겠다고 했지만 막상 가장 중요한 미 해군이 어디에 있는지, 남은 항모가 몇 척인지조차 알지 못했다. 정보 수집을 등한시한 결과였다. 반면 태평양함대 사령관 체스터 윌리엄 니미츠(Chester William Nimitz) 제독은 일본 해군의 전력과 목적을 알아내려고 모든 신경을 집중했다. 미드웨이(Midway)에서 미 해군은 일본 함대가 미드웨이 공략에만 신경쓰는 사이 급습하여 네 척의 주력 항모를 격침했다. 흔히 '운명의 5분'이라 하여 일본 뇌격기들이 어뢰에서 폭탄으로 바꾸는 사이 미군이 때맞추어 습격하여 극적으로 이겼다는 사실에만 초점을 맞춘다. 하지만 근본적인 패배 원인은 미 해군을 과소평가했던 야마모토 이소로쿠가 모든 전력을 집중해도 부족할 판에 스스로 함대를 분산했기 때문이다.

그런 미군도 정보전에서 완패한 싸움이 있다. 한국전쟁 당시 중국군의 기습이었다. 1950년 10월 말 유엔군과 한국군은 지금까지 보지 못한 새로운 군대를 처음으로 맞닥뜨렸다. 공산군의 명장 펑더화이(彭德懷)가 이끄는 20만 명의 중국 군대였다. 유엔군과 한국군은 38선을 넘은 이후 한 달 동안 북한군의 잔존부대를 격파하면서 서로 압록강과 두만강에 먼저 도착하려고 정신 팔려 있다가 그야말로 호되게 당했다. 15일 전만 해도 맥아더는 웨이크섬에서 중국과 소련의 개입 가능성을 묻는 트루먼에게 "그럴 가능성은 매우 적습니다"라고 일축하고 아무런 대비도 하지 않았다. 하지만 뒤늦게 중국군이 출병했음을 안 뒤에도 크리스마스까지 전쟁을 끝내고 승리의 월계관과 함께 개선하려는 욕심에 눈이 멀어 충분한 준비와 정찰 없이 무턱대고 반격을 명령했다. 최악의 실책이었다. 유엔군 전체가 무너졌고 38선 이남까지 단숨에 밀려나야 했다. 그러나 펑더화이의 승리는 단순히 맥아더가 중국군이 끼어들지 않을 것이라고 오판했기 때문만은 아니었다. 사전에 철저한 첩보를 통해 맥아더의 작전 계획과 유엔군의 전력, 병력 배치, 전선의 강약을 낱낱이 파악한 덕분이었다.

중국이 그렇게 할 수 있었던 이유는 맥아더가 자신을 뽐낼 요량으로 언론에 작전을 분별없이 떠벌렸던 탓도 있었지만 미국과 영국 정부 내에 소련 첩자들이 구석구석 포진해 있었기 때문이다. 그들은 제2차세계대전 당시 전시동맹을 악용하여 침투한 뒤 주요 인사들을 회유하고 온갖 정보를 빼냈다. 반면 미국과 영국 정보기관은 소련 내부에 거의 침투하지 못했다. 스탈린체제가 워낙 폐쇄적인데다 당시에만 해도 미국과 영국은 국내 방첩에 그다지 관심이 없었다. 심지어 제2차세계대전에서 전쟁부 장관을 지낸 스팀슨은 국무장관 시절인 1929년 "신사는 남의 편지를 읽지 않는다"라는 어이없는 핑계를 들어 미국 최초의 암호해독기관인 '블랙챔버(The Black Chamber)'를 강제로 해산시켰다. 이 때문에 미국은 암호 해독과 첩보 능력에서 큰 타격을 입어 적어도 20년 이상 후퇴했을 정도였다. 정작 국내에서는 FBI의 독재자이자 무소불위의 권력을 휘두르던 에드거 후버(John Edgar Hoover)가 눈에 거슬리는 정치인과 유명 인사들의 뒤를 캐는 데 열을 올리고 있었지만 말이다.

소련이 트루먼의 예상보다 훨씬 빨리 핵 보유에 성공할 수 있었던 비결 역시 미국 내 첩자들을 이용하여 맨해튼 계획의 기밀을 빼돌렸기 때문이었다. 트루먼 행정부는 전쟁이 끝난 뒤 강력한 신무기인 원자폭탄을 독점할 요량으로 1946년 8월 핵무기와 관련된 모든 원천기술의 해외 반출을 금지하는 맥마흔법(McMahon Act)을 통과시켜 유럽 동맹국의 핵 개발을 차단했다. 이 때문에 영국, 프랑스 등 동맹국의 신뢰를 크게 떨어뜨리고 동맹관계를 심각하게 훼손했지만 정작 등잔 밑이 어두운 줄은 몰랐다.

냉전 초반 미국과 영국에는 소련에 동조하는 많은 첩자가 암약하고 있었다. 그중에서도 케임브리지대학 출신의 엘리트 관료들로 구성된 '케임브리지 5인조'는 1930년대부터 공산주의에 심취하여 소련 첩자 노릇을 하면서 핵 개발 정보를 비롯한 중요 정보들을 넘겼다. 원자력에 대해서 아무것도 몰랐던 소련이 원자폭탄에 관심을 가지게 된 것도 맨해튼 계획에 참여했던 공산주의 동조자들이 연구 자료를 비밀리에 넘긴 덕분이었다. 소련 정보기관의 수장 베리야는 스탈린의 지시에 따라 1943년부터 '보로디노 작전(Operation Borodino)'을 수립하고 원자폭탄 개발을 위해 꾸준히 서방에서 정보를 빼냈다. 포츠담회담에서 트루먼은 "우리는 엄청난 위력의 무기를 손에 넣었소"라면서 넌지시 겁을 주었지만 스탈린이 시큰둥하게 반응하자 자신의 말이 무슨 소리인지 제대로 알아듣지 못해서라고 지레짐작했다. 실제로는 스파이를 통해서 트루먼 이상으로 내막을 잘 알고 있기 때문이었다. 트루먼이 미국 바깥세상의 사정에 얼마나 무지했는지 보여주는 셈이었다. 덕분에 소련은 맨해튼 계획에 직접 참여했던 영국보다도 먼저 핵 개발에 성공했다. 스탈린이 김일성의 남침을 승인할 수 있었던 이유도 케임브리지 5인조의 한 명이자 영국 첩보기관 MI6의 요원이었던 킴 필비(Kim Philby)를 통해 미국의 핵무기 보유량이 생각만큼 많지 않다는 사실을 알았기 때문이다.

역사에서 허술한 보안 때문에 패배한 사례는 많지만 그중에서도 가장 어이없는 경우는 제1차세계대전 당시 니벨 공세다. 누구보다 보안에 철저해야 할 프랑스군 총사령관이 수다쟁이처럼 자신의 계획을 함부로 떠들고 다닌 통에 독일군은 가만히 앉아 프랑스군의 작전을 모조리 간파하고 대비할 수 있었다. 프랑스군의 보안이 얼마나 허술했는지 독일군은 심지어 자신들을 함정에 빠뜨리려는 프랑스군의 기만전술이 아닐까 의심했을 정도였다. 프랑스군은 철저히 대비하고 있던 독일군 앞에서 괴멸에 가까운 타격을 입었다. 게다가 장군들의 불장난에 진절머리가 난 병사들의 폭동과 반란이라는 전례 없는 상황에 직면하면서 하마터면 독일보다 먼저 붕괴될 뻔했다. 그 주인공은 한때 프랑스군의 구세주로 여겨졌지만 조롱거리로 전락한 로베르 니벨(Robert Nivelle, 1856~1924)이었다. 니벨의 실패는 보안의 중요성과 더불어 뛰어난 전술가가 최악의 전략가가 될 수도 있음을 보여준다.

포병 지휘관으로서는 일류

니벨은 프랑스 중부의 튈(Tulle)에서 프랑스인 아버지와 영국인 어머니 사이에서 태어났다. 아버지도 프랑스군 장교 출신이었다. 외할아버지는 나폴레옹전쟁 시절 웰링턴 공작 휘하에서 영국군 장교로 복무하는 등 친가와 외가 모두 명문 군인 집안이었다. 니벨에게는 군 생활에서 유리한 점이 또하나 있었다. 어머니의 영향으로 개신교를 믿었다는 점이다. 프로이센-프랑스 전쟁의 패배로 나폴레옹 3세가 몰락한 뒤 권력을 잡은 공화파 정치인들은 프랑스를 좀먹는 원흉 중 하나가 가톨릭 교권주의라고 증오했다. 가톨릭을 믿는 장교들은 차별과 탄압을 감수해야 했다. 대표적인 인물이 페르디낭 포슈(Ferdinand Foch) 원수였다. 그는 세계적인 군사 사상가이자 프랑스군 최고의 지휘관 중 한 명이었고 제1차세계대전에서는 최초의 연합군 총사령관이 되어 승리를 이끌었다. 하지만 동생이 예수회 사제라는 이유만으로 한동안 대령 승진에서 고배를 마셨다. 전쟁중에도 총사령관 자리를 놓고 훨씬 후배인 페탱과 니벨에게 밀려야 했다. 그는 니벨이 실패한 뒤에야 비로소 프랑스군의 수장이 될 수 있었다.

니벨은 1878년 프랑스의 명문 군사학교인 에콜 폴리테크니크(École Polytechnique)를 졸업한 뒤 포병 소위로 임관했다. 북아프리카와 인도차이나 등 해외 식민지에서 근무했으며 1900년에는 중국에 8개국 연합군 일원으로 파견되어 의화단의 난을 진압하는 데 참여했다. 하지만 제1차세계대전이 발발했을 때만 해도 딱히 사람들의 주목을 받지 못한 채 퇴역을 앞둔 무명의 늙은 대령에 지나지 않았다. 진급의 극심한 적체는 프랑스군 전체의 모습이기도 했다. 프로이센-프랑스 전쟁에서 치욕적인 패배 뒤 40여 년 동안 프랑스는 독일에게 복수의 칼을 갈면서도 실제로는 평화로웠다. 식민지 반란 이외에는 전쟁을 경험할 일이 없었기 때문이다.

그러나 전쟁은 한순간에 폭발했다. 1914년 6월 28일 보스니아 사라예보에서 세르비아의 테러단체가 오스트리아 황태자 부부를 암살하는 사건이 벌어졌다. 처음부터 유럽에 전운이 감돈 것은 아니었다. 사건 자체는 오스트리아와 세르비아 두 나라의 문제였고 어느 쪽이건 유럽 정치 무대의 중심과는 거리가 멀었다. 게다가 괴팍하고 편집광적인 황태자는 국제사회의 동정과 대중의 공분을 자아낼 만큼 인기 있는 인물도 아니었다. 오스트리아가 최후통첩을 보내고 세르비아가 받아들일 것처럼 보이자 사람들은 상황이 곧 해결될 것이라며 낙관했다. 1940년처럼 유럽 전체가 긴장한 분위기와는 거리가 멀었다.

하지만 7월 말 중재가 실패하면서 위기는 빠르게 고조되었다. 그동

개전과 함께 벨기에 전선으로 출동하는 프랑스군 병사들 1914년의 프랑스군은 1870년에 비해 무기와 장비가 많이 개선되었지만 군복만은 그대로였다. 하지만 전열보병 시절에나 어울리는 푸른색과 붉은색의 선명한 대비는 적의 기관총과 대포 앞에서 멋진 표적이 되었다. '레드코트(Red coat)'로 유명한 영국군은 1902년에 현대적인 카키색 군복을 채택했고 독일 및 다른 나라들 역시 눈에 덜 띄는 군복으로 바꾸었다. 유독 프랑스만 화려한 군복이 군대의 위신이라는 장성들의 거센 반대에 부딪혔다. 그 대가는 실전에서 병사들이 치러야 했다.

안 유럽의 평화를 유지하는 데 기여했던 열강의 복잡한 이해관계와 세력 균형 시스템이 이제는 전쟁의 방아쇠를 당기는 쪽으로 움직였다. 열강은 사라예보사건과는 아무런 상관도 없을뿐더러 전쟁 준비도 불충분했다. 하지만 자존심을 핑계로 너도나도 선전포고를 선언했다. 가장 먼저 총성이 울린 곳은 사건이 일어난 발칸반도가 아니라 오랜 숙적인 프랑스와 독일 사이에서였다.

개전과 함께 먼저 행동에 나선 쪽은 독일군이었다. 8월 4일 '슐리펜 계획(Schlieffen Plan)'에 따라 알렉산더 폰 클루크(Alexander von Kluck)의 제1군과 카를 폰 뷜로(Karl von Bülow)의 제2군 산하 13개 군단 75만 명에 달하는 독일군이 벨기에와 룩셈부르크의 국경을 넘었다. 프랑스군도 총사령관 조제프 조프르(Joseph Joffre)가 세운 전쟁 계획인 '제17계획(Plan XVII)'에 따라 공세에 나섰다. 오귀스탱 뒤바일(Augustin Dubail)의 제1군과 노엘 드 카스텔노(Noël de Castelnau)의 제2군 산하 10개 군단 59만 명은 40여 년 전 잃었던 땅을 되찾겠다면서 알자스로렌으로 진격했다.

그러나 조프르는 덮어놓고 공격만 외쳤을 뿐 독일군의 슐리펜 계획에 대한 대비는 전혀 없었다. 또한 프랑스군의 전투 의지가 독일군의 물질적 우위를 능가한다고 신봉하면서 독일군의 전투 의지가 프랑스군에 못지않다는 사실은 무시했다. 젊은 프랑스군 병사들은 탁 트인 개활지에서 화려한 군기와 군악대를 앞세우고 밀집 대형을 한 채 프랑스 국가인 〈라 마르세예즈〉를 부르면서 의기양양하게 진군했다. 한 세기 전 나폴레옹 시절과 거의 다를 바 없는 모습이었다. 엄폐된 진지에서 기다리고 있던 독일군에게는 훌륭한 사격 표적이었다. 빗발치듯 쏟아지는 야포와 기관총 세례에 프랑스군은 수수다발처럼 쓸려나가며 패주했다.

독일군의 병력은 프랑스군보다 훨씬 많았고 중포와 화력도 월등했다. 독일 포병은 프랑스군 포병의 사거리 밖에서 포탄을 마구 날렸다. 프랑스군은 많은 사상자만 낸 채 쫓겨났다. 알자스로렌 탈환은 실패했다. 8월 18일 조프르는 프랑스 제3군과 제4군을 동원하여 두번째 공세에 나섰다. 벨기에 남부의 아르덴 삼림지대였다. 26년 뒤에는 구데리안의 독일 기갑부대가 이곳을 통과하여 프랑스군에게 악몽을 안겨다주지만 조프르의 프랑스군은 그렇지 못했다. 프랑스군은 이틀 만에 괴멸에 가까운 손실을 입고 격퇴되었다. 독일군의 허를 찌를 것이라는 조프르의 예상과 달리 독일군이 미리 예측하고 단단히 방비한 채 기다리고 있었기 때문이다. 반면 프랑스군은 준비가 불충분했고 심지어 제대로 된 현지 지도조차 없었다.

조프르는 독일군에게 한 방 먹이겠다는 의욕만 앞선 나머지 제 발등에 떨어진 불은 보지 못했다. 중앙과 남쪽에서 격전이 벌어지는 동안 북쪽에서 독일 우익부대가 밀고 들어왔다. 이쪽이 독일군의 진짜 주력이었다. 8월 16일 독일군은 벨기에군의 리에주(Liege) 요새를 점령하고 북부 프랑스로 물밀듯이 내려왔다. 프랑스군에게는 치명타였다. 샤를 랑르자크(Charles Lanrezac)의 프랑스 제5군 산하 5개 군단은 영국 원정군, 벨기에군의 잔여부대와 함께 저지에 나섰지만 8월 24일 몽스(Mons)에서 패배했다. 전 전선이 붕괴되면서 '대후퇴'가 시작되었다. 파리로 가는 길이 열렸다. 프랑스군 사상자는 20만 명이 넘었다.

상황은 공전의 위기였다. 국경에서는 패주하는 프랑스군과 겁에 질린 피란민들의 행렬이 줄을 이었다. 그 뒤를 사기충천한 독일군이 바짝 쫓았다. 프랑스 정부는 재빨리 파리를 버리고 남쪽의 보르도(Bor-

파리방위사령관 조제프 갈리에니 장군의 요청에 따라 군인들을 가득 태우고 전선으로 수송중인 파리 시내의 택시 기사들 프랑스인들에게는 마른 승리의 상징이기도 하다.

deaux)로 후퇴했다. 미국 언론들은 파리가 독일의 일개 도시로 전락할 것이라고 떠들었다. 프로이센-프랑스 전쟁의 패배가 재현되는 것처럼 보였다. 그나마 조프르는 나폴레옹 3세나 가믈랭 같은 졸장들과는 달랐다. 겁에 질려 허둥대는 대신 자신의 실수를 빠르게 인정하고 지금은 싸워야 할 때라며 군대의 붕괴를 막는 데 총력을 기울였다. 후퇴의 물결은 멈추었다. 프랑스군은 남은 병력을 총동원하여 파리 북쪽에서 결전을 준비했다. 양측 군대는 파리에서 마른강을 따라 베르됭까지 200킬로미터에 걸쳐 대치했다.

독일군도 한계였다. 그동안 휴식 없이 강행하여 녹초가 된데다 보급품과 탄약, 마초도 바닥났다. 게다가 파리 서쪽으로 기동중이던 독일 제1군이 갑자기 방향을 바꾸어 파리 동쪽으로 향하면서 제1군과 제2군의 보조가 흐트러졌다. 두 부대 사이에는 40킬로미터에 달하는 간격이 벌어졌다. 조프르는 기회를 놓치지 않고 반격을 준비했다. 독일군의 틈새를 파고든 뒤 역으로 포위할 계획이었다. 9월 6일 마른전투가 시작되었다. 영국-프랑스 연합군 110만 명과 독일군 90만 명 도합 200만 명의 대군이 뒤엉켜 일진일퇴의 혼전을 벌였다. 미셸조제프 모누리(Michel-Joseph Maunoury) 장군의 지휘 아래 프랑스 제6군은 파리 북쪽에서 독일 제1군을 저지했다. 그동안 프랑스 제5군과 영국 원정군이 독일 제2군을 향해 공세에 나섰다. 프랑스 제5군의 우익을 맡은 포슈의 제9군도 공세로 전환했다. 한때 독일군이 파리까지 밀고 들어올 것처럼 보이자 파리는 공황 상태에 빠지고 탈주 행렬이 줄을 이었다. 그러나 수백여 명의 택시 기사가 수도를 구하기 위해 자신의 차에 보충병들을 태우고 최전선으로 실어날랐다. 6일부터 7일까지 이틀 동안 수송한 군인은 1만여 명에 달했다. 병력을 보충받은 제6군은 독일군의 공세를 막아냈다. 파리의 위기는 지나갔다.

파리 동쪽에서는 포슈의 제9군이 독일 제2군 좌익과 제3군 우익을 상대로 일진일퇴의 격전을 벌였다. '프랑스군의 패튼'이라고 할 만큼 패기만만한 그는 독일군의 맹공으로 한때 위기에 처했다. 하지만 끝까지 물러서지 않은 채 오히려 반격에 나서 독일군을 밀어내는 데 성공했다. 이때 그가 조프르에게 "최고로 신나는 상황입니다. 내 중앙이 무너지고 우익도 후퇴중입니다. 하지만 저는 공격할 것입니다"라는 메시지를 보냈다는 유명한 일화는 사실이 아니라는 이야기도 있지만 패배가 눈앞에 다가온 순간까지도 물러서지 않고 승리의 기회를 노리는 프랑스군의 강철 같은 의지를 보여주는 상징이었다. 1914년의 프랑스군은 1870년이나 1940년과는 달랐다. 나폴레옹 이래 프랑스군이 가장 자신감이 넘치던 시기였다.

영국 원정군이 독일군의 등뒤로 우회하고 프랑스 제5군은 독일 제2군을 포위할 참이었다. 이제 수세에 몰리는 쪽은 독일군이었다. 독일군 총사령관 헬무트 요한 루드비히 폰 몰트케(Helmuth Johann Ludwig von Moltke, 소小몰트케)도 패배를 인정하고 엔강 북안으로의 퇴각을 명령했다. 슐리펜 계획은 수많은 오류와 허점에도 불구하고 프랑스군의 실수 덕에 거의 성공할 뻔했지만 결국 실패로 끝났다. 프랑스군의 의지를 꺾지 못했기 때문이다. 또한 몰트케는 독일 제2제국의 건국공신이자 프로이센-프랑스 전쟁의 영웅이었던 대몰트케 원수의 조카였지만 군사적인 역량에서 나폴레옹과 나폴레옹 3세만큼의 차이가 있었다. 절망한 그는 황제에게 달려가 "우리가 전쟁에 졌습니다"라고 외쳤다. 얼마 지나지 않아 그는 군대에서 쫓겨났다.

마른강의 기적은 수많은 영웅을 탄생시켰다. 최고의 스타는 신병과 패잔병으로 급조한 제9군을 이끌고 독일군을 끝까지 막아낸 포슈였지만 니벨도 이 싸움에서 처음으로 명성을 얻었다. 제5포병 연대장이었던 그는 독일군의 맹공 앞에서 전방의 보병부대들이 무너지자 후방으로 후퇴하는 대신 위험을 무릅쓰고 75밀리미터 야포를 최전방으로 끌고 나와 독일군을 향해 직사하여 엄청난 피해를 주었다. 포병은 적의 공격에 취약하며 안전한 후방에서 원거리 사격으로 보병을 지원해야 한다는 기존 상식을 깨뜨리는 파격적인 전략이었다. 조프르는 니벨의 용맹함과 독창성에 깊은 인상을 받았다. 니벨은 3개월 만인 1914년 11월 여단장으로 승진했다. 3개월 뒤에는 사단장, 1915년 12월에는 페탱의 제2군 산하 제3군단을 지휘하는 등 승진을 거듭했다. 니벨은 결코 용기와 결단력이 부족하지 않았다. 또한 대포의 배치와 활용에도 매우 탁월한 능력을 보여주는 등 적어도 포병 지휘관으로서는 최고였다.

니벨의 이동탄막전술

독일군은 파리를 눈앞에 두고 물러났다. 그렇다고 해서 전세가 역전된 것은 아니었다. 여전히 벨기에와 북부 프랑스를 장악한 쪽은 독일군이었다. 진짜 싸움은 이제부터였다. 마른강에서 패퇴한 독일군은 프랑스군 측면으로 우회할 길을 찾기 위해 해안선을 따라 영불해협(도버해협)으로 진격을 시작했다. 프랑스군도 독일군을 저지하고 벨기에군과 연결하기 위해 공세에 나섰다. 이른바 '바다로의 경주'라고 불리는 싸움이었다. 일진일퇴의 공방전이 벌어졌지만 어느 쪽도 결정적인 돌파구를 찾지 못한 채 교착 상태에 빠졌다. 양쪽 모두 완전히 기진맥진했다. 서로 상대를 돌파할 수 없게 되자 참호를 파고 장기전에 들어갔다. 스위스 국경부터 영불해협까지 700여 킬로미터에 달하는 전선에서 수백만 명이 대치한 채 조금씩 밀고 당기는 국지전과 소모전이 끝없이 반복되며 수많은 젊은이가 목숨을 잃었다.

조프르는 개전 초반 무리한 공세로 파리를 빼앗길 뻔했음에도 여전히 공세 만능주의를 버리지 못했다. 독일군을 프랑스 바깥으로 몰아내겠다며 1915년 내내 전선 여기저기서 공격을 반복했다. 하지만 충분한 준비 없이 정신력만 믿고 밀어붙이는 무분별한 공격은 매번 실패로 끝났다. 총검만으로 독일군의 진지를 돌파하기에는 너무나 견고했다. 마른 승리 때만 해도 조프르를 파리의 구세주라며 열렬히 지지했던 정치인들조차 이제는 실망감을 감추지 않았다. 1915년 11월 제2차 상파뉴전투에서 프랑스군은 14만 5000명의 사상자를 냈다. 지칠 대로 지친 프랑스군은 공세를 중지하고 수세로 전환했다.

그러자 이번에는 독일군이 역습에 나섰다. 1916년 2월 21일 파리에서 동쪽으로 약 220킬로미터 떨어진 요새도시 베르됭을 향해 독일군의 대대적인 공격이 시작되었다. 그때까지 조프르는 북쪽 전선에만 신경썼고 독일군이 동쪽에서 치고 오리라고는 전혀 예상하지 못했다. 베르됭의 방비는 허술하기 짝이 없었다. 수비대는 축소되었다. 대포의 상당수는 철거되어 다른 전선에서 활용중이었다. 독일군은 540문의 중포를 포함하여 1400문에 달하는 대포를 집결한 뒤 지금까지 본 적 없는 폭풍 같은 집중 포격으로 프랑스군 최일선을 쑥대밭으로 만들었다. 그 뒤를 이어 독일군 보병들이 돌격했다. 25일에는 두오몽(Douaumont) 요새가 함락되면서 베르됭과 파리를 연결하는 도로가 차단되었다. 베르됭 함락은 초읽기였다.

마른전투 이래 최대의 위기였다. 그러나 구원자가 나타났다. 방어

증원 병력과 보급품을 싣고 베르됭을 향해 꼬리를 문 채 이동하는 프랑스군의 차량 행렬
베르됭전투의 가장 큰 특징은 더이상 인력과 총검이 아닌 기계와 화력 싸움으로 바뀌었다는 점이었다. 전쟁의 장기화로 양군은 더 적은 희생으로 더 많은 성과를 얻기 위해 전술을 한층 발전시켰다. 사상자는 줄어들었지만 너무 늦은 조치이기도 했다. 프랑스는 이미 그조차 감당할 수 없을 만큼 많은 희생을 치렀기 때문이다.

전의 달인으로 손꼽히는 페탱이었다. 그는 보병 출신이었지만 포병을 중요하게 여겼다. 페탱의 오랜 신념은 '포병이 정복하고 보병이 점령한다'였다. 그는 부대가 만신창이가 될 때까지 맹목적인 공격에만 매달리는 대신 멈추어야 할 때를 아는 지휘관이었다. 페르낭 드 랑글 드 카리(Fernand de Langle de Cary) 장군을 대신하여 베르됭을 맡은 제2군 사령관 페탱은 수비대의 사기를 높이기 위해 2주 단위로 병사들을 교체하여 충분히 휴식을 취하도록 했다. 또한 포병 전력을 대폭 증강하는 한편, 3000대에 달하는 트럭으로 수송부대를 편성하고 예비대와 막대한 양의 탄약, 보급품을 베르됭으로 실어날랐다. 독일군이나 일본군 이상으로 병참을 업신여겼던 프랑스군에게는 이례적인 모습이었다. 프랑스군의 투지가 되살아나면서 독일군의 공세는 일주일 만에 꺾였다. 전황은 교착 상태가 되었다. 하지만 성미 급한 조프르는 또다시 공격을 종용했다. 프랑스와 독일 모두 서로 한 발짝도 물러서지 않으면서 베르됭전투는 단순한 국지전을 넘어 프랑스와 독일의 결전장이자 프랑스의 자존심이 걸린 싸움이 되었다.

페탱은 두오몽 요새를 탈환하기 위해 정예로 이름난 제20군단을 투입했지만 엄청난 손실만 입고 후퇴해야 했다. 훗날 영웅이 되는 샤를 드골 대위도 부상을 입고 독일군의 포로가 되어 기나긴 포로생활을 해야 했다. 조프르는 페탱의 신중함을 탐탁지 않게 여겨 4월 27일 동북 집단군 사령관에 임명한 뒤 베르됭에서 손을 떼게 했다. 새로운 제2군 사령관에는 이전부터 눈여겨보았던 니벨을 임명했다. 포병 출신인 니벨은 화력을 중시한다는 점에서 페탱과 같았지만 그 밖에는 닮은 점이 하나도 없었다. 그는 조프르와 마찬가지로 공격 만능주의자였고 승리는 정신력에 달려 있다고 믿었다. 많은 프랑스 장군처럼 사상자 수에는 둔감했다. 하지만 조프르나 페탱과 가장 큰 차이가 있다면 니벨은 정치인과 언론을 다룰 줄 안다는 사실이었다. 사람들은 그의 뛰어난 언변과 자신감에 완전히 매료되었다.

그러나 니벨에게는 큰 결점이 있었다. 평소 보안에 무관심하다는 점이었다. 5월 13일 독일군 총사령관 에리히 폰 팔켄하인(Erich von Falkenhayn) 장군은 베르됭전투의 지지부진한 전황을 깨뜨리기 위해 대대적인 공세를 준비했다. 공교롭게도 같은 날 니벨 또한 자신이 총애하는 제5사단장 샤를 에마뉘엘 마리 망징(Charles Emmanuel Marie Mangin)의 건의를 받아들여 두오몽 요새의 재탈환을 명령했다. 이 계획은 대번에 독일군의 귀에 들어갔다. 독일군은 니벨의 세부 계획을 알아낸 뒤 공격을 취소하고 프랑스군의 공격에 대비했다. '도살자'라는 별명을 지닌 망징은 자타가 공인하는 프랑스 제일의 맹장이었다. 그는 무다구치 렌야처럼 입으로만 용맹한 척하는 장군이 아니었다. 일반 병사들과 함께 최전선에 나섰고 제2차 샹파뉴전투에서는 최전선에서 병사들을 독려하던 중 가슴에 총을 맞기도 했다. 망징에게 죽음의 공포 따위는 아무것도 아니었다. 하지만 자신의 목숨만큼이나 부하들의 목숨도 가볍게 여겼다. 일각에서는 "그가 무엇을 하건 엄청나게 죽어나갈 것이다"라고 평가할 정도였다.

망징이 직접 지켜보는 가운데 5월 22일 프랑스군의 공격이 시작되었다. 독일군의 맹렬한 사격이 쏟아지면서 프랑스군의 대열은 대부분 무너졌지만 일부는 용케 요새에 돌입했다. 그 모습을 본 망징은 니벨에게 요새를 탈환했다고 자신만만하게 말했다. 그의 호언과 달리 공격에 나선 프랑스군은 3분의 2 이상이 죽거나 다쳤고 증원할 병력도 없었다. 프랑스군은 요새에 갇힌 채 오도 가도 못 하게 되자 다음날 독일군에게 항복했다. 살아서 돌아온 병사는 극소수였다. 망징의 사단은 괴멸했고 프랑스군의 방어선에는 구멍이 뚫렸다.

망징은 해임되었으나 얼마 뒤 니벨이 다시 기용했다. 하지만 병사들의 사기는 땅에 떨어졌다. 불만이 가득한 병사들은 참호에 들어가기를 거부하다가 군사재판에 회부되기도 했다. 한 소위는 자신의 부대가 적에게 포위될 위기에 처하자 부하들을 구하기 위해 끝까지 자리를 지키라는 니벨의 명령을 어기고 후퇴 명령을 내렸다가 재판도 없이 즉결 처형되었다. 그는 전쟁이 끝난 뒤 무죄 판결을 받고 명예를 회복했다. 망징 휘하에서 공격에 참여했던 스물한 살의 젊은 중위 알프레드 주베르(Alfred Joubaire)는 늙은 장군들의 허황된 공명심이 초래한 처참한 광경을 보면서 자신의 일기장에 다음과 같이 절규했다. 그는 며칠 뒤 전사했다.

> "인류는 미쳤다! 이런 짓을 하는 걸 보면 미친 게 틀림없다. 이 학살극을 보라! 공포와 주검의 광경을! 내가 받은 인상을 말로는 표현할 수 없다. 지옥도 이렇게 끔찍하지는 않을 것이다. 인간은 모두 미쳤다!"

6월 22일 이번에는 대량의 독가스와 함께 독일군이 공세에 나섰다. 독일군이 베르됭에서 겨우 5킬로미터 떨어진 곳까지 진격하면서 프랑스군은 4개월 만에 또 한번 최악의 위기를 맞았다. 물론 니벨은 물러설 생각이 없었다. 그는 병사들을 향해 이렇게 선언했다. "동지들! 저들은 결코 너희를 통과하지 못할 것이다." 니벨의 인상적인 한마디는 언론에 의해 포장되어 베르됭에서 승리의 소식을 기다리는 국민들을 열광하게 했고 군대의 슬로건과 모병 포스터에도 내걸렸다. 후퇴하느니 그 자리에서 죽으라는 니벨의 명령에 따라 프랑스군 병사들은 결사적으로 싸웠다. 독일군에게는 처음부터 프랑스군을 돌파하기에 충분한 예비 병력이 없었다. 게다가 베르됭을 구하기 위해 솜강에서 포슈와 영국 원정군 사령관 더글러스 헤이그(Douglas Haig) 장군의 영불 연합군이 공격을 시작하면서 독일군의 전력이 분산되었다. 독일군은 공격을 멈추고 방어에 들어갔다. 페탱과 니벨은 빼앗긴 영토의 탈환을 준비했다.

페탱은 이전처럼 참을성 없는 부하들이 매번 조급하게 공격에 나섰다가 괴멸하기를 되풀이하는 꼴을 지켜볼 생각이 없었다. 그는 우선 독일군 진지를 제압할 대량의 중포를 끌어모았다. 전선 총지휘를 맡은 니벨은 영국군에게 배운 '이동탄막전술(creeping barrage)'을 사용하기로 했다. 이동탄막전술이란 보병이 돌격하기 직전에 포병이 독일군 진지에 엄청난 양의 포탄을 쏟아부은 뒤 보병의 진군 속도에 맞추되 서로 일정한 거리를 유지하면서 조금씩 탄막을 전진하여 적진을 파괴하는 방식이었다. 이론대로라면 보병은 포병의 강력한 탄막 지원 아래 최소한의 희생으로 적진을 점령할 수 있었다. 1915년 9월 루스(Loos)전투에서 영국군은 이동탄막전술을 실험적으로 사용했다. 그리고 열 달 뒤인 1916년 7월 헤이그 장군은 솜강 공세에서 본격적으로 시도했다. 그는 항공기로 독일군 진지를 사전 정찰하고 1500문의 대포와 수백만 발의 포탄을 준비했으며 병참에도 만전을 기했다.

하지만 헤이그의 예상은 빗나갔다. 발상 자체는 혁신적이었지만 실현하기에는 당시 기술이 뒤따르지 않았다. 포탄의 태반은 부드러운 진창에 떨어져 불발하기 일쑤였고 포병의 사격은 보병과 제대로 보조를 맞출 수 없었다. 전황은 시시각각 급변하는 반면, 전선에서 멀리 떨어진 곳에 배치된 포병은 일선부대와 연락할 수단이 없다보니 사전에 정해놓은 시간표에만 의존하여 포격했다. 탄막은 독일군 진지를 제대로 제압하기도 전에 너무 빨리 끝나버렸다. 게다가 포병의 숙련도 부족으로 포탄은 가장 필요한 곳이 아니라 엉뚱한 곳에 떨어지기 십상이었다. 대포 수는 많았지만 적의 진지를 제압할 수 있는 중포의 수는 얼마 되지 않았고 사거리도 짧았다. 포병이 독일군을 끝장낼 것이라는 말만 믿고 기세등등하게 진격했던 영국군 병사들은 철조망과 장애물이 멀쩡하게 남아 있는 광경을 발견하고 당황했다. 독일군은 그들을 향해 기관총탄과 포탄을 미친 듯이 쏟아부어 박살냈다. 헤이그가 얻은 것은 '솜의 도살자'라는 불명예스러운 별명뿐이었다.

영국군에게는 재앙이었지만 니벨은 이동탄막전술의 잠재성에 주목했다. 이 전술의 성공 여부는 보병과 포병 사이에 얼마나 통신을 잘 유지할 수 있는지에 달려 있었다. 포병이 포격을 너무 빨리 끝내면 적군이 보병의 공격에 대비할 것이었다. 그렇다고 포격을 멈추지 않으면 아군의 머리 위에 떨어질 수 있었다. 니벨은 후방의 포병과 최전선의 보병이 실시간으로 통신하도록 전화선을 참호 깊숙이 가설했다. 프랑스군의 준비는 어느 때보다도 완벽했다. 10월 19일 프랑스군은 두오몽 요새를 향해 맹포격을 가했다. 나흘 뒤 포격이 멈추자 독일군은 여느 때처럼 프랑스군 보병이 참호에서 나올 차례라며 지레 짐작하고 포격을 시작했다. 하지만 니벨의 함정이었다. 프랑스군은 전진하는 대신 위치를 알아낸 독일 포대를 향해 집중 포격했다. 포대의 절반 가까이가 파괴되었다. 19일부터 24일까지 6일 동안 프랑스군이 발사한 포탄은 85만 발에 달했다. 24일 오전 프랑스군의 전진이 시작되었다. 이번에도 선봉은 망징이었다. 그는 그날 텅 빈 두오몽을 손쉽게 탈환했다. 프랑스군은 계속해서 독일군을 밀어냈다. 12월 말이 되자 독일군은 베르됭에서 완전히 축출되었다.

프랑스군에게 베르됭전투는 단순히 그때까지 수없이 반복된 여느 전투의 하나가 아니었다. 양군은 거의 모든 것을 쏟아부었고 총력전이나 다름없는 싸움을 벌였다. 승리에 도취된 프랑스인들은 드디어 전쟁에서 이길 수 있는 비결을 찾았다고 우쭐했다. 그 비결이란 위대한 명장 니벨과 그가 자랑하는 이동탄막전술이었다. 헤이그와 달리 니벨은 성공을 거두었다. 하지만 그 성공은 페탱의 강력한 병참 지원이 있었기에 가능했다. 또한 베르됭전투 내내 프랑스군이 독일군보다 더 많은 사상자를 내었다는 사실은 무시되었다. 10개월 동안 독일군은 35만 명이 죽거나 다쳤지만 프랑스군은 40만 명에 달하는 인명이 손실되었다. 제아무리 니벨이 승리를 장담한들 독일군은 일석일조에 무너뜨릴 수 있는 상대가 아니었다.

니벨과 망징은 자신의 명성을 위해서라면 프랑스 청년들이 제아무리 죽어나가도 눈 하나 깜짝하지 않을 준비가 되어 있었다. 하지만 프랑스가 언제까지고 감내할 수 있는가는 별개의 문제였다. 그럼에도 불구하고 프랑스인들은 결과에 열광했다. 니벨은 희대의 군사적 천재이자 고집불통의 조프르를 대신하여 이 지긋지긋한 전쟁을 끝내줄 수 있는 프랑스의 새로운 구세주였다. 니벨 역시 자신감이 넘쳤다. 그는 주변 사람들에게 의기양양하게 "우리는 이제 비법을 가지고 있다"

라고 하면서 자신의 전술을 '베르됭방식'이라고 이름 붙였다.

프랑스군 총사령관이 되다

베르됭전투가 끝나자마자 정치인들은 조프르를 원수로 승진시키면서 총사령관에서 밀어내었다. 명목상으로는 장군참모장이라는 더 높은 직책으로 영전되었지만 대통령의 자문이라는 허울뿐인 자리였고 실질적인 권한은 없었다. 새로운 총사령관은 니벨이었다. 그는 3년 만에 일개 대령에서 프랑스군의 수장이 되었다. 직속상관인 페탱은 물론 다른 고참 장군들을 건너뛴 파격적인 인사였다. 여기에는 운도 따랐다. 가장 강력한 경쟁자인 포슈는 정치인들이 혐오하는 독실한 가톨릭 신자인데다 얼마 전 교통사고로 중상을 입었다. 조프르의 참모장 카스텔노는 조프르와 가깝다는 이유로 배척당했다. 페탱은 워낙 성격이 무뚝뚝하여 정치인들과 사이가 좋지 않았고 지나치게 신중하다는 이유로 제외되었다. 나머지 선임 장군들도 프랑스군을 이끌기에는 미덥지 않았다. 정치인들은 유일하게 믿음직한 장군으로 니벨을 꼽았다. 온화하면서 교양이 풍부하고 예의바르다는 이유에서였다. 하지만 우려의 목소리도 있었다. 니벨은 에너지가 넘치는 뛰어난 전술가였지만 대부대를 지휘한 경험이 부족했다. 무엇보다도 전략가로서의 경험이 결여되었고 영국군과 협력해본 적도 없었다. 하지만 베르됭전투의 승리가 빚어낸 막연한 기대감이 의구심을 일축했다.

상황은 녹록하지 않았다. 니벨은 지난 2년 6개월 동안 지친데다

런던 방문 당시의 니벨(앞줄 왼쪽 세 번째), **1917년 1월** 유능한 전술가였던 그는 유창한 영어 솜씨와 뛰어난 언변, 품위 있는 행동으로 연합국 지도부 전체의 마음을 사로잡았다. 문제는 그가 총사령관감은 아니었다는 점이다.

만신창이가 된 군대를 이어받았다. 영국군도 솜강전투에서 40만 명에 달하는 병력이 희생되면서 전력이 많이 약화되었다. 동부 전선에서 러시아군의 보로실로프 공세는 오스트리아군을 거의 결딴냈지만 러시아군도 100만 명의 사상자를 내었다. 남쪽의 알프스산맥에서는 이탈리아가 오스트리아군을 상대로 한 발짝도 전진하지 못했다. 뒤늦게 연합군에 합류한 루마니아는 1916년 8월 27일 오스트리아에 선전포고했지만 4개월 만에 수도가 함락되었다. 1917년 1월이 되면 거의 모든 국토를 빼앗긴 채 파국으로 내몰리는 처지가 된다. 전세는 여전히 연합군에게 암울했다.

연합군은 휴식을 취하며 전력을 보충할 때였다. 하지만 니벨은 새로운 공세를 준비했다. 베르됭전투와 러시아의 보로실로프 공세로 독일군도 한계에 직면했다는 이유였다. 이제는 프랑스가 주도권을 되찾을 때였다. 전임자 조프르 또한 1917년 초에 공격에 나설 생각이었다. 그러나 니벨은 조프르의 방식을 답습할 생각이 없었다. 조프르는 여러 전선에서 광범위하게 공격하는 것을 선호했지만 충분한 예비 병력이 없는 프랑스군의 전력을 여기저기 분산하여 막대한 희생만 치렀다. 결과적으로 어느 곳에서도 독일군의 방어선을 돌파하지 못했다. 니벨은 한 곳에 모든 전력을 집중할 참이었다. 독일군 전선의 가장 취약한 돌출부인 누와용을 남북으로 협공하여 속전속결로 돌파한 뒤 송곳처럼 빠르게 적 후방을 뚫고 나가서 적의 군사력을 완전히 파괴하고 결정적인 승리를 거두겠다는 계획이었다. 그는 자신의 이동탄막전술로 적을 돌파하는 데 24시간에서 48시간이면 충분하다고 큰소리쳤다.

적어도 이론적으로는 그럴듯해 보였다. 영국 총리 데이비드 로이드 조지(David Lloyd George)는 연합군의 새로운 공세가 이탈리아에서 시작되어야 한다는 쪽이었지만 니벨의 계획을 듣고 생각을 바꾸었다. 니벨의 열변에 넘어간 그는 영국으로 와서 전쟁 내각을 설득해줄 것을 요청했다. 1917년 1월 15일 니벨은 헤이그와 함께 런던을 방문하여 베르됭에서 보여준 성공을 근거로 자신의 야심찬 공격 계획을 설명했다. 영국인 어머니를 둔 그는 유창한 영어로 영국 지도부를 설득했다. 니벨은 베르됭전투에서 보여준 압도적인 포병 전력과 보병의 결합을 통해 전쟁을 한 방에 끝내겠다고 장담했다. 솜이나 베르됭 전투 같은 소모전은 더이상 없다는 것이었다. 영국인들은 니벨에게 모든 것을 맡기기로 했다. 니벨은 2월 중에 공격을 시작하기를 원했지만 솜강에서 큰 피해를 입은 영국군이 당장 공격에 나설 준비가 되지 않았다는 이유로 4월로 연기되었다.

니벨은 너무 자신만만한 나머지 전쟁에서 가장 중요한 원칙을 어겼다. 바로 보안이었다. 평소에도 자기 과시에 열을 올리던 그는 극비를 유지해야 할 계획을 공공연히 떠들고 다녔다. 정치인들과 기자들에게 세부 계획을 아무렇지 않게 이야기하고 작전 지도까지 보여주었다. 런던 방문중에는 한 사교클럽에서 자리를 함께했던 귀부인들에게도 신나게 떠벌렸다. 니벨의 계획은 영국과 프랑스 언론을 통해 모두 공개되었다. 더이상 공격이 언제 어디서 어느 부대에 의해 시작되는지는 비밀이 아니었다. 니벨의 보안 위반은 일반 병사들에게는 매우 엄격하게 적용되었던 비밀 유지 명령을 무색하게 만들었다. 공세 성공이 기습에 달려 있다는 점에서 나사 빠진 행동이었다. 게다가 일선부대에 너무 빨리 작전 계획서를 배포하는 바람에 독일군의 손으로 넘어갔다. 독일군 정보부는 니벨 공세의 전모를 손쉽게 파악했다.

독일군은 프랑스인들이 이토록 보안에 허술하다는 것을 믿지 못한 나머지 자신들을 속이려는 술책이 아닐까 의심했다. 하지만 항공 정찰을 통해 프랑스군이 정말로 공격을 준비하고 있음을 확신했다. 독일군 참모차장 에리히 루덴도르프(Erich Ludendorff)는 선제공격을 검토했지만 솜강과 베르됭 전투에서 너무 많은 피를 흘렸기에 당장 대규모 공세에 나서기에는 역부족이라는 결론을 내렸다. 서부 전선에서 연합군은 190개 사단에 달하는 반면 독일군은 154개 사단에 불과했다. 병력과 화력 모든 면에서 열세였다. 그렇다고 국지적 공격은 예비 병력을 소모하여 영불 연합군의 공세에 더욱 취약해질 수 있었다. 결론은 방어였다.

루덴도르프는 전선 일부를 축소하기로 했다. 그럼으로써 방어를 한층 강화하고 최일선에 배치된 일부 병력을 예비대로 확보하기 위해서였다. 독일군은 2월 초부터 '알베리히작전(Operation Alberich)'에 따라 철수를 시작했다. 물론 니벨처럼 경솔하게 군사 기밀을 누설하는 일은 없었다. 연합군이 추격하지 못하도록 철저한 보안 속에서 방어가 용이한 지점으로 재빨리 물러났다. 연합군 수뇌부가 깨달았을 때는 이미 독일군의 철수가 끝난 뒤였다. 독일군이 포기한 지역은 북쪽의 아라스(Arras)에서 남쪽의 라포(Laffaux)에 이르기까지 길이 110킬로미터, 폭은 최대 40킬로미터에 달했다. 영불 연합군이 지난 2년여 동안 수백만 명을 희생하고 획득한 영토보다도 넓었다. 그 대신 독일군은 13개 사단을 예비부대로 확보했다. 물론 프랑스도 그 덕분에 이에 상응하는 여유 병력을 확보할 수 있었지만 문제는 니벨의 작전이 근본적으로 흔들리게 되었다는 점이다. 공세의 핵심인 누와용의 돌출부에서도 독일군이 물러났기 때문이다. 독일군은 지난 수 개월 동안 후방에 준비해둔 훨씬 견고한 진지에 자리잡은 채 프랑스군의 공격이 시작되기를 기다렸다. 새로운 방어선의 이름은 '지크프리트선(Siegfriedstellung)'이었다. 연합군은 독일군 총사령관인 파울 루트비히 폰 베네켄도르프 운트 힌덴부르크(Paul Ludwig von Beneckendorff und von Hindenburg) 원수의 이름을 따서 '힌덴부르크선(Hindenburg Line)'이라고 불렀다.

니벨은 독일군이 제 발로 점령지를 포기하고 후방으로 철수중이라는 정보를 믿으려 하지 않았다. 하물며 자신의 가벼운 입 때문에 정보가 독일군의 귀에 들어갔기 때문이라는 사실을 순순히 인정할 리 없었다. 어쨌든 영불 연합군은 피를 흘리지 않고 잃은 땅 일부를 찾은 셈이지만 기뻐할 일은 아니었다. 니벨의 목적은 단순히 일부 영토를 탈환하는 것만이 아니라 압도적인 포격으로 독일군의 주력을 박살내고 적진을 돌파하여 전쟁을 끝내겠다는 것이었다. 따라서 독일군이 물러나면 작전 자체가 무용지물이 될 수밖에 없었다. 또한 니벨의 계획이 성공하려면 보병의 진격 속도에 맞추어 포병도 빠르게 전진해야 했다. 하지만 독일군은 철수하면서 모든 것을 파괴했다. 가뜩이나 가파르고 울퉁불퉁한 지형에 온갖 장애물까지 널브러져 있다보니 무거운 대포를 제대로 실어나를 방법이 없었다.

니벨은 독일군의 철수를 통해 새로운 기회를 엿보는 대신 당장 자신의 계획이 엉망이 되었다는 사실만 불쾌하게 여겼다. 그에게는 전략가로서의 사고가 없었다. 영국군과의 사이도 점점 나빠졌다. 베르됭전투에서 이겼을 때만 해도 헤이그는 니벨을 "가장 솔직하고 군인다운 남자"라고 극찬했지만 이제는 니벨을 노골적으로 불신하면서 연합군 총사령관으로 받아들이기를 거부했다. 작전의 효율성을 위해 헤이그를 부사령관으로 삼아 영국군에게 직접 명령내리기를 원했던 니벨의 소망은 물 건너갔다. 양군의 지휘권 통합은 1년 뒤에야 외교 감각을 갖춘 포슈에 의해 비로소 실현되었다.

새로운 국방장관으로 임명된 폴 팽르베(Paul Painlevé)는 3월 22일 니벨을 만나 작전 중단을 제안했다. 러시아에서는 2월혁명으로 차르 체제가 무너졌고 대서양 건너에서는 미국의 참전이 초읽기였다. 따라서 굳이 이 시점에 독일군을 압박하겠다고 무리하게 전면 공세에 나설 필요가 없었다. 무엇보다 작전 기밀이 새어나가면서 독일군이 단단히 대비하고 있음이 분명했다. 팽르베뿐 아니라 정치인들, 군 수뇌부, 심지어 니벨의 참모들조차 공세가 실패할 것이라며 반대했다. 4월 1일 페탱은 팽르베를 만난 자리에서 니벨의 공세가 독일군을 돌파할 수 없다고 비판하면서 프랑스군의 희생을 최소화하는 선에서 제한적인 공격을 제안했다.

닷새 뒤인 4월 6일 콩피에뉴 숲에서 레몽 푸앵카레(Raymond Poincaré) 대통령과 신임 총리 알렉상드르 리보(Alexandre Ribot)의 주재로 최고군사회의가 열렸다. 바로 이날 미국 윌슨 대통령은 참전을 선언했다. 팽르베는 동맹국들의 사정이 매우 나쁘고 프랑스의 손실이 한계에 직면했음을 지적했다. 그는 설사 이긴다고 해도 손실을 감당할 수 없다고 주장했다. 따라서 미국이 본격적으로 참전할 때까지 공세를 늦추어야 한다는 것이었다.

하지만 니벨은 여전히 요지부동이었다. 대서양에서 독일의 무제한 잠수함작전이 미국에 엄청난 피해를 주고 있기 때문에 미국의 참

제2차아라스전투에서 독일군 진지를 향해 진격하는 영국군의 MK-2 전차
솜강전투에서 사용된 MK-1보다 개량되기는 했지만 여전히 고장이 잦았다. 게다가 기관총탄이라면 몰라도 대포에 직격당하면 쉽게 박살나는 등 매우 취약했다. 이때만 해도 전차는 결전 무기라기보다 실험용에 가까웠다. 그러나 일회성 무기로 반짝 등장하고 사라지는 대신 성능이 빠르게 개선되고 숫자가 늘어나면서 1년 뒤에는 당당한 전장의 주역이 되었다.

전을 기다리기 어렵다는 것이었다. 그는 프랑스가 공격에 나서지 않으면 독일군이 선제공격할 것이라고 주장하며 이렇게 말했다. "오직 공세만이 승리를 가져다줍니다. 방어는 패배와 수치를 가져다줄 뿐입니다." 그 말에 격앙된 리보 총리가 주먹으로 테이블을 내려치면서 "공격! 공격! 방어는 늘 패배로 이어질 뿐이지!"라고 하면서 니벨을 편들었다. 장군들 역시 우유부단했다. 페탱은 여전히 제한적인 공세를 지지했고 카스텔라노는 정부가 니벨을 믿지 못하겠다면 차라리 해임하는 편이 나을 것이라고 조심스레 말했다. 결국 이긴 쪽은 니벨이었다. 작전 개시일은 4월 16일로 정해졌다.

작전을 며칠 앞두고 또 한번 치명적인 악재가 있었다. 한 프랑스 부사관이 작전 계획서를 들고 독일군으로 넘어갔다. 그런데도 니벨은 이제 와서 자신의 결심을 번복할 수 없다는 이유로 작전 강행을 고집했다. 일단 48시간 동안 공격한 다음 실패하면 그때는 곧바로 물러나겠다는 것이었다. 융통성 없고 자기 체면만 생각하며 아집을 부린다는 점에서는 조프르와 다를 바 없었다. 니벨의 최종 명령이 하달되었다. "때가 왔도다! 용기와 자신감이다! 프랑스 만세!" 앤강 너머 공격목표인 슈맹 데담(Chemin des Dames)을 향해 프랑스군이 집결했다. 병력은 제5군과 제6군 산하 53개 보병사단 120만 명과 중포 2000문을 포함하여 대포 5300문에 달했다. 또한 항공 정찰과 포병의 사격 통제를 위해 47개 비행중대 500여 대의 항공기가 투입되었다. 개전 이래 최대이자 총력을 기울인 작전이었다. 프랑스군 병사들은 끝없이 늘어선 병력과 대포, 막대한 물자를 보면서 승리를 자신했다. 그들은 어떤 재앙이 기다리고 있을지 조금도 예상하지 못했다.

파국으로 끝나다

니벨 공세의 첫번째 단계는 1917년 4월 9일 새벽 5시 30분 벨기에-프랑스 국경 인근의 아라스에서 시작된 영국군의 공세였다. 영국군 제1군과 제3군, 제5군 산하 23개 사단, 대포 2900여 문에 달했다.

영국군의 목적은 남쪽으로 약 100킬로미터 떨어진 곳에서 시작될 프랑스군의 주 공세에 앞서 독일군의 예비대를 끌어들이는 것이었다. 프랑스군의 공세가 성공할 경우 영국군도 공세를 계속하여 독일군의 전선을 무너뜨리고 대재앙을 안겨준다는 야심찬 계획이었다. 수 개월 전 솜강전투에서는 서툴게 공격에 나섰다가 독일군의 대포 앞에 엄청난 사상자를 내었다. 하지만 이번에는 미리 독일군 포병의 위치를 파악한 뒤 집중 포격을 퍼부었다. 4월 4일부터 9일까지 5일 동안 영국군이 발사한 포탄은 270만 발에 달했고 솜강전투보다 100만 발이 더 많았다. 영국군 보병들이 참호를 떠나기 전 독일 포대의 80퍼센트 이상이 섬멸했다. 포탄도 한층 개량되어 독일군의 철조망을 훨씬 효과적으로 파괴했다.

진눈깨비와 안개가 독일군의 시야를 가리는 동안 영국군의 진격이 시작되었다. 공세의 선봉을 맡은 40대의 전차가 육중한 소리를 내면서 굴러갔다. 1916년 9월 15일 인류 역사상 처음으로 전장에 등장한 전차는 굼벵이 같은 속도에 걸핏하면 주저앉기 일쑤였지만 그 잠재력을 점차 인정받기 시작했다. 영국군의 공세는 이전의 솜강전투나 연합군 최악의 재앙으로 끝나게 될 니벨 공세에 비하면 좀더 성공적이었다. 이 방면을 맡은 독일 제6군 사령관 루트비히 폰 팔켄하우젠(Ludwig von Falkenhausen) 장군은 훗날 장제스의 군사 고문을 맡는 알렉산더 폰 팔켄하우젠(Alexander von Falkenhausen) 중장의 삼촌이기도 했다. 그는 예비역에서 소집된 일흔세 살의 노장으로 젊은 시절 프로이센-프랑스 전쟁에서 활약했다. 하지만 이때에는 시대

프랑스군의 슈나이더 CA1 전차 프랑스군이 최초로 개발한 전차로 중량은 영국군 MK전차의 절반 정도였다. 그러나 차제 전면부에 고정된 75밀리미터 주포는 MK전차와 달리 회전이 불가능하여 측면의 적을 공격하려면 차체를 돌려야 했다. 또한 비좁은 공간과 시야가 제한된다는 점, 연료 탱크가 쉽게 불탄다는 점 등 MK전차 이상으로 많은 문제점이 있었다. 니벨 공세는 프랑스 전차들의 데뷔전이었지만 절반이 파괴되었다.

에 뒤떨어진 퇴물이었다. 그는 사전에 영국군의 공세를 경고받았음에도 불구하고 상황을 과소평가하여 방비를 게을리했다. 최일선의 독일군은 6개 사단에 불과한 반면 영국군은 14개 사단에 달했다. 독일군 예비대는 전선에서 지나치게 멀리 떨어져 있어 제때 투입될 수 없었다. 또한 겨울 동안 진지를 보강하기 위한 공사는 노동력과 자재 부족으로 제대로 진행되지 않았다. 철조망과 장애물은 영국군의 포격으로 쉽게 파괴되었다. 많은 독일군이 고립된 채 영국군의 포로가 되었다. 영국군은 탄막의 엄호 아래 공세 첫날에만 3, 4킬로미터를 전진하고 몇 개의 중요한 고지를 점령했다. 당시 서부 전선의 기준에서는 놀라운 성과였다.

루덴도르프는 팔켄하우젠의 굼뜬 모습에 분통이 터졌다. '독일 최고의 방어 전문가'로 명성이 자자했던 프리츠 폰 로스베르크(Fritz von Loßberg) 대령이 팔켄하우젠의 참모장으로 파견되어 작전 지휘를 맡았다. 종심 방어전술의 달인인 그는 모든 철수를 중지시키고 병력을 신속히 증원하는 한편 방어체계를 재정비했다. 영국군의 진격은 대번에 막혔다. 영국군은 니벨의 공세가 참담한 실패로 끝난 뒤에도 5월 16일까지 공격을 계속했지만 독일군의 방어선을 돌파할 수 없었다. 독일군은 13만 명을 잃은 반면, 영국군의 사상자는 16만 명에 달했다. 실패는 아니지만 성공이라고도 할 수 없었다. 팔켄하우젠을 비롯하여 영국과 독일을 막론하고 이 전투에 관여했던 여러 고위 장성이 쫓겨났다. 유일한 승자는 로스베르크였다. 그는 총력을 기울인 영국군의 공세를 끝까지 막아내 '서부 전선의 전설적인 소방수'라는 별명을 얻었다. 전쟁이 끝난 뒤에는 독일-네덜란드 국경의 소도시 뮌스터(Münster)에서 근무했다. 여기서 그는 한 젊고 유망한 인재를 만났다. 제2차세계대전에서 독일 원수이자 '방어의 사자'라는 별명을 얻는 발터 모델(Walter Model)이었다.

북쪽에서 영국군의 전진이 지지부진한 가운데 4월 16일 니벨의 야심찬 공격이 시작되었다. 영국군과 마찬가지로 프랑스군 선두에는 전차가 있었다. 프랑스군은 영국군보다 훨씬 많은 132대의 전차를 투입했다. 그중 128대가 13톤의 슈나이더 중형 전차였고 4대는 23톤의 생샤몽 중전차였다. 제89보병사단의 한 병사는 자신만만하게 일기에 썼다. "과연 어느 누가 이 기계에 맞설 수 있다는 말인가? 아니, 그건 불가능하다. 따라서 승리는 따놓은 당상이다! 전쟁의 끝이다! 탱크와 함께, 그렇지 않은가? 탱크를 멈추거나 그걸 파괴할 수 있을까?"

공세에 투입된 프랑스군은 개전 이래 최대 규모였으며 최정예부대도 포함되어 있었다. 일선 병사들은 이 공세로 전쟁을 완전히 끝낼 것이라는 니벨의 호언장담을 굳게 믿었다. 하지만 니벨의 참모들은 비관적이었다. 그동안 악천후 탓에 병력과 보급품 수송이 지연되면서 포병에게 포탄을 보급하는 데 심한 차질이 빚어졌다. 이 때문에 예비 포격이 계획대로 진행되지 않았다. 독일군 진지를 정확하게 타격하려면 항공 정찰이 필수였지만 정작 제공권을 독일 전투기들이 쥐고 있다보니 프랑스 정찰기들은 거의 활동할 수 없었다. 현지의 험준한 지형도 프랑스군에게 매우 불리했다. 프랑스군은 산등성이 뒤쪽에 포진한 독일군 진지까지 포격할 수 없었다. 짙은 안개도 프랑스군의 포격을 방해했다. 차가운 비와 추위는 프랑스군 병사들의 사기를 떨어뜨렸다. 한 장교는 이렇게 썼다. "준비는 우리의 기대와 다르다. 보병들은 강력한 저항에 직면할 것이다."

가장 큰 문제점은 독일군이 프랑스군의 의도를 모두 알고 있다는 사실이었다. 니벨은 조프르처럼 성급한 공격 대신 공세에 충분한 전력을 확보하는 것이 우선이라는 명목으로 공세를 늦추었다. 그사이

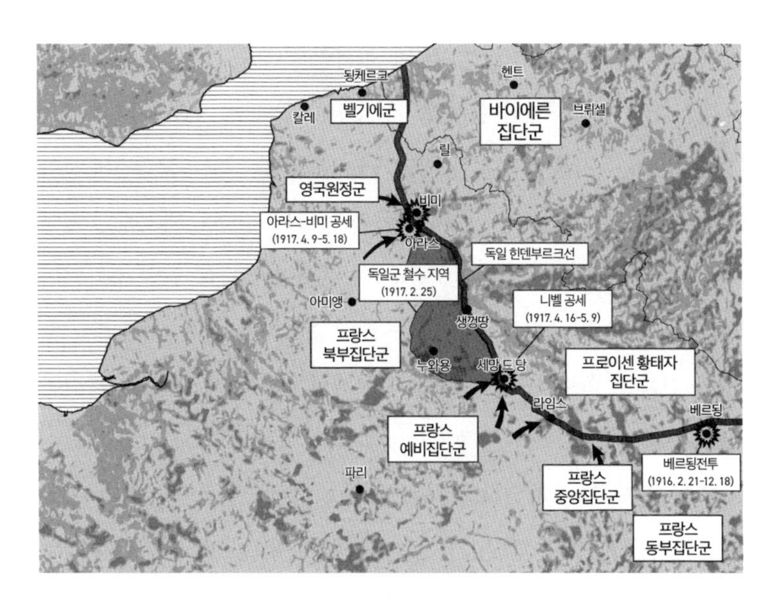

니벨 공세 당시 양군 배치 상황과 연합군의 주요 공세(1917.4.9.~5.18.) 연합군에게는 모든 노하우와 자원을 총동원한 공세였고 1917년을 승리의 한해로 만들 생각이었지만 결과적으로 재앙의 한해가 되었다. 덧붙여, 샘 멘데스 감독의 전쟁영화 〈1917〉 또한 영국군의 아라스 공세를 시간적 배경으로 독일군의 유인 작전을 알리기 위한 두 병사의 목숨 건 투혼을 묘사하고 있다.

모든 정보가 새어나갔고 독일군은 철저히 대비할 시간을 벌었다. 보안을 무시하고 극비 사항을 함부로 떠들었던 니벨 자신의 실책이 무엇보다 컸다. 기습 효과는 기대할 수 없었다. 독일군은 프랑스군의 첫 번째 포격이 쏟아질 제1선에서 최소한의 병력만 남기고 주력부대를 뒤로 후퇴시켰다. 그들은 프랑스군의 포격이 닿지 않는 돌산 속에 만든 동굴과 터널에서 안전하게 숨어서 적의 공격을 기다렸다. 니벨이 준비한 비장의 무기는 132대의 전차였다. 하지만 독일군을 돌파하기에는 불충분했고 승무병들은 제대로 훈련되어 있지 않았다. 그마저도 훗날 구데리안의 기갑부대처럼 한꺼번에 집중 운용된 것이 아니라 몇 대씩 여기저기에 흩어진 채 보병과 함께 움직였다. 대부분은 전진하자마자 진흙에 빠져 옴짝달싹할 수 없었다. 영국군의 MK전차와 마찬가지로 프랑스 전차 역시 아직 전장의 주역이 되기에는 일렀다. 솜강전투 때와 달리 독일군은 이미 전차에 익숙해 있었기에 더이상 전차를 보고 놀라서 달아나는 일은 없었다. 니벨은 나름대로 충분한 전차를 확보하려고 노력했지만 전차부대가 제 역할을 하려면 그보다 몇 배는 있어야 했다.

밤새 비가 쏟아진 뒤 4월 16일 오전 6시 장교들의 호루라기 소리에 맞추어 프랑스군 병사들은 일제히 참호 바깥으로 용맹스럽게 뛰쳐나갔다. 그들은 안개를 뚫고 힘겹게 나아갔지만 계획대로 된 것은 하나도 없었다. 마치 달의 크레이터를 연상하게 하는 포탄 구덩이가 사방에 있었고 보병의 전진을 가로막았다. 혹독한 추위에 손가락이 마비된 병사들은 총에 총검을 제대로 끼울 수도 없었다. 프랑스군이 처음 전진을 시작했을 때만 해도 의외로 독일군의 포격은 미미했다. 이 때문에 프랑스군 지휘관들은 독일군 대포들이 대부분 파괴되었다며 기뻐했지만 착각이었다. 독일군은 프랑스군이 깊숙이 들어올 때까지 기다렸다가 일제히 포문을 열었다. 개활지에서 전진중이던 프랑스군 대열을 향해 무시무시한 기관총 세례와 집중 포격이 쏟아졌다.

포병의 탄막이 보병을 따라다니며 보호할 것이라는 니벨의 계획은 잠꼬대일 뿐이었다. 상황은 베르됭전투보다 솜강전투에 더 가까웠다. 보병들이 추위와 진흙 속에서 허우적대면서 느릿느릿 걸어가는 동안 포병은 정해진 시간표대로 포격을 퍼붓고 사격을 끝냈다. 독일군은 프랑스군의 포격이 멈추면 신속하게 방어선을 보강한 뒤 무방비로 접근하는 프랑스군 보병들을 추풍낙엽처럼 쓸어버렸다. 니벨도 이런 상황을 예상하지 못했던 것은 아니었다. 그는 포병이 보병과 함께 움직이면서 화력을 지원할 수 있게 75밀리미터 야포를 마차에 매달아 전선에 투입했다. 하지만 그들 역시 진흙으로 가득한 포탄 구덩이에 발이 묶였다. 니벨의 발상은 이론적으로는 그럴듯했지만 기술적으로 자주포가 등장하는 20년 뒤에나 가능한 일이었다.

니벨의 심복 '도살자' 망징은 베르됭전투에서 병사들의 목숨을 수없이 희생시킨 대가로 이번 공세의 주력인 제6군의 지휘를 맡았다. 성미 급한 그는 포병의 지원을 받지 못한 보병들이 철조망과 독일군의 탄막에 가로막혀 제대로 전진하지 못한다는 보고를 받고 분통을 터뜨렸다. 사단장들을 향해 포병이 포격 계획을 재조정할 때까지 기다릴 수 없다면서 "철조망이 아직 파괴되지 않았다면 보병이 끊어라. 우리는 영토를 찾아야 한다!"라고 독촉했다.

제6군 맞은편에서는 공세의 우익을 맡은 올리비에 마젤(Olivier Mazel) 장군의 제5군 산하 사단들이 제각기 몇 대의 전차를 앞세우고 진격에 나섰다. 하지만 사정은 마찬가지였다. 보병들이 독일군의 사격과 장애물에 발이 묶이자 전차들이 용감하게 앞으로 나섰지만 3미터 깊이의 참호에 처박힌 채 구덩이에서 빠져나올 수 없었다. 전차의 궤도는 진흙을 파헤칠 뿐 옴짝달싹하지 못했다. 그들은 대번에 독일군 포병의 훌륭한 사격 목표가 되어 불덩어리로 변했다. 전차의 장갑은 기관총탄은 막아도 대포 앞에서는 종이와 다를 바 없었다. 당시의 기술적 한계였다. 포탄을 막아낼 만큼 두꺼운 장갑을 달면 너무 무거워 아예 움직일 수조차 없었기 때문이다. 전차가 파괴되거나 기동 불능이 된 전차의 승무병들은 전차에서 기어나와 보병들과 함께 싸우기도 했다. 원래 전차의 역할은 보병이 지나갈 길을 만드는 것이었지만 그러기 위해서는 보병이 먼저 전차가 지나갈 길을 만들어 주어야 하는 점이 딜레마였다. 이때의 경험으로 프랑스 장군들은 제2차세계대전 때까지도 '전차는 반드시 보병과 함께 움직여야 하는 물건'이라는 고정관념에 사로잡히게 되었다.

니벨은 콩피에뉴 총사령부에서 초조하게 보고를 기다렸다. 오전 10시 30분 공세의 전선 총지휘를 맡은 예비집단군에서 첫 보고가 올라왔다. 니벨에게 전화를 건 사람은 훗날 프랑스군 총사령관이 되는 모리스 가믈랭이었다. 전황은 니벨의 기대와는 거리가 멀었다. 원래 계획대로라면 이 시점에서 프랑스군은 독일군의 두번째 방어선을 돌파하고 전과를 확대해나가고 있어야 했다. 하지만 실제로는 첫번째 방어선조차 뚫지 못한 채 고전중이었다.

공세를 시작하기 전 니벨은 자신의 계획에 의구심을 품는 정치인들과 군 수뇌부에게 24시간에서 48시간 안에 자신의 공격이 성공하지 못하면 작전을 중단하겠다고 호언장담했다. 공세 첫날이 끝날 무렵 그의 계획은 실패했음이 분명해졌다. 물론 성과도 있었다. 프랑스군은 5킬로미터를 진격하고 1만 3000명의 포로를 잡았다. 그러나 프랑스군이 흘린 피에 비하면 미약했다. 일부 연대와 대대는 문자 그대로 괴멸했다. 예비집단군 사령관 조제프 알프레드 미셸레르(Joseph Alfred Micheler) 장군은 망징에게 당장 증원부대를 보내라는 니벨의 명령에 자신의 예비대는 이미 하나도 남지 않았다며 거부했다. 니벨이 장담했던 결정적인 돌파는 없었다. 그런데도 니벨은 작전이 성공적이라고 하면서 공세를 계속할 것을 고집했다. 그는 체면에 얽매여 냉정함을 잃었고 아집에 사로잡혀 더 큰 재앙을 초래했다.

다음날 새벽 폭우가 쏟아지는 가운데 이번에는 남쪽의 샹파뉴(Champagne)에서 페탱 휘하의 제4군이 공세에 나섰다. 제5군과 제6군도 필사적이었다. 4월 20일 니벨은 파리에서 대통령과 총리를 만났다. 어떻게든 전과를 과장하고 정확한 사상자 수를 숨기려고 노력했지만 그들의 눈을 속일 수는 없었다. 두 지도자는 프랑스의 힘이 한계에 달했음을 지적하면서 공세를 멈출 것을 권유했다. 니벨은 진퇴양난이었다. 그는 자신의 실패를 어느 정도 인정하면서도 공격 자체를 중단하기보다 공세 규모를 줄이는 것으로 타협했다. 부득이한 선택이기도 했다. 이제 와서 공격을 멈춘다면 독일군의 반격을 받을 것이 뻔했다. 그러나 공격을 계속한다고 해도 상황이 나아질 리 없었다.

다음날 23일에는 예비대로 남아 있던 제10군도 공격에 가세했다. 프랑스군은 독일군을 압박하면서 전진했지만 돌파구는 열리지 않았다. 공세 10일째인 4월 25일까지 프랑스군 사상자는 10만 명에 달했다. 탄약과 보급품도 부족했다. 군대의 사기는 땅에 떨어졌다. 그 와중에도 니벨은 "모든 전략적 승리 중에서도 가장 훌륭한 승리"를 거두었으며 "우리는 주도권을 쥐고 있고 그것을 지킬 것이다"라고 허세를 부리며 자화자찬했다. 하지만 그의 지위는 흔들리고 있었다. 정치인들은 니벨의 해임을 논의했다.

페탱과 미셸레르는 니벨이 당장 공격을 멈추어야 한다고 주장했다. 니벨의 한 참모는 몰래 대통령에게 편지를 보내 니벨이 새로운 공격을 준비하고 있다고 익명으로 고발하기도 했다. 니벨은 비겁하게도 자신의 오랜 심복이자 선봉장이었던 망징에게 모든 실패의 책임을 떠넘기려고 했다. 망징은 더이상 자신을 신임할 수 없다는 니벨의 편지를 받고 "니벨 장군이 나를 물속에 던져버림으로써 타협할 수 있다고 생각하는 듯하다"라고 썼다. 망징은 제6군 사령관에서 쫓겨났고 폴 메스트르(Paul Maistre) 장군이 맡았다. 물론 그런다고 상황을 바꿀 수 없을뿐더러 니벨 자신의 운명 또한 뒤집지 못했다. 지치고 실망한 프랑스군 병사들 사이에서 분노가 터져나왔다. 집단 항명과 규율 위반이 빠르게 확산되었다. 병사들은 더이상 싸우기를 거부했다. 베르됭전투 때도 일부 부대에서 이런 상황이 벌어졌지만 이번에는 프랑스군 전체로 퍼졌다는 사실이었다. 많은 부대에서 병사들이 폭동을 일으키고 수천 명이 탈영했다. 정부를 향해 니벨의 해임과 공세를 중단할 것을 요구하는 청원이 빗발쳤다.

4월 29일 국방장관 팽르베는 니벨을 대신하여 페탱을 새로운 육군 참모총장에 임명했다. 그러나 니벨은 여전히 육군 총사령관의 지위를 유지하고 있었다. 그는 공세에 대한 미련을 버리지 못하고 사방에 로비를 했고 옛 상관인 조프르에게도 자신을 지지해달라며 편지를 썼다. 심지어 미셸레르의 사령부를 방문하여 많은 부하가 보는 앞에서 미셸레르와 입씨름을 하며 서로를 비난하고 책임을 떠넘기는 추태를 부렸다. 그러나 대세는 기울었다. 5월 9일 모든 공세는 중단되었다. 15일 동안 프랑스군은 2만 8500명의 포로와 187문의 대포를 노획했으며 최대 6, 7킬로미터를 전진했다. 독일군은 16만 3000명의 사상자를 냈다. 프랑스군도 18만 7000명을 잃었지만 겨우 수백 미터를 전진하려고 수만 명씩 죽어나가던 당시 기준에서 보면 큰 손실이라고는 할 수 없었다. 1년이나 2년 전이었다면 니벨의 공세는 충분히 성공이라고 평가받았을 것이다. 그러나 한계에 직면한 프랑스군으로서는 더이상 감당할 수 없는 희생이었다. 무엇보다 중요한 점은 니벨은 결정적인 승리를 약속했고 그 약속을 지키지 못했다는 사실이었다. 실망한 프랑스군은 내부에서부터 붕괴될 뻔했다. 니벨의 실패는 다른 장군들보다 더 많은 사상자를 내서가 아니라 애초에 지킬 수 없는 약속을 했기 때문이었다.

여론이 급격히 악화되고 항명과 반란이 이어졌다. 5월 15일 니벨은 결국 자리에서 물러났다. 그동안 한 사람이 쥐고 있었던 지휘권은 두 개의 직책으로 분리되었다. 육군 총사령관에는 신중한 페탱이, 육군 참모총장에는 저돌적인 포슈가 임명되었다. 프랑스 최고의 명장인 두 사람은 성격이 전혀 달랐지만 서로의 단점을 보완하며 파멸에 직면한 프랑스군을 재빨리 안정시켰다. 불만에 가득한 병사들을 엄벌로 다스리는 대신 더이상의 공격을 중단할 것을 약속하고 병영 여건 개선과 충분한 휴식을 보장하여 그들의 마음을 달랬다. 5월 16일 독일 제7군의 반격이 시작되었지만 프랑스군에게 격퇴되었다. 전선은 한동안 소강상태가 이어졌다. 프랑스군과 독일군의 재대결은 10개월 뒤 루덴도르프 공세가 시작되면서 재개되었다.

니벨은 자리에서 쫓겨난 뒤에도 한동안 콩피에뉴 사령부에 머물렀다. 하지만 며칠 뒤 소리 소문 없이 그곳을 떠났다. 아무도 그에게 관심을 보이지 않았고 공식적인 퇴임식도 없었다. 몇 달 전 조프르가 원수로 영전되어 화려하게 물러난 것과는 대조적이었다. 페탱은 그에게 맡길 만한 새로운 직책이 없다는 편지를 보냈다. 얼마 전까지 프랑스군 최고의 스타였던 니벨의 초라한 말로였다. 그 대신 문책을 받거나 군법재판에 회부되지는 않았다. 조사위원회가 구성되었지만 작전 실패를 총사령관에게 물을 수 없다는 논리로 흐지부지되었다. 그는 한동안 무위도식하다가 1917년 12월 한직인 북아프리카 식민지군 사령관에 임명되었다. 포슈에 의해 망징이 전선에 복귀하여 명예 회복의 기회를 얻은 것과 달리, 실패자로 낙인찍힌 니벨은 다시는 전쟁터로 돌아올 수 없었다. 그는 전쟁이 끝나고 나서야 귀국할 수 있었다. 그리고 1921년 조용히 퇴역했고 3년 뒤 파리에서 사망했다. 니벨은 공명심에 눈이 멀어 프랑스군에 엄청난 피해를 주는 것으로도 모자라 조국을 파멸시킬 뻔했다. 그러나 그가 죽었을 때는 성대한 장례식이 거행되었다. 국방장관이었던 마지노가 그를 추모했다.

제12장

내 군단은 어디로 갔나?

유재흥과 현리전투

밴 플리트 유 장군, 당신의 군단은 어디 있소?

유재흥 모르겠습니다.

밴 플리트 당신의 2개 사단은 어디에 있습니까? 당신은 당신네 대포와 수송 수단을 죄다 잃어버린 거요?

유재흥 그런 듯합니다.

밴 플리트 유 장군, 당신 군단을 해체하겠소. 정 장군에게 보고해서 새 직책을 찾으시오.

—밴 플리트 장군이 라디오 토크쇼 진행자 브루스 윌리엄스 중령과의 인터뷰 중 한국전쟁 당시 현리전투를 회고하면서(1973년 3월 3일)

밴 플리트에게는 남의 나라에서 겪었던 해프닝에 지나지 않았겠지만 그 전투에서 중국군에게 붙잡혀 북한에 억류된 채 수십여 년 동안 온갖 고초를 겪으며 평생을 보내야 했던 조창호 중위를 비롯하여 수천여 명의 불운한 우리 군인들에게는 결코 떠올리고 싶지 않은 악몽이었을 것이다.

왜 3대 패전인가

인터넷상에서 떠도는 '한민족 3대 패전'이라는 말이 있다. 물론 출처 미상의 용어일 뿐, 학계 공인은 아니다. 하지만 그 면면을 살펴보면 '불후의 패전'이라는 타이틀이 결코 무색하지 않다. 온 힘을 다해 싸우다 중과부적으로 져서가 아니라 쓰디쓸 만큼 수치스럽고 굴욕적인 패배였기 때문이다.

첫번째가 1597년의 칠천량해전이다. 임진왜란 내내 이순신과 알력 싸움을 벌였던 원균은 조정을 자기편으로 만들어 그를 몰아내고 그토록 원하던 삼도 수군통제사의 자리를 차지했다. 하지만 원균은 분수에 맞지 않는 감투 욕심만 있을 뿐 그것을 감당할 역량이 없는 무능한 졸장부였다. 어이없게도 자신에게 맡기면 단숨에 부산포를 공략하여 전쟁을 끝내겠다던 예전의 호언장담은 온데간데없고 한산도에 앉아 하는 일 없이 시간만 허비했다. 참다못한 조정의 닦달에 원균은 마지못해 모든 함대를 이끌고 출정했다가 일본군의 함정에 빠졌다. 이로 인해 변변한 싸움 한번 해보지 못한 채 주요 지휘부를 비롯한 전군이 괴멸했다.

심지어 원균은 겁에 질린 나머지 바다에서 일본군과 맞서 싸우는 대신 제 한 목숨 살아남겠다고 배와 부하들을 버리고 육지로 도망쳤다. 그가 정말로 그 자리에서 전사했는지, 어딘가로 달아나 숨었는지는 지금까지도 논란이 되고 있다. 이 전투로 조선 수군은 사실상 전멸했고 남해안의 제해권은 일본군에게 넘어갔다. 그뿐 아니라 승리에 고무된 일본군이 본격적인 공세로 전환하면서 한양마저 풍전등화가 되었다. 조정은 충격에 빠져 이순신을 도로 복직시키는 것 이외에 다른 대안이 없었다. 그동안 조선이 바다에서 연전연승을 거두며 남해의 제해권을 쥐고 있었던 비결은 조선 수군이 강해서거나 반대로 일본 수군이 약해서가 아니었다. 한양의 권력자들은 그 승리가 이순신 한 사람의 탁월한 전술적 기교 덕분임을 엄청난 대가를 치른 뒤에야 깨달을 수 있었다. 더욱이 꼭 두 달 뒤 명량해전에서 이순신은 만신창이가 된 함대를 이끌고 기적적인 승리를 거두었으니 원균이 만약 살아 있었다면 쥐구멍에라도 숨고 싶지 않았을까.

두번째는 그로부터 꼭 40년 뒤인 1637년의 쌍령전투였다. 허완과 민영이 이끄는 경상도 지방군 4만 명은 남한산성에 갇힌 인조를 구하기 위해 북상하던 중 경기도 광주 쌍령에서 300여 명의 청군을 만나 괴멸했다. 그 말대로라면 혼자서 열을 상대로 싸워서 진 것이 아니라 100명이 하나를 이기지 못하고 진 셈이니 칠천량해전조차 무색하게 하는 최악의 패전이었다. 이만하면 안데스산맥에서 프란시스코 피사로(Francisco Pizarro)의 에스파냐군 168명이 잉카 황제 아타우알파의 잉카군 8000명(싸우러 온 것도 아니었다)을 기습하여 몰살한 카하마르카전투(Battle of Cajamarca)에 비견할 수 있으리라.

조선 후기 실학자 이긍익이 쓴 『연려실기술燃藜室記述』에 따르면 예순여덟 살의 노장이었던 경상좌병사 허완은 늙고 겁이 많아 싸우기도 전에 눈물부터 흘렸다. 경상우병사 민영도 정찰을 게을리하여 적이 가까이 오는지도 몰랐다. 허완과 민영은 서로 진을 따로 쳐서 각개 격파를 당했다. 민영은 귀한 화약을 함부로 낭비할까봐 병사들에게 조금만 지급했다가 몇 발 쏘아보지도 못하고 화약이 떨어졌고 부랴부랴 화약을 나누어주던 중 실수로 불똥이 튀면서 대폭발이 일어났다. 그 기회를 놓치지 않은 적 기병이 돌격하여 혼란에 빠지면서 전군이 무너져내렸다. 게다가 허완은 겁에 질린 나머지 말도 제대로 타지 못하고 떨어지는 바람에 적을 피해 달아나는 군중에게 밟혀 죽었다고 하니 실로 촌극이 따로 없다.

근래에 이르러서는 쌍령전투의 패배가 과장되었다는 주장도 있다. 『연려실기술』이 조정의 공식 기록이 아니라 개인이 쓴 야사집이다보니 근거가 불충분하고 실록이나 다른 사료의 내용과 일치하지 않기 때문이다. 쌍령에 집결한 조선군은 4만 명보다 훨씬 적었고 청군 또한 300명보다는 훨씬 많았다는 것이다. 진실 여부를 떠나서 어느 나라이건 승전은 강조하고 수치스러운 패배의 역사는 숨기거나 축소하기 마련이다. 그럼에도 도리어 패전을 과장하는 자학 사관이 오랫동안 먹혀들었던 이유는 당시 위정자들의 모습이 그만큼 충격적이고 어이없을 만큼 졸렬했기 때문이다.

임진왜란에서 조선군은 초반의 연전연패에도 불구하고 전세를 추스른 뒤 명군에게만 의지한 것이 아니라 주동적으로 반격에 나섰다. 특히 이순신의 조선 수군은 세계해전사에서도 손색이 없는 위대한 승리를 거두었다. 비록 상처투성이 승리라고는 해도 이 땅에서 침략자를 몰아낼 수 있었다. 반면 병자호란은 처음부터 끝까지 추태의 연속이었다. 임진왜란을 지휘한 사람은 체찰사 유성룡과 도원수 권율이라는 조선 500년 역사에서도 가장 뛰어난 인물들이었지만 병자호란은 하필이면 김류와 김자점이라는 최악의 소인배들이 그 역할을 맡았기 때문이다. 광교산전투를 비롯하여 조선군이 국지적으로 이긴 사례도 있었지만 대개는 적을 마주치기만 해도 제대로 싸우지도 않고 달아나기에 급급했다. 청군이 코앞에 올 때까지도 우물쭈물하던 인조는 발등에 불이 떨어진 뒤에야 피난길에 나섰다. 하지만 청군에게 퇴로가 막히는 바람에 남한산성에서 오도 가도 못 하는 신세가 되었다. 그는 광해군을 내쫓을 때의 용기는 어디로 갔는지 눈물만 흘리며 남들이 기적을 일으켜주기를 기다렸다. 굶주린 병사들이 반란을 일으킬 지경이 되자 떠밀리듯 마지못해 성을 나왔다. 그리고 삼전도에서 삼궤구고두(三跪九叩頭)의 굴욕을 겪어야 했다. 쌍령전투는 정말로 100대 1로 졌느냐 아니냐를 떠나서 후손들에게 병자호란에서 조선의 무력함을 보여주는 대표적인 상징인 셈이다.

마지막은 한국전쟁이 한창이던 1951년 5월 16일부터 22일까지 동부 전선에서 벌어진 현리전투이다. 중국군 제5차 공세의 일부였던 이 전투에서 유재흥(劉載興, 1921~2011) 소장이 지휘하는 한국군 제3군단은 쑹스룬(宋時輪)이 지휘하는 중국군 제9병단의 맹공 앞에서 괴멸적인 타격을 입은 채 패주했다. 그나마 중국군이 병참 한계에 직면하고 얼마 전 부임한 미 제8군 사령관 제임스 밴 플리트(James Van Fleet) 중장이 반격에 나섬으로써 중국군을 다시 북쪽으로 밀어내는 승리를 거두었다. 중국군은 '5월의 살육'이라고 할 만큼 막대한 손실을 입었다. 마오쩌둥과 펑더화이는 다시는 한반도를 '제2의 됭케르크'로 만들겠다는 야심을 품을 수 없었다.

그러나 한국군의 위신은 완전히 땅에 떨어졌다. 밴 플리트는 일분일초의 급박한 위기 속에서 어쩔 줄 몰라하는 나이 어린 한국군 장군의 한심스러운 모습에 분노를 참지 못하고 그 자리에서 해임했다. 그뿐 아니라 아예 군단을 해체하고 앞으로는 미군이 한국군을 직접 지휘하겠다고 선언했다. 한마디로 더이상 한국군을 믿지 못하겠다는 의미였다. 비록 한국전쟁 초반인 1950년 7월 14일 이승만 정부가 유엔군 사령관 맥아더에게 한국군의 작전권을 넘겼다고는 하지만 그때까지 한국군은 부분적이나마 독자성을 유지하고 있었다. 맥아더가 한국군의 일부 사단을 미 제10군단에 배속하여 미군의 지휘를 받되, 나머지는 육군 본부에서 직접 작전권을 행사하도록 배려해준 덕분이었다. 한국군이 미군의 괴뢰군대가 아님을 보여주려는 정치적인 목적도 있었지만 그보다도 열악한 여건 속에서 낙동강 전선, 인천 상륙작전, 38선 돌파, 평양 공략 등 굵직굵직한 전투에서 연합군의 한 축을 맡았다는 사실을 인정했기 때문이다. 한국군은 남베트남군이나 최근 탈레반에게 일패도지한 아프가니스탄의 친미군대처럼 미군에 기생하면서 원조나 받는 허울뿐인 군대가 아니었다.

그러나 현리전투는 그동안 한국군이 쌓아올린 모든 신뢰를 한순간에 무너뜨렸다. 백선엽이 지휘하는 제1군단은 건재했고 제3군단과 달리 중국군의 공격을 끝까지 막아내었음에도 불구하고 미군의 지휘를 받아야 했다. 육군 본부는 모든 작전권을 빼앗기고 인사와 행정만 맡게 되었다. 유재흥은 이미 수 개월 전 청천강전투의 패배 책임을 물어 제2군단의 해체를 초래했는데도 또 한번 뼈저린 실책을 저질렀다. 그는 한국전쟁 동안 단 세 개밖에 없는 한국군 군단 중 2개 군단을 말아먹은 군단장이라는 오명을 입어야 했다. 게다가 이때 넘어간 군사작전권의 반환 문제는 한국전쟁이 끝난 지 70여 년이 지난 지금까지도 해결되지 못한 채 우리 사회의 뜨거운 감자가 되고 있다.

일본군에서 한국군으로

유재흥은 1921년 일본 나고야에서 태어났다. 독특한 점은 부자 모두 일본 육사를 졸업한 일본군 엘리트 출신이며 광복 이후 함께 신생 한국군에서 복무했다는 것이다. 일본군과 만주군 출신들이 중핵을 차지했던 당시에도 이례적인 사례였다. 아버지 유승렬은 대한제국 무관학교를 재학하던 중 1909년 폐교되자 일본 육군유년학교로 편입했다. 이후 육군사관학교에 입학하여 1914년 보병 소위로 임관했다. 이때 함께 졸업한 동기생 중에는 광복군 총사령관으로 유명한 지청천, 조선인으로 일본군 중장까지 오른 홍사익이 있었다.

유승렬은 나고야 주둔 제3사단에서 잠시 복무한 뒤 한반도 북부를 맡은 제19사단으로 옮겼다. 이후 군생활 대부분을 조선에서 보냈고 대좌까지 올랐다. 태평양전쟁 말기에는 제20사단 위생대장에 임명되어 뉴기니로 향했다. 사람의 발길이 거의 닿지 않는 남방의 오지 뉴기니는 과달카날이나 임팔과 비견할 만큼 지옥이었다. 군 상층부의 무모한 작전과 병참 무시, 현지 풍토병의 창궐로 투입된 병력 대부분은 그곳에 뼈를 묻어야 했다. 제20사단은 출발 당시 2만 5000명에 달했지만 전쟁이 끝나고 무사히 생환할 수 있었던 사람은 유승렬을 비롯하여 1711명에 불과했다. 93퍼센트가 돌아오지 못한 셈이다.

유재흥의 어머니는 일본인이었다. 이 때문인지 아버지를 따라 어린 시절 대부분을 조선에서 보냈음에도 불구하고 조선말에 무척 서툴렀고 심지어 광복 이후에도 통역관을 데리고 다녔을 정도였다. 그는 아버지와 마찬가지로 군인이 되기로 결심하고 열여섯 살에 일본 육군예과사관학교(기존의 육군유년학교)에 입교했다. 2년 뒤 그는 다시 육사 보병과에 들어가 1941년 소위로 임관했다. 동기생 중 한 명이 훗날 신생 한국군에서 상관으로 다시 만나게 될 정일권이었다. 유재흥은 아버지의 길을 그대로 좇아 일본군 대위까지 올랐으나 태평양전쟁 내내 전선에 발을 들일 일은 없었다. 전쟁 말기에는 규슈 주둔 제206사단의 박격포 대대장을 맡아 본토 결전을 준비하던 중 일본이 항복하면서 광복을 맞이했다. 수만 명의 조선인이 원하건, 원하지 않건 남방 전선으로 끌려가 불귀의 객이 되던 시절에 부자 모두 무사히 시대의 파고를 넘었으니 어쨌든 억세게 천운이 따른 것은 틀림없다.

일본은 패망했지만 광복과 미소 양군의 주둔이라는 격동의 시대는 두 사람에게 시류에 편승할 새로운 기회가 되었다. 남한의 상황은 제1차세계대전 종전 직후의 독일을 연상하게 할 정도로 혼란스러웠다. 해방과 함께 귀국한 광복군, 일본 육사, 학병, 만주군 출신을 중심으로 사설 군사단체가 우후죽순으로 생겨났다. 우파 계열에는 김석원, 이응준, 원용덕 등 일본군과 만주군 장교 출신이 조직한 조선임시군사위원회, 학도병 출신이 조직한 학병단, 광복군 출신이 조직한 대한국군준비위원회, 대한민국군사후원회 등이 있었다. 좌파 계열로는 김원봉의 중앙육군사관학교를 비롯하여 학병동맹, 조선국군준비대 등이 있었다. 그중에서도 전쟁 말기에 징병되었다가 귀환한 군인들이 주축이었던 조선국군준비대는 1945년 말에 상비대원 1만 5000명, 예비대원 6만 명에 달하는 거대한 세력을 자랑했다.

하지만 제대로 된 지도력이 없다보니 서로 협력하기보다 정치 깡패로 전락하여 대낮에도 집단 난투극을 벌이기 일쑤였다. 그나마 미군정이 무기 소지를 엄중히 단속한 덕분에 시가전이 벌어지는 일만은 피할 수 있었다. 혼란의 가장 큰 책임은 미국에게 있었다. 트루먼 행정부는 처음에는 한반도에 아무런 관심도 없었지만 일본 패망 직전에 한반도를 분할 점령하기로 했다. 지극히 정치적이고 충동적인 결정이었다. 태평양전쟁에서 그다지 한 일도 없는 소련에게 한반도 전체를 내주기보다는 미국의 몫을 챙겨야 한다는 이유에서였다. 하지만 문제는 점령은 하되, 그다음에 무엇을 어떻게 통치하겠다는 고민이 없었다는 점이었다. 트루먼의 관심사는 어디까지나 땅이었지 그곳에 사는 3000만 명의 조선인이 아니었기 때문이다. 일본군의 무장해제를 명목으로 인천에 상륙한 미군은 아무런 사전 준비도 없이 하루아침에 남한 통치라는 거대한 숙제를 떠안게 되었다. 적과 싸우는 것은 알아도 정치 경험이 전혀 없는 군인들은 한 나라를 통치할 아무런 역량이 없었다. 그러면서도 조선인들의 협조를 얻기보다는 자신들이 모든 것을 장악하기를 원했다. 그리고 그 틀 안에서 조선인들을 미국의 하수인으로서 필요할 때만 써먹겠다는 생각이었다.

미군정은 김구의 임시정부나 여운형의 건국준비위원회 등 남한에서 정치적 구심점 역할을 할 수 있는 민족주의 단체들을 배척하고 다루기 편한 조선총독부 출신들을 중용했다. 일제의 끄나풀 노릇을 하던 관료들과 친일 경찰들은 자신의 자리를 유지하면서 새로운 주인에게 충성을 맹세했다. 미군정은 미군의 통치에 얼마나 협조적인지가 중요할 뿐 과거에 어디서 무엇을 했는지는 알 바 아니었다. 좌파 진영에서 말하는 '미군은 점령군이요, 소련군은 해방군'이라는 이분법적인 주장도 역사를 모르는 허황된 소리이지만 소련군이 조급하게 그들의 방식을 강요하기보다는 조선인들과 적당히 타협하면서 차근차근 공산화를 함으로써 혼란을 재빨리 극복했던 것에 비하면 미군의 방식은 훨씬 서툴렀다. 무엇보다 가장 중요한 재정적 원조에서 트루먼 행정부는 매우 인색했다. 미군정 통치는 3년에 불과했지만 그 짧은 시간은 일제나 소련 군정 이상의 혼란과 부작용, 상처를 남겼다. 미국의 의무를 강조하면서도 그에 따르는 책임은 지지 않으려는 것이 미국 엘리트들의 모순이자 도덕적 위선이었다.

미군정은 남한 통치를 시작한 지 얼마 되지 않아 한국군의 창설을 서둘렀다. 그러나 남한의 국방을 조선인들의 손에 맡기기 위해서가 아니었다. 치안을 어지럽히는 골칫거리들을 한데 모으고 미군을

국방경비대 초기 모습 군모에 달린 모표를 제외하고 일본군과 미군의 복장을 뒤섞어놓은 모습이다. 총도 미군의 카빈이나 M1소총 대신 일본제 38식 소총, 99식 소총으로 무장하는 등 경찰보다도 무장과 장비가 빈약했다. 1946년 6월 이후에야 미제 무기가 점진적으로 보급되기 시작했지만 한 세대 이전의 잉여 무기였다. 스탈린도 북한에게 최신 무기 대신 중고 무기를 넘겨주기는 마찬가지였지만 한국군보다는 사정이 훨씬 나았다.

보조하면서 치안을 유지하는 데 활용하기 위해서였다. 1945년 11월 13일 미군정 산하 국방사령부가 설치되었다. 국방사령부는 대한민국 정부가 수립된 뒤 국방부가 되었다. 미군정 헌병 사령관이자 초대 국방사령관이었던 로런스 시크(Lawrence Schick) 준장은 1개 군단 3개 보병사단 5만 명 규모의 한국군 편성 계획을 맥아더에게 제출했다.

그러나 워싱턴의 합참은 한국의 신탁통치를 논의하기 위한 미소 공동위원회 개최를 앞두고 소련의 오해를 부를 수 있다는 이유로 거부했다. 그 대신 필리핀식 경찰예비대의 창설을 승인했다. 한국군의 전신인 국방경비대의 탄생이었다.

조선국방경비대는 정규전을 상정한 정식 군대가 아니라 폭동 진압을 위한 전투경찰에 가까웠다. 무기는 일본군이 남기고 간 낡은 38식 소총과 99식 소총이 전부였고 중화기는 없었다. 훈련도 제식과 총검술 같은 기초 훈련과 폭동 진압 훈련만 받았다. 미군정은 "남한에서 미국이 인정하는 무장단체는 오직 국방경비대밖에 없다"라고 선언하고 모든 사설군사단체의 해산령을 내렸다. 대한민국 건군의 주역을 기대했던 광복군을 비롯하여 사설 군사단체들은 격렬하게 반발했지만 미군정의 뜻을 꺾을 수는 없었다. 그들은 국방경비대에 들어가거나 고향으로 돌아갈 수밖에 없었다. 그 와중에 미군정은 복잡한 정치적 혼란 속에서 인력을 모으기가 쉽지 않다는 이유로 자격 심사도 제대로 하지 않은 채 마구잡이로 신병들을 받아들였다. 이로 인해 초기 경비대의 자질은 형편없었다. 심지어 범죄를 저지른 수배자나 미군정에 의해 해산된 좌파단체의 청년들이 탄압을 피할 요량으로 신분을 숨긴 채 입대하기도 했다.

12월 5일에는 서울 감리교신학교 건물에 군사영어학교가 문을 열었다. 통역관이자 향후 한국군을 이끌 간부를 선발하기 위한 예비사관학교였다. 미군정 군무 국장 아서 챔페니(Arthur Champeny) 대령은 제1기생 60명을 선발하면서 광복군 출신 20명, 일본군 출신

20명, 만주군 출신 20명씩 배정했다. 지원 자격은 군 경력자 중에서 장교 또는 부사관을 지냈고 중등 이상의 학식과 영어 소통이 어느 정도 가능해야 했다. 미군정은 정치적 중립을 지키고 특정 파벌을 우대하지 않는다는 이유를 들어 출신별로 같은 인원을 배정했다. 명목은 새로운 군대를 만드는 데 지나간 과거 따위는 중요하지 않다는 것이었지만 실제로는 노골적인 차별이나 다름없었다. 중국에 체류하고 있었던 광복군은 미군정의 비협조로 각자 알아서 귀국해야 했기에 귀국이 지연되었고 군사영어학교가 설립될 때까지 귀국할 수 있었던 사람은 거의 없었기 때문이다. 결국 미국은 광복군이 연합군 일원으로 전쟁에 기여했다는 사실을 인정할 생각이 없다는 의미였다.

미군정은 광복군 출신이 아닌 일본군 대좌 이응준과 만주군 중교(중령) 원용덕을 군사 고문으로 삼아 친밀한 관계를 유지했다. 물론 일본-만주군 출신이라고 해서 모두 친일부역자라고 싸잡아 비난해서는 안 되며 이들이 아무런 민족의식 없이 그저 새로운 주인을 찾아 충견 노릇에 급급했을 거라고 단정한다면 성급한 편견이다. 오히려 이응준, 김석원, 신태영, 최경록 등 일본 육사 출신 인사들은 김구가 귀국하자 창군 문제를 의논하고 미군정을 상대로 광복군을 우대할 것과 신생 국군의 근간으로 삼도록 탄원하는 데 앞장섰다는 점은 높이 평가할 일이다. 문제는 남한에 대한 아무런 이해 없이 미국의 식민지였던 필리핀과 쿠바에서 했던 방식을 그대로 써먹으려고 했던 미군정의 불통과 트루먼 행정부의 무관심이었다. 우리 현대사가 그토록 왜곡되고 갈등이 격화될 수밖에 없었던 가장 큰 이유였다.

군사영어학교는 원칙적으로 4개월 과정이었다. 과목은 군사영어, 한국사, 자동차교육, 소총 분해 등이었다. 교재는 미국 초등 영어 교과서를 활용했다. 그러나 실제로는 2, 3주의 초단기교육을 받거나 심지어 며칠 만에 졸업한 뒤 소위로 임관했다. 1946년 4월 문을 닫을 때까지 약 5개월 동안 18기 233명이 졸업했다. 일부는 경찰과 미군정 통역관 등으로 채용되었고 110명은 경비대 간부로 임관했다. 그중에서 일본군 출신이 87명, 만주군 출신이 21명이었다. 수적으로는 일본군 출신이 가장 많았지만 정규 육사를 졸업한 사람은 13명밖에 되지 않았다. 나머지는 태평양전쟁 말기에 학도병으로 입대한 이들이었다. 반면 만주군 출신은 세 명을 제외하고 모두 정규 육사 졸업생이었다. 광복군 출신은 이성가, 유해준 두 명에 불과했다. 그마저도 이성가는 중국에서 왕징웨이(汪精衛) 친일 괴뢰정권의 화평건국군(和平建國軍)에서 복무하다가 전쟁이 끝나기 직전 광복군에 합류한 경우였다. 따라서 진정한 광복군은 중국 황푸군관학교를 졸업하고 광복군 제3지대 소속이었던 유해준밖에 없었다.

군사영어학교 생도들은 졸업과 함께 군번을 부여받았다. 1번이 이형근, 2번이 채병덕, 3번이 유재흥이었다. 모두 일본 육사 출신이었다. 군사영어학교 출신들은 한국군의 창설 주역이 되었고 승진도 무척 빨랐다. 소위에서 중위 승진이 7개월, 중위에서 대위까지 5개월, 대위에서 소령까지 13개월이 걸렸다. 110명 중에서 대장 8명, 중장 20명을 비롯하여 70퍼센트에 달하는 78명(5명은 준장 추서)을 장성으로 배출했다. 중간에 사고나 전사한 사람을 제외하면 별을 달지 못한 사람은 다섯 명에 불과했다. 또한 국방장관이 다섯 명(유재흥, 장도영, 박병권, 최영희, 정래혁), 육참총장 13명, 합참의장 7명에 달하는 등 1960년대까지도 군사영어학교 출신이 육군 수뇌부를 완전히 장악한 채 자기들끼리 주고받는 식이었다. 이 때문에 한발 늦게 들어왔다는 이유로 후배들의 인사 적체가 극심해지면서 5·16쿠데타로 이어지는 중요한 원인이 되었다.

일본-만주군 출신이 재빨리 기회를 잡은 반면, 광복군 출신은 미군정의 푸대접에 불만을 품었다. 그들은 1946년 6월 12일 광복군 참모총장이었던 유동열이 통위부장(국방부 장관)에 취임하고 군사영어학교를 대신하는 국방경비사관학교가 열린 뒤에야 고집을 꺾고 입교를 받아들였다. 민족적인 자존심을 지키려다가 도리어 일본-만주군 출신보다 한발 뒤처지게 된 셈이었다. 게다가 과거의 계급과 경력은 죄다 무시당한 채 소위 계급부터 다시 시작해야 했다. 제2대 공군 참모총장을 지내는 최용덕 장군은 나이가 이미 오십 줄이었고 중국군에서 상교(대령)까지 지낸 고위급 군인이었다. 하지만 새파란 미군 교관들에게 훈련을 받고 소위로 임관하는 수모를 겪어야 했다. 이승만 정권이 수립된 이후 지청천, 김홍일을 비롯하여 몇몇 원로만이 우대 차원에서 사관학교를 거치지 않고 특별 임관을 했다. 그마저도 김구와 결별한 이승만의 강력한 정치적 견제를 받아 한직으로 밀려났고 중요한 보직을 받을 수 없었다. 미군정은 뒤늦게야 자신들이 원칙론만 고집하여 남한 사람들의 반발과 불만을 초래하고 파벌 싸움을 격화했다는 사실을 인식했음에도 불구하고 완고하고 비타협적인 태도를 끝까지 고수했다.

조선국방경비대가 창설될 때만 해도 한반도의 장래는 불투명했다. 그러나 1947년에 미국과 소련의 협상이 결렬되면서 남북은 완전히 갈라선 채 서로 다른 길을 걷게 되었다. 일본이 항복할 때만 해도 소련이 미국을 제치고 한반도 전체를 집어삼킬까봐 전전긍긍하던 트루먼 행정부는 유럽의 정세가 악화되자 손바닥 뒤집듯이 태도를 바꾸었다. 남한은 그다지 가치가 없다는 이유로 유엔에게 떠넘기고 손을 뗄 준비를 했다. 한정된 병력과 자금을 유럽에 집중하겠다는 의도였다. 트루먼 행정부의 가장 큰 모순은 소련과의 갈등을 대화 대신 대결과 봉쇄로 맞서면서도 국방비와 군사력을 대폭 줄였다는 사실이었다. 미군은 2년 만에 10분의 1로 줄어들었다. 트루먼이 진정으로 소련의 위협을 심각하게 우려했다면 400만 명이 넘는 소련군을 놔두고 군축을 단행했다는 사실 자체가 어불성설이었다. 남한은 원조의 긴급성에서는 그리스, 터키, 이탈리아, 이란에 이어 다섯번째였지만 중요성에서는 16개국 중에서 장제스의 중국 다음인 15위(마지막은 필리핀)였다. 미국에게 남한은 '계륵' 같은 존재로 전락했다. 게다가 대한민국 정부가 수립되자마자 1948년 9월 15일부터 본격적인 미군의 철수가 시작되었다. 이승만은 북한의 위협을 내세워 철수 연기를 요청했지만 돌아온 것은 트루먼 행정부의 질책이었다. 트루먼 행정부는 뒤늦게 미군이 빠져나간 자리를 메꾸기 위해 마지못해 한국군의 증강을 승인하면서도 미국의 짐이 되지 않도록 최소한으로 억제했다.

1946년 말 국방경비대는 9개 연대에서 1년 뒤 3개 여단으로 확장되었다. 1948년 4월에는 제4여단과 제5여단이, 11월에는 제6여단이, 1949년 1월에는 제7여단이 편성되었다. 또한 군수, 공병, 의무, 통신 등 지원부대를 편성하면서 군대로서의 모습을 점차 갖추어나갔다. 대한민국 건국과 더불어 국방경비대도 국군으로 바뀌었다. 유재흥은 제1여단 참모장을 거쳐 제4여단장이 되었고 1949년 1월에는 육군사관학교 부교장으로 부임했다. 이때 아버지 유승렬도 특별 채용되어 국군에 입대했다. 계급은 대령이었다.

유승렬뿐 아니라 일본군 대좌였던 김석원, 신흥무관학교 출신의 독립운동가 오광선, 광복군 제1지대장이며 조선민족청년단 단장이었던 이준식 등 다양한 출신이 군의 중견 간부로 함께 들어왔다. 재미있는 사실은 아들 유재흥이 아버지 유승렬보다 서열과 계급에서 늘 위였다는 점이었다. 유재흥이 뒤늦게 합류한 아버지에 비해 일본군에서는 후배라도 국군에서는 선배였다는 점도 있지만 그보다 초기 한국군에서 2, 30대의 젊은 세대가 요직을 장악하면서 고령의 간부들은 한직으로 밀려났기 때문이기도 했다. 한국전쟁 발발 당시 제3사단장이었던 유승렬은 얼마 뒤 이준식으로 교체되었다. 이후에는 후방에서 교육, 훈련, 대민 위무 등 지원 업무를 맡았고 1954년에 소장으로 예편했다.

'지옥의 섬' 제주도를 안정시키다

1949년 3월 2일 유재흥은 새로운 보직을 받았다. 막중하면서도 민감한 임무였다. 제주지구 전투사령관이 되어 지옥이나 다름없던 제주도에서 공산 반란을 진압하는 일이었다. 1년여 전인 1948년 4월 3일 제주도에서는 남로당 제주도당의 수장 김달삼(본명 이승진)의 지휘 아래 350여 명의 남로당원이 관공서와 경찰지서, 우익 단체간부들의 저택 등을 일제히 공격했다. 이른바 '제주 4·3사건' 또는 '4·3항쟁'이라고도 불리는 이 사건은 영광스러워야 마땅한 대한민국 수립 4개월을 앞두고 한반도 남단 외딴섬 제주도에서 장장 6년 동안 무차별적인 피의 살육이 자행된 참사였다. 미국의 묵인 아래 국가에 의한 폭력과 집단 광기가 아무런 제약도 받지 않았기 때문이었다. 그로 인해 제주도민 30만 명 중 10퍼센트 이상이 희생되는 우리 현대사 최악의 비극이었다.

70여 년이 지난 지금까지도 제주 4·3사건을 놓고 좌우파의 입장은 명확하며 서로 한발도 물러서지 않을 만큼 완고하다. 우파 진영은 대한민국 최초의 제헌선거인 5·10총선거를 방해하고 대한민국 전복을 꾀하는 남로당 세력이 북한의 사주를 받아 일으킨 무장 반란이라고 주장한다. 반면 좌파 진영은 남로당의 봉기는 단편적인 사실일 뿐 진짜 본질은 미군정의 무능함에 대한 불만에 있었으며 미군정과 그 뒤를 이은 이승만 정권이 공산주의자들을 진압한다는 빌미로 국가 폭력을 자행하여 무고한 주민들이 희생되었다고 주장한다. 그러나 진영 논리를 떠나 당시 복잡했던 앞뒤 상황은 모두 빼놓은 채 공산주의자들의 반란만 강조하는 것은 전적으로 틀린 말은 아니더라도 역사의 지나친 단순화이기도 하다. 더욱이 그 이상의 어떤 논의조차 마치 대한민국의 정통성을 부정하는 양 불허하는 것은 실로 오만한 태도다.

그 시절 육지에서 좌우익의 격렬한 대립과 반미 시위로 무정부의 혼란에 빠져 있었던 것에 비하면 제주도는 오히려 조용한 편이었다. 제주도에서도 신탁통치 찬반을 놓고 시위가 있었다. 하지만 평화적으로 진행되었고 물리적인 충돌은 없었다. 대구에서 시작되어 전국을 휩쓸었던 1946년 '10월 항쟁(대구 10·1사건)' 때도 제주도는 참여하지 않았다. 미군정에서 파견된 공보부 소속의 한 미국인 관리는 "제주도에서는 경찰과 미군, 도민 모두를 포함하여 어떤 충돌이나 폭동도 없다"라고 장담했다. 제주도가 다른 지역보다 이념색이 약했던 이유는 토지 집중화 현상이 심하지 않았기 때문이다. 남한 전체의 소작농 비율이 43퍼센트에 달했던 반면, 제주도에서는 자작농 비율이 72.8퍼센트였다. 소작농은 겨우 6.3퍼센트에 불과했다. 따라서 육지와 달리 제주도에서 공산주의자들이 침투할 여지가 별로 없었다는 점에서 덮어놓고 좌익에 물들었다는 주장은 근거 없는 억지였다.

문제는 이념이 아니라 미군정 산하에서의 생활고였다. 아무런 준비 없이 남한을 떠맡은 트루먼 행정부는 그저 현지에서 알아서 해결하기를 요구했다. 극동을 책임진 맥아더도 마찬가지였다. 그는 남한보다 일본의 안정이 더 중요했다. 흉작으로 일본의 식량 사정이 나빠지자 미 본토에서 가져오는 대신 남한에서 대량의 식량을 강제 공출했다. 남한 역시 식량 사정이 나쁘다는 사실을 무시한 처사였다. 1945년 10월 미군정은 성급하게 '미곡 자유화 정책'을 도입했다가 모리배들의 매점매석으로 상황만 악화되자 농촌에서 헐값에 식량을 공출하고 배급제를 실시했다. 하지만 배급량은 일제 말기의 절반도 되지 않았다. 그중에서도 식량을 자급자족할 수 없는 제주도는 특히 고통이 심했다. 그런데도 미군정은 대책을 마련하기보다 "조선인들은 쌀이 없어도 생선과 해초로 능히 살아갈 수 있고 건강을 유지할 수 있다"라는 황당한 발표를 하여 분노를 사기도 했다.

결국 제주도민들도 폭발했다. 육지에서 이미 10월 항쟁과 미군정의 탄압이 한바탕 휩쓸고 간 뒤인 1947년 3월 1일 제주 읍내에서 2만 명의 주민이 가두시위에 나섰다. 그 과정에서 시위대와 경찰 사이에 우발적인 충돌이 벌어졌다. 경찰은 시위대를 향해 무차별적으로 발포하여 여섯 명이 죽었다. 공산주의자들에게 선동된 시위대가 경찰서를 습격하려 했기 때문이라고 변명했지만 가뜩이나 불만이 팽배해 있는 상황에서 경찰의 과잉 대응은 주민들의 분노로 이어질 수밖에 없었다. 희생자들은 학생, 젖먹이를 안고 있는 아낙네, 지나가던 행인 등 우연히 그 자리에 있다가 총에 맞은 사람들이었다. 경찰은 최소한의 확인도 없이 무작정 총부터 쏘았던 것이다. 식민지 시절 일본 순사들이 했던 짓을 고스란히 되풀이한 셈이었다.

깜짝 놀란 미군정은 특별감찰실장인 제임스 A. 카스틸(James A. Casteel) 대령을 비롯한 조사팀을 제주도로 파견했다. 이들은 현장을 조사한 뒤 "경찰의 무차별적인 발포가 주민들의 감정을 자극한 탓"이라고 결론을 내렸다. 하지만 언론에는 남로당의 선동 때문이라고 발표했다. 또한 "제주도는 전체 인구의 70퍼센트가 좌익 세력에 동조하는 좌익 거점"이라는 허위 보고서를 작성했다. 제주도를 아예 '빨갱이 섬'으로 낙인찍은 것이었다. 그러나 미군정이야말로 제주도민들을 자극하여 좌익들의 온상으로 만드는 장본인이었다.

군정 장관이자 나중에 대전전투에서 북한군의 포로가 되는 윌리엄 F. 딘(William F. Dean) 소장은 제주 도지사 박경훈을 고분고분하지 않다는 이유로 파면하고 극우인사인 유해진을 그 자리에 앉혔다. 그는 민심을 수습하는 대신 온갖 탄압을 일삼았다. 자신에게 조금이라도 반대한다 싶으면 무조건 좌익으로 몰았다. 제주도 민정장관 러셀 D. 베로스(Russell D. Barros) 중령조차 미군정 특별감찰실에 편지를 보내 "그의 독재적인 태도가 제주도민들을 당혹스럽게 만들고 있다"라고 비판했다. 유해진이 육지에서 불러들인 극우단체인 서북청년단도 마치 정복자인 양 온갖 횡포를 부렸다. 불법 연행과 고문은 물론이고 무고한 사람들을 빨갱이로 몰아서 제멋대로 잡아들인 뒤 금품을 뜯어내기도 했다.

제주도 남로당은 4·3사건이 일어나기 직전인 1948년 2월부터 무장 세력을 조직하고 있었다. 하지만 무기도 변변치 않았고 군사 경험이 있는 사람도 없었다. 무기라고 해보아야 낡은 엽총 몇 정과 일본도, 죽창, 몽둥이 정도였다. 예전에 일본군이 제주도에 남겨놓았던 막대한 양의 무기는 이미 미군의 엄중한 감시 속에 모조리 처분되었기 때문이다. 기율도 형편없었다. 사건 당일 경찰지서 습격에 참여했던 한 남로당원 간부는 "가는 도중에 앞에 섰던 사람이 오줌을 눈다고 뒤로 슬쩍 빠지고 또다른 사람이 뒤로 슬쩍 빠지다보니 맨 뒤에 있는 사람이 맨 앞에 서게 되었다"라고 증언했다. 따라서 오합지졸에 불과한 남로당원들이 죽기 살기로 일어나본들 현지 경찰만으로도 간단하게 일망타진했을 것이다. 하지만 무장 반란이 일어났다는 보고를 들은 미군정은 상황을 과장하여 받아들이고 경찰을 대대적으로 증파했다. 경무부장 조병옥도 서북청년단과 대동청년단 등 수백여 명의 극우단원을 파견했다. 진압작전에 공권력이 아닌 사설집단을 투입하는 것은 상황을 해결하기는커녕 오히려 악화시킬뿐더러 잔혹행위를 부추길 것이 뻔했지만 미군정은 아무런 제지도 하지 않았다.

4·3사건 직후만 해도 진압을 맡은 제9연대장 김익렬 중령과 제59군정 중대장 존 S. 맨스필드(John S. Mansfield) 중령은 무력 대응보다는 선무와 민심 수습이 우선이라는 데 공감했다. 김익렬은 폭도의 우두머리인 김달삼과 협상을 벌이고 반란에 가담한 자들의 안전을 보장하는 조건으로 전투 중지와 무장 해제에 합의했다. 맨스필드도 협상 결과에 크게 만족하면서 경찰과 우익단체들의 외부 활동을 일체 금지했다. 4·3사건은 한 달 만에 평화적으로 해결되는 것처럼 보였다. 그러나 그 직전 미군정의 입장은 유화에서 강경으로 급선회했다.

그 이유는 미군정의 수장인 하지 중장의 편협한 사고 때문이었다. 그는 남한에서 반미 감정이 갈수록 팽배해지고 좌우파의 대결이 극단적으로 치닫는 이유가 자신이 무능해서가 아니라 소련과 북한의 사주라고 여겼다. 더욱이 5·10총선거를 앞두고 유엔 감시단이 남한에 들어와 있는 상황에서 제주도에서 폭동이 일어났다는 것 자체가 그에게는 경력의 오점이었다. 미군이 처음 들어올 때만 해도 우호적이었던 남한이 어째서 반미로 돌아서게 되었는지, 미국에 대한 불만이 무엇이며 좌익 세력이 갈수록 확산되는 이유가 어디에 있는지 따위는 알 바 아니었다. 제24군단 작전 참모 M. W. 슈(M. W. Schewe) 중령, 광주 주둔 미 제20연대장 로스웰 H. 브라운(Rothwell H. Brown) 대령 등 여러 미군 장교가 제주도로 급파되었다. 하지 중장은 "제주도의 작전은 반드시 성공해야 한다. 제주도 작전의 승패에 남한 인민들의 이목이 집중되어 있다"라면서 무슨 수를 써서라도 당장 해결하라며 닦달했다.

5월 5일 제주중학교에서 미군정 수뇌부 회의가 열렸다. 딘 소장 이외에 민정장관 안재홍, 경비대 총사령관 송호성, 경무부장 조병옥, 주한미군 임시 고문단장 윌리엄 린 로버츠(William Lynn Roberts) 준장, 제59군정 중대장 맨스필드 중령, 제주지사 유해진, 제주경찰 감찰청장 최천, 김익렬 중령 등 주요 수뇌부가 한자리에 모였다. 5·10총선거가 코앞인 상황에서 미군정 수뇌부의 입장은 투표에 차질이 빚어지지 않도록 수단과 방법을 가리지 말고 분쇄하라는 것이었다. 심지어 로버츠 준장은 "미국에게 제주도는 필요하지만 제주도민은 필요없다"라는 극언도 서슴지 않았다. 김익렬만 끝까지 이성에 호소하면서 강경 진압을 반대했지만 미군정의 뜻이 결정된 이상 먹힐 리 없었다. 김익렬은 쫓겨났고 제11연대장이었던 박진경 중령이 부임했다. 호전적이면서 출세욕이 강한 박진경은 취임식에서 "우리나라 독립을 방해하는 제주도 폭동사건을 진압하려면 제주도민 30만 명을 희생시켜도 무방하다"라고 선언했다.

그러나 진압군의 실세는 박진경이 아니라 브라운 대령이었다. 그는 버마 탈환전에서 미-중 연합 기갑부대를 지휘하여 명성을 떨쳤다. 그 밖에도 미군 장교들은 하나같이 제2차세계대전에서 유능함을 증명한 용맹한 전사들이었다. 그러나 현지 사정을 전혀 알지 못한 채 "제주도가 빨갱이 손에 넘어갔다"라는 이야기만 듣고 투입되었다는 점이 문제였다. 이들이 알고 있는 전투는 눈에 보이는 적군과 싸우는 일이지 민간인들 사이에 숨어 있는 게릴라들을 상대하는 것이 아니었다. 압도적인 전력을 투입하여 보이는 대로 죄다 때려잡으면 그만이라는 식이었다. 미군은 50여 년 전 필리핀 독립전쟁 당시 반군 게릴라들을 상대로 사용했던 방식을 그대로 남한에서 재현하려고 했다. 차이점이 있다면 미군의 지휘 아래 남한 사람들이 그 일을 대신 맡아야 했다는 사실이었다.

남로당 무장대는 500명이 채 되지 않는데다 오합지졸이었고 외부의 지원도 없었다. 반면 토벌군은 2000여 명이 넘었다. 진압은 어차피 시간문제였다. 그러나 토벌군의 작전이란 해안가에서 한라산 쪽으로 무턱대고 수색하면서 인근 주민들을 쫓아내거나 젊은 사람은 일단 잡아들인 뒤 두들겨패는 식이었다. 5월부터 6월까지 체포된 사람은 5000명이 넘었지만 실제로 무기를 가지고 있거나 폭동에 가담한 사람은 거의 없었다. 정작 잡아야 할 사람들은 제대로 잡지 못하면서 머릿수 채우기, 마녀사냥으로 엉뚱한 사람들만 괴롭혔다. 하지만 브라운 대령은 아무런 근거도 없이 "제주도민의 80퍼센트는 좌익을 지지하는 자들"이라고 주장했다. 그의 눈에 주민들은 죄다 적군이었고 좌익 게릴라들이 출몰하는 지역에 살고 있다는 것 자체가 반역이었다. 대게릴라전을 수행할 때 현지 민심을 얻는 것이 얼마나 중요한지 알지 못했던 것이다. 현지에 대한 무지, 미국 사회의 뿌리 깊은 아시아인에 대한 멸시, 백인우월주의가 초래한 결과였고 제주도의 반란이 장기화된 이유였다.

브라운 대령은 2주 만에 반란을 제압하겠다고 큰소리쳤지만 무차별적이고 비효율적인 작전은 여론의 비판은 물론이고 현지 민심을 더욱 이반시켰다. 주민들을 회유하고 민심 수습에 총력을 기울여도 부족할 판에 일본인들 이상으로 고압적인 태도로 일관하자 많은 주민이 토벌군을 피해 산속으로 달아났다. 그중에는 남로당 무장대에 입대한 사람도 적지 않았다. 심지어 토벌군 중에서도 탈영하여 게릴라에 합류하기도 했다. 박진경은 브라운의 지시를 충실하게 실행한 공으로 한 달 만에 대령으로 승진했다. 하지만 6월 18일 진급 축하연에 참석한 뒤 숙소에서 잠을 자던 중 부하들의 반란으로 피살되었다. 그 와중에 김달삼을 비롯한 남로당 간부들은 8월 21일 해주에서 열리는 '남조선인민대표자회의'에 참석한다는 명목으로 토벌군의 감시를 피해 제주도를 빠져나갔다. 남로당 게릴라들은 약화되기는커녕 토벌군과의 싸움으로 경험을 쌓고 신규 대원들이 대거 입대하면서 전력이 한층 강화되었다. 브라운의 무능함을 보여준 셈이다. 게릴라들 입장에서는 일단 토벌군에게 잡히면 이유 여하를 막론하고 혹독한 고문을 받은 뒤 재판도 없이 즉결 처형되다보니 죽기 살기였다.

4개월 뒤 대한민국 정부가 수립되고 미군정은 막을 내렸다. 그러나 초대 대통령이 된 이승만은 미군정이 시작한 비극을 끝내는 대신 그대로 물려받는 쪽을 선택했다. 미국의 무관심 속에 취약하기 짝이 없는 신생 공화국을 자력으로 수습하게 된 그의 선택은 대화와 포용이 아니라 폭력과 탄압이었다. 평생 이름난 고집불통에 독선적이었던 그의 성격 탓도 있었지만 근본적으로는 남한이 처한 상황 때문이었다. 트루먼은 공산주의를 미국의 적으로 규정했다. 미소 대립과 남북 분단이라는 상황에서 홀로 설 역량이 없는 이상 외세에 기대는 것만이 현실적으로 이승만이 할 수 있는 유일한 선택이기도 했다. 따라서 원하건 원하지 않건 미국의 신뢰를 얻으려면 좌익을 더욱 혹독하게 탄압하여 충성심을 증명해야 했다.

제주도의 반란을 오점이라 여긴 이승만은 자신의 지도력을 보여줄 시험대라고 생각하고 토벌군에게 총력을 기울여 진압하라고 지시했다. 신임 제9연대장으로 송요찬 중령이 부임했다. 그는 일본군 조장(상사) 출신으로 주변에서 '호랑이'라고 부를 만큼 거칠기로 유명했다. 11월 17일에는 제주도 전역에 계엄령이 선포되었다. 이때부터 제주도의 유혈은 한층 본격화되었다. 제9연대 작전 일지에 따르면 1948년 11월 21일부터 12월 20일까지 한 달 동안에만 1292명이 사살되고 498명이 체포되었다. 토벌군은 12명이 전사했고 8명이 부상을 입었다. 하지만 노획한 무기는 M1 소총 2정, 99식 소총 27정, 죽창 141개, 일본도 7개에 불과했다. 심지어 수십 명을 '사살'했다고 하면서도 노획한 무기가 하나도 없는 경우가 비일비재했다. 전투라고 부를 수 있는 것이 아니었다.

게릴라들은 치고 빠지는 식으로 토벌군을 기습했고 그때마다 토벌군은 게릴라 대신 인근 주민들에게 무차별 보복을 했다. 물론 게릴라들 역시 토벌군 못지않은 만행을 저질렀다. 양측은 이성을 잃은 채 서로 '눈에는 눈, 이에는 이'라는 식으로 잔혹한 보복을 일삼았다. 게다가 그 보복 대상은 대부분 저항할 수 없는 힘없는 민간인들이었다. 3만 명에 달하는 희생자 80퍼센트는 토벌군에 의해 희생되었지만 나머지 20퍼센트는 엄연히 게릴라들의 소행이라는 점 또한 간과해서는 안 된다. 제주도는 남한의 '킬링필드'였다.

유재흥이 제주도에 내려온 때는 이미 광기의 피바다가 섬 전체를 한바탕 휩쓸고 지나간 뒤였다. 그는 전임자들의 무분별한 섬멸전 대신 보다 이성적인 방법을 선택하기로 했다. 가장 먼저 불만의 온상이었던 극우단체들의 행패부터 금지했다. 유재흥의 선무 활동은 대번에 효과를 드러냈다. 산속에서 궁지에 몰려 있던 주민들은 그제야 내려오기 시작했다. '물'을 잃은 게릴라들의 세력도 빠르게 약화되었다. 그는 제주도에 불과 두 달 남짓 있었지만 육지로 떠나는 5월 초에는 대부분의 반란이 종식되면서 모처럼의 평화가 찾아왔다.

물론 탄압에서 회유로의 전환을 놓고 일부의 주장처럼 일개 군인에 불과한 유재흥이 마치 제 한 몸을 던져 권력의 횡포에 맞서 제주도민 전체를 구했다는 식으로 미화하는 것은 성급한 결론일지도 모른다. 그보다는 충분히 피를 흘렸으니 이제는 수습할 때라는 정권 차원의 결정이 뒤따랐기에 가능한 일이었다. 그러나 훨씬 나이가 많고 영향력 있는 사람들조차 권력의 눈치를 보기에 급급하면서 모르는 척 침묵을 지키거나 오히려 과잉 충성을 하는 것이 현실이었다. 그런 분위기에서 유재흥이 20대의 젊은이답지 않은 정치적 수완을 발휘하여 제주도민의 민심을 안정시킨 사실만큼은 결코 과소평가할 수 없다. 한국전쟁에서 군인으로서 보여준 과오를 떠나서 이 점은 높이 평가해야 마땅하다.

위기 때마다 무너지다

유재흥은 제주도지구 전투사령부의 해체와 함께 제6사단장에 임명되었다. 이후 제2사단장을 거쳐 한국전쟁 발발 직전인 1950년 6월 10일에는 제7사단장을 맡아 의정부 방어를 책임졌다. 그의 나이 스물아홉 살이었다. 제6사단장 김종오도 유재흥과 동갑이었으며 참모총장 채병덕은 서른네 살, 참모차장 정일권은 서른세 살, 제1사단장 백선엽과 제2사단장 이형근은 서른 살이었다. 일본-만주군에서 초급 장교를 지낸 이들은 대부대를 지휘한 경험은커녕 게릴라 토벌과 38선 부근에서 무력 시위에 가까운 국지전 이외에 변변한 실전을 겪어본 일도 거의 없었다. 하물며 그 지위를 감당할 만한 경륜을 갖추지도, 전문 훈련을 받지도 못했다.

창군 시절이라고는 하지만 2, 30대 초반의 새파란 풋내기가 과분한 직책을 맡았던 이유는 단순히 그들보다 더 나은 인재가 없었거나 남들보다 한발 먼저 군사영어학교에 들어간 덕분이라고 할 수는 없었다. 진짜 이유는 따로 있었다. 이범석을 대신하여 1949년부터 국방장관을 맡은 신성모가 김홍일, 원용덕, 송호성, 지청천 등 정권 입장에서 다루기 껄끄러운 원로 군인들을 대부분 한직으로 몰아내고 충성심을 보다 쉽게 얻을 수 있는 젊은 군인들을 일선의 요직에 대거 기용했기 때문이다. 신성모는 상선 선장 출신으로 전형적인 아첨꾼일 뿐 군에 대한 전문 지식이나 정치적 경험은 찾아볼 수 없는 인물이었다. 이응준은 회고록에서 신성모가 경험이 풍부한 원로들을 푸대접한 것에 분통을 터뜨리며 "정치적 술수만 부리는 그런 사람이 다시는 국방장관에 기용되어서는 안 된다"라고 비난했다.

물론 이탈리아군의 바돌리오나 프랑스군의 가믈랭처럼 나이와 경험이 많다고 해서 무조건 유능하다고 할 수는 없다. 사람은 나이를 먹을수록 아집이 강해지고 권위적이며 새로운 것을 배우기보다 자신에게 익숙한 낡은 방식을 고집하려는 경향이 있기 때문이다. 군의 중추부를 장악한 고루한 장군들이 변화와 발전의 걸림돌이 되어 패배를 초래한 경우는 얼마든지 있다. 반대로 젊고 혈기 왕성한 장군일수록 뛰어난 순발력과 추진력을 갖추어 전장에서 놀라운 역량을 발휘하기도 한다. 젊다는 이유로 애송이 취급하며 부정적으로만 볼 일은 아니다. 그러나 자리에 걸맞은 충분한 경륜을 쌓을 기회와 역량 검증을 거친 뒤의 이야기다. 능력이 아니라 충성심만 평가하여 중용했다가 망국의 지름길이 되는 사례는 역사에서 흔히 볼 수 있다. 특히 그 사람의 진면모는 위기에 맞닥뜨렸을 때 가장 명확하게 드러나는 법이다.

한국전쟁의 발발은 그런 한계를 고스란히 드러냈다. 채병덕은 하필이면 북한군의 기습을 앞두고 비상경계령을 해제하고 휴가를 허용하는 바람에 병력의 태반이 빈자리였다. 개전 전날 축하 파티에 참석하여 밤늦게 귀가했던 그는 몇 시간 뒤 남침 소식을 전해듣고 패닉 상태에 빠졌다. 게다가 초기 상황을 제대로 파악하지 못했고 조직적인 방어전 대신 당장 전선을 틀어막는 데만 급급한 나머지 귀중한 병력을 주먹구구식으로 투입했다. 결과적으로 적의 먹잇감으로 던져준 셈이었다. 또한 북한군이 소련의 막강한 지원을 받아 전력에서 월등히 우세하다는 사실을 알면서도 38선을 따라 병력과 물자를 지나치게 전진 배치했다. 이 때문에 적의 초기 공격에 노출되어 엄청난 손실을 입었다. 반면 후방에는 충분한 예비대를 두지 않아 전선이 한번 뚫리자 속수무책이었다. 일본군의 '공세제일주의' 교리를 맹목적으로 답습한 결과였다. 개전 초반의 참패는 단순히 북한군이 전차를 앞세워서만이 아니라 채병덕을 비롯한 젊은 장군들의 경험 부족이 초래한 총체적인 난맥상과 미숙함 때문이기도 했다.

서울의 전면에 해당하는 의정부 방면을 맡은 유재흥의 제7사단은 북한군 주력의 공격을 가장 먼저 받았다. 북한군은 3개 사단 및 1개 기갑여단 등 3만 2000여 명에 달한 반면, 제7사단은 2개 연대 7000여 명에 불과했다. 열흘 전 육군 본부의 부대 조정에 따라 예비대인 제3연대가 수도경비사령부(수도방위사령부) 예하로 변경되면서 예정대로 후방으로 이동한 반면, 그 자리를 메워야 할 제25연대의 이동이 지연된 탓이었다. 상식적으로 후방부대가 도착한 뒤에 전방부대를 이동해야 함에도 불구하고 순서가 정반대가 되었다는 것은 당시 업무 처리가 얼마나 미숙했는지를 보여준다. 그것이 누구의 잘못이든 중요한 사실은 전선에 커다란 구멍이 생겼다는 점이었다. 더욱이 30퍼센트 이상의 병력이 주말 외출로 자리를 비우고 있었기에 양군의 실제 전력 차이는 1 : 7 이상이었다.

유재흥으로서는 평생 처음 경험하는 '진짜 전쟁'이었다. 결과는 참담했다. 동두천을 맡은 제1연대는 북한군 제4사단의 공격을 일시적으로 격퇴했다. 하지만 더이상 버티지 못한 채 그날 밤 밀려났다. 포천 방면의 제9연대도 괴멸적인 타격을 입은 채 후퇴했다. 육군 본부에서는 부랴부랴 제3연대를 다시 제7사단에 배속하여 전선으로 출동시켰지만 병력의 대부분이 자리에 없었기에 실제 병력은 1개 대대에 불과했다. 그들 역시 전차를 앞세운 북한군의 압도적인 공격에 간단하게 분쇄되었다. 그 와중에도 대통령 앞에서 큰소리쳤던 채병덕은 직접 전선으로 나와 사단장들에게 즉각 반격하여 적을 격퇴하라고 닦달했다. 제2사단장 이형근이 불가능한 명령이라며 반발했지만 자기 체면이 걸린 채병덕은 막무가내였다.

유재흥은 병력의 대부분을 잃은데다 사단 예비대가 없었다. 그는 여기저기 흩어진 병력을 끌어모아 새로이 배속된 제18연대와 함께 반격에 나섰지만 1개 연대도 채 되지 않았다. 무기와 탄약도 매우 부족했고 적에 대한 정보도 없었다. 울며 겨자 먹기로 시작된 반격은 처참하게 실패했다. 개전 이틀 만에 제7사단은 붕괴되었다. 그때까지 버티고 있던 다른 사단들까지 퇴로가 위태로워지면서 서부 전선 전체가 무너졌다. 제7사단은 7월 5일 해체되었다.

물론 초반 패배나 제7사단의 파멸을 유재흥 한 사람의 졸렬한 지휘 때문이라고는 할 수 없다. 그러나 어떤 이유이건 일차적인 책임은 결국 일선 지휘관인 그의 몫이었다. 반면 옹진반도와 개성 방면을 맡은 백선엽의 제1사단은 훨씬 불리한 여건 속에서 많은 손실을 입으면서도 조직적인 지연전을 펼치며 부대 건재를 유지한 채 낙동강 전선까지 후퇴했다. 동부 전선의 제6사단과 제8사단 또한 북한군의 공세를 저지했다. 유재흥은 채병덕의 무모한 명령에 맹목적으로 따랐다가 자신의 사단을 통째로 잃었다는 사실만으로도 불명예스러운 일이며 어떤 변명도 무색할 수밖에 없었다.

사단은 해체되었지만 막상 사단장인 유재흥에 대한 책임 추궁은 없었다. 오히려 제1군단 부군단장(군단장 김홍일)을 거쳐 얼마 뒤에는 제2군단장을 맡는 등 승승장구했다. 이형근이 제7사단의 붕괴와 의정부 함락으로 자신의 사단까지 퇴로가 차단될까 우려하여 채병덕의 '철퇴 불가'를 무시하고 후퇴했다가 해임된 것과는 대조적이었다. 유재흥은 낙동강으로 후퇴한 뒤 제1사단과 제6사단, 제8사단을 맡아 대구와 영천을 성공적으로 방어하여 그동안 실추된 명예를 회복했다. 그 공으로 소장으로 승진했고 참모총장 정일권, 제1군단장 김백일과 더불어 한국군 최고위 장성 중 한 명이 되었다.

낙동강을 놓고 40여 일에 걸쳐 일진일퇴의 싸움이 한창이던 9월 15일 인천에서 전황을 일거에 뒤엎을 일대 상륙작전이 시작되었다. 맥아더의 야심만만한 인천 상륙작전인 '크로마이트작전'은 촉박한 시

일에 따른 준비 불충분과 인천의 지형적 험준함 때문에 상륙작전 역사상 최악의 실패로 일컫는 갈리폴리 상륙작전의 재현이 될 수도 있었다. 하지만 맥아더 특유의 도박성과 상당한 행운, 그리고 무엇보다도 낙동강에만 집착한 나머지 후방을 무방비로 내버려둔 김일성의 미숙함 덕분에 노르망디 상륙작전에 비견하는 대성공을 거두었다. 전세는 단숨에 역전되었다. 낙동강 전선에서도 총반격이 시작되었다. 유엔군과 한국군은 패주하는 북한군을 추격하면서 북상을 시작했다. 10월 3일 제6사단이 춘천을 넘어 38선에 도착했다. 제2군단 산하 사단들 중에는 처음이었다. 하지만 원주에서는 퇴각하던 2000여 명의 북한군 잔당에 의해 제2군단 사령부가 습격받은 일도 있었다.

10월 2일 맥아더는 38선 돌파 명령을 내렸다. 닷새 뒤 유엔 총회에서 찬성 47, 반대 5, 기권 7, 불참 1이라는 압도적인 표차로 38선 돌파가 승인되었다. 한국군의 선봉부대는 이미 하루 전날 38선을 넘어 북진중이었다. 중부 전선을 맡은 유재흥의 제2군단이 38선을 넘은 때는 10월 5일이었다. 예하사단인 제7사단(해체된 지 한 달 15일 만인 8월 20일 대구에서 재건되었다) 1개 연대가 백선엽의 제1사단, 미 제1기병사단과 더불어 평양 공략전의 한 축을 차지하는 영광을 누리기도 했다. 유재흥도 제7사단장 신상철 준장과 함께 평양에 입성했다. 그러나 기쁨은 잠시였고 전세는 또 한번 바뀌었다. 중국군의 개입이었다. 한국군이 처음 38선을 넘은 날 김일성은 스탈린과 마오쩌둥에게 구원을 요청하는 친서를 보냈다. 스탈린은 김일성의 부추김에 넘어가 일은 벌여놓았지만 뒷수습할 자신이 없었다. 그의 비책은 마오

평양에 입성한 유재흥(왼쪽)**과 신상철 준장**(오른쪽) 원래 제7사단은 평양 공략을 맡은 부대가 아니었지만 이승만 대통령은 우리의 자존심을 지키기 위해서 제7사단에 평양 진격을 명령했다. 제7사단은 제1사단과 미 제1기병사단보다도 하루 먼저 입성하는 영광을 얻었다.

쩌둥에게 떠넘기는 것이었다. 마오쩌둥도 미국과의 정면 대결이 두렵기는 마찬가지였다. 참전을 몇 번이나 번복한 끝에 10월 13일 정치국 회의에서 출병이 최종 결정되었다. 총사령관은 예전에 팔로군 참모장이었으며 중국군 제일의 맹장으로 이름난 펑더화이였다.

10월 19일 야음을 틈타 제40군을 선두로 하여 중국군 제13병단 4개 군(제38군, 제39군, 제40군, 제42군) 및 포병 제8사단 등 제1진이 압록강을 건너기 시작했다. 청일전쟁 이래 56년 만에 중국군이 다시

한반도에 발을 내딛는 순간이었다. 한국군과 최초 접전이 벌어지는 1950년 10월 말까지 한반도에 들어온 중국군은 6개 군 18개 사단 및 3개 포병사단, 병참 요원까지 합하면 약 30만 명에 달했다.

10월 25일 압록강에서 50킬로미터 떨어진 운산에서 제1사단 제1연대는 처음으로 정체불명의 적과 맞닥뜨렸다. 백선엽은 상황이 심상치 않다고 판단하고 재빨리 사단 전체에 후퇴 명령을 내려 더 큰 재앙을 피했다. 하지만 김종오의 제6사단은 그렇지 못했다. 제1사단보다 훨씬 깊숙이 진격한 제6사단 제7연대는 변변한 저항을 받는 일 없이 다음날 북쪽으로 70킬로미터 떨어진 초산에 태극기를 달고 수통에 압록강 물을 담으며 승리의 기쁨을 누렸다. 하지만 그것도 잠시였다. 사방에서 나타난 정체를 알 수 없는 적들에게 포위되어 괴멸적인 타격을 입었다. 손실은 75퍼센트에 달했다. 남쪽 온정리에서 공격을 받은 제2연대도 큰 타격을 입은 채 뿔뿔이 흩어졌다. 유재흥은 그제야 제2군단 전체에 청천강 이남으로 후퇴를 명령했다.

맥아더는 전황이 점점 악화되고 있었음에도 전선을 정비하거나 새로운 적을 대비하지 않았다. 오히려 그는 중국군의 개입 따위는 별일 아닌 양 크리스마스까지 전쟁을 끝낼 것이라며 새로운 공세를 명령했다. 공공연히 공화당의 차기 대선 후보로 거론되고 있었던 그는 이런 곳에서 위대한 전쟁 영웅으로서 자신의 신화에 흠집을 내고 싶지 않았기 때문이다. 그러나 치명적인 실수였다. 우군끼리 경쟁을 벌이느라 병력은 곳곳에 흩어져 있었다. 병참선은 한계에 직면하여 물자가 부족했다. 병사들은 혹독한 추위에 떨고 있었다. 하지만 단순히 맥아더 탓으로만 돌릴 수는 없었다. 가장 큰 책임은 최고 지도자로서 트루먼이 상황 변화에 둔감했고 전쟁 목표를 명확히 정하지 못한 채 갈팡질팡한 데 있었다. 루스벨트의 죽음으로 갑작스럽게 대통령을 승계한 그는 정치 경험이 부족했고 복잡한 위기를 극복해나갈 리더십이 없었다. 결국 파국으로 끝난 맥아더와 트루먼의 갈등은 트루먼이 자초한 결과였다.

11월 24일 맥아더의 크리스마스 공세가 시작되었다. 유엔군과 한국군은 전 전선에 걸쳐 전진을 시작했다. 중국군도 미군 이상으로 준비가 불충분했다. 하지만 펑더화이는 미국 내에 소련이 침투시킨 첩자들을 통해 맥아더의 작전을 훤히 꿰뚫고 있었다. 그렇지 않았다면 그로서도 미군을 상대로 무모한 모험을 시도하기는 어려웠을 것이다. 그는 맥아더의 예봉을 슬쩍 피하면서 깊숙이 끌어들인 뒤 포위공격에 나섰다. 중국군은 말로는 '항미원조(抗美援朝, 미국에 맞서 조선을 지원한다)'를 운운하면서도 실제로는 강력한 미군 대신 보다 만만한 한국군을 집중 공격의 대상으로 삼았다. 그중에서도 펑더화이가 유엔군의 아킬레스건으로 여긴 쪽은 유재흥의 제2군단이었다. 제7사단은 덕천에서 중국군에게 포위되어 패주했다. 우익을 맡은 제8사단도 묘향산 방면에서 공격에 나섰다가 함정에 빠져 엄청난 손실을 입고 후퇴했다. 중국군은 한국군이 정면 공격에만 신경쓰는 사이 후방으로 우회하여 퇴로를 차단했고 사방에서 포위공격하여 한국군을 무너뜨렸다. 예비대인 제6사단이 출동했지만 이미 초반에 큰 타격을 입은 이들은 중국군의 공격에 쉽게 밀려났다.

유재흥은 일단 방어로 전환했다. 하지만 중국군의 맹공은 멈추지 않았다. 제2군단 전체가 중국군의 포위망에 갇히면서 지리멸렬한 채 남쪽으로 무질서하게 후퇴했다. 이로 인해 서쪽의 미 제9군단 역시 측면이 노출되었다. 전선 전체가 도미노처럼 무너졌다. 11월 29일 맥아더는 전면 퇴각 명령을 내렸다. 참담한 패주의 시작이었다. 동부 전선을 맡은 김백일의 제1군단과 미 제10군단이 질서 있게 철수하면서 중국군에게 막대한 손실을 입힌 것과 달리 서부 전선은 완전히 붕괴되었다. 미 제2사단은 군우리의 좁은 협곡에서 마치 '인디언 태형(Gauntlet)'처럼 사방에서 쉴새없이 공격을 받았다. 4000여 명의 사상자와 대포의 80퍼센트, 차량의 30퍼센트를 잃고 간신히 평양으로 후퇴했다.

미군은 6년 전 똑같은 상황에 직면한 적이 있었다. 1944년 12월 히틀러의 마지막 도박이었던 아르덴 공세였다. 아이젠하워 역시 맥아더처럼 다 이겼다며 방심했다. 미군 병사들은 추위에 떨고 있었고 상당수는 신병이었다. 독일군의 공세가 시작되자 혼란에 빠졌다. 그러나 이때의 미군은 끝까지 무너지지 않았다. 바스토뉴(Bastogne)에서 포위된 미 제101공수사단장 대리 앤서니 매콜리프(Anthony McAuliffe) 준장이 독일군의 항복 요구에 "엿 먹어라!"라고 한 일화는 미군의 꺾이지 않는 투지의 상징이었다. 아이젠하워는 허를 찔렸음에도 불구하고 당황하지 않았다. 그는 상황을 재빨리 파악한 뒤 패튼에게 반격을 명령했다. 패튼은 자신만만하게 "독일 놈들은 고기 분쇄기에 자기 머리를 처넣었소. 그리고 내가 손잡이를 잡고 있지"라면서 승리를 장담했다. 결국 히틀러는 승패를 뒤엎기는커녕 자신의 최후를 몇 달 앞당긴 꼴이 되었다. 독일군이 펑더화이의 중국군보다 약해서가 아니라 미군 수뇌부부터 말단 병사에 이르기까지 투지와 승리를 향한 의지가 달랐기 때문이다.

맥아더의 모습은 아이젠하워와 정반대였다. 상황 수습보다는 우왕좌왕하면서 책임 소재를 놓고 본국 정부와 싸우기에 여념이 없었다. 병사들은 완전히 겁에 질렸다. 미 제8군 사령관 월턴 해리스 워커(Walton Harris Walker) 중장은 평양을 지키는 것조차 어렵다고 여기고 싸우지 않고 포기를 결정했다. 12월 4일 평양은 버려졌다. 제7사단 제8연대가 김일성종합대학에 태극기를 내건 지 한 달 보름 만이었다. 유엔군과 한국군은 38선까지 후퇴했다.

제2군단은 이형근의 제3군단과 함께 춘천-인제 방어를 맡았다. 12월 31일 펑더화이는 제3차 공세(신정 공세)를 시작했다. 제2군단과 제3군단 모두 중국군과 북한 제2군단의 맹렬한 공격으로 곳곳에서 전선이 돌파되고 포위당했다. 그나마 제1군단에서 증파된 제9사단이 공격에 나서면서 북한군을 격퇴하고 위기에서 벗어났다. 얼마 전 교통사고로 사망한 워커를 대신하여 새로 부임한 매슈 벙커 리지웨이(Matthew Bunker Ridgway) 중장은 한강 이남으로의 철수 명령을 내렸다. 1월 4일 서울은 다시 한번 공산군의 손으로 넘어갔다. 1월 10일 제2군단은 대전에서 해체되었다. 예하부대인 제3사단은 육군 본부 직할로, 제7사단은 제3군단에 편입되었다. 유재흥은 참모차장으로 부임했다. 하지만 얼마 후 이번에는 이형근을 대신하여 제3군단의 지휘를 맡았다. 부대가 해체된 쪽은 제2군단인데, 무슨 이유에서인지 다른 군단장에게 엉뚱한 불똥이 튄 셈이었다. 당사자인 이형근은 자신의 회고록 『군번 1번의 외길 인생』에서 날벼락이나 다름없는 인사에 대해 정일권과 신성모에게 항의하고 이유를 따졌지만 제대로 된 설명조차 듣지 못했다고 털어놓았다. 정일권은 회고록에서 앞뒤 사정은 생략한 채 제2군단이 해체되었다는 사실만 짤막하게 언급한다.

현리의 악몽

유엔군과 남한군은 서울을 내주고 37선까지 밀려났다. 궁지에 내몰린 트루먼 행정부는 병력을 증파하여 전세를 뒤엎는 대신 공공연히 남한의 포기를 논의했다. 마오쩌둥은 예상을 훨씬 뛰어넘는 승리에 신이 나서 이참에 부산까지 단숨에 진격하여 유엔군을 바다로 몰아넣겠다며 호언했다. 하지만 이제 한계에 직면한 쪽은 중국군이었다. 1월 25일 리지웨이의 반격이 시작되었다. '선더볼트작전'이었다. 중국군의 제4차 공세(2월 공세)는 격퇴되었다. 부산 진격의 가능성은 사라졌다. 백전노장의 펑더화이는 김일성처럼 무모한 작전에 연연하지 않았다. 그는 김일성의 반발을 묵살하고 38선으로의 후퇴를 결정했다. 3월 15일 한국군 제1사단은 서울을 재탈환했다. 전선은 전쟁 이전으로 돌아갔다. 하지만 전쟁은 끝나지 않았다.

4월 9일 맥아더는 쫓겨났다. 그는 일이 이렇게 된 이유가 자기 탓이 아니라 공산주의의 위협을 과소평가한 트루먼 행정부의 우유부단함 때문이라고 비난하여 트루먼의 심기를 건드렸다. 트루먼은 맥아더가 패전지장 주제에 자중하기는커녕 분별없이 설치면서 대통령의 권위를 우습게 여긴다며 분노하여 해임을 결정했다. 맥아더 역시 쉽게 꼬리를 내릴 생각이 없었다. 분기탱천하여 귀국한 그는 "노병은 죽지 않는다"라는 명연설로 여론의 지지를 얻어냈다. 하지만 오래가지 않았다. 1년 뒤 공화당 대선 후보에 추대된 사람은 맥아더가 아니라 한때 그의 부관이었던 아이젠하워였다. 트루먼도 치졸한 감정싸움의 승자가 될 수 없었다. 그의 지지도는 급락했고 민주당은 20년 만에 정권을 공화당에게 넘겨주어야 했다.

새로운 유엔군 사령관은 리지웨이였다. 제8군의 지휘는 밴 플리트가 맡았다. 쉰아홉 살의 밴 플리트는 아이젠하워, 브래들리와는 웨스트포인트 동기생이었다. 하지만 참모총장 마셜이 하필이면 술주정뱅이로 유명한 동명이인과 착각하는 바람에 매번 진급에서 탈락되었다. 우연히 그 사실을 안 아이젠하워가 오해를 푼 덕분에 뒤늦게나마 관운이 트였다. 제2차세계대전 당시 노르망디 상륙작전에 참여한 뒤 군단장으로 승진했고 패튼 휘하에서 제3군단을 지휘하여 루르 포위전의 일각을 맡았다. 전쟁이 끝난 뒤 왕당파 정부와 공산 반군의 싸움이 한창이던 그리스에 군사 고문으로 파견되어 왕당파의 승리를 이끌어내기도 했다. 그는 미군 최고의 맹장 패튼도 극찬했을 정도로 용맹했으며 정치나 외교와는 거리가 먼 무골형 군인이었다. 하지만 그 시절 여느 미군 장군들처럼 아시아에 아무런 이해가 없었다. 남한에 온 지 얼마 되지 않아 현지 사정이나 한국군의 실상을 잘 알지 못한다는 점이 치명적인 한계였다.

유엔군 지휘부가 교체되는 동안 펑더화이는 총력을 기울인 새로운 공세를 준비했다. 병력은 3개 집단군 70만 명에 달했다. 4월 22일 38선 전역에 걸쳐 중국군의 제5차 공세(춘계 공세)가 시작되었다. 미 제9군단 산하 장도영 준장의 제6사단이 가평 북방의 사창리전투에서 중국군에게 포위되어 나흘 만에 무너지는 참사가 벌어졌다. 하지만 임진강에서 영국군의 분투와 미 제1군단이 중국군 제19병단의 공격을 끝까지 막아내어 서울을 다시 빼앗기는 일은 없었다. 중국군은 큰 손실을 입고 일주일 만에 후퇴했다. 펑더화이는 이쯤에서 멈추기를 원했지만 마오쩌둥은 재차 공격을 명령했다. 미군과 유엔군 부대가 얼마나 강한지 새삼 절감한 그는 이번에는 중동부 전선을 맡은 한국군으로 눈을 돌렸다. 청천강전투에서 그러했듯이 또 한번 한국군을 구멍으로 만들어 미군의 측면을 무너뜨리겠다는 계획이었다.

한편, 유엔군과 한국군도 빼앗긴 영토 탈환에 나섰다. 5월 7일 제3군단 산하 제9사단은 공격에 나서 치열한 격전 끝에 한석산을 되찾았다. 제1군단 역시 설악산 일대의 고지를 공략하는 데 성공했다. 비록 승리를 거두기는 했지만 주변 지형이 험난하고 도로가 빈약하여 부대 기동과 병참선 확보가 어렵다는 점이 문제였다. 펑더화이는 이 점을 놓치지 않았다. 밴 플리트는 5월 12일부터 대대적인 반격에 나설 생각이었다. 하지만 항공 정찰을 통해 중국군이 재차 공세를 준비한다는 사실을 알고 방어로 전환했다. 그의 오판은 중국군이 이번에도 서울을 노리거나 중부의 미 제10군단이 되리라고 판단한 점이었다. 한국군이 맡은 중동부 전선은 덜 관심을 두었다. 지형이 험준하여 대부대 투입이 어렵다고 판단했기 때문이다. 또한 설사 중국군의 공격이 있어도 태백산맥의 험준한 지형을 이용한다면 약체인 한국군만으로도 충분히 막을 수 있으리라는 것이 밴 플리트의 생각이었다. 그는 38선을 따라 늘어선 일선부대에 철조망과 지뢰를 매설하고 진지를 신속하게 보강할 것을 명령했다.

미군의 방어 태세는 그야말로 철통이었다. 미 제2사단 제38보병연대 대대장 월리스 헤인스(Wallace Hanes) 중령은 헬리콥터를 타고 방어 진지를 둘러본 뒤 사단장 클라크 L. 러프너(Clark L. Ruffner) 소장에게 너스레를 떨었다. “장군님, 저는 오직 한 가지가 걱정입니다. 놈들이 우리를 공격하러 오지 않으면 어쩌죠. 만약 그들이 오늘 제가 본 것을 봤다면, 놈들이 영리하다면 우리한테 한 입 거리도 주지 않을 겁니다.” 그의 기대가 빗나가는 일은 없었다. 미군은 중국군이 몰려오자 기다렸다는 듯이 쓸어버렸다. 문제는 한국군이었다.

5월 16일 저녁 중국군의 공세가 시작되었다. 병력은 중국군 제3병단과 제9병단 13만 7000명, 북한군 제2군단, 제5군단 3만 8000명이었다. 주공을 맡은 제9병단 3개 군(제12군, 제20군, 제27군)과 북한군 2개 군단은 인제 방면의 한국군 제3군단(제3사단, 제9사단)과 미 제10군단 산하 한국군 제5사단, 제7사단 등 4개 사단을 집중적으로 공격할 참이었다. 제3병단(제15군, 제60군)은 미 제10군단을 견제하여 증원 병력을 보내지 못하도록 차단하는 역할을 맡았다. 서부 전선의

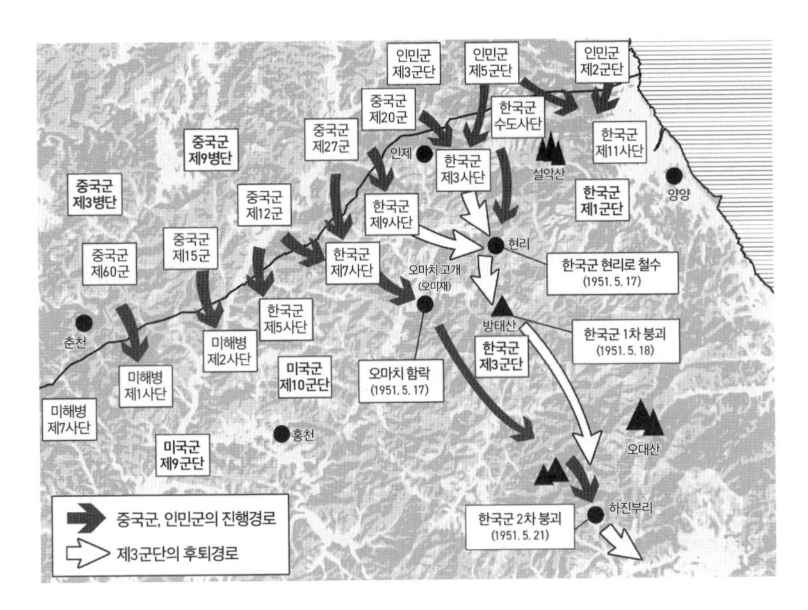

중국군 제2차 춘계 공세, 1951년, 5월 16일~24일 당시 양군 병력 배치와 진격 상황

제19병단도 미군의 관심을 끌기 위한 양동 공격에 나섰다. 며칠 동안 날씨가 흐렸기에 미 공군의 정찰기들은 이들의 움직임을 놓쳤다.

가장 먼저 맹렬한 포격과 함께 구름처럼 몰려오는 중국군의 공세를 받은 쪽은 좌익의 한국군 제5사단과 제7사단이었다. 중국군은 수적으로도 월등히 우세했지만 단순히 인해전술로만 밀어붙인 것이 아니었다. 험준한 산악지대에 포진한 한국군의 정면을 공격하기보다는 안개를 이용하여 전선의 취약한 부분을 강타했다. 그런 다음 한국군 전초 거점들을 고립시키고 사방에서 파상 공격을 퍼부었다. 중국군이 가장 즐겨 쓰는 방식이었다. 제5사단은 그런대로 버텼다. 하지만 제7사단은 지휘계통이 마비되고 부대 태반이 포위되었다. 사단장 김형일은 간신히 괴멸을 면한 채 병력을 수습하여 다음날 오후 후퇴했다.

제7사단이 후퇴하자 제5사단도 함께 물러났다. 두 사단은 많은 손실을 입었지만 완전히 무너지지 않은 채 그런대로 부대 건재를 유지했다. 하지만 두 사단의 퇴각으로 제3군단의 좌익이 노출되었다. 더욱 심각한 문제는 제7사단을 돌파한 중국군이 1개 중대로 재빨리 오마치 고개를 점령했다는 사실이었다. 말 다섯 마리가 겨우 지나갈 수 있을 만큼 좁다는 의미의 오마치 고개는 제3군단의 유일한 퇴로였다. 고작 1개 중대가 이곳을 점령한 것만으로 제3군단 전체가 포위된 셈이었다. 중국군은 기회를 놓치지 않고 재빨리 증원 병력을 보내 한국군의 반격에 대비했다. 제7사단이 부랴부랴 오마치 고개의 탈환에 나섰지만 격퇴되었다. 게다가 이런 상황을 제3군단에서 제대로 파악하지 못하고 있었다. 제3군단 지휘부의 태만이건 미 제10군단과의 소통 부재 탓이건 치명적인 실책이었다.

중국군의 공세 앞에서 제5사단과 제7사단이 밀리는 동안 제3군단 좌익인 제9사단은 17일 새벽부터 중국군의 공격을 본격적으로 받기 시작했다. 사단장 최석은 제7사단이 이미 무너졌음을 알고 포위되기 전에 철수를 결심했다. 그리고 부사단장에게 차량을 이끌고 후방으로 후퇴하라고 지시했다. 그러나 오마치 고개를 지나던 중 매복하고 있던 중국군의 사격을 받았다. 그제야 중국군이 오마치 고개를 점령하여 퇴로가 차단되었음을 깨달았다. 한편, 제3군단의 우익인 제3사단 역시 수도사단과 함께 북한군 제5군단 3개 사단의 집중 공격을 받고 있었다. 북한군의 공격은 중국군과 달리 험준한 지형에 가로막혀 제대로 전진하지 못했다. 전세는 불리하지 않았지만 사단장 김종오는 오마치 고개가 함락되었다는 뜻밖의 보고에 당황하여 사단 전체에 철수를 명령했다. 그만큼 제3군단에게는 치명타였다.

오마치 고개 남쪽 하진부리 사령부에 있었던 유재흥은 그때까지도 상황의 심각성을 깨닫지 못했다. 그는 그날 새벽 4시 제7사단이 무너지고 오마치 고개가 함락되었다는 보고를 받았지만 오보로 취급했다. 설마 이 야밤에 중국군이 험한 산속에서 아군의 방어선을 뚫고 오마치 고개까지 침투할 리 없다고 여겼던 것이다. 그는 날이 샌 뒤에야 위기가 닥쳤음을 절감했다. 오후 2시에 부랴부랴 연락기를 타고 현리로 갔다. 현리는 철수중인 두 사단의 병력으로 넘쳐났다. 하지만 당장 오마치 고개를 탈환하지 못한다면 철수는커녕 독 안에 든 쥐가 될 판국이었다. 그러나 유재흥은 2개 사단이 아직 건재하여 오마치 고개를 충분히 탈환할 수 있다고 낙관했다. 그는 군단장으로서 일선에서 직접 전황을 살피고 독려하는 대신 제3사단장 김종오에게 모든 지휘를 맡기고 사령부로 돌아가기 위해 비행기에 올랐다. 그 모습이 결정적이었다. 이미 적에게 퇴로가 막혀 사기가 떨어진 병사들은 "군단장이 달아난다!"며 패닉에 빠진 채 너도나도 달아나기 시작했다. 김종오는 각 사단에서 1개 연대씩을 빼내 오마치 고개를 탈환할 계획을 세우고 있었다. 하지만 지휘본부 장막 밖에서는 싸우기도

현리전투에서 중국군의 포로가 되어 끌려가는 한국군 병사들 한국전쟁에서 정확히 얼마나 많은 한국군이 포로로 잡혔는지 공식적인 사료는 없지만 적어도 5~6만 명 이상으로 추산되었다. 하지만 태반은 북한군에 징집되거나 후방의 오지로 끌려가서 강제 노동에 투입되었다. 휴전회담에서도 한국군 포로는 관심 밖이었고 불과 7862명만이 석방될 수 있었다. 대부분은 북한에 억류된 채 수십 년 동안 온갖 차별과 수모를 겪어야 했다. 그들은 현재까지도 잊힌 존재로 취급받는다는 점에서 우리 현대사의 가장 큰 피해자이다.

전에 병사들의 전의가 무너지고 있었다. 밤이 되자 반격은커녕 제3군단 전체가 붕괴되었다.

훗날 회고록에서 유재흥은 적전 도주가 아니라 자신이 그 자리에 있어보아야 어차피 할일이 없었으며 일선 사단장들을 믿었기 때문이라고 변명했다. 하지만 결정적인 전투를 앞두고 군이 사령부를 지켜야 한다는 핑계로 병사들을 내버려둔 채 떠난 것은 전술가로서 얼마나 미숙하고 판단 능력이 부족하며 위기의식이 결여되었는지를 보여주는 셈이었다. 이유가 어떻든 겁에 질린 병사들은 군단장이 자신들을 버리고 달아나야 할 만큼 상황이 심각하다고 오해할 수밖에 없었다. 김종오와 최석은 뜻밖의 상황에 어떻게든 병사들을 수습하려고 안간힘을 썼지만 이미 한번 무너진 사기를 바로잡을 방법은 없었다. 결국에는 이들 역시 패잔병의 무리에 섞여 함께 달아났다. 그렇다고 하진부리로 돌아갔던 유재흥이 뒤늦게라도 병사들의 오해를 풀고 다시 규합하여 싸우게 만들겠다며 현리로 되돌아오는 일 또한 없었다.

현리 주변은 남쪽으로 무질서하게 달아나는 한국군 병사들로 가득했다. 중화기는 모조리 버려졌다. 손에 쥐고 있는 무기는 소총에 불과했다. 게다가 패잔병의 태반은 험준한 산속에서 길을 잃은 채 탈진과 굶주림에 허덕이다가 추격해온 중국군의 포로가 되었다. 20일까지 나흘 동안 제3군단은 지리멸렬한 채 70킬로미터를 도주했다. 그 과정에서 전체 병력의 30퍼센트, 장비의 70퍼센트를 잃었다. 중국군도 병참의 어려움으로 당초 계획처럼 포위망을 형성하는 데 실패하여 유재흥은 포위 섬멸만은 피할 수 있었다. 하지만 괴멸이나 다를 바 없었다. 지휘계통의 붕괴로 더이상 군대라고 부를 수 없었기 때문이었다.

유재흥은 하진부리에서 일단 잔여 병력을 수습하고 새로운 방어선을 구축했다. 최악의 위기 속에서 밴 플리트는 유재흥에게 더이상 한 발짝도 물러나서는 안 된다는 엄명을 내렸다. 또한 폭격기를 출격시켜 맹폭격을 퍼붓고 미 제2사단과 한국군 제1군단에서 병력을 빼내 필사적으로 방어선을 보강했다. 스스로 무너진 제3군단과 달리 백선엽의 제1군단은 북한군의 공세를 잘 막아내 동부 전선을 끝까지 지켜냈다. 앞서 공격받은 제5사단과 제7사단 역시 많은 손실을 입고 밀려나기는 했지만 적어도 제3군단과 같은 추태는 없었다. 원래 중국군의 계획은 이들 전부를 섬멸할 예정이었다. 하지만 병참 한계와 손실이 급격히 커지면서 진격은 점점 둔화되었고 반쪽짜리 성공에 만족해야 했다.

결국 중국군의 5차 공세로 괴멸한 부대는 유재흥의 제3군단밖에 없었다. 게다가 5월 21일 유재흥은 중국군의 기습 공격을 막지 못하고 또 한번 돌파당하는 실책을 저질렀다. 미 폭격기들은 한국군이 버리고 간 장비와 탄약을 폭격하여 파괴해야 했다. 분노가 폭발한 밴플리트는 참모총장 정일권과 함께 직접 제3군단 사령부를 찾았다. 그는 유재흥을 크게 질책하고 그 자리에서 지휘권 박탈과 한국군 편제에서 제3군단을 아예 지우겠다고 선언했다. 제3사단은 백선엽의 제1군단에, 제9사단은 미 제10군단에 편입되었다.

제3군단 해체는 누구 탓인가

아무리 유재흥의 추태를 더이상 용납할 수 없었다고 해도 밴 플리트의 조치는 냉철하거나 불가피하다기보다는 다분히 감정적이었다. 또한 미군의 우월적인 지위를 남용한 횡포이기도 했다. 그는 전후 사정을 살피고 우리측 입장을 들어보는 대신 마치 분풀이하듯이 일방적인 결정을 내렸다. 당사자인 유재흥과 두 사단장의 입장은 억울하고 부당하다는 것이었다. 처음부터 중국군의 공세를 잘못 예측하고 주력부대를 서부와 중부에 집중하면서 취약한 동부 전선을 보강하지 않은 채 방치한 장본인은 밴 플리트 자신이었기 때문이다.

특히 제3군단 붕괴의 결정적 원인이 된 오마치 고개를 방치하여 중국군이 그곳을 점령하도록 내버려둔 것은 전적으로 미군의 고집 때문이었다. 원래 유재흥은 제3군단의 유일한 병참선인 오마치 고개를 지키기 위해 제9사단에서 1개 대대를 빼내어 배치했다. 그런데 이 지역은 미 제10군단의 작전 지역이었다. 맥아더의 아첨꾼이자 인종차별주의자였던 제10군단장 에드워드 아몬드(Edward Almond) 중장은 한국군이 제멋대로 남의 작전 구역을 침해했다면서 막무가내로 철수를 요구했다. 그는 전사로서는 용감했지만 지휘관으로서는 무능했으며 허세와 고집불통으로 유명했다. 유재흥은 미 제8군에 이런 사실을 알리고 중재를 요청했음에도 불구하고 묵살당했다. 그렇다고 해서 미 제10군단이 제3군단을 위해 오마치 고개에 수비 병력을 배치한 것도 아니었다. 양측의 소통 부재와 한국군을 업신여기는 미군의 고압적인 태도가 최악의 비극을 초래한 중요한 원인임에 틀림없다.

만약 그렇다면 유재흥은 어째서 뒤에서만 볼멘소리를 할 것이 아니라 그 자리에서 밴 플리트에게 부당함을 직접 호소하지 않았는가. 밴 플리트가 유재흥을 파면하고 제3군단 해체를 명령한 이유는 미군의 실수를 한국군에게 떠넘겨 패전의 희생양으로 삼기 위해서가 아니었다. 그는 남한에 온 지 한 달밖에 되지 않아 한국군이 처한 상황을 제대로 알지 못했다. 따라서 한국군이 쉽게 패주하자 원인을 냉철하게 따지기보다 자신의 선입견만으로 한국군이 싸울 의지가 없었기 때문이라고 판단했다. 더욱이 제3군단이 괴멸한 직후 미군이 반격하여 공세 한계선에 직면한 중국군을 격파하고 대승을 거두자 한층 확신했다.

밴 플리트가 처음부터 제3군단 해체를 작정했다면 굳이 유재흥을 직접 찾아갈 필요도 없이 한국군에게 자신의 결정을 통보하면 그만이었다. 그러나 산전수전을 겪은 역전의 장군인 밴 플리트가 몸소 제3군단 사령부까지 찾아와 "당신의 군단은 어디 있소?"라는 질문에 우물쭈물하면서 "잘 모르겠습니다"라며 얼빠진 대꾸를 하는 풋내기 장군을 신뢰할 수 없는 것은 당연했다. 나아가 유재흥 한 사람만이 아니라 군단장은커녕 중대장감도 되어 보이지 않는 아마추어에게 그런 중책을 맡긴 한국군 전체를 불신함으로써 제3군단 해체라는 치욕으로 이어진 셈이다.

이 일화는 국방부 공식 사관에 기록된 것이 아니라 20년이나 지난 뒤 밴 플리트의 개인적인 인터뷰에서 나왔기에 어디까지가 진실인지 알 수는 없다. 그러나 아예 없는 이야기를 농담거리인 양 지어내지는 않았을 것이다. 바꾸어 유재흥이 밴 플리트 앞에서 제3군단의 괴멸이 한국군의 잘못만은 아니며 미 제10군단의 횡포를 지적하면서 조치의 부당함을 따졌다면 어땠을까. 또한 비록 패전지장이지만 이 패배를 반드시 되갚아주겠다며 온몸을 던져 자신의 투지를 보여주었다면 전형적인 무골이자 "의지가 승리한다"라고 입버릇처럼 강조하던 밴 플리트도 더이상 모욕하거나 극단적인 조치까지 취하지는 않았을 것이다.

실제로 현리전투 한 달 전 사창리전투에서 제6사단은 병력의 반수를 잃는 최악의 패배를 당했다. 그때 한국군이 보여준 모습은 현리전투의 축소판이나 다름없었다. 그러나 제6사단은 해체되지 않았고 사단장 장도영도 아무런 문책 없이 유임되었다. 어째서 유재흥의 경우와는 전혀 달랐을까. 한 일화에 따르면 제6사단의 괴멸에 분노한 밴 플리트가 호되게 질책하면서 "당신 싸울 수는 있소?"라고 외쳤다. 유재흥보다 두 살 어린 스물여덟 살이었던 장도영은 나이가 두 배나 더 많은 미군 장군 앞에서 조금도 기죽지 않고 "싸울 수 있습니다"라고 맞받아쳤다. 이 일화의 사실 여부를 떠나 장도영은 와신상담하여 한 달 뒤 용문산전투에서 중국군 제63군의 3개 사단 파상공세를 격퇴하고 과감한 반격에 나서 홍천강까지 진격하는 대승을 거두었다. 그는 자신이 싸울 수 있음을 밴 플리트에게 확실히 증명했다. 중국군 제63군은 괴멸에 가까운 타격을 입었다. 펑더화이는 한국군이 더이상 이전처럼 만만하지 않다는 사실을 인정해야 했다. 반면 유재흥의 어영부영한 모습은 장도영과는 정반대였다.

백선엽을 비롯하여 원로들의 회고록을 보면 젊은 시절 자신들이 몸소 겪은 미군의 횡포를 한탄하면서도 원인을 죄다 "그 시절 나라의 힘이 없었기 때문"이라고 돌린다. 그들로서는 나라가 독립한 지 얼마 되지 않았고 미국의 원조에 의존해야 했던 당시 상황에서 부득이

한 현실이었다고 자조할지 몰라도 국제사회의 냉엄함에 대한 무지이기도 하다. 미국은 자국의 이익을 위해 남한을 이용하는 것일 뿐 은혜를 베푸는 것이 아니기 때문이다. 따라서 제아무리 약자라고 해도 우리가 당당히 할말은 하는 것이 독립국가로서의 위신을 지키고 그들이 우리를 함부로 대하지 못하게 만드는 일이다. 그럼에도 불구하고 미국인들 앞에만 서면 한없이 위축되었던 진짜 이유는 독립은 했으되, 정신은 여전히 식민지 시절에 머물러 있었기 때문이다.

유재홍은 그 자리에서 밴 플리트에게 맞서느니 일단 참고 쓸데없는 마찰을 피하는 쪽이 일을 더 키우지 않는다고 여겼을 것이다. 식민지 시절에 태어나 일본군에서 일본인을 주인으로 섬겨야 했던 사람들에게는 주인이 하는 일이 '다소' 마음에 들지 않는다고 해서 머슴이 불만을 품을 수는 있으되 감히 대들 수는 없지 않느냐고 생각하는 것이 당연했을지도 모른다. 하지만 상대는 일본인이 아니라 미국인이었다. 그런 저자세가 오히려 밴 플리트의 마지막 인내심을 건드리면서 더 큰 분노를 사게 된 결정적인 이유가 아니었을까. 더욱이 유재홍은 소대장이나 중대장이 아니라 참모총장인 정일권, 제1군단장 백선엽과 더불어 한국군 전체를 대표하는 장군이었다.

또하나 현리전투의 참패는 죄다 미군 탓이며 우리의 잘못은 없었을까. 유재홍은 재수 없이 모든 것을 뒤집어쓴 희생양에 불과했던가. 결국 가장 큰 책임은 그의 안이한 판단과 미숙함, 우유부단함이었다. 다른 이유는 한낱 부차적일 뿐이었다. 유재홍은 미군의 압력에 못 이겨 오마치 고개에서 병력을 철수시키고 미 제10군단이 이곳에 관심을 두지 않는다고 우려하면서도 별다른 조치를 취하거나 만약의 사태에 대비하지 않았다. 일단 시늉은 했다는 것이었다. 하지만 오마치 고개를 잃었을 때 당장 치명타를 입는 쪽은 미 제10군단이 아니라 제3군단이었다. 더욱이 그는 군단 산하 예비대조차 두지 않았다. 오마치 고개를 빼앗기자 예비대를 북상시켜 탈환하는 대신 전방에 배치된 2개 사단이 직접 후방으로 내려와 탈환해야 했다. 하지만 공격과 후퇴는 전혀 다른 이야기다. 적군이 퇴로를 차단했다고 여긴 병사들은 대번에 공황 상태에 빠져서 사방으로 흩어졌다. 군사적 상식이 조금만 있어도 알 수 있다는 점에서 유재흥의 군인으로서의 역량을 의심하지 않을 수 없다.

또한 그는 병력을 지나치게 전진 배치함으로써 적의 공세에 무방비로 노출시켰다. 이런 모습은 유재흥뿐만 아니라 공격만 중시하고 방어를 등한시하는 일본군 출신 장교들의 공통된 행태이기도 했다. 자신들의 역량은 생각하지 않고 기회만 되면 무조건 진격하여 조금이라도 더 많은 땅을 차지하려는 데만 급급하여 적이 치고 나올 때에 대한 대비에는 소홀했다. 유재흥이 모든 병력을 최전선에 몰아넣은 것도 이 때문이었다. 진지 구축이나 장애물 배치, 인접 부대와의 연계와 협조에서도 미숙하기 짝이 없었다. 제3군단의 방어선에는 종심이 없었기에 한곳이 뚫리자 속수무책이었다. 현리전투는 유재흥의 무능함과 경직된 교리, 미군과의 소통 부재 등 총체적인 문제점이 빚어낸 결과였다.

70여 년이 지난 지금도 우리 사회에서 한국전쟁은 여전히 민감한 주제다. 역사를 교훈이 아닌 정치로 보는 진영 논리가 개입되기 때문이다. 시중에는 하루가 멀다 하고 한국전쟁을 소재로 하는 수많은 논문과 미디어, 서적 등이 수없이 쏟아져나온다. 하지만 대부분 새로운 사실보다는 '조국을 지키기 위해 열악한 여건에서 맨주먹으로 싸워야 했던' 호국 영웅들의 투쟁을 강조하는 국방부 공식 사관을 그대로 답습하거나 전쟁을 일으킨 장본인이 누구인가라는 한국전쟁의 발발 원인과 책임 소재를 놓고 수십 년째 따지는 소모적인 정치 논쟁에서 나아가지 못하고 있다. 한국전쟁에서 싸웠던 수많은 한국군 지휘관 중에서 우리가 기억하는 사람이 몇이나 될까. 하물며 개별 전투를 놓고 내막을 구체적으로 파헤치거나 전훈을 연구하려는 노력은 여전히 뒷전이다.

현리전투만 해도 전투과정과 '제3군단이 해체되었다'라는 단편적인 사실만 있다. 군단 해체와 작전권 박탈은 우리에게는 치욕이자 중요한 사건임에도 밴 플리트가 왜 그와 같은 결정을 내리게 되었는지, 우리측과 어떤 논의를 했고 우리가 어떻게 대응했는지에 대한 자료는 찾아보기 어렵다. 영광스러운 승리라면 몰라도 수치스러운 패전을 꺼내는 것은 치부일뿐더러 당사자의 명예에 누가 될 수 있다는 이유로 조심스럽기 때문인지도 모르겠다. 원로들의 회고록 역시 인간적인 동정심을 섞어 "그 시절에는 모두 미숙하고 부족했다" "누가 그 자리에 있었어도 마찬가지였을 것"이라며 두루뭉술하게 넘어간다.

승패는 병가의 상사라고 하지만 유재흥은 단순한 패배가 아니라 한국군 전체의 이름에 먹칠을 한 셈이었다. 더욱이 개전 이래 불과

1년 동안 제7사단과 제2군단, 제3군단에 이르기까지 자신이 맡았던 부대마다 매번 해체되고 수많은 병사를 적의 포로로 만든 것은 어떤 말로도 변명할 수 없는 불명예이자 군 경력이 끝장날 일이었다. 따라서 밴 플리트의 조치를 떠나 다른 나라였다면 조사위원회가 구성되고 사건 경위를 조사한 뒤 엄중한 문책이 따랐겠지만 이번에도 운이 없었다는 식으로 유야무야되었다. 물론 스스로 도의적인 책임을 지는 일도 없었다. 유재흥은 참모차장과 휴전회담 한국군 대표 등을 역임했다. 1952년 7월에는 아무 일도 없었던 양 다시 일선으로 돌아와 새로이 재건된 제2군단장을 맡았고 수도고지전투 등을 지휘했다. 전쟁이 끝난 뒤에는 교육총장과 합동참모의장, 제1군 사령관을 역임한 뒤 4·19혁명으로 이승만이 하야하자 군복을 벗었다. 민간인이 된 뒤에는 태국 대사와 스웨덴 대사 등 외교관으로 활동했다. 1971년에는 국방장관에 올랐다.

밴 플리트는 인터뷰 말미에서 유재흥을 가리켜 "그는 좋은 친구이며, 만날 때마다 우리는 그때의 일을 떠올리며 웃는다오"라고 하면서 마치 그리운 추억인 양 이야기를 늘어놓았다. 유재흥이 밴 플리트로 하여금 자신을 다시 보게 만들었기 때문인지, 아니면 한국군 고위 장성에 대한 의례적인 예우인지는 알 수 없는 노릇이다. 유재흥 자신은 그 후로도 미군과 원만한 관계를 유지하면서 개인적으로 좋은 평가를 받았다고는 하지만 그가 해체시킨 제3군단은 현리전투에서 거의 2년이나 지난 뒤인 1953년 5월에야 재건될 수 있었다. 유재흥의 실패는 단순히 그가 무능해서라기보다 충분한 경험을 쌓을 기회를 얻지 못한 채 분수에 맞지 않은 직책을 맡아야 했던 시대적인 불행이기도 했다. 하지만 그로 인한 대가는 유재흥 자신이 아니라 매번 그 실패에 자신의 의사와 상관없이 휘말려야 했던 수많은 병사의 몫이었다는 사실 또한 결코 잊지 말아야 할 것이다.

참고문헌

Alan Strauss-Schom, *The Shadow Emperor, A Biography of Napoleon III*, St. Martin's Press, 2018.

Andrew Uffindell, *The Nivelle Offensive and the Battle of the Aisne 1917*, Pen and Sword Military, 2015.

Barbara W. Tuchman, *Stilwell and the American Experience in China, 1911-1945*, Macmillan, 1972.

Constantine Pleshakov, *Stalin's Folly, The Tragic First Ten Days of WWII on the Eastern Front*, Houghton Mifflin, 2005.

David Murphy, *Breaking Point of the French Army, The Nivelle Offensive of 1917*, Pen and Sword Military, 2015.

David Rooney, *Stilwell: The Patriot, Vinegar Joe, The Brits and Chiang Kai-Shek*, Skyhorse, 2016.

Dennis Showalter, *The Wars of German Unification*, Bloomsbury Publishing, 2004.

Georgy Zhukov and Geoffrey Roberts, *Marshal of Victory: The Autobiography of General Georgy Zhukov*, Pen and Sword Military, 2020.

Jeff Pearce, *Prevail : The Inspiring Story of Ethiopia's Victory over Mussolini's Invasion, 1935-1941*, skyhorse, 2017.

Jeffrey Plowman, *War in the Balkans: The Battle for Greece and Crete 1940-1941*, Pen & Sword Books, 2013.

John Gooch, *Mussolini's War : Fascist Italy from Triumph to Collapse, 1935-1943*, Penguin UK, 2020.

Mario Morselli, *Caporetto 1917, Victory or Defeat?,* Psychology Press, 2001.

Max Gallo, *Routledge, Mussolini's Italy, Twenty Years of the Fascist Era*, Routledge, 2019.

Max Hastings, *Inferno: The World at War, 1939-1945*, Vintage, 2012.

Michael Jones, *After Hitler: The Last Days of the Second World War in Europe*, John Murry Publishers Ltd, 2015.

Paolo Crippa, *The tankers of Mussolini*, Soldiershop Publishing, 2019.

Paul F. Braim, *The Will to Win: The Life of General James A. Van Fleet*, Naval Institute Press, 2008.

Pier Paolo Battistelli, *The Balkans 1940–41*, Bloomsbury Publishing, 2021.

Pierluigi Romeo Di Colloredo Mels, *From Sidi el Barrani to Beda Fomm 1940-1941 - Mussolini's Caporetto: an Italian perspective*, Luca Cristini Editore, 2020.

Raymond Jonas, *The Battle of Adwa, African Victory in the Age of Empire*, Belknap Press, 2015.

Rick Atkinson, *An Army at Dawn, The War in North Africa, 1942-1943*, Holt Paperbacks, 2007.

Robert Katz, *The Battle for Rome: The Germans, the Allies, the Partisans, and the Pope, September 1943—June 1944*, Simon & Schuster, 2004.

Stephen Badsey, *The Franco-Prussian War 1870–1871*, Osprey Publishing, 2003.

Vesa Nenye, Peter Munter, Toni Wirtanen, Chris Birks, *Finland at War*, Bloomsbury Publishing, 2018.

Victor Failmezger, *Rome – City in Terror, The Nazi Occupation 1943–44*, Osprey Publishing, 2020.

Viscount William Slim, *Defeat Into Victory, Battling Japan in Burma and India, 1942-1945*, Cooper Square Press, 2000.

Željko Cimprić and John Macdonald, *Caporetto and the Isonzo Campaign, The Italian Front, 1915–1918*, Pen and Sword Military, 2015.

高木俊朗,『インパール』, 文春文庫, 2018.
關口高史,『歴史群像 2022年2月號, 秘蔵写真でたどる：牟田口廉也の生涯』, 學習研究社, 2022.
廣中一成,『牟田口廉也「愚将」はいかにして生み出されたのか』, 講談社, 2018.
張秀章,『蔣介石日記 揭秘』, 團結出版社, 2010.
張學良,『張學良口述歷史』, 遠流出版事業股份有限公司, 2009.
秦郁彦,『日本陸海軍総合事典』, 東京大学出版会, 2005.

가시마 시게루, 정선태 옮김,『괴제 나폴레옹 3세』, 글항아리, 2019.
국방부 전사편찬위원회,『현리전투』, 1988.
노명식,『프랑스 혁명에서 파리 코뮌까지 1789~1871』, 책과함께, 2011.
래너미터, 권성욱 옮김,『중일전쟁』, 글항아리, 2020.
앨런 셰퍼드, 김홍래 옮김,『프랑스 1940』, 플래닛미디어, 2017.
올랜도 파이지스, 조준래 옮김,『혁명의 러시아 1891~1991』, 어크로스, 2017.
올레그 V. 흘레브뉴크, 유나영 옮김,『스탈린－독재자의 새로운 얼굴』, 삼인, 2017.
유재흥,『격동의 세월 － 유재흥 회고록』, 을유문화사, 1994.
이형근,『군번 1번의 외길 인생 － 이형근 회고록』, 중앙일보사, 1993.
정일권,『전쟁과 휴전 － 6 · 25비록, 정일권 회고록』, 동아일보사, 1986.
존 키건, 조행복 옮김,『1차세계대전사』, 청어람미디어, 2016.
칼 하인츠 프리저, 진중근 옮김,『전격전의 전설』, 일조각, 2007.
크리스토퍼 클라크, 박병화 옮김,『강철왕국 프로이센』, 마티, 2020.

김동길,「소련과 제2차 항일국공합작」, 2008.
장준갑,「미군정의 제주 4 · 3사건에 대한 반응」, 2007.
조성훈 외,『6 · 25전쟁 주요전투』, 국방부 군사편찬연구소, 2017.
최용호,「한국전쟁시 현리전투의 고찰」, 1999.
허호준,「냉전체제 형성기의 국가건설과 민간인 학살 － 제주 4 · 3사건과 그리스 내전의 비교를 중심으로」, 2010.

지은이 **권성욱**

전쟁사 연구가. 개인 블로그인 '팬더 아빠의 전쟁사 이야기'에 각종 전쟁사 관련 글을 쓰고 있으며, 특히 중국 근현대 전쟁사와 제2차세계대전이 전문 분야다. 국내 최초로 중일전쟁을 다룬 역사서 『중일전쟁: 용, 사무라이를 꺾다 1928~1945』와 중국 근대판 삼국지인 『중국 군벌 전쟁 1895~1930』을 저술했다. 또한 『중일전쟁: 역사가 망각한 그들 1937~1945』를 공동 번역했고, 『덩케르크: 세계사 최대 규모의 철수 작전』 『일본 제국 패망사: 태평양전쟁 1936~1945』 『미드웨이: 어느 조종사가 겪은 태평양 함대항공전』 『아르덴 대공세 1944』 등을 감수했다.

별들의 흑역사

—부지런하고 멍청한 장군들이 저지른 실패의 전쟁사

초판 1쇄 발행 2023년 5월 26일
초판 2쇄 발행 2023년 6월 22일

지은이 권성욱

편집 박민영 정소리 이희연 | 디자인 신선아 | 마케팅 김선진 배희주
저작권 박지영 형소진 최은진 오서영 | 모니터 이원주
브랜딩 함유지 함근아 김희숙 고보미 박민재 정승민 배진성
제작 강신은 김동욱 임현식 | 제작처 한영문화사(인쇄) 신안문화사(제본)

펴낸곳 (주)교유당 | 펴낸이 신정민
출판등록 2019년 5월 24일 제406-2019-000052호

주소 10881 경기도 파주시 회동길 210
문의전화 031) 955-8891(마케팅) | 031) 955-2692(편집) | 031) 955-8855(팩스)
전자우편 gyoyudang@munhak.com

인스타그램 @gyoyu_books | 트위터 @gyoyu_books | 페이스북 @gyoyubooks

ISBN 979-11-92968-18-6 03390